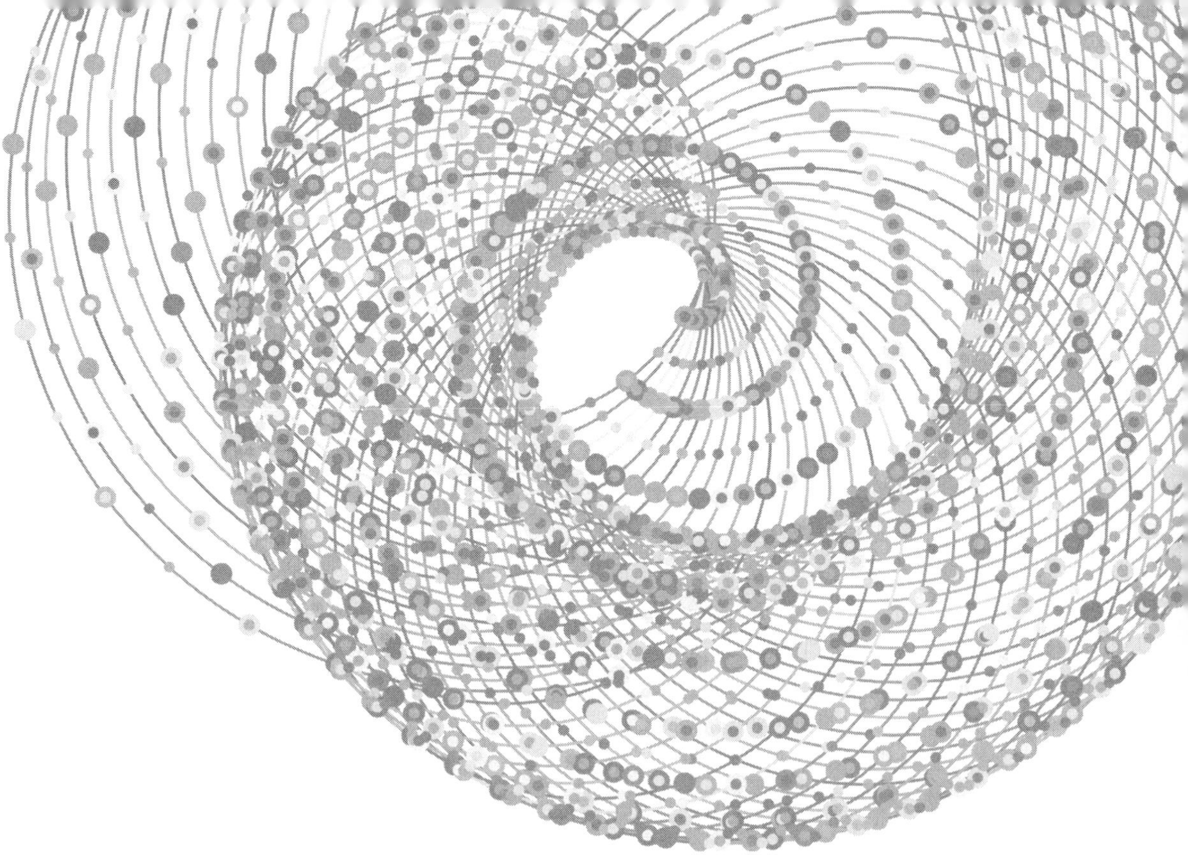

데이터마이닝의 원리와 구현 _ R과 함께

전치혁 · 이혜선 · 이영록 · 이종석 지음

자유아카데미

우선 이 책의 근간이 된 것은 첫 저자(전치혁)가 10여 년 전에 저술한 '데이터마이닝 기법과 응용'이라는 점을 밝히고자 한다. 이 책은 데이터마이닝의 주요 기법에 대한 이론을 쉽게 이해할 수 있는 책을 만들자는 목적으로 저술되었다. 최근 이 분야에서 공동 연구를 수행해 왔던 공저자들, 이혜선 교수, 이영록 박사, 이종석 교수로부터 데이터마이닝 기법의 구현을 포함시키면 좋겠다는 의견을 수렴하게 되었으며, 이에 데이터마이닝 기법을 일부 추가하고 R 언어로 코드 작성하는 등 1년간의 공동 작업으로 책을 완성하게 되었다.

최근 ChatGPT의 등장과 활발한 적용 사례를 접하게 되면서 인공지능(AI)에 대한 관심이 고조되고 있으며, 이와 함께 머신러닝 및 데이터마이닝 기법의 알고리즘 구현 과정 이해의 필요성이 증대하게 되었다. 이 책을 통해 이러한 궁금점을 해결할 수 있도록 각 기법의 원리를 보다 쉽게 이해할 수 있도록 설명하였으며, 데이터와 R 코드를 통해 구현 방법을 습득할 수 있게 서술하였다. 또한 Python 사용자들을 위해 교재에 포함되지 않은 Python 코드를 별도로 제공하고 있다.

데이터마이닝 기법은 목적에 따라 크게 예측, 분류분석, 군집분석, 연관규칙으로 나눌 수 있는데, 이 책에서도 이러한 순서에 따라 내용을 전개하였다. 먼저, 예측기법으로는 회귀분석, 규제 회귀분석, 차원축소 회귀분석을 다루며, 분류분석에서는 로지스틱 회귀분석, 판별분석, 트리 기반 기법, 서포트 벡터 머신, 앙상블 기법을 설명한다. 여기서 앙상블 기법에서는 랜덤 포레스트, 아다부스트, 그레디언트 부스트 등을 포함한다. 다음으로 군집분석을 다루는데, 계층적 군집분석과 비계층 군집분석으로 구분하여 계층적 군집분석에서는 주로 연결법을 설명하고 비계층 군집분석에서는 K-means, K-medoids, 퍼지 K-means, 모형기반 군집 방법, 디비스캔(DBSCAN) 등을 소개한다. 이어서 연관규칙과 추천시스템을 다루는데, 연관규칙은 다른 데이터마이닝 서적에서 구체적인 알고리즘을 소개하지 않고 있지만, 데이터로부터 유용한 구매패턴을 찾는 기법으로 고객 마케팅에 많이 활용된다. 추천시스템은 연관규칙과는 다소 목적이 다르나 사용자들이 제품을 평가하는 특성을 서로 연관시키는 면에서 공통점을 찾을 수 있는 방식이라고 할 수 있다.

이 책에서는 데이터마이닝 기법의 알고리즘 원리와 함께 실제 예제를 많이 수록하였다. 각 기법을 소개한 후 데이터 예제로 기법을 쉽게 이해할 수 있도록 하였으며, 앞서 언급한 바와 같이 코드를 삽입하여 독자들이 해당 기법을 직접 구현하고 결과를 확인할 수 있도록 구성하였다.

실습용 데이터파일, R과 Python 코드는 자유아카데미 홈페이지(www.freeaca.com) 자료실에서 제공하고 있으며, 출간 후에 발견되는 수정사항이나 제안은 출판사를 통해 저자들에게 전달이 가능하니 참고하기를 바란다.

2024년 10월

저자 일동

차례

1장 데이터마이닝 개요와 활용

1.1 데이터마이닝의 정의 3
1.2 데이터마이닝의 기능과 기법 3
1.3 데이터마이닝의 활용 분야 6

2장 회귀분석

2.1 다중회귀모형 13
2.2 회귀계수의 추정 15
2.3 모형에 대한 추론 23
2.4 변수선택방법 33
2.5 회귀모형의 진단 42
2.6 반응치에 대한 추정 및 예측 46
2.7 다중공선성 52
2.8 지시변수와 회귀모형 57

R 코드 65
참고문헌 68
연습문제 69

3장 규제 회귀분석

3.1 라소(LASSO) 회귀분석 89
3.2 릿지(Ridge) 회귀분석 93
3.3 라소와 릿지 회귀의 비교 95

R 코드 97
참고문헌 98
연습문제 99

4장 차원축소 회귀분석

4.1 변수의 변동과 제곱합 103
4.2 주성분의 이해 106
4.3 행렬의 분해 110
4.4 주성분 스코어 117
4.5 주성분의 제곱합 분해 120
4.6 NIPALS 알고리즘 125
4.7 주성분 회귀분석 127
4.8 PLS 회귀분석의 개요 134
4.9 하나의 종속변수에 대한 PLS 회귀분석 134
4.10 다수의 종속변수에 대한 PLS 회귀분석 150
4.11 예측성능 평가 161

R 코드 162
참고문헌 166
연습문제 168

5장 분류분석 개요

5.1 분류 문제 및 분류기법 183
5.2 기본적인 분류기법 185
5.3 분류의 성능평가 190
5.4 ROC 곡선 195
5.5 이익도표 198

R 코드 202
참고문헌 206
연습문제 207

6장 로지스틱 회귀분석

6.1 이분 로지스틱 회귀모형 211
6.2 명목 로지스틱 회귀모형 223
6.3 서열 로지스틱 회귀모형 227
부록 6.1 정규분포 모수에 대한 최우추정법 233
부록 6.2 최우추정치에 대한 표준오차 234

R 코드 236
참고문헌 240
연습문제 242

7장 판별분석

7.1 피셔 방법 253
7.2 의사결정론에 의한 분류규칙 260
7.3 오분류비용을 고려한 분류규칙 267
7.4 이차 판별분석 269
7.5 세 범주 이상의 분류 271

R 코드 274
참고문헌 277
연습문제 278

8장 트리 기반 기법

8.1 CART 개요 285
8.2 트리의 형성 286
8.3 가지치기 및 최적트리 선정 298
8.4 기타 트리 기법 305

R 코드 307
참고문헌 310
연습문제 311

9장 서포트 벡터 머신

9.1 선형 SVM – 분리 가능의 경우 319
9.2 선형 SVM – 분리 불가능 경우 325
9.3 비선형 SVM 329
부록 9.1 비선형계획 문제 339

R 코드 341
참고문헌 346
연습문제 348

10장 앙상블 기법

10.1 앙상블의 개요 353
10.2 부트스트래핑 354
10.3 랜덤 포레스트 355
10.4 아다부스트 362
10.5 그래디언트 부스팅 370

R 코드 381
참고문헌 387
연습문제 389

11장 군집분석 개요

11.1 군집방법 393
11.2 객체 간의 유사성 척도 394
11.3 범주형 속성을 포함한 객체의 유사성 척도 402

R 코드 408
참고문헌 409
연습문제 410

12장 계층적 군집 방법

12.1 군집 간 거리척도 및 연결법 415
12.2 연결법의 군집 알고리즘 417
12.3 워드 방법 422
12.4 분리적 방법 – 다이아나 427
12.5 군집 수의 결정 432

R 코드 438
참고문헌 440
연습문제 441

13장 비계층적 군집 방법

13.1 K–means 알고리즘 449
13.2 K–medoids 군집 방법 454
13.3 퍼지 K–means 알고리즘 468
13.4 모형기반 군집 방법 474
13.5 밀도기반 군집 방법 – 디비스캔(DBSCAN) 481

R 코드 488
참고문헌 490
연습문제 492

14장 군집해의 평가 및 해석

14.1 군집해의 평가 497
14.2 군집해의 해석 504

R 코드 506
참고문헌 508
연습문제 510

15장 연관규칙

15.1 연관규칙의 개요	515
15.2 연관규칙의 정의 및 성능척도	516
15.3 연관규칙의 탐색	519
15.4 순차적 패턴의 탐색	526
15.5 항목의 선정	535
R 코드	537
참고문헌	540
연습문제	541

16장 추천시스템

16.1 내용기반 추천시스템	547
16.2 협업 필터링	549
16.3 시장바구니 데이터를 이용한 협업 필터링	552
R 코드	554
참고문헌	556
연습문제	558

찾아보기 561

1 장

데이터마이닝 개요와 활용

1.1 데이터마이닝의 정의
1.2 데이터마이닝의 기능과 기법
1.3 데이터마이닝의 활용 분야

데이터마이닝(data mining)이란 용어는 1995년부터 사용되기 시작한 것으로 알려져 있다. 이 용어는 광산에서 광물을 캐내는 것에 비유한 것으로 금광석에 극히 미량으로 포함된 금을 여러 단계를 걸쳐 추출하듯이 수많은 데이터로부터 유용한 정보를 찾아내는 것으로 해석된다. 컴퓨터 및 데이터베이스 기술의 발전으로 정형, 비정형 데이터가 대용량으로 실시간으로 생산되고 있고, 대용량 데이터를 핸들할 수 있는 알고리즘도 지속적으로 개발되고 있다. 웹상 거래데이터, 신용카드 거래데이터, 임상 의료데이터, 교통 관련 이동데이터, 제조 품질관리 데이터, 세금 관련 데이터 등 일상생활 전 분야에 걸친 데이터가 기하급수적으로 축적되고 있다. 이러한 데이터의 급격한 증가는 우리가 원하는 정보를 찾아내는 일을 보다 어렵게 만들고 있는 것이 현실이다. 데이터마이닝은 유용한 정보 추출의 목적 달성을 위하여 통계학, 데이터베이스 기술(database technology), 패턴인식(pattern recognition), 기계학습(machine learning) 등 매우 다양한 학문을 활용하고 있다.

1.1 | 데이터마이닝의 정의

데이터마이닝을 한마디로 정의하기는 어렵지만 "대용량의 데이터로부터 이들 데이터 내에 존재하는 관계, 패턴, 규칙 등을 탐색하여 모형화함으로써 유용한 지식을 추출(knowledge discovery)하는 일련의 과정들"이라 정의할 수 있으며, 또한 통계적인 관점에서 표현한다면 "대용량 데이터에 대한 탐색적 데이터 분석(exploratory data analysis)"이라고 할 수도 있을 것이다. 기존의 통계적 기법과 구별되는 큰 차이라면 기존의 통계적 가설 검정에 그치는 것이 아니라, 데이터마이닝은 대규모 데이터로부터 그 안에 숨겨진 유용한 정보 및 규칙을 발견해내는 것이다. 이는 데이터 기반의 의사결정을 가능하게 하며, 기업과 조직이 더 정확하고 효율적인 결정을 내리도록 도울 수 있다.

1.2 | 데이터마이닝의 기능과 기법

데이터마이닝은 다양한 목적으로 사용될 수 있다. 데이터마이닝의 목적에 따라 분류할 때, 예측(prediction), 분류(classification), 군집화(clustering), 연관규칙(association rule) 추출로 구분할 수 있겠다.

1.2.1 예측

예측이란 과거의 데이터를 바탕으로 특정 변수의 미래값을 평가하는 것이라 하겠다. 예를 들어, 제품의 품질특성치 예측, 장래의 시장 점유율 예측 등이 그것이다. 다음에 언급할 분류 또한 예측에 속한다고 할 수 있으나 분류는 범주형 변수에 대한 범주 예측을 말하며 통상적인 예측이란 주로 연속형 변수에 대한 것이다.

예측을 위해서는 회귀분석이 가장 널리 사용되며, 이 외에도 시계열 분석(time-series

analysis), 신경망(neural networks) 등이 종종 활용되고 있다. 변수의 차원이 높은 복잡한 데이터에 대해서는 주성분분석(principal component analysis), 부분최소자승법(partial least squares), 웨이블릿 변환(wavelet transform) 등과 같이 축소된 차원을 추출하고 이를 기반으로 예측모형을 구성하는 고도의 기법들이 이용되고 있다.

1.2.2 분류

분류는 범주형 변수의 범주를 예측하는 것을 일컫는데, 예를 들어 암환자 종양의 크기, 모양, 각종 검사의 결과 등을 바탕으로 악성/양성 여부를 판단하는 것을 말한다. 이를 위해서는 악성/양성 여부가 판별된 과거 암환자의 데이터(종양 크기, 모양, 각종 검사 결과 등)를 분석하여 분류 규칙을 수립한 후, 새로운 환자에 대한 데이터를 입력하여 악성 또는 양성으로 분류하게 된다. 위의 예에서와 같이 분류 규칙을 유도하기 위한 과거 데이터를 학습표본(learning or training sample)이라 하며, 이처럼 학습표본에 범주의 참값이 주어지는 경우를 지도학습(supervised learning)이라고 한다. 분류는 지도학습에 속한다.

분류를 위한 기법은 무수히 많이 개발되어 있는데, 주로 사용되는 것으로 로지스틱 회귀분석(logistic regression), 판별분석(discriminant analysis), 트리기반 분석(tree-based analysis), 서포트 벡터 머신(support vector machine), 신경망 등이 있다.

또한 여러 개의 분류 모형을 학습하고 조합하여 예측 정확도를 향상시키는 방법으로서 앙상블 방법(ensemble methods)이 있다. 대표적인 앙상블 방법으로 랜덤 포레스트(random forests), 아다부스트(Adaboost), 그래디언트 부스트(gradient boost)가 있다. 앙상블 방법은 분류뿐만 아니라 연속형 변수에 대한 예측을 위해서도 활용할 수 있다.

1.2.3 군집화

하나의 객체(object)가 여러 속성(attribute)을 갖는다고 하고 이러한 객체가 다수 있다고 할 때, 군집분석이란 유사한 속성들을 갖는 객체들을 묶어 전체의 객체들을 몇 개의 그룹 또는 군집(cluster)으로 나누는 것을 말한다. 예를 들어, 회사에서 관리하는 고객들에 대해 구매 행태를 반영하는 속성들에 대한 데이터가 수집된다고 할 때, 유사한 구매 행태를 보이는 고객들을 서로 그룹화하는 것을 군집분석이라고 한다. 군집화를 위한 객체 데이터에는 객체가 속하는 범주가 미리 주어지지 않으므로 분류분석의 경우와 다르다고 하겠다. 군집분석은 정확한 범주가 정의된 것이 아니고 군집분석 결과를 통해 군집의 특성을 설명하고 도출하는 것이므로 비지도 학습(unsupervised learning)이라고 한다. 군집화의 결과가 얼마나 타당한가를 평가함은 매우 어려운 일이며 결과 해석을 위해서는 해당 분야의 전문가 견해가 종종 필요한 분석이다.

군집화를 위한 알고리즘 역시 다양한 편인데, 크게 계층적 방법(hierarchical method)과 비계층적 방법(non-hierarchical or partitioning method)으로 구분된다. 계층적 방법에는 다시 병합법(agglomerative or amalgamation method)과 분리법(divisive method)으로 나뉘는데, 연결법(linkage method), 워드 방법(Ward's method) 등의 병합법이 널리 사용된다. 비계층적 방법으론 K-means, K-medoids 등이 보편적으로 사용되고 있다.

1.2.4 연관규칙 추출

연관규칙 추출이란 데이터에 숨어있는 항목 간의 관계를 탐색하는 것으로 이러한 활동을 연관분석(association analysis) 또는 링크분석(link analysis)이라 한다. 주로 'A가 일어나면 B가 일어난다'라는 식의 비교적 간단한 규칙을 추출하는 경우가 대부분이다. 예를 들어, 철물점에서 '못을 사면 망치도 산다'라는 식이다. 특별히 시간의 흐름과 연관된 관계를 시퀀스 규칙(sequence rule)이라고도 한다. 이를 위해 대표적으로 사용되는 기법으론 시장바구니 분석(market basket analysis)이 있다. 이는 슈퍼마켓에서 계산하는 손님의 쇼핑카트 물품들을 분석함으로써 구매 행태를 파악하는 데서 비롯된 것이다.

넓게 보면 추천시스템(recommender system) 역시 연관규칙과 관련성이 높다. 추천시스템이란 고객의 과거 구매 데이터를 분석하여 특정 고객에 대해 구매 가능성이 높은 새로운 제품들을 추천하는 것이다. 협업 필터링(collaborative filtering)이 대표적인데, 이는 사용자와 유사한 특성을 갖는 다른 사용자들의 구매패턴을 고려하는 방식이다.

1.3 | 데이터마이닝의 활용 분야

데이터마이닝의 활용 분야는 기업의 의사결정 문제, 고객관리, 생물정보학(bioinformatics)에서의 데이터 분석, 인터넷에서 문서 또는 정보 검색을 위한 웹 마이닝(web mining) 등 다양하다. 몇 가지 주요 분야들은 다음과 같다.

1.3.1 기업 마케팅

기업 마케팅은 데이터마이닝이 가장 성공적으로 적용되고 있는 분야 중의 하나이며, 고객 세분화(segmentation), 목표 마케팅(target marketing), 고객성향변동분석(churn analysis), 교차 판매(cross selling) 등에 주로 이용된다. 고객 세분화 및 목표 마케팅은 성향이 유사한 고객군을 도출하여 특화된 마케팅 전략 수립을 위해 필요하다. 고객성향변동분석은 이탈 고객의 사전 방지를 위하여 이탈 확률이 높은 고객을 찾고자 함이며, 교차판매는 은행 등에서 자신의 고객 정보를 분석하여 타 금융기관에서 개발한 상품을 함께 판매 촉진시키기 위하여 활용된다. 기업 마케팅은 소매, 통신판매, 금융서비스, 건강, 보험, 통신, 운송, 제약 등 다양한 분야에서 활용되고 있다.

1.3.2 신용평가

신용평가(credit scoring)는 금융기관에서 고객의 우량/불량 여부를 판별하거나 고객의 신용등급 관리를 위해 중요시하는 분야이다. 이는 불량채권 발생률을 미연에 방지하고 고객에 따라 차별화된 금융상품 및 혜택을 제공함으로써 원활한 고객관계관리(customer relationship managment; CRM)를 실현하여 궁극적으로 기업의 수익을 증대시키고자 함이다. 신용평가를 위해 고객의 인구통계학적 자료를 바탕으로 재정적인 위험을 판단할 수 있고, 이외에 고객의 거래내역 데이터를 추가로 분석하여 신용상태를 평가할 수 있겠다.

1.3.3 품질개선

품질개선의 목적은 불량품을 찾고, 그 원인을 밝혀서 궁극적으로 불량률을 개선하는 것이다. 주로 제조업체에서 불량품을 유발시키는 조업패턴의 인식, 수율 증대를 위한 공정변수의 발견과 최적화를 통하여 비용 감소 및 이윤 증가에 중점을 두고 있다. 이를 위해 기존에 많은 통계분석이 적용되고 있으나 공정에서 발생하는 방대한 데이터 처리를 위하여 최근에는 데이터마이닝 기법의 활용 역시 증대되고 있다. 이러한 트렌드는 스마트 팩토리의 개념과 긴밀하게 연관되어 있다. 스마트 팩토리는 센서와 IoT 기기를 통해 수집된 대량의 실시간 데이터를 데이터마이닝을 통해 분석하고, 이를 바탕으로 공정의 효율성을 개선하고 생산성을 극대화하는 것을 목표로 한다. 또한, 불량 감소, 에너지 사용 최적화, 설비 유지보수 예측 등 제조 공정의 다양한 측면에서 의사결정을 지원할 수 있다. 이는 공장 운영의 유연성을 증가시키고, 맞춤형 생산이 가능하게 함으로써, 시장 변화에 신속하게 대응할 수 있는 능력을 제공한다. 따라서 데이터마이닝은 제조기업이 스마트 팩토리로의 전환을 가속화하고, 4차 산업혁명 시대에 경쟁력을 확보하는 데 핵심적인 역할을 하고 있다.

1.3.4 사기거래 탐지

사기거래 탐지의 목적은 신용거래 및 보험지급 건 등에서 사기 위험도가 높은 케이스의 패턴을 알아내는 것이다. 신용카드 의심거래 및 보험지급 부당신청 건을 탐지하고, 스팸 이메일을 자동으로 필터링하는 데 활용할 수 있다. 주로 분류분석이 사용되는데, 학습데이터에 부정거래의 건수는 상대적으로 작으므로 특별한 샘플링기법의 적용 또는 비대칭의 오분류 비용을 설정하여 분류모형을 학습하는 경우가 많다.

1.3.5 금융 데이터마이닝

금융권에서는 금융 데이터마이닝(financial data mining)이라는 분야가 개발되어 주가 예측, 위험 관리, 포트폴리오(portfolio) 분석, 파산위험예측 등 다양한 분야에 활용된다. 금융 분야에는 일 단위에서 초 단위까지의 시계열 데이터가 유용한 경우가 있으므로, 방대한 데이터 처리가 도전적 과제가 되고 있다. 최근에는 뉴스와 같은 텍스트 정보와 수치 데이터 정보를 결합한 마이닝 기법도 활용되고 있다. 소셜 미디어와 온라인 뉴스의 감정 분석을 통해 시장의 트렌드와 소비자 심리를 파악하는 것이 가능해졌고, 이를 통해 금융기관들은 보다 정확한 예측 모델을 개발하여 투자 결정 및 최적의 위험 관리 전략을 수립할 수 있게 되었다.

1.3.6 이미지분석

이미지분석(image processing)은 디지털화된 사진으로부터 패턴을 추출하는 기법이며, 천문학, 문자 인식, 의료진단, 방위산업 등 다양한 분야에서 활용되고 있다. 데이터 마이닝을 통한 이미지 처리는 최근 몇 년 동안 인공지능과 머신러닝 기술의 급속한 발전으로 이전과는 다른 새로운 국면에 도달했다. 디지털 이미징 기술의 발전과 함께 딥러닝 기반의 알고리즘들이 의료 진단, 자율 주행 차량, 얼굴 인식 시스템, 그리고 보안 분야에서 이미지 데이터를 분석하고 이해하는 데 중요한 역할을 하고 있다. 예를 들어, 합성곱 신경망(convolutional neural networks; CNN)과 같은 딥러닝 모델들은 의료 이미지분석에서 암 진단의 정확도를 높이고, MRI나 CT 스캔 이미지에서 질병을 더 빠르고 정확하게 식별할 수 있게 해준다.

1.3.7 헬스케어와 바이오산업

헬스케어 분야에서 기계학습을 활용한 질병의 진단, 치료효과 예측 모형이 개발되고 있다. 데이터마이닝 기법은 정형, 비정형 데이터 분석으로 판독 지원 플랫폼에 활용된다. 유전자 기능 분석과 DNA 및 RNA의 서열 분석(sequence alignment), 단백질의 구조 분석 등 신약 개발에도 중요한 영향을 미치고 있다. 정확한 진단기술이 개발되어 암과 같은 중대 질병의 조기 발견 예측의 가능성도 있다. 데이터 마이닝은 유전자 편집 연구에서 큰 진전을 이루고 있으며, 개인 맞춤형 의학과 정밀 의료 응용이 가능하게 한다.

1.3.8 웹 마이닝

웹 마이닝은 웹 자원으로부터 의미 있는 패턴, 추세 등을 발견하기 위하여 데이터마이닝 기술을 응용하는 것이다. 고객의 웹에서의 이동경로 (브라우징) 탐색, 이용자의 웹 엑세스 로그 분석, 문서분류 등 다양하게 사용된다. 사용자 행동 분석뿐만 아니라, 자연어 처리(natural language processing)와 기계학습 기법을 이용하여 소셜 미디어 분석, 감성 분석, 트렌드 예측 등에도 활용되고 있다. 특히, 인공지능 기술의 통합으로 사용자 맞춤형 추천시스템, 행동 기반 광고 타게팅, 실시간 사용자 상호작용 분석 등이 가능해졌으며, 이는 전자 상거래, 콘텐츠 제공, 고객 서비스 개선 등 다양한 온라인 비즈니스 전략에 근본적인 변화를 가져오고 있다. 또한, 웹 크롤링과 데이터 수집 기술의 발전으로 대규모 웹 데이터의 수집 및 분석이 용이해지면서, 웹 마이닝은 정보 보안, 사이버 위협 분석 및 예방 등의 분야에서도 중요한 도구로 자리를 잡고 있다.

1.3.9 스포츠 데이터 분석

데이터마이닝은 스포츠 산업에서도 활발하게 활용되고 있다. 선수 성능 분석, 게임 전략 개발, 팬 행동 분석 및 티켓 판매 최적화 등 다양한 분야에서 데이터 기반의 의사결정이 이루어지고 있다. 팀 성과 개선, 마케팅 전략의 효율성 증대 및 고객 경험 개선에 기여하고 있다. 예를 들어, 메이저리그 베이스볼(MLB)의 경우, 팀들은 투수의 던지는 모션과 속도, 회전율 등을 데이터로 기록하고 분석하여 부상 위험을 감소시키고 경기력을 최적화하는 전략을 수립하는 데 데이터마이닝 기법을 사용하고 있다. 데이터 기반의 스포츠 경기 분석 및 중계는 이제 일반적인 현상이 되었다.

1.3.10 스마트 팜 생산 시스템

데이터마이닝은 최근 농업 분야에서도 큰 변화를 가져오고 있으며, 특히 스마트 팜(smart farming) 기술의 발전과 긴밀히 연관되어 있다. 작물의 생육 조건, 토양 상태, 수분 및 영양소 수준 등의 다양한 농업 데이터를 분석하여, 최적의 농작물 관리 전략을 수립하고 수확량을 극대화할 수 있다. 또한, 데이터마이닝을 활용한 병충해 예측 모델은 농작물 보호를 위한 조기 경보 시스템을 제공함으로써, 큰 경제적 손실을 예방할 수 있게 한다. 스마트 팜에서 수집된 대규모 시계열 데이터는 식물의 생육 패턴을 이해하고, 기후 변화의 영향을 평가하는 데 사용될 수 있으며, 이를 통해 지속 가능한 농업 실천과 자원의 효율적 사용을 가능하게 한다.

1.3.11 수요 예측

산업에서 의사결정의 기반이 되는 수요 예측을 위한 데이터마이닝 기법들이 점점 더 각광받고 있다. 일례로, 지난 2020년 실시된 유명한 수요 예측 경연인 M5 Competition의 경우, 월마트의 3,049가지 상품의 과거 판매 데이터를 바탕으로 향후 4주간의 일간 판매량을 정확하게 예측하는 경연이었으며, 상위 수상자 대부분이 그래디언트 부스트(gradient boost)를 활용하였다. 수요 예측은 소매업뿐만 아니라 다양한 산업에 활용된다. 예를 들어, 항공업의 경우 동일한 날짜의 같은 비행기 좌석이더라도, 비행기에 남아있는 좌석의 개수와 앞으로 예측되는 가격별 수요에 따라 항공권 판매가격을 출발일까지 계속 변경하며 매출을 관리한다. 전력산업의 경우 계절, 요일, 날씨 등을 고려한 전기 수요 예측이 전력시설 가동계획 수립에 필수적이다. 또한 물류업의 경우 수요 예측을 통해 최적의 배차 계획을 수립하는 것이 운영 효율화와 비용 절감에 중요한 역할을 한다. 수요 예측은 다양한 산업에 걸쳐 여러 가지 의사결정의 중요한 기반이 되며, 더 세밀하고 정확한 수요 예측을 통한 의사결정 자동화를 위해 데이터마이닝 기법을 적용하려는 시도가 계속되고 있다.

2장

회귀분석

2.1 다중회귀모형
2.2 회귀계수의 추정
2.3 모형에 대한 추론
2.4 변수선택방법
2.5 회귀모형의 진단
2.6 반응치에 대한 추정 및 예측
2.7 다중공선성
2.8 지시변수와 회귀모형
R 코드
연습문제

회귀분석은 관심 있는 하나의 변수를 설명하기 위해 이에 영향을 주는 다른 변수들과의 관계를 함수식 형태로 나타내고, 각 변수의 영향력을 조사하며 영향변수들의 변화에 따른 관심변수의 변화를 예측하는 데 사용된다. '회귀(regression)'라는 용어는 영국의 우생학자 Francis Galton(1822~1911)이 아들과 아버지의 키의 관계를 조사한 논문에서 "아들의 키는 아버지의 키가 크면(작으면) 대체로 크지만(작지만), 아버지의 키가 크(작)더라도 아들들의 키는 전체 평균키에 회귀하는(돌아가려는) 경향이 있다"라고 발표하면서 'regression toward mediocrity'라고 사용한 것에서 유래한다. 회귀분석에서 원인의 역할을 하는 변수를 독립변수(independent variable 또는 predictor variable)라고 하고, 결과를 관측하는 변수를 종속변수(dependent variable 또는 response variable)라고 한다. 일반적으로 회귀분석에서 독립변수 및 종속변수는 양이나 크기 등으로 측정될 수 있는 양적변수, 범주 등을 표현하는 질적변수 모두를 취할 수 있다. 그러나, 본 장에서 다룰 회귀분석에서는 종속변수가 양적변수인 경우를 다룬다. 종속변수가 질적변수인 경우는 분류분석에서 취급한다.

가장 간단한 회귀모형은 종속변수를 하나의 독립변수로 설명하는 경우이며, 이를 단순회귀모형(simple regression model)이라 하며, 2개 이상의 독립변수로 설명코자 하는 경우를 다중회귀모형(multiple regression model)이라 한다. 본 장에서는 다중회귀모형에 대한 추정 및 검정, 변수선택방법, 다중공선성 등의 문제를 다루도록 한다.

2.1 | 다중회귀모형

종속변수 Y를 설명하는 데 k개의 독립변수인 $X_1,\ldots,X_k$를 도입할 때 다중회귀모형은 다음과 같이 정의된다.

$$Y_i = \beta_0 + \beta_1 X_{1i} + \beta_2 X_{2i} + \ldots + \beta_k X_{ki} + \epsilon_i \qquad i = 1,2,\ldots,n \tag{2.1}$$

여기서 $\beta_0,\beta_1,\ldots,\beta_k$는 추정되어야 할 회귀계수들이며, ϵ_i는 서로 독립이고 동일한 정규분포 $N(0,\ \sigma^2)$을 따르는 오차항이다. β_0는 절편을 나타내며, $\beta_j (j = 1,\ldots,k)$는 j번째 독립변수 X_j의 회귀계수(기울기)를 의미하는데, X_j를 제외한 다른 모든 독립변수의 값이 고정된 상태에서 X_j의 값이 한 단위 증가할 때의 Y값의 평균변화량을 나타낸다. 그리고 X_{ji}는 독립변수 X_j의 i번째 관측치를 의미한다. 총관측수는 n이다.

위의 회귀모형은 각 독립변수에 대한 1차항만을 포함하고 있는데 경우에 따라서는 2차항 이상의 고차항이나 교호작용(interaction)항이 모형에 다음과 같이 포함될 수도 있다.

$$Y_i = \beta_0 + \beta_1 X_{1i} + \beta_2 X_{1i}^2 + \beta_3 X_{1i}^3 + \epsilon_i \tag{2.2}$$

$$Y_i = \beta_0 + \beta_1 X_{1i} + \beta_2 X_{2i} + \beta_3 X_{1i} X_{2i} + \epsilon_i \tag{2.3}$$

고차항은 그 독립변수와 비선형관계에 있을 때 적합시키기 위한 것으로 고차항이 포함된 식(2.2)와 같은 모형을 다항식모형(polynomial model)이라고 한다. 다항식모형을 식(2.1)의 다중회귀모형에 포함될 수 있는 이유는 예를 들어 식(2.2)의 모형에서 X_{1i}^2을 새로운 독립변수 X_{2i}로, X_{1i}^3을 X_{3i}로 치환하면 식(2.1)의 모형으로 바꿀 수 있기 때문이다. 또한 식(2.3)과 같은 모형도 X_1X_2항을 새로운 독립변수 X_3으로 치환하면 식(2.1)의 모형으로 변환할 수 있다. 그러나 다음과 같이 회귀계수에 있어 선형적이지 않은 모형은 비선형모형이라 하며 본 장에서 다루지 않는다.

$$Y_i = \beta_0 + \beta_1 X_{1i} + \beta_2 X_{2i} + X_{3i}^{\beta_3} X_{4i}^{\beta_4} + \epsilon_i$$

다중회귀모형은 행렬로 표현함으로써 간단한 형태로 나타낼 수 있다. 식(2.1)을 행렬 형태로 표현하기 위해 β_0에 형식적으로 '1'을 넣고 관측번호 i를 1에서 n까지 풀어쓰면 다음과 같다.

$$\begin{aligned} Y_1 &= \beta_0 \cdot 1 + \beta_1 X_{11} + \beta_2 X_{21} + \ldots + \beta_k X_{k1} + \epsilon_1 \\ Y_2 &= \beta_0 \cdot 1 + \beta_1 X_{12} + \beta_2 X_{22} + \ldots + \beta_k X_{k2} + \epsilon_2 \\ &\vdots \\ Y_n &= \beta_0 \cdot 1 + \beta_1 X_{1n} + \beta_2 X_{2n} + \ldots + \beta_k X_{kn} + \epsilon_n \end{aligned} \tag{2.4}$$

Y항, X항, 회귀계수, 오차항을 각각 묶어 다음과 같이 벡터와 행렬로 정의하자.

$$\boldsymbol{y} = \begin{bmatrix} Y_1 \\ Y_2 \\ \vdots \\ Y_n \end{bmatrix}, \quad \boldsymbol{X} = \begin{bmatrix} 1 & X_{11} & X_{21} & \cdots & X_{k1} \\ 1 & X_{12} & X_{22} & \cdots & X_{k2} \\ \vdots & \vdots & \vdots & & \vdots \\ 1 & X_{1n} & X_{2n} & \cdots & X_{kn} \end{bmatrix}$$

$$\boldsymbol{\beta} = \begin{bmatrix} \beta_0 \\ \beta_1 \\ \vdots \\ \beta_k \end{bmatrix}, \quad \boldsymbol{\epsilon} = \begin{bmatrix} \epsilon_1 \\ \epsilon_2 \\ \vdots \\ \epsilon_n \end{bmatrix}$$

여기서 벡터는 모두 열벡터(column vector)인데 벡터 $\boldsymbol{y}$와 $\boldsymbol{\epsilon}$는 크기 n의 열벡터이며, $\boldsymbol{\beta}$는 크기 $(k+1)$의 열벡터이다. 그리고 $\boldsymbol{X}$는 $n \times (k+1)$의 행렬이 된다(이를 데이터 행렬이라 함). 이때 다중회귀모델은 다음과 같은 간단한 형태로 나타낼 수 있다(행렬 $\boldsymbol{X}$와 벡터 $\boldsymbol{\beta}$를 곱하여 실제 $\boldsymbol{X\beta}$가 식(2.4)와 같이 됨을 확인하라).

$$\boldsymbol{y} = \boldsymbol{X\beta} + \boldsymbol{\epsilon} \tag{2.5}$$

오차항 벡터 $\boldsymbol{\epsilon}$은 정규분포를 따르는 n개의 확률변수 ϵ_i들로 이루어졌기 때문에 다변량 정규분포를 따른다고 말한다. 다변량 정규분포를 따르는 벡터의 기대치는 벡터로 표현되며, 그 산포의 척도는 행렬로 표현되는데 이를 분산-공분산행렬(variance-covariance matrix)이라 한다. 즉, $E[\boldsymbol{\epsilon}]$=0이고, 분산-공분산행렬 Var[$\boldsymbol{\epsilon}$]은 각 ϵ_i들이 독립이므로 대각원소의 분산값 σ^2을 제외한 모든 공분산값은 0이 되어 다음과 같이 표현될 수 있다.

$$Var[\epsilon] = \begin{bmatrix} \sigma^2 & & & 0 \\ & \sigma^2 & & \\ & & \ddots & \\ 0 & & & \sigma^2 \end{bmatrix} = \sigma^2 \boldsymbol{I}$$

여기서 $\boldsymbol{I}$는 단위행렬(identity matrix)이다.

2.2 | 회귀계수의 추정

다중회귀모형에서 회귀계수들의 추정은 최소자승법(least squares method)에 근거하고 있다. 오차항의 제곱합 Q는 다음과 같이 표현된다.

$$Q = \sum [Y_i - (\beta_0 + \beta_1 X_{1i} + \ldots + \beta_k X_{ki})]^2 \tag{2.6}$$

최소자승법에 의한 회귀계수의 추정은 제곱합 Q를 각 β_j에 대해 편미분하고 이를 0으로 하는 다음과 같은 연립방정식을 풀어 $\hat{\beta}_j$들을 구하는 것이다.

$$\frac{\partial Q}{\partial \beta_0} = -2\sum [Y_i - (\beta_0 + \beta_1 X_{1i} + \ldots + \beta_k X_{ki})] = 0$$

$$\frac{\partial Q}{\partial \beta_1} = -2\sum X_{1i} [Y_i - (\beta_0 + \beta_1 X_{1i} + \ldots + \beta_k X_{ki})] = 0$$

$$\vdots$$

$$\frac{\partial Q}{\partial \beta_k} = -2\sum X_{ki} [Y_i - (\beta_0 + \beta_1 X_{1i} + \ldots + \beta_k X_{ki})] = 0$$

위의 연립방정식을 만족하는 β_j를 $\hat{\beta}_j$라 하면 다음 관계가 성립하는데 이를 정규방정식(normal equation)이라 한다.

$$
\begin{aligned}
&\widehat{\beta_0}n+\widehat{\beta_1}\sum X_{1i}+\ldots+\widehat{\beta_k}\sum X_{ki}=\sum Y_i \\
&\widehat{\beta_0}\sum X_{1i}+\widehat{\beta_1}\sum X_{1i}^2+\ldots+\widehat{\beta_k}\sum X_{1i}X_{ki}=\sum X_{1i}Y_i \\
&\qquad\qquad\qquad\vdots \\
&\widehat{\beta_0}\sum X_{ki}+\widehat{\beta_1}\sum X_{ki}X_{1i}+\ldots+\widehat{\beta_k}\sum X_{ki}^2=\sum X_{ki}Y_i
\end{aligned} \tag{2.7}
$$

정규방정식 식(2.7)을 벡터-행렬식으로 표현하면 편리한데, 이를 위해서 우선 행렬 $(\boldsymbol{X}^T\boldsymbol{X})$가 다음과 같음을 알아야 한다.

$$
(\boldsymbol{X}^T\boldsymbol{X})=\begin{bmatrix} n & \sum X_{1i} & \sum X_{2i} & \cdots & \sum X_{ki} \\ \sum X_{1i} & \sum X_{1i}^2 & \sum X_{1i}X_{2i} & \cdots & \sum X_{1i}X_{ki} \\ \vdots & \vdots & \vdots & & \vdots \\ \sum X_{ki} & \sum X_{ki}X_{1i} & \sum X_{ki}X_{2i} & \cdots & \sum X_{ki}^2 \end{bmatrix} \tag{2.8}
$$

식(2.8)을 이용하면 식(2.7)의 정규방정식이 다음과 같이 표현됨을 보일 수 있다.

$$
(\boldsymbol{X}^T\boldsymbol{X})\hat{\boldsymbol{\beta}}=\boldsymbol{X}^T\boldsymbol{y} \tag{2.9}
$$

따라서 $\boldsymbol{\beta}$의 최소자승추정량은 다음과 같다.

$$
\hat{\boldsymbol{\beta}}=(\boldsymbol{X}^T\boldsymbol{X})^{-1}\boldsymbol{X}^T\boldsymbol{y} \tag{2.10}
$$

식(2.10)에서 $(\boldsymbol{X}^T\boldsymbol{X})^{-1}$는 $(\boldsymbol{X}^T\boldsymbol{X})$의 역행렬(inverse matrix)인데 여기서는 이 역행렬이 존재한다는 것을 가정한다. 뒤에서 다루겠지만 독립변수 간에 선형관계가 있는 경우에는 역행렬이 존재하지 않을 수 있다.

예 2.1 단순회귀모형

다음과 같은 단순회귀모형에 대해 벡터-행렬 기호를 사용하여 식(2.10)과 같은 $\boldsymbol{\beta}$의 추정량을 구하시오(여기서 X_i는 독립변수 X의 i번째 관측치임을 유의하라. 즉, 식(2.1)의 모형으로 보면 X_i는 X_{1i}를 의미한다).

$$
Y_i=\beta_0+\beta_1X_i+\epsilon_i \qquad i=1,2,\ldots,n
$$

풀이

이 경우 행렬 $\boldsymbol{X}$와 벡터 $\boldsymbol{\beta}$는 아래와 같다.

$$\boldsymbol{X}=\begin{bmatrix}1 & X_1\\1 & X_2\\ \vdots & \vdots\\1 & X_n\end{bmatrix} \qquad \boldsymbol{\beta}=\begin{bmatrix}\beta_0\\ \beta_1\end{bmatrix}$$

따라서 행렬 $(\boldsymbol{X}^T\boldsymbol{X})$는 다음과 같이 구해진다.

$$(\boldsymbol{X}^T\boldsymbol{X})=\begin{bmatrix}n & \Sigma X_i\\ \Sigma X_i & \Sigma X_i^2\end{bmatrix}$$

그리고 역행렬 $(\boldsymbol{X}^T\boldsymbol{X})^{-1}$은 다음과 같이 구해진다.

$$(\boldsymbol{X}^T\boldsymbol{X})^{-1}=\frac{1}{\Sigma(X_i-\overline{X})^2}\begin{bmatrix}\Sigma X_i^2/n & -\overline{X}\\ -\overline{X} & 1\end{bmatrix}$$

한편 $\boldsymbol{X}^T\boldsymbol{y}$는 아래와 같으므로

$$\boldsymbol{X}^T\boldsymbol{y}=\begin{bmatrix}\Sigma Y_i\\ \Sigma X_iY_i\end{bmatrix}$$

식(2.10)에 의한 $\hat{\boldsymbol{\beta}}$은 다음과 같이 표현된다.

$$\hat{\boldsymbol{\beta}}=\begin{bmatrix}\widehat{\beta_0}\\ \widehat{\beta_1}\end{bmatrix}=\frac{1}{\Sigma(X_i-\overline{X})}\begin{bmatrix}\Sigma X_i^2/n & -\overline{X}\\ -\overline{X} & 1\end{bmatrix}\begin{bmatrix}\Sigma Y_i\\ \Sigma X_iY_i\end{bmatrix}$$

$$=\frac{1}{\Sigma(X_i-\overline{X})}\begin{bmatrix}\overline{Y}\Sigma X_i^2-\overline{X}\Sigma X_iY_i\\ \Sigma X_iY_i-n\overline{X}\,\overline{Y}\end{bmatrix}$$

따라서 $\widehat{\beta_1}$과 $\widehat{\beta_0}$은 다음과 같다.

$$\widehat{\beta_1}=\frac{\Sigma X_iY_i-n\overline{X}\,\overline{Y}}{\sum_{i=1}^{n}(X_i-\overline{X})^2}, \qquad \widehat{\beta_0}=\overline{Y}-\widehat{\beta_1}\overline{X}$$

예 2.2 두 변수 모형

독립변수가 두 개 있는 다음 모형에 대한 회귀계수 추정을 위한 정규방정식과 $(\boldsymbol{X}^T\boldsymbol{X})^{-1}$을 구하시오.

$$Y_i = \beta_0 + \beta_1 X_{1i} + \beta_2 X_{2i} + \epsilon_i$$

풀이

행렬 $\boldsymbol{X}$는 다음과 같으므로

$$\boldsymbol{X} = \begin{bmatrix} 1 & X_{11} & X_{21} \\ 1 & X_{12} & X_{22} \\ \vdots & \vdots & \vdots \\ 1 & X_{1n} & X_{2n} \end{bmatrix}$$

$(\boldsymbol{X}^T\boldsymbol{X})$행렬은 아래와 같다.

$$(\boldsymbol{X}^T\boldsymbol{X}) = \begin{bmatrix} n & \Sigma X_{1i} & \Sigma X_{2i} \\ \Sigma X_{1i} & \Sigma X_{1i}^2 & \Sigma X_{1i} X_{2i} \\ \Sigma X_{2i} & \Sigma X_{1i} X_{2i} & \Sigma X_{2i}^2 \end{bmatrix}$$

따라서 정규방정식은 아래와 같다.

$$\begin{bmatrix} n & \Sigma X_{1i} & \Sigma X_{2i} \\ \Sigma X_{1i} & \Sigma X_{1i}^2 & \Sigma X_{1i} X_{2i} \\ \Sigma X_{2i} & \Sigma X_{1i} X_{2i} & \Sigma X_{2i}^2 \end{bmatrix} \begin{bmatrix} \widehat{\beta_0} \\ \widehat{\beta_1} \\ \widehat{\beta_2} \end{bmatrix} = \begin{bmatrix} \Sigma Y_i \\ \Sigma X_{1i} Y_i \\ \Sigma X_{2i} Y_i \end{bmatrix}$$

즉, $\widehat{\beta_0}$, $\widehat{\beta_1}$, $\widehat{\beta_2}$는 아래 연립방정식의 해가 된다.

$$\widehat{\beta_0} n + \widehat{\beta_1} \Sigma X_{1i} + \widehat{\beta_2} \Sigma X_{2i} = \Sigma Y_i$$

$$\widehat{\beta_0} \Sigma X_{1i} + \widehat{\beta_1} \Sigma X_{1i}^2 + \widehat{\beta_2} \Sigma X_{1i} X_{2i} = \Sigma X_{1i} Y_i$$

$$\widehat{\beta_0} \Sigma X_{2i} + \widehat{\beta_1} \Sigma X_{1i} X_{2i} + \widehat{\beta_2} \Sigma X_{2i}^2 = \Sigma X_{2i} Y_i$$

그리고 $(\boldsymbol{X}^T\boldsymbol{X})^{-1}$는 다음과 같이 표현된다.

$$(\boldsymbol{X}^T\boldsymbol{X})^{-1} = \frac{1}{\sum(X_{1i}-\overline{X_1})^2\sum(X_{2i}-\overline{X_2})^2-[\sum(X_{1i}-\overline{X_1})(X_{2i}-\overline{X_2})]^2}\times \quad (2.11)$$

$$\begin{bmatrix} [\sum X_{1i}^2\sum X_{2i}^2-(\sum X_{1i}X_{2i})^2]/n & \overline{X_2}\sum X_{1i}X_{2i}-\overline{X_1}\sum X_{2i}^2 & \overline{X_1}\sum X_{1i}X_{2i}-\overline{X_2}\sum X_{1i}^2 \\ & \sum(X_{2i}-\overline{X_2})^2 & -\sum(X_{1i}-\overline{X_1})(X_{2i}-\overline{X_2}) \\ & & \sum(X_{1i}-\overline{X_1})^2 \end{bmatrix}$$

예 2.3

다음과 같은 나이(X_1), 키(X_2), 몸무게(Y) 10개의 데이터가 있다. 나이와 키로 몸무게를 예측하는 회귀모형을 구현하시오.

ID	나이 (X_1)	키 (X_2)	몸무게 (Y)
1	21	170	60
2	47	167	65
3	36	173	67
4	15	165	54
5	54	168	73
6	25	177	71
7	32	169	68
8	18	172	62
9	43	171	66
10	28	175	68

풀이

우선 회귀모형은 다음과 같다.

$$Y_i = \beta_0 + \beta_1 X_{1i} + \beta_2 X_{2i} + \epsilon_i$$

아래에 주어진 값들을 이용하여 추정량 $\hat{\boldsymbol{\beta}}$을 구해 보자.

$$\sum X_{1i} = 319 \qquad \sum X_{1i}^2 = 11693$$

$$\sum X_{2i} = 1707 \qquad \sum X_{2i}^2 = 291507$$

$$\sum Y_i = 654$$

$$\sum X_{1i} X_{2i} = 54376$$

$$\sum X_{1i} Y_i = 21288$$

$$\sum X_{2i} Y_i = 111729$$

이때 $(\boldsymbol{X}^T\boldsymbol{X})$은 다음과 같다.

$$(\boldsymbol{X}^T\boldsymbol{X}) = \begin{bmatrix} 10 & 319 & 1707 \\ 319 & 11693 & 54376 \\ 1707 & 54376 & 291507 \end{bmatrix}$$

$(\boldsymbol{X}^T\boldsymbol{X})$의 역행렬과 $\boldsymbol{X}^T\boldsymbol{y}$는 아래와 같다.

$$(\boldsymbol{X}^T\boldsymbol{X})^{-1} = \begin{bmatrix} 252.0902 & -0.0953 & -1.4584 \\ -0.0953 & 0.0006 & 0.0004 \\ -1.4584 & 0.0004 & 0.0085 \end{bmatrix}$$

$$(\boldsymbol{X}^T\boldsymbol{y}) = \begin{bmatrix} 654 \\ 21288 \\ 111729 \end{bmatrix}$$

식(2.10)을 이용하여 $\boldsymbol{\beta}$의 추정량 $\hat{\boldsymbol{\beta}}$을 구하면 다음과 같다.

$$\begin{aligned} \hat{\boldsymbol{\beta}} &= (\boldsymbol{X}^T\boldsymbol{X})^{-1}\boldsymbol{X}^T\boldsymbol{y} \\ &= \begin{bmatrix} 252.0902 & -0.0953 & -1.4584 \\ -0.0953 & 0.0006 & 0.0004 \\ -1.4584 & 0.0004 & 0.0085 \end{bmatrix} \begin{bmatrix} 654 \\ 21288 \\ 111729 \end{bmatrix} \\ &= \begin{bmatrix} -108.1672 \\ 0.3291 \\ 0.9553 \end{bmatrix} \end{aligned}$$

따라서 추정된 회귀식은 다음과 같이 쓸 수 있다.

$$\hat{Y} = -108.1672 + 0.3291X_1 + 0.9553X_2$$

식(2.1)의 다중회귀모형에 대한 추정회귀식은 다음과 같이 표현되며

$$\widehat{Y} = \widehat{\beta}_0 + \widehat{\beta}_1 X_1 + \widehat{\beta}_2 X_2 + \ldots + \widehat{\beta}_k X_k$$

이를 벡터로 나타내면 아래와 같다.

$$\hat{\boldsymbol{y}} = \boldsymbol{X}\hat{\boldsymbol{\beta}} = \boldsymbol{X}(\boldsymbol{X}^T\boldsymbol{X})^{-1}\boldsymbol{X}^T\boldsymbol{y} \qquad (2.12)$$

또한 i번째 관측치에 대한 잔차(residual)는 다음과 같다.

$$e_i = Y_i - \widehat{Y}_i = Y_i - (\widehat{\beta}_0 + \widehat{\beta}_1 X_{1i} + \widehat{\beta}_2 X_{2i} + \ldots + \widehat{\beta}_k X_{ki}) \qquad (2.13)$$

식(2.13)의 잔차에 대한 제곱합을 잔차제곱합(residual sum of squares; SSE) 또는 오차제곱합이라 한다. 즉,

$$SSE = \sum e_i^2 = \sum (Y_i - \widehat{Y}_i)^2 \qquad (2.14)$$

이때 σ^2의 추정은 아래와 같이 잔차제곱합 SSE를 자유도 (n−k−1)로 나눈 잔차평균제곱(MSE)을 이용한다. 즉,

$$\hat{\sigma}^2 = MSE = \frac{SSE}{n-k-1} = \frac{1}{n-k-1}\sum_{i=1}^{n}(Y_i - \widehat{Y}_i)^2 \qquad (2.15)$$

위에서 자유도가 (n−k−1)이 되는 이유는 모수인 회귀계수가 (k+1)개 있기 때문이다. 그리고 식(2.15)의 σ^2의 추정량은 불편추정량(unbiased estimator)임을 알 수 있다.

$$E[MSE] = \sigma^2 \qquad (2.16)$$

참고로 식(2.13)을 벡터로 표현하면 다음과 같은데 이를 잔차벡터라 한다.

$$\begin{aligned}\boldsymbol{e} &= \boldsymbol{y} - \hat{\boldsymbol{y}} = \boldsymbol{y} - \boldsymbol{X}\hat{\boldsymbol{\beta}} \\ &= \boldsymbol{y} - \boldsymbol{X}(\boldsymbol{X}^T\boldsymbol{X})^{-1}\boldsymbol{X}^T\boldsymbol{y} \\ &= (\boldsymbol{I} - \boldsymbol{X}(\boldsymbol{X}^T\boldsymbol{X})^{-1}\boldsymbol{X}^T)\boldsymbol{y} \end{aligned} \qquad (2.17)$$

식(2.17)의 잔차벡터를 아래와 같이 표현할 수 있다.

$$\boldsymbol{e} = (\boldsymbol{I} - \boldsymbol{H})\boldsymbol{y} \tag{2.18}$$

위에서 $\boldsymbol{H} = \boldsymbol{X}(\boldsymbol{X}^T\boldsymbol{X})^{-1}\boldsymbol{X}^T$는 hat 행렬(hat matrix)이라 부르며 여러 유용한 성질을 갖고 있다. 행렬 $\boldsymbol{H}$는 대칭이며($\boldsymbol{H}^T = \boldsymbol{H}$), 제곱해도 동일한 idempotent 성질($\boldsymbol{H}^2 = \boldsymbol{H}$)을 갖는다.

결국, 식(2.14)의 잔차제곱합 SSE는 다음과 같이 나타낼 수 있다.

$$SSE = \boldsymbol{e}^T\boldsymbol{e} = (\boldsymbol{y} - \boldsymbol{X}\hat{\boldsymbol{\beta}})^T(\boldsymbol{y} - \boldsymbol{X}\hat{\boldsymbol{\beta}}) = \boldsymbol{y}^T\boldsymbol{y} - \hat{\boldsymbol{\beta}}^T\boldsymbol{X}^T\boldsymbol{y} \tag{2.19}$$

예 2.4

[예 2.3]에서 설정한 회귀모형의 오차항 분산을 추정하시오.

풀이

오차항 분산 σ^2은 식(2.15)와 같이 MSE로 추정되므로 우선 식(2.19)를 이용하여 SSE를 산출한다(단, $\sum Y_i^2 = \boldsymbol{y}^T\boldsymbol{y} = 43048$은 주어졌다고 하자).

$$\begin{aligned} SSE &= \boldsymbol{y}^T\boldsymbol{y} - \hat{\boldsymbol{\beta}}^T\boldsymbol{X}^T\boldsymbol{y} \\ &= 43048 - [-108.1672 \quad 0.3291 \quad 0.9553]\begin{bmatrix} 654 \\ 21288 \\ 111729 \end{bmatrix} = 49.2693 \end{aligned}$$

따라서 σ^2의 추정치는 다음과 같다.

$$\hat{\sigma}^2 = MSE = \frac{SSE}{n-k-1} = \frac{49.2693}{7} = 7.038$$

2.3 | 모형에 대한 추론

다중회귀모형의 추론은 주로 모수, 즉 회귀계수 β_j들에 대한 추정 및 검정을 의미한다. 본 절에서는 다중회귀모형에 대해 추정된 회귀계수 및 모형의 유의성을 검정하는 방법을 알아보자.

2.3.1 회귀성검정

고려하고 있는 회귀모형 또는 추정된 회귀식이 얼마나 데이터를 잘 반영하고 있는가를 알아보기 위해서는 이에 알맞은 척도를 개발할 필요가 있다. 동일한 종속변수를 설명하는 데 있어서도 어떤 독립변수를 도입하는가에 따라 설명력 또는 적합도(goodness of fit)가 다를 수 있기 때문에 이러한 척도를 이용해 비교할 필요가 있다. 기본적으로 잔차제곱합인 SSE가 작은 값을 가질수록 적합도는 높다고 말할 수 있는데 SSE는 단위 등에 의해 변하는 값이므로 이 자체는 적합도의 척도로 적절하지 않다. 즉, SSE의 크기를 상대적으로 비교할 수 있는 대상이 필요하게 되는데, 종속변수에 대한 전체제곱합(total sum of squares; SST)은 모형과 관계 없이 데이터가 주어지면 일정한 값을 가지므로 비교 대상으로 삼을 수 있다.

전체제곱합은 다음과 같이 표현된다.

$$\begin{aligned} SST &= \sum (Y_i - \overline{Y})^2 \\ &= \sum (Y_i - \hat{Y}_i + \hat{Y}_i - \overline{Y})^2 \\ &= \sum (Y_i - \hat{Y}_i)^2 + \sum (\hat{Y}_i - \overline{Y})^2 + 2\sum (Y_i - \hat{Y}_i)(\hat{Y}_i - \overline{Y}) \end{aligned} \tag{2.20}$$

위 식의 마지막 등식에서 첫 항은 SSE가 되며 마지막 항은 0이 된다. 또한 SSE는 모형으로 설명되지 않는 부분으로 해석될 수 있기 때문에 위 식의 마지막 등식에서 두 번째 항은 회귀모형으로서 설명되는 부분으로 해석하며, 이를 회귀제곱합(regression sum of squares; SSR)이라 한다. 즉,

$$SSR = \sum (\hat{Y}_i - \overline{Y})^2 \tag{2.21}$$

위 결과를 정리하면, 종속변수에 대한 전체제곱합(SST)이 회귀제곱합(SSR)과 잔차제곱합(SSE)으로 분해된다.

정리 2.1 전체제곱합 $SST = \sum_{i=1}^{n} (Y_i - \overline{Y})^2$는 다음과 같이 회귀제곱합과 잔차제곱합의 합으로 표현된다.

$$SST = SSR + SSE$$

증명 식(2.20)의 마지막 항이 0임을 보이면 된다. 즉 다음 값이 0임을 보이고자 한다.

$$\sum (Y_i - \hat{Y}_i)(\hat{Y}_i - \overline{Y}) = \sum e_i (\hat{Y}_i - \overline{Y}) = \sum e_i \hat{Y}_i - \overline{Y} \sum e_i$$

식(2.7)(정규방정식)의 첫 관계식으로부터 잔차의 합은 0임을 알 수 있다.

$$\sum e_i = 0 \tag{2.22}$$

그리고 다음이 성립한다.

$$\sum e_i \hat{Y}_i = \boldsymbol{e}^T \hat{\boldsymbol{y}} = \boldsymbol{y}^T (\boldsymbol{I} - \boldsymbol{H}) \boldsymbol{H} \boldsymbol{y} = 0 \tag{2.23}$$

위에서 행렬 $\boldsymbol{I} - \boldsymbol{H}$ 역시 대칭이며 idempotent임을 사용하였다(연습문제 2.27 참조).

회귀성검정에 앞서 추정회귀식의 적합도에 대한 척도인 결정계수 R^2에 대해 알아보자. 이때 결정계수는 다음과 같이 회귀제곱합을 전체제곱합으로 나눈 값으로 정의된다.

정의 2.1 회귀모형의 결정계수는 다음과 같이 정의된다.

$$R^2 = \frac{SSR}{SST} = 1 - \frac{SSE}{SST}$$

즉, R^2의 값은 전체제곱합 중 모형이 설명하는 제곱합의 비율로 해석되며 0에서 1 사이의 값을 갖는데, 그 값이 1에 가까울수록 모형의 적합도가 높은 것을 의미하며 0에 가까울수록 적합도가 낮음을 뜻한다.

그러나 R^2의 값은 독립변수가 추가됨에 따라 증가하므로 (최소한 감소하지는 않으므로) 독립변수의 수에 따른 R^2의 증가분에 대한 조정을 필요로 한다. 수정결정계수 (adjusted coefficient of determination) R^2_{adj}는 다음과 같이 정의되는데, 독립변수의 추가에 의해 증가된다는 R^2의 결점을 보완한 것이다.

정의 2.2 회귀모형의 수정결정계수는 다음과 같이 정의된다.

$$R^2_{adj} = 1 - \frac{SSE/(n-k-1)}{SST/(n-1)} = 1 - (\frac{n-1}{n-k-1})(1-R^2)$$

따라서 독립변수가 많이 포함된 다중회귀분석에서는 회귀모형의 적합도의 척도로서 R^2보다 수정결정계수인 R^2_{adj}를 사용한다.

다중회귀모형에 있어서 유의성검정, 즉 회귀성검정은 독립변수의 기울기에 해당하는 모든 회귀계수(β_0은 제외됨을 유의)가 0의 값을 갖는가 또는 그렇지 않은가를 검정하는 것이다. 따라서 귀무가설과 대립가설은 아래와 같다.

$$H_0 : \beta_1 = \beta_2 = \ldots = \beta_k = 0$$

H_1 : 모든 β_j $(j = 1,2,\ldots,k)$ 가 0은 아니다.

독립변수의 기울기에 해당하는 모든 회귀계수가 0일 때 우리는 회귀성이 없다고 말하며 (H_0을 채택), 적어도 하나의 기울기가 0이 아니라고 판단되면 H_0이 기각되고 회귀성이 있다고 말하게 된다.

위의 가설을 검정하기 위하여 σ^2의 두 가지 추정량을 고려하게 된다. 우선, 식(2.15)과 같이 MSE는 위의 가설과 관계없이 항상 σ^2의 불편추정량이다. 한편 회귀제곱합을 자유도 k로 나눈 값을 아래와 같이 회귀평균제곱(MSR)으로 정의할 때

$$MSR = \frac{SSR}{k}$$

H_0이 옳으면 MSR 역시 σ^2의 불편추정량이 됨을 보일 수 있다. 즉,

$$E[MSR] = \sigma^2 \quad (\beta_1 = \beta_2 = \dots = \beta_k = 0\text{일 때}) \tag{2.24}$$

따라서 위의 가설을 검정하기 위한 검정통계량으로 다음과 같은 F-값을 이용한다.

$$F_0 = \frac{MSR}{MSE} \tag{2.25}$$

귀무가설 H_0이 옳으면 위의 F-값이 1에 가까울 것이므로 만약 F-값이 1보다 매우 큰 값을 가질 때는 가설 H_0을 기각한다.

그런데 여기서 SSE/σ^2는 $\chi^2_{(n-k-1)}$분포를 따르고 SSR/σ^2는 H_0이 옳을 때 $\chi^2_{(k)}$-분포를 따르므로 식(2.25)의 검정통계량 F_0은 다음과 같은 F-분포를 따름을 알 수 있다.

$$F_0 = \frac{MSR}{MSE} \sim F_{(k, n-k-1)} \qquad (H_0\text{이 옳을 때})$$

따라서 다음과 같을 때 유의수준 α에서 가설 H_0을 기각한다.

$$F_0 > F_{(\alpha, k, n-k-1)}$$

또한, F_0에 대응되는 p-값이 산출되어 있으면 다음과 같을 때 유의수준 α에서 H_0을 기각한다.

$$\text{p-값} < \alpha$$

위의 과정을 통해 회귀성검정을 하기 위해 [표 2.1]과 같이 요약된 표를 분산분석표(analysis of variance; ANOVA)라 한다.

표 2.1 다중회귀모형의 분산분석표

요인	제곱합	자유도	평균제곱	F-값	p-값
회귀	SSR	k	$MSR = SSR/k$	$F_0 = MSR/MSE$	$P(F_{k,n-k-1} > F_0)$
잔차	SSE	$n-k-1$	$MSE = SSE/(n-k-1)$		
전체	SST	$n-1$			

예 2.5

[예 2.3]의 데이터로부터 얻은 회귀식과 분산분석표는 다음과 같다. 회귀성검정을 실시하시오.

$$\hat{Y} = -108.1672 + 0.3291X_1 + 0.9553X_2$$

표 2.2 몸무게 데이터의 분산분석표

요인	제곱합	자유도	평균제곱
모델	227.130	2	113.565
잔차	49.269	7	7.038
전체	276.399	9	

풀이

이 회귀모형의 유의성을 검정하기 위한 가설은 다음과 같다.

$$H_0 : \beta_1 = \beta_2 = 0$$

$$H_1 : \beta_1\text{과 } \beta_2 \text{ 모두가 0은 아니다.}$$

검정통계량 F-값은 다음과 같다.

$$F_0 = \frac{113.565}{7.038} = 16.136$$

이 값은 기각임계치 $F_{(0.05;2,7)} = 4.74$보다 크므로 회귀성이 없다는 귀무가설을 기각한다. 따라서 위에서 추정된 회귀모형은 유의수준 $\alpha = 0.05$에서 유의한 모형이라 할 수 있다. 한편, σ^2의 추정치는 MSE=7.038임을 [표 2.2]에서 볼 수 있고, 결정계수는 $R^2 = 227.13/276.399 = 0.822$로 계산된다.

2.3.2 개별회귀계수에 대한 검정(t-검정)

회귀계수 $\beta_j(j=0,1,...,k)$에 대한 구간추정 및 검정은 $\widehat{\beta}_j$이 정규분포를 따름을 이용하면 쉽게 유도된다. 다만, $\widehat{\beta}_j$의 분산이 조금 복잡한데 이를 구하기 위해 우선 회귀계수벡터 $\boldsymbol{\beta}$의 추정량 $\hat{\boldsymbol{\beta}}$의 분산을 알아야 한다.

정리 2.2 회귀계수벡터 $\boldsymbol{\beta}$의 추정량 $\hat{\boldsymbol{\beta}}$은 다음과 같은 기대치와 분산-공분산행렬을 갖는 다변량 정규분포를 따른다.

$$E[\hat{\boldsymbol{\beta}}] = \boldsymbol{\beta} \tag{2.26}$$

$$Var[\hat{\boldsymbol{\beta}}] = \sigma^2(\boldsymbol{X}^T\boldsymbol{X})^{-1} \tag{2.27}$$

[정리 2.2]의 식(2.26)으로부터 $\widehat{\beta}_j$이 $\beta_j(j=0,1,...,k)$의 불편추정량임을 알 수 있다. 또한, $\widehat{\beta}_0$의 분산은 식(2.27)로 주어진 분산-공분산행렬의 첫 번째 대각원소이며, $\widehat{\beta}_j$ $(j=1,2,...,k)$의 분산 $Var[\widehat{\beta}_j]$은 행렬의 $(j+1)$ 번째 대각원소임을 알 수 있다. 따라서 $\widehat{\beta}_j$는 평균이 β_j, 분산이 $Var[\widehat{\beta}_j]$ (식2.27의 $(j+1)$ 번째 대각원소)인 정규분포를 따른다. 한편, 식(2.27)로 주어진 행렬의 $(i+1)$ 번째 행과 $(j+1)$ 번째 열에 해당하는 원소는 $\widehat{\beta}_i$와 $\widehat{\beta}_j$의 공분산인 $Cov[\widehat{\beta}_i,\widehat{\beta}_j]$을 나타낸다.

예 2.6

독립변수가 두 개 있는 다음 모형에서 $\widehat{\beta}_1$과 $\widehat{\beta}_2$의 분산을 각각 구하라.

$$Y_i = \beta_0 + \beta_1 X_{1i} + \beta_2 X_{2i} + \epsilon_i$$

풀이

$\overline{\beta}_1$과 $\overline{\beta}_2$의 분산은 식(2.11)에 있는 $(X^TX)^{-1}$ 행렬의 각각 2번째와 3번째 대각원소에 σ^2을 곱한 값이므로 다음과 같다.

$$Var[\widehat{\beta_1}] = \frac{\sigma^2 \sum (X_{2i} - \overline{X_2})^2}{\sum (X_{1i} - \overline{X_1})^2 \sum (X_{2i} - \overline{X_2})^2 - [\sum (X_{1i} - \overline{X_1})(X_{2i} - \overline{X_2})]^2} \quad (2.28)$$

$$Var[\widehat{\beta_2}] = \frac{\sigma^2 \sum (X_{1i} - \overline{X_1})^2}{\sum (X_{1i} - \overline{X_1})^2 \sum (X_{2i} - \overline{X_2})^2 - [\sum (X_{1i} - \overline{X_1})(X_{2i} - \overline{X_2})]^2} \quad (2.29)$$

$\hat{\beta}$의 분산-공분산행렬의 추정량은 식(2.27)에 σ^2대신 MSE를 대입한 아래 식과 같다.

$$s^2(\hat{\beta}) = MSE(\boldsymbol{X}^T\boldsymbol{X})^{-1} \quad (2.30)$$

따라서 $\widehat{\beta_j}$의 분산추정량인 $s^2(\widehat{\beta_j})$은 이 행렬의 $(j+1)$ 번째 대각원소이며, 이의 제곱근을 $\widehat{\beta_j}$의 표준오차라 하고 se($\widehat{\beta_j}$)로 표기한다.

정의 2.3 회귀계수 β_j 추정치의 표준오차는 다음과 같이 정의한다.

$$se(\widehat{\beta_j}) = MSE(\boldsymbol{X}^T\boldsymbol{X})^{-1} \text{ 의 } (j+1)\text{번째 대각원소의 제곱근}$$

결국 $\widehat{\beta_j}$관련 분포는 다음과 같다.

$$\frac{\widehat{\beta_j} - \beta_j}{se(\widehat{\beta_j})} \sim t_{(n-k-1)} \quad (2.31)$$

그러므로, $\beta_j(j = 0, 1, ..., k)$ 에 대한 100(1−α)% 신뢰구간은 다음과 같다.

$$\widehat{\beta_j} \pm se(\widehat{\beta_j}) t_{(\alpha/2, n-k-1)} \quad (2.32)$$

개별 회귀계수에 관한 다음과 같은 가설검정에 대해 알아보자.

$$H_0 : \beta_j = 0$$

$$H_1 : \beta_j \neq 0$$

물론 회귀계수 β_j에 대해 식(2.32)와 같은 신뢰구간이 구해지면 본 검정은 자연적으로 이루어진다. 즉, 위의 신뢰구간이 0을 포함하면 유의수준에서 가설 H_0을 기각하지 못하며, 0을 포함하지 않을 경우 기각하게 된다. 직접 위의 검정을 하기 위해서는 다음의 검정통계량 t-값을 이용한다.

$$T_j = \frac{\hat{\beta}_j}{se(\hat{\beta}_j)} \tag{2.33}$$

위의 통계량은 식(2.31)에 의하여 가설 H_0이 옳을 때 $t_{(n-k-1)}$분포를 따르기 때문에 유의수준 α에서

$$|T_j| > t_{(\alpha/2, n-k-1)}$$

이면 H_0을 기각하게 된다. H_0을 기각한다는 것은 β_j가 통계적으로 0이 아니라는, 즉 X_j가 유의수준 α에서 유의한 변수라는 것을 의미한다. 또한, 위의 t-값에 대응하는 p-값이 산출될 경우, 다음이 성립할 때 유의수준 α에서 H_0을 기각하게 된다.

$$\text{p-값} < \alpha$$

개별 회귀계수의 검정과 관련된 결과를 정리하면 [표 2.3]과 같다.

표 2.3 다중회귀분석에서 회귀계수 추론 결과

변수	회귀계수 추정치	표준오차	t-값	p-값
절편	$\hat{\beta}_0$	$se(\hat{\beta}_0)$	$T_0 = \hat{\beta}_0 / se(\hat{\beta}_0)$	$P(\|T_{(n-k-1)}\| > \|T_0\|)$
X_1	$\hat{\beta}_1$	$se(\hat{\beta}_1)$	$T_1 = \hat{\beta}_1 / se(\hat{\beta}_1)$	$P(\|T_{(n-k-1)}\| > \|T_1\|)$
⋮	⋮	⋮	⋮	⋮
X_k	$\hat{\beta}_k$	$se(\hat{\beta}_k)$	$T_k = \hat{\beta}_k / se(\hat{\beta}_k)$	$P(\|T_{(n-k-1)}\| > \|T_k\|)$

* $T_{(n-k-1)}$는 $t_{(n-k-1)}$-분포를 따르는 확률변수임.

예 2.7

[예 2.1]의 회귀분석 결과는 다음과 같다.

Y : 몸무게(weight), X_1 : 나이(age), X_2 : 키(height)

```
Call:
lm(formula = weight ~ age + height, data = dat1)

Coefficients:
             Estimate Std. Error t value Pr(>|t|)
(Intercept) -108.16720   42.12277  -2.568  0.03712 *
age            0.32912    0.06924   4.753  0.00208 **
height         0.95529    0.24406   3.914  0.00579 **
---
Signif. codes:  0 '***' 0.001 '**' 0.01 '*' 0.05 '.' 0.1 ' ' 1

Residual standard error: 2.653 on 7 degrees of freedom
Multiple R-squared:  0.8217,    Adjusted R-squared:  0.7708
F-statistic: 16.13 on 2 and 7 DF,  p-value: 0.002391
------------------------------------------------------------
Analysis of Variance Table

Response: weight
          Df  Sum Sq Mean Sq F value   Pr(>F)
age        1 119.299 119.299   16.95 0.004476 **
height     1 107.831 107.831   15.32 0.005793 **
Residuals  7  49.269   7.038
```

그림 2.1 몸무게 데이터의 회귀분석 결과

(a) 회귀계수 β_1에 대한 아래 가설을 유의수준 0.05에서 t-검정을 하시오.

$$H_0 : \beta_1 = 0$$

$$H_1 : \beta_1 \neq 0$$

풀이

위의 가설에 대한 검정통계량 t-값은

$$T_1 = \frac{\widehat{\beta_1}}{se(\widehat{\beta_1})} = \frac{0.3291}{0.0692} = 4.753$$

이며, 기각임계치 $t_{(0.025;7)} = 2.365$보다 크므로 귀무가설을 기각한다. 따라서 나이는 유의수준 0.05에서 몸무게에 유의한 영향을 갖는 변수라고 할 수 있다. 회귀모형 결과, [그림 2.1]에서 $\widehat{\beta_1}$에 대한 p-값을 보면 0.002인데, 이것은 유의수준 0.05보다 작으므로 p-값만 보고도 X_1이 유의한 영향을 갖는 변수라고 판단할 수 있다.

(b) 회귀계수 β_2에 대한 아래 가설을 유의수준 α = 0.05에서 검정하시오.

$$H_0 : \beta_2 = 0$$
$$H_1 : \beta_2 \neq 0$$

풀이

위의 가설에 대한 검정통계량은 다음과 같이 산출된다.

$$|T_2| = \left| \frac{\widehat{\beta_2}}{se(\widehat{\beta_2})} \right| = \left| \frac{0.9553}{0.2441} \right| = 3.914$$

3.914는 기각임계치 $t_{(0.025;7)} = 2.365$보다 큰 값이므로 귀무가설을 기각한다. 이는 또한 p-값으로도 확인할 수 있는데, 이 경우 p-값이 0.0058로 유의수준 0.05보다 작으므로 5% 유의수준에서 키는 유의한 변수라고 할 수 있다.

2.4 | 변수선택방법

종속변수를 설명하기 위한 독립변수들의 후보가 매우 많은 경우 어떤 독립변수들의 조합에 의한 회귀모형이 가장 좋은가를 판단하는 것은 어려운 문제이다. 기본 법칙으로는 될 수 있으면 간단한 모형을 선택하는 것이 바람직하다. 본 절에서는 변수선택과 관련된 모형의 성능척도로서 어떠한 것들이 있고 어떤 기준으로 선택할 것인지에 관하여 알아본다.

총 k개의 독립변수 중 일부를 포함하는 다중회귀모형을 고려해 보자. 즉, $(p-1)$개의 독립변수(이때 회귀계수는 p개임)를 갖는 다중회귀모형은 아래와 같다.

$$Y = \beta_0 + \beta_1 X_1 + \ldots + \beta_{p-1} X_{p-1} + \epsilon$$

2.4.1 모형의 성능척도

가장 단순한 모형의 성능척도로 결정계수가 있다. 결정계수가 클수록 그 모형의 설명력이 크다고 할 수 있기 때문이다. p개의 회귀계수로 구성되는 다중회귀모형(p항 회귀모형)의 결정계수인 R_p^2는 다음과 같이 정의된다.

$$R_p^2 = \frac{SSR_p}{SST} = 1 - \frac{SSE_p}{SST}$$

여기서 SSR_p 및 SSE_p는 각각 위의 p항 회귀모형에 대한 회귀제곱합과 잔차제곱합을 나타낸다. R_p^2은 p가 증가함에 따라 함께 증가하며, 모든 독립변수가 다 포함된$(p=k+1)$ 완전모형에서 최대가 된다. 따라서 최대의 R^2값을 갖는 모형을 선택하는 것은 의미가 없고 변수를 하나씩 추가하면서 R^2의 증가가 둔화되는 시점을 최종 모형으로 선택하는 것이 바람직하다.

[정의 2.2]의 수정결정계수는 독립변수의 수가 추가되면 항상 증가된다는 R^2의 결점을 보완한 것으로, p항 회귀모형에 대해 다음과 같이 정의할 수 있다.

$$R^2_{adj,p} = 1 - \frac{SSE_p/(n-p)}{SST/(n-1)} = 1 - (\frac{n-1}{n-p})(1-R^2_p) \tag{2.34}$$

즉, 수정결정계수는 독립변수의 수가 증가하여도 항상 증가하는 값은 아니다. 따라서 $R^2_{adj,p}$ 가 최대가 되는 독립변수의 조합을 찾아 모형을 선택할 수 있다.

한편, MSE도 모형선택의 기준으로 사용할 수 있는데 잔차제곱합 SSE는 변수가 추가될수록 작아지나 MSE는 반드시 그렇지 않기 때문에 MSE가 최소로 되는 독립변수의 조합을 찾아 최종 모형을 결정할 수 있다. 이 기준은 수정결정계수가 최대가 되는 기준과 동일한 것임을 다음 사실로부터 알 수 있다. 즉, 식(2.34)를 다시 쓰면

$$R^2_{adj,p} = 1 - \frac{MSE_p}{SST/(n-1)}$$

이므로 모형선택에서 최소의 MSE_p와 최대 $R^2_{adj,p}$ 기준은 동일함을 알 수 있다.

위에서 언급한 결정계수 또는 MSE는 모형의 설명력을 나타낸다고 볼 수 있는데, 부가적인 모형의 성능척도로 맬로우즈(Mallows)가 개발한 C_p 통계량이 종종 사용된다. 이는 p항 회귀모형이 완전모형에 얼마나 가까운가를 나타내는 척도로서 아래와 같이 정의된다.

정의 2.4 p항 회귀모형에 대한 맬로우즈 C_p 통계량은 다음과 같이 정의된다.

$$C_p = \frac{SSE_p}{MSE} - n + 2p$$

여기서 MSE는 완전모형에서의 σ^2의 추정량이며, SSE_p는 독립변수 $p-1$개를 포함시켰을 때의 잔차제곱합이다. 참고로 C_p 통계량은 다음과 같은 예측치 평균오차제곱의 추정량이다.

$$\Gamma_p = \frac{1}{\sigma^2}\sum_{i=1}^{n} E[(\hat{y}_i - E[y_i])^2]$$

완전모형, 즉 $p = k+1$일 때 $C_p = k+1$임을 알 수 있다. 그리고, 다음과 같이 p항 회귀모형이 완전모형에 비해 편의(bias)가 없다면 C_p의 기대치는 p가 됨을 알 수 있다.

$$E[C_p|bias=0] \approx \frac{E[SSE_p|bias=0]}{\sigma^2} - n + 2p = \frac{(n-p)\sigma^2}{\sigma^2} - n + 2p = p$$

그리고 p항 회귀모형이 완전모형에 비하여 편의가 클수록 C_p값은 p보다 큰 값을 갖는다. 따라서, $C_p = p$일 때 그 모형은 편의가 없는 모형이며, C_p값이 p에 가까울수록 편의가 적은 모형이라 할 수 있겠다. 다시 말하면 p와 C_p를 각각 x, y축에 나타낼 때 45° 직선에 가깝게 위치한 모형일수록 편의가 적은 모형이라 할 수 있다. 그러므로 45° 직선에 가깝게 위치하면서 적은 변수의 수(작은 p값)를 가진 모형이 가장 적절한 것이라고 할 수 있겠다.

2.4.2 모든 가능한 조합의 회귀분석(all possible regression)

이 방법은 독립변수들의 조합에 대한 가능한 모든 회귀모형을 분석하여 가장 적합한 회귀모형을 선택하는 방법이다. 만일 β_0이 모형에 항상 포함된다고 가정하면 k개의 독립변수가 있는 경우 총 2^k개의 모형이 조사 분석되어야 할 것이다. 하나의 최적 모형을 얻기 위해서는 각 모형에 대해 위에서 언급한 어떤 하나의 척도보다는 여러 척도를 산출하여 비교분석해야 할 것이다.

예 2.8

야구선수들의 연봉(Salary, 1987년)에 미치는 영향을 조사하기 위해 독립변수로 Hits(1986년 안타 횟수), Walks(1986년 볼넷 횟수), CRuns(선수생활 총 득점수), Hmrun(1986년 홈런수), CWalks(선수생활 총 볼넷 횟수)를 포함시킨 모형을 설정하고, 변수선택방법을 설명하고자 한다. 주어진 변수들로 가장 적절한 회귀모형을 설정하시오. 데이터는 kaggle의 Hitters.csv[1] (n=322)이다.

풀이

각 변수조합에 따른 회귀분석 결과는 [그림 2.2]에서 보는 바와 같다고 하자. 만약 1개의 변수만 가진 회귀모형을 구한다면 $R^2_{adj,\,p}$ 가 높고 C_p가 작은 CRuns(선수생활 총 득

1) https://www.kaggle.com/datasets/mathchi/hitters-baseball-data

점수)를 선택하고, 2개의 변수를 선택한다면 CRuns(선수생활 총 득점수)과 Hits(1986년 안타 횟수)를 포함된 회귀모형이 최적 모형이 될 것이다. 마찬가지로 3개의 변수조합 중 최적모형을 선택한다면 CRuns(선수생활 총 득점수), Hits(1986년 안타 횟수), Walks(1986년 볼넷 횟수)를 포함한 모형이 될 것이다.

	Index	N	Predictors	R-Square	Adj. R-Square	Mallow's Cp
3	1	1	CRuns	0.3166062	0.3139878	54.140213
5	2	1	CWalks	0.2399256	0.2370135	89.276284
2	3	1	Walks	0.1970181	0.1939416	108.937069
1	4	1	Hits	0.1924355	0.1893414	111.036886
4	5	1	HmRun	0.1176683	0.1142877	145.296250
7	6	2	Hits CRuns	0.4147791	0.4102774	11.156078
10	7	2	Walks CRuns	0.3906078	0.3859201	22.231709
9	8	2	Hits CWalks	0.3853422	0.3806140	24.644480
13	9	2	CRuns HmRun	0.3584707	0.3535358	36.957357
14	10	2	CRuns CWalks	0.3240582	0.3188586	52.725631
12	11	2	Walks CWalks	0.3068498	0.3015179	60.610716
15	12	2	HmRun CWalks	0.2965559	0.2911448	65.327521
6	13	2	Hits Walks	0.2453786	0.2395738	88.777655
11	14	2	Walks HmRun	0.2240202	0.2180511	98.564374
8	15	2	Hits HmRun	0.2093560	0.2032741	105.283718
16	16	3	Hits Walks CRuns	0.4287269	0.4221098	6.765004
23	17	3	Walks CRuns CWalks	0.4269906	0.4203535	7.560585
19	18	3	Hits CRuns HmRun	0.4178491	0.4111061	11.749353
20	19	3	Hits CRuns CWalks	0.4147802	0.4080016	13.155578
22	20	3	Walks CRuns HmRun	0.4021021	0.3951766	18.964848
21	21	3	Hits HmRun CWalks	0.3874947	0.3804000	25.658175
18	22	3	Hits Walks CWalks	0.3868621	0.3797601	25.948023
25	23	3	CRuns HmRun CWalks	0.3647553	0.3573973	36.077637
24	24	3	Walks HmRun CWalks	0.3290179	0.3212459	52.452998
17	25	3	Hits Walks HmRun	0.2532017	0.2445515	87.193024
27	26	4	Hits Walks CRuns CWalks	0.4374699	0.4287485	4.758862
30	27	4	Walks CRuns HmRun CWalks	0.4321227	0.4233184	7.209002
26	28	4	Hits Walks CRuns HmRun	0.4301353	0.4213001	8.119679
29	29	4	Hits CRuns HmRun CWalks	0.4179107	0.4088860	13.721142
28	30	4	Hits Walks HmRun CWalks	0.3886385	0.3791600	27.134046
31	31	5	Hits Walks CRuns HmRun CWalks	0.4391260	0.4282141	6.000000

그림 2.2 각 변수조합에 대한 선택척도 결과

[그림 2.2]에서 독립변수 수에 따른 각 모형에 대한 C_p를 보면, 변수가 4개인 ($p=5$인 경우) 모형에서는 (Hits, Walks, CRuns, CWalks)이 포함된 모형의 경우의 C_p

(=4.7589)가 가장 p(=5)와 가까운 것을 볼 수 있다. 결과적으로 수정결정계수와 C_p만을 볼 때 (Hits, Walks, CRuns, CWalks)을 포함한 모형이 가장 적절하다고 할 수 있다.

2.4.3 단계적 변수선택(stepwise regression)

종속변수 Y에 영향을 준다고 예상되는 k개의 설명변수 X_1, $X_2,\ldots,X_k$ 중에서 적절한 독립변수를 단계적으로 선택하는 방법에는 전진선택법(forward selection), 후진제거법(backward elimination), 단계별방법(stepwise method)이 있다. 아래에서 이들에 대해 간단히 알아보자.

전진선택법

k개의 독립변수 후보 중에서 종속변수에 가장 큰 영향을 주는 변수부터 선택하여 모형에 포함시키면서 더 이상 추가할 의미 있는 변수가 없다고 판단될 때 변수의 선택을 중단하는 방법이다. k개의 변수 각각에 대한 종속변수와의 단순회귀모형에서 F-검정통계량이 가장 큰 독립변수가 처음으로 선택되고, 나머지 $(k-1)$개의 독립변수 중 처음 선택된 변수의 영향을 뺀 부분 F-값(partial F-value)이 가장 큰 독립변수가 다음으로 선정되는 방식으로 진행되어, 주어진 유의수준에서 의미 있는 변수까지 포함시키게 된다. 각 독립변수에 해당하는 부분 F-값이 유의수준에 대응하는 F 경계치(F_{in})보다 모두 작으면 더 이상 유의한 변수가 없다고 보고 과정을 마치게 된다.

후진제거법

독립변수를 하나씩 선택하여 포함시키는 전진선택법과는 반대로, 후진제거법은 k개의 독립변수들 모두를 포함시킨 모형에서 출발하여 가장 적은 영향을 주는 변수부터 하나씩 제거하면서 더 이상 제거할 변수가 없을 때의 모형을 선택하는 방법이다. 어느 단계에서 k개의 독립변수가 포함되어 있다고 할 때, k개의 각 독립변수가 마지막으로 모형에 포함된 것으로 보고 부분 F-값을 구한 후 정해진 유의수준에서의 F 경계치(F_{out})보다 작은 변수 중 부분 F–값이 가장 작은 변수를 제거한다. 이때 모든 변수에 대한 부분 F–값이 유의수준에서의 F 경계치보다 크면 제거할 변수가 더 이상 없는 것으로 판단하여 과정을 끝내게 된다. 따라서 유의수준을 정하기에 따라 더 많은 독립변수들이 포함될 수 있다. 예를 들어 변수제거의 유의수준 기준을 0.05로 할 때, 각 독립변수의 p–값이 0.05보다 작으면 그 모형에 남고 0.05보다 크면 제거된다. 따라서 유의수준이 0.05인 경우 0.10의 경우보다 많은 독립변수들이 제거되어 간단한 모형이 될 것이다.

단계별방법

전진선택법에서는 일단 선택된 독립변수는 새로운 독립변수가 포함되면서 그 중요도를 상실하더라도 그대로 모형에 남아있게 된다. 반대로 후진제거법에서는 한번 제거된 변수는 다시 모형에 추가될 수 없다. 이를 개선하기 위하여 전진선택법과 후진제거법을 결합시킨 방법이 단계별방법이며 가장 널리 사용된다. 이 방법은 전진선택법에 의해 변수를 추가하면서, 새롭게 추가된 변수에 기인하여 기존 변수가 그 중요도가 약화되어 제거될 수 있는지를 단계별로 검토하여 해당 변수를 제거하는 과정을 거치며, 추가 또는 제거되는 변수가 더 이상 없을 때 끝내는 선택방법이다.

예 2.9

[예 2.8]에서 사용한 야구선수들의 연봉(Salary, 1987년)에 미치는 영향을 조사하기 위해 독립변수로 Hits(1986년 안타 횟수), Walks(1986년 볼넷 횟수), CRuns(선수생활 총 득점수), Hmrun(1986년 홈런수), CWalks(선수생활 총 볼넷 횟수)를 포함시킨 모형을 설정하고, 변수선택방법을 설명하고자 한다. 단계별방법에 의한 적절한 회귀모형을 설정하시오.

풀이

[그림 2.3]에서 유의수준 0.3에서 변수가 추가 및 제거를 수행한 단계별방법의 결과를 보여주고 있다. 단계 1 및 단계 2의 자세한 결과는 생략되었으나, 단계 1에서는 4개의 독립변수 중 연봉(종속변수)의 변동을 가장 많이 설명해주는 변수인 CRuns(선수생활 총 득점수)이 선정된다. 연봉의 변동을 56%(R^2=0.563) 설명해 준다. 단계 2에서는 변수 Hits(1986년 안타 횟수)가 추가되었다.

```
Stepwise Selection: Step 1
- CRuns added
                          Model Summary
-------------------------------------------------------------------
R                        0.563        RMSE                  373.643
R-Squared                0.317        Coef. Var              69.719
Adj. R-Squared           0.314        MSE                139609.007
Pred R-Squared           0.295        MAE                   260.516
-------------------------------------------------------------------
 RMSE: Root Mean Square Error, MSE: Mean Square Error, MAE: Mean Absolute Error

Stepwise Selection: Step 2
- Hits added
                          Model Summary
-------------------------------------------------------------------
R                        0.644        RMSE                  346.429
R-Squared                0.415        Coef. Var              64.641
Adj. R-Squared           0.410        MSE                120013.306
Pred R-Squared           0.389        MAE                   230.183
-------------------------------------------------------------------

Stepwise Selection: Step 3
- Walks added
                          Model Summary
-------------------------------------------------------------------
R                        0.655        RMSE                  342.936
R-Squared                0.429        Coef. Var              63.990
Adj. R-Squared           0.422        MSE                117605.308
Pred R-Squared           0.398        MAE                   230.113
-------------------------------------------------------------------

Final Model Output
------------------

                          Model Summary
-------------------------------------------------------------------
R                        0.661        RMSE                  340.961
R-Squared                0.437        Coef. Var              63.621
Adj. R-Squared           0.429        MSE                116254.294
Pred R-Squared           0.402        MAE                   229.259
-------------------------------------------------------------------
                                  ANOVA
--------------------------------------------------------------------------
                    Sum of
                   Squares          DF    Mean Square      F         Sig.
--------------------------------------------------------------------------
Regression   23325504.960            4   5831376.240    50.161     0.0000
Residual     29993607.829          258    116254.294
Total        53319112.789          262
--------------------------------------------------------------------------
                                  Parameter Estimates
-------------------------------------------------------------------------------------------
      model         Beta    Std. Error    Std. Beta       t        Sig       lower    upper
-------------------------------------------------------------------------------------------
(Intercept)      -63.651        57.028                 -1.116    0.265    -175.951   48.649
      CRuns        1.022         0.212        0.751     4.818    0.000       0.604    1.440
       Hits        1.569         0.716        0.157     2.192    0.029       0.160    2.979
      Walks        5.058         1.568        0.244     3.226    0.001       1.971    8.146
     CWalks       -0.564         0.282       -0.330    -2.002    0.046      -1.119   -0.009
-------------------------------------------------------------------------------------------

                             Stepwise Selection Summary
----------------------------------------------------------------------------------------
                      Added/                     Adj.
Step    Variable     Removed      R-Square     R-Square      C(p)        AIC        RMSE
----------------------------------------------------------------------------------------
   1     CRuns       addition       0.317        0.314     54.1400    3866.0101   373.6429
   2      Hits       addition       0.415        0.410     11.1560    3827.2236   346.4294
   3     Walks       addition       0.429        0.422      6.7650    3822.8795   342.9363
   4     CWalks      addition       0.437        0.429      4.7590    3820.8233   340.9608
----------------------------------------------------------------------------------------
```

그림 2.3 단계별 선택방법에 의한 회귀모델 선택

그리고 단계 3에서는 변수 Walks(1986년 볼넷 횟수)가 추가되었다. 최종 단계에서는 변수 CWalks(선수생활 총 볼넷 횟수)가 추가되어, 총 4개의 변수가 포함된 모형이 최종 모형으로 선정되었다. 변수 추가 및 제거를 위한 유의수준을 0.5로 증가시켜 단계별 방법을 다시 수행하면 Hmrun(1986년 홈런수)도 포함된 모형이 최종 모형이 된다.

한편, type II 제곱합에 기반하여 단계별방법을 설명할 수도 있다. r개의 독립변수 X_1, $X_2, \cdots, X_r$이 포함된 다중회귀모형에서 변수 X_i 에 대한 type II 제곱합이란, X_i를 제외한 타 변수가 이미 포함된 모형에 X_i가 추가로 도입될 때 증가되는 회귀제곱합(부분제곱합이라고도 함)을 의미하며, 이를 $\Delta SSR(X_i|X_1,\ldots,X_{i-1},X_{i+1},\ldots,X_r)$로 나타낼 때 다음과 같은 관계가 성립한다.

$$\Delta SSR(X_i|X_1,\ldots,X_{i-1},X_{i+1},\ldots,X_r) = SSR(X_1,\ldots,X_r) - SSR(X_1,\ldots,X_{i-1},X_{i+1},\ldots,X_r) \qquad (2.35)$$

여기서 $SSR(X_1,\ldots,X_r)$은 변수 X_1, $X_2,\ldots,X_r$이 포함된 모형의 회귀제곱합을 말한다.

이의 유의성은 F 검정을 통하여 이루어지는데 이를 위해 변수 X_i 에 대한 F-값(또는 부분 F-값)은 다음과 같이 산출된다.

$$\Delta F_i = \frac{\Delta SSR(X_i|X_1,\ldots,X_{i-1},X_{i+1},\ldots,X_r)}{MSE(X_1,\ldots,X_r)} \qquad (2.36)$$

이는 실제로 변수 X_i 의 회귀계수에 대한 t-검정과 동일함을 알 수 있으며, 따라서 다음 관계가 성립한다.

$$\Delta F_i = T_i^2 = \left(\frac{\hat{\beta}_i}{se(\hat{\beta}_i)}\right)^2 \qquad i = 1,\ldots,r \qquad (2.37)$$

따라서 type II 제곱합은 다음과 같이 계산할 수도 있다.

$$\Delta SSR(X_i|X_1,\ldots,X_{i-1},X_{i+1},\ldots,X_r) = T_i^2 MSE(X_1,\ldots,X_r) \qquad (2.38)$$

위의 단계별 방법의 어떤 단계에서 변수가 추가되었다면 해당 변수의 F-값이 대상변수 중 가장 큰 것을 의미하며, 반대로 변수 X_i 가 제거되었다면 해당 변수의 F-값이 대상변수 중 가장 작음을 의미한다고 하겠다.

위의 기호를 사용하여 단계별 방법의 알고리즘을 기술하면 다음과 같다.

- 단계 1: SSR이 가장 큰 변수($X_{(1)}$이라 하자)를 선택한다. $SSR(X_{(1)})/MSE > F_{in}$ 이면 $X_{(1)}$을 모형에 포함시킨다. 그렇지 않으면 stop(아무 변수도 모형에 포함되지 않음).
- 단계 2: 아직 모형에 포함되지 않은 변수 각각에 대한 type II 제곱합을 산출한다. 최대의 제곱합을 갖는 변수(X_j라 하자)를 선택하고 이의 부분 F-값을 구한다. $\Delta F_j > F_{in}$ 이면 X_j를 모형에 추가한다. 그렇지 않으면 stop(최근 모형이 최종 모형이 됨).
- 단계 3: 모형에 포함된 각각 변수(가장 최근에 포함된 변수 제외)에 대한 type II 제곱합을 산출한다. 최소의 제곱합을 갖는 변수(X_i라 하자)를 선택하고 이의 부분 F-값을 구한다. $\Delta F_i < F_{out}$ 이면 X_i를 모형에서 제거하고, 그렇지 않으면 그대로 둔다. 그리고 단계 2로 간다.

위의 알고리즘에서 F_{in}은 사용자가 정하는 투입 변수의 기준 F-값이며, F_{out}는 제거 변수의 기준 F-값을 의미한다. 이 두 값으로 통상 동일한 값을 사용하나 변수가 포함되는 것을 더 어렵게 하기 위해서는 F_{in}값을 더 크게 하기도 한다. 기준 F-값 대신 유의수준을 사용하기도 한다.

2.5 | 회귀모형의 진단

회귀모형에서 모수에 대한 추정은 모집단 회귀모형에 포함된 오차항에 대한 몇 가지 가정을 바탕으로 한다. 오차항에 대한 가정을 정리하면 다음과 같은데 이는 또한 회귀모형의 가정사항이다.

[가정 1] 오차항 ϵ_i는 확률변수로서 평균이 0이다.

$$E[\epsilon_i] = 0, \quad i = 1, 2, \ldots, n$$

[가정 2] (등분산성) 오차항 ϵ_i의 분산은 모든 i에 대해 동일한 상수 σ^2이다.

$$Var[\epsilon_i] = \sigma^2, \quad i = 1, 2, \ldots, n$$

즉, 오차항의 분산은 관측 번호나 독립변수의 값에 상관없이 항상 일정한 상수이다. 따라서 Y_i의 분산도 이와 동일한 σ^2이다.

[가정 3] (독립성) 오차항 ϵ_i는 서로 독립이다.

$$Cov[\epsilon_i, \epsilon_j] = 0, \quad i \neq j, \quad i, j = 1, 2, \ldots, n$$

즉, 어떤 Y값을 관측할 때 발생하는 오차는 또 다른 Y값을 관측할 때 발생하는 오차와 아무런 상관관계가 없다.

[가정 4] (정규성) 오차항 ϵ_i들의 확률분포는 정규분포이다.

이러한 가정들이 만족되는지의 여부는 잔차($e_i = Y_i - \hat{Y}_i$)의 정보로부터 판단한다. [가정 1]은 잔차들의 표본평균을 산출하여 점검할 수 있고, [가정 2]와 [가정 3]은 잔차들의 산점도(scatter diagram)를 통해 만족 여부를 판단하며, [가정 4]의 정규성은 통상 정규확률분포도(normal probability plot)로부터 판정한다. 관측된 데이터가 위의 가정에 크게 위배되면 최소자승법에 의해 추정된 회귀계수가 무용한 것이 되고, 추정된 모형 자체가 의미가 없는 것이라 할 수 있다.

잔차산점도는 x축에 $\widehat{Y}_i$값을, y축에 e_i를 나타내는 것인데, 잔차 대신 스튜던트화 잔차(studentized residual)를 사용하기도 한다. 여기서 e_i를 Y_i에 대해 타점하지 않고 $\widehat{Y}_i$에 대해 타점하는 이유는 $Cov[e_i, \widehat{Y}_i] = 0$(식(2.23) 참조)이 성립하나 $Cov[e_i, Y_i] \neq 0$이기 때문이다. 스튜던트화 잔차는 e_i를 표준오차로 나눈 것으로서 다음과 같이 $e_i{*}$로 표기한다.

$$e_i{*} = \frac{e_i}{se(e_i)} \tag{2.39}$$

스튜던트화 잔차 $e_i{*}$는 e_i와 달리 척도에 영향을 받지 않으며, 따라서 회귀분석의 진단에 있어서 매우 유용한 값이다. 가정된 모형이 타당할 경우 스튜던트화 잔차는 평균 0, 분산 1을 가진다. 또한 정규분포를 따른다는 가정이 만족된다면 $e_i{*}$의 95%는 −2에서 2 사이에 있고, 99.7%는 −3에서 3 사이에 있는 것으로 기대된다. 이와 같이 $e_i{*}$는 표준화되지 않은 잔차보다 이해하기 쉬운 정보를 제공한다.

잔차의 표준오차를 유도해 보자. 식(2.18)은 다시 다음과 같이 표현된다(이를 확인하라).

$$\boldsymbol{e} = (\boldsymbol{I} - \boldsymbol{H})\boldsymbol{\epsilon} \tag{2.40}$$

따라서 잔차벡터의 분산-공분산행렬은 다음과 같이 얻어진다.

$$Var[\boldsymbol{e}] = (\boldsymbol{I} - \boldsymbol{H})\,Var[\boldsymbol{\epsilon}](\boldsymbol{I} - \boldsymbol{H})^T = \sigma^2(\boldsymbol{I} - \boldsymbol{H}) \tag{2.41}$$

여기서 행렬 $\boldsymbol{I} - \boldsymbol{H}$이 idempotent 성질을 가짐을 이용하였다. 행렬 $\boldsymbol{H}$의 i번째 대각원소를 h_{ii}라 할 때, 결국 잔차 e_i의 분산은 다음과 같으며

$$Var[e_i] = \sigma^2(1 - h_{ii}) \tag{2.42}$$

잔차 e_i의 표준오차는 아래와 같다.

$$se(e_i) = \sqrt{MSE(1-h_{ii})} \tag{2.43}$$

[그림 2.4]의 (a), (b), (c)는 잔차산점도를 나타낸 것으로, (a)의 경우는 잔차의 분포가 0을 중심으로 고르게 퍼져 있으므로 선형성과 등분산성의 가정에 부합됨을 알 수 있다. (b)의 경우 잔차의 분포가 0을 중심으로 대칭이므로 선형성의 가정은 만족하나, $\hat{Y}_i$이 커짐에 따라 잔차의 분산이 증가됨을 볼 수 있다. 즉, 등분산성의 가정에 위배된다. 이와 같이 분산이 일정하지 않은 경우를 이분산성(heteroscedasticity)이라 한다. (c)는 잔차의 값이 −에서 +로 증가한 뒤 다시 감소하는 경우로, 잔차의 기댓값이 항상 0이어야 한다는 가정과 독립성 가정에 위배된다. 또한, 잔차가 패턴을 보이므로 이러한 패턴을 반영하는 새로운 모형을 고려할 필요가 있다.

[그림 2.4]의 (d)는 정규확률분포도(normal probability plot)로서 각 점들이 직선에 가까운 형태를 보이면 오차항이 가정과 같이 정규분포를 따른다고 판단한다. 정규확률분포도를 그리는 방법은 여러 가지가 있으나 보통 잔차를 크기순으로 나열한 값을 x축으로, 정규분포하에서 각 순서에 해당하는 값 이하의 누적확률값을 y축으로 하여 타점한다. 이때 누적확률값은 중앙순위(median rank)를 사용하여 추정 가능하며, 정규분포를 따를 때 점들이 직선상에 있도록 y축의 간격을 조정한다. n개의 관측치가 있을 때 i번째 순위에 해당하는 중앙순위는 다음 식을 만족하는 값 m으로 정의되는데,

$$0.50 = \sum_{k=i}^{n} \binom{n}{k} m^k (1-m)^{n-k}$$

근사적으로 아래와 같이 산출된다.

$$m(1) = 1 - m(n) \tag{2.44a}$$

$$m(i) = \frac{i-0.3175}{n+0.365}, \quad i = 2, \ldots, n-1 \tag{2.44b}$$

$$m(n) = 0.5^{(1/n)} \tag{2.44c}$$

다시 말하면, 정규확률분포도는 잔차를 오름차순으로 정리한 후 i번째 잔차 $e_{(i)}$와 $m_{(i)}$를 $(x,\ y)$ 축에 타점하는 것이며, 점 대부분이 직선상에 있는 경우 오차항이 정규분포를 따른다고 판단한다. 물론, 정규분포를 검정하는 많은 통계량이 존재하여 함께 사용되기도 한다. 주로 Anderson–Darling 검정, Shapiro–Wilk 검정, Ryan–Joiner 검정 등이 사용된다.

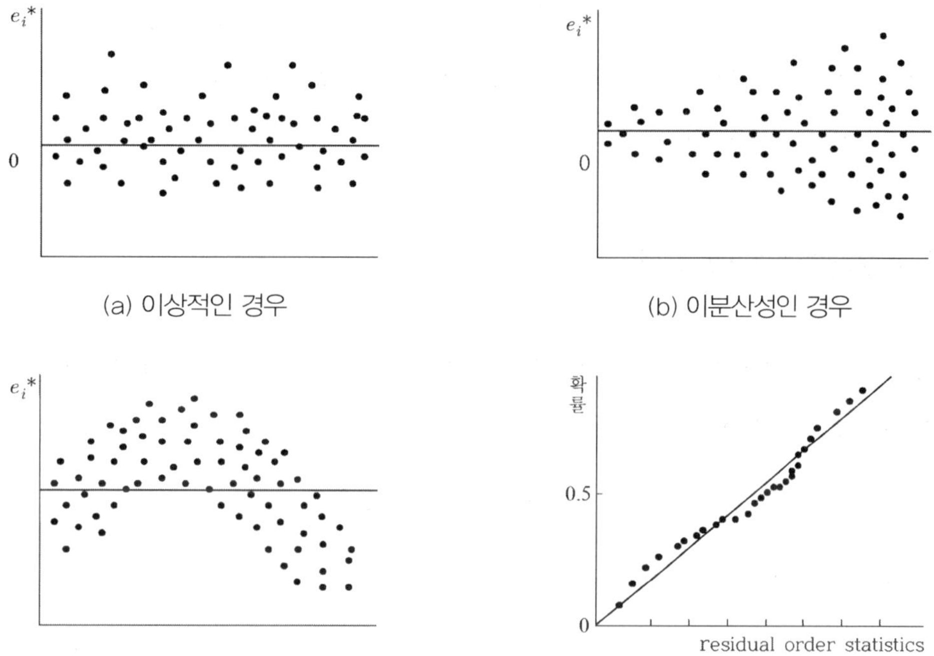

(a) 이상적인 경우

(b) 이분산성인 경우

(c) 비선형성인 경우

(d) 정규확률분포도

그림 2.4 잔차산점도와 정규확률분포도

또한 적합한 회귀모형을 얻기 위해서는 이상치(outlier)의 점검이 필요하다. 하나의 이상치에 의해서도 회귀식의 기울기와 절편은 크게 달라지고, 그에 따라 왜곡된 추정식을 얻을 수도 있기 때문이다. 보편적으로 표준화된 잔차의 절댓값이 2 이상인 경우 의심해 볼 수 있으며, 각 통계 프로그램이 제공하는 통계치로서 검토해 볼 수 있다. 이상치의 점검은 회귀분석뿐 아니라 모든 통계기법이 적용되기 전에 이루어져야 하는 중요한 과정이다.

2.6 | 반응치에 대한 추정 및 예측

회귀모형이 추정된 후 독립변수의 새로운 관측치에 대해 종속변수값을 예측하는 것 또한 회귀분석의 목적 중 하나이다. 독립변수의 새로운 관측치 하나에 대응하는 종속변수값은 확률변수라 할 수 있는데, 이를 미래반응치(future response)라 한다. 반면에, 독립변수의 새로운 관측치 수준에서 종속변수값을 여러 번 측정할 때 평균적으로 취하는 값(기대치)을 평균반응치(mean response)라 한다.

2.6.1 평균반응치의 추정

독립변수들이 아래와 같은 새로운 값들을 취할 때 종속변수 추정치의 기대치를 평균반응치라 하는데 이에 대한 추정을 알아본다.

$$(X_1, X_2, \ldots, X_k) = (x_{10}, x_{20}, \ldots, x_{k0})$$

즉, 평균반응치 Y_0은 다음과 같으므로

$$\begin{aligned} Y_0 &= E[\,Y|(x_{10}, x_{20}, \ldots, x_{k0})] \\ &= \beta_0 + \beta_1 x_{10} + \ldots + \beta_k x_{k0} \end{aligned} \tag{2.45}$$

평균반응치의 추정량은 다음과 같다.

$$\widehat{Y_0} = \widehat{\beta_0} + \widehat{\beta_1} x_{10} + \ldots + \widehat{\beta_k} x_{k0} \tag{2.46}$$

평균반응치에 대한 신뢰구간을 구하기 위해서는 $\widehat{Y_0}$에 대한 분산을 구해야 하는데 이는 아래와 같이 표현된다.

$$\begin{aligned} Var[\widehat{Y_0}] &= Var[\widehat{\beta_0} + \widehat{\beta_1} x_{10} + \cdots + \widehat{\beta_k} x_{k0}] \\ &= Var[\widehat{\beta_0}] + \sum_{j=1}^{k} x_{j0}^2 Var[\widehat{\beta_j}] + \sum_{j=1}^{k} 2x_{j0} Cov[\widehat{\beta_0}, \widehat{\beta_j}] + \sum_{i=1}^{k-1} \sum_{j=i+1}^{k} 2x_{i0} x_{j0} Cov[\widehat{\beta_i}, \widehat{\beta_j}] \end{aligned} \tag{2.47}$$

위에서 보는 바와 같이 분산은 상당히 복잡한 과정을 통하여 계산된다. 이를 벡터-행렬식을 이용하면 보다 편리한데, 이를 위해 우선 독립변수의 주어진 값에 대해 다음과 같은 벡터를 정의한다.

$$\boldsymbol{x}_0 = (1, x_{10}, x_{20}, \ldots, x_{k0})^T$$

이때 식(2.46)의 평균반응치 추정량은 다음과 같이 표현되며

$$\widehat{Y}_0 = \boldsymbol{x}_0^T \hat{\boldsymbol{\beta}} \tag{2.48}$$

식(2.48)의 분산은 다음과 같다.

$$Var[\widehat{Y}_0] = \boldsymbol{x}_0^T Var[\hat{\boldsymbol{\beta}}] \boldsymbol{x}_0 = \sigma^2 \boldsymbol{x}_0^T (\boldsymbol{X}^T \boldsymbol{X})^{-1} \boldsymbol{x}_0 \tag{2.49}$$

식(2.49)에서 $Var[\hat{\beta}]$는 식(2.27)로 주어진 분산-공분산행렬이다. 그리고 이 분산을 추정하기 위해서는 σ^2 대신 MSE를 대입하면 될 것이다. 즉, 식(2.49)의 추정식은 다음과 같으며,

$$\widehat{Var}[\widehat{Y}_0] = \boldsymbol{x}_0^T s^2(\hat{\boldsymbol{\beta}}) \boldsymbol{x}_0 = MSE \boldsymbol{x}_0^T (\boldsymbol{X}^T \boldsymbol{X})^{-1} \boldsymbol{x}_0$$

$\widehat{Y}_0$에 대한 표준오차는 아래와 같다.

$$se(\widehat{Y}_0) = \sqrt{\boldsymbol{x}_0^T s^2(\hat{\boldsymbol{\beta}}) \boldsymbol{x}_0} \tag{2.50}$$

따라서 식(2.45)의 평균반응치의 100(1−α)% 신뢰구간은 식(2.48)과 식(2.50)에 의하여 다음과 같이 산출된다.

$$\boldsymbol{x}_0^T \hat{\boldsymbol{\beta}} \pm t_{(\alpha/2, n-k-1)} se(\widehat{Y}_0) \tag{2.51}$$

참고로 단순회귀모형에서 $X = x_0$일 때 평균반응치의 100(1−α)% 신뢰구간은 다음과 같다.

$$(\widehat{\beta}_0 + \widehat{\beta}_1 x_0) \pm t_{(\alpha/2, n-2)} \sqrt{MSE} \sqrt{\frac{1}{n} + \frac{(x_0 - \overline{X})^2}{\Sigma (X_i - \overline{X})^2}} \tag{2.52}$$

예 2.10

[예 2.3]의 데이터로 얻은 회귀모형은 다음과 같다. 나이와 키, 두 개의 변수로 몸무게를 설명하는 회귀모형이다.

Weight = − 108.1672 + 0.3291 Age + 0.9553 Height

(R−sq = 82.2%, MSE=7.038)

그리고 추정계수벡터의 분산-공분산행렬은 아래와 같이 추정되었다.

$$s^2(\hat{\beta}) = \begin{pmatrix} 1774.3281 & -0.6711 & -10.2649 \\ -0.6711 & 0.004795 & 0.003035 \\ -10.2649 & 0.003035 & 0.05957 \end{pmatrix}$$

나이가 40, 키가 170인 사람들의 평균 몸무게에 대한 95% 신뢰구간를 구하시오.

풀이

우선, 평균 몸무게 추정치는 아래와 같다.

$$\boldsymbol{x}_0^T\hat{\boldsymbol{\beta}} = (1, 40, 170)\begin{pmatrix} -108.1672 \\ 0.3291 \\ 0.9553 \end{pmatrix} = 67.40$$

그리고 표준오차는 다음과 같다.

$$se(\widehat{Y}_0) = \sqrt{(1,40,170)\begin{pmatrix} 1774.3281 & -0.6711 & -10.2649 \\ -0.6711 & 0.004795 & 0.003035 \\ -10.2649 & 0.003035 & 0.05957 \end{pmatrix}\begin{pmatrix} 1 \\ 40 \\ 170 \end{pmatrix}} = 1.007$$

따라서 나이가 40, 키가 170인 사람들의 평균 몸무게에 대한 95% 신뢰구간은 다음과 같이 얻어진다.

$$67.40 \pm 2.365(1.007) = (65.02, 69.78)$$

2.6.2 미래 반응치의 예측

독립변수값들에 대응하는 미래반응치인 Y_0의 예측치는 평균반응치의 추정치와 동일하다. 반응치의 예측구간을 구하기 위해서는 예측오차의 분산을 알아야 하는데 이는 아래와 같이 식(2.49)의 분산보다 σ^2이 더 크게 된다.

$$Var[Y_0 - \widehat{Y_0}] = \sigma^2 + \sigma^2 \boldsymbol{x}_0^T (X^T X)^{-1} \boldsymbol{x}_0 = \sigma^2 (1 + \boldsymbol{x}_0^T (X^T X)^{-1} \boldsymbol{x}_0)$$

위에서 Y_0는 새로운 객체에 대한 관측치이므로, 기존 데이터에 기반하여 학습된 회귀모형을 통한 추정치 $\widehat{Y_0}$와는 독립이라는 사실을 이용하고 있다. 그리고 이 예측오차의 분산을 추정하기 위해서는 σ^2을 MSE로 추정하여 대입하면 된다.

따라서 미래반응치 Y_0에 대한 $100(1-\alpha)\%$ 예측구간은 아래와 같이 주어진다.

$$\boldsymbol{x}_0^T \hat{\boldsymbol{\beta}} \pm t_{(\alpha/2, n-k-1)} \sqrt{MSE[1 + \boldsymbol{x}_0^T (X^T X)^{-1} \boldsymbol{x}_0]} \tag{2.53}$$

참고로 단순회귀모형에서 $X = x_0$에 대응하는 미래반응치의 $100(1-\alpha)\%$ 예측구간은 다음과 같다.

$$(\widehat{\beta_0} + \widehat{\beta_1} x_0) \pm t_{(\alpha/2, n-2)} \sqrt{MSE} \sqrt{\frac{n+1}{n} + \frac{(x_0 - \overline{X})^2}{\Sigma (X_i - \overline{X})^2}} \tag{2.54}$$

예 2.11

[예 2.10]의 회귀모형을 이용하여 나이가 40, 키가 170인 사람의 몸무게에 대한 95% 예측구간을 구하시오.

풀이

식 (2.53)에 의한 95% 예측구간은 다음과 같이 산출된다.

$$67.40 \pm 2.365 \sqrt{7.038 + 1.007^2} = 67.40 \pm 6.71 = (60.69, 74.11)$$

2.6.3 예측성능 평가

회귀분석을 예측의 목적으로 사용하는 경우 예측성능을 평가하는 것이 중요하다. 이를 위하여 주어진 데이터를 학습표본(training sample)과 검증표본(test sample)의 두 부분으로 나누고, 학습표본만을 사용하여 회귀모형을 구축한 후 검증표본의 독립변수를 사용하여 종속변수를 예측하고 실제 종속변수값과 비교하여 예측성능을 평가하는 것이다. 데이터 전체로 모형을 만들고 다시 이 데이터를 사용하여 예측오차를 산출하는 것(이 방식을 대입법이라 함)은 예측모형을 인위적으로 본 데이터에만 잘 적용되도록 하여 예측오차를 작게 할 수 있다는 문제점을 갖고 있다. 좋은 예측모형이란 새로운 데이터에 대해 예측오차가 작아야 하는데 이와 같이 학습 데이터에만 과적합되는(overfitting) 예측모형은 효과적이라는 보장이 없다.

예측오차의 평가척도로 여러 가지를 사용할 수 있으나 평균절대오차(mean absoluate deviation; MAD), 평균제곱오차(mean squared error; MSE) 또는 평균제곱오차의 제곱근(root mean squared error; RMS)를 널리 사용한다. 이는 학습표본으로부터 구축된 예측모형을 검증표본의 독립변수에 적용하여 예측한 종속변수값을 $\hat{\boldsymbol{y}}$라 할 때, 검증표본의 실제 $\boldsymbol{y}$값과 비교하여 오차를 산출하는 척도이다. 학습표본 및 검증표본을 각각 L_1, L_2라 표기하고 이들의 표본크기를 n_1, n_2라 할 때, 검증표본의 MAD, MSE, RMS는 각각 다음과 같이 산출된다.

$$MAD_{test} = \frac{1}{n_2} \sum_{y_i \in L_2} \left| y_i - \hat{y}_i \right| \tag{2.55}$$

$$MSE_{test} = \frac{1}{n_2} \sum_{y_i \in L_2} (y_i - \hat{y}_i)^2 \tag{2.56}$$

$$RMS_{test} = \sqrt{\frac{1}{n_2} \sum_{y_i \in L_2} (y_i - \hat{y}_i)^2} \tag{2.57}$$

전체 데이터 수가 적어서 그중 일부의 검증표본만으로 모형의 예측성능을 일반화하기 어려운 경우에는 교차검증(cross validation) 기법을 사용한다. V-fold cross validation은 전체 표본을 V 등분한 후, 그 V개의 부분을 돌아가며 각각 한 번씩 검증표본으로 사용하면서, 나머지 $(V-1)$개 부분을 이용하여 추정된 모형의 평균 예측성능을 평가한다. 예를 들어, 3-fold cross validation을 수행한다면, 전체 표본을 3등분한 후, 두 번째 및 세 번째 부분으로 예측모형을 만든 후, 첫 부분을 검증표본으로 간주하여 예측오차를 산출한다. 다음으로 첫 번째 및 세 번째 부분으로 예측모형을 만든 후, 두 번째 부분으로 예측오차를 산출한다. 마지막으로 첫 번째 및 두 번째 부분으로 예측모형을 만든 후 세 번째 부분으로 예측오차를 산출한 뒤, 이 세 오류율의 평균을 최종 예측오차로 삼는 방법이다.

따라서 V-fold cross validation에서 RMS 예측오차는 다음과 같이 산출된다.

$$RMS_{cv} = \frac{1}{V}\sum_{v=1}^{V} RMS_v \tag{2.58}$$

위에서 RMS_v란 전체 표본에서 v-번째 부분을 제외한 나머지 데이터로부터 얻은 예측모형을 v-번째 표본에 적용시킬 때의 예측오차를 말한다. 전체 관측수 n이 매우 작은 경우에는 n-fold cross validation을 종종 사용하는데, 이를 leave-one-out validation이라고도 한다.

Leave-one-out validation의 결과로부터 얻어지는 오차제곱합을 예측오차제곱합(prediction error sum of squares; PRESS)이라 한다. $\widehat{y_{(i)}}$를 i번째 관측치를 제외한 데이터로부터 추정한 회귀모형으로 예측한 Y값이라 할 때, PRESS는 다음과 같이 표현되는데

$$PRESS = \sum_{i=1}^{n}(y_i - \widehat{y_{(i)}})^2$$

이는 다시 아래와 같음이 증명된다.

$$PRESS = \sum_{i=1}^{n}\left(\frac{e_i}{1-h_{ii}}\right)^2 \tag{2.59}$$

결국, PRESS는 n번의 모형추정 대신 전체 데이터를 이용한 한 번의 회귀분석의 결과로 얻어질 수 있다.

2.7 | 다중공선성

독립변수들 사이에 높은 상관관계를 갖고 있는 현상을 다중공선성(multicollinearity)이라고 한다. 어떤 독립변수가 다른 독립변수들의 선형결합, 예를 들어 $X_3 = 5X_1 - 2X_2$와 같이 표현된다면 완전다중공선성(perfect multicollinearity)이 존재하는 것이다. 이 경우 식(2.10)에서 역행렬$(\boldsymbol{X}^T\boldsymbol{X})^{-1}$이 산출되지 않기 때문에 회귀계수를 추정할 수 없게 된다. 비록 정확히 선형결합은 아니더라도 그에 매우 근접한 수준의 높은 선형관계가 변수 간에 존재하면 다중공선성이 존재한다고 하며, 이때 역행렬 $(\boldsymbol{X}^T\boldsymbol{X})^{-1}$을 산출할 때 매우 큰 수치적 오차가 유발될 수 있다.

모형 내에 포함된 독립변수 간에 다중공선성이 존재하는 경우에는 추정된 회귀계수의 분산이 매우 커지기 때문에 정확한 모수추정 및 검정에 어려움이 있다. 다음과 같은 두 개의 독립변수를 포함하는 회귀모형을 살펴보자.

$$Y = \beta_0 + \beta_1 X_1 + \beta_2 X_2 + \epsilon$$

X_1과 X_2의 표본상관계수를 r_{12}라 하면, 회귀계수 추정량 $\widehat{\beta_1}$의 분산(식(2.28))은 다음과 같이 표현된다.

$$Var[\widehat{\beta_1}] = \sigma^2 \left(\frac{1}{1 - r_{12}^2}\right) \frac{1}{\sum (X_{1i} - \overline{X_1})^2} \tag{2.60}$$

따라서 표본상관계수 r_{12}가 1에 가까워짐에 따라 $\widehat{\beta_1}$의 분산은 매우 커지게 된다.

다중공선성의 또 다른 문제점은 회귀계수의 해석상에 있다. 회귀계수는 해당 독립변수의 값이 한 단위 증가할 때 종속변수의 변화량을 의미하는데, 이때 다른 독립변수의 값이 일정할 때라는 전제가 부가되어 있음을 전술한 바 있다. 그러나 두 독립변수가 높은 상관관계에 있으면 동시에 변화할 수 있기 때문에 위와 같은 해석을 할 수 없게 될 것이다.

2.7.1 다중공선성의 진단방법 및 척도

회귀모형을 분석하는 과정에서 다음 중 하나에 해당되면 독립변수들 사이의 다중공선성을 조사해 보아야 한다.

- 독립변수 간의 상관계수가 매우 높을 때
- 한 독립변수를 모형에 추가하거나 제거할 때 추정된 다른 회귀계수의 크기나 부호에 큰 변화를 줄 때
- 중요한 영향을 가질 것이라 예상되는 독립변수에 대한 검정 결과가 유의하지 않게 나타날 때
- 추정된 회귀계수의 부호가 기존 연구나 이론적인 면에서 알려진 부호와 상반될 때

위와 같은 결과들이 나타나면 다중공선성을 의심해 볼 수 있으며, 다중공선성의 정도를 알아보는 척도로 분산팽창계수(variance inflation factor; VIF)가 사용된다.

j번째 회귀계수의 추정량 $\hat{\beta}_j$에 대한 분산팽창계수 VIF_j는 다음과 같이 정의된다.

정의 2.5 j번째 회귀계수의 추정량 $\hat{\beta}_j$에 대한 분산팽창계수 VIF_j는 다음과 같이 정의된다.

$$VIF_j = \frac{1}{1-R_j^2} \qquad j=1,2,\ldots,k$$

여기서 R_j^2은 X_j를 종속변수로 하고 나머지 변수를 독립변수로 하는 회귀모형에서의 결정계수를 말한다.

VIF_j는 독립변수 사이에서 발생하는 다중공선성으로 인한 분산의 증가를 의미한다. 일반적으로 k개의 VIF_j 중 가장 큰 값이 10을 넘으면(가장 큰 R_j^2이 0.9를 넘으면) 조치가 필요한 다중공선성이 있다고 할 수 있다.

예 2.12

다음과 같은 독립변수가 2개인 회귀모형에서 각 변수의 회귀계수 추정량에 해당하는 분산팽창계수를 구하고 해석하시오.

$$Y = \beta_0 + \beta_1 X_1 + \beta_2 X_2 + \epsilon$$

풀이

r_{12}를 X_1과 X_2의 표본상관계수라고 하면 식(2.43)에 의하여 $\widehat{\beta_1}$ 및 $\widehat{\beta_2}$의 분산팽창계수는 다음과 같이 표현된다.

$$VIF_1 = VIF_2 = \frac{1}{1 - r_{12}^2}$$

이때, 식(2.60)에 의하여 $\widehat{\beta_1}$의 분산은 다음과 같이 됨을 알 수 있다.

$$Var[\widehat{\beta_1}] = \frac{\sigma^2}{\sum (X_{1i} - \overline{X_1})^2} VIF_1$$

위 식에서 $\sigma^2 / \sum (X_{1i} - \overline{X_1})^2$은 독립변수가 X_1 하나인 단순회귀모형에서 $\widehat{\beta_1}$의 분산임을 볼 때 위의 VIF_1은 다른 독립변수 X_2가 추가됨에 따라 $\widehat{\beta_1}$의 분산을 증가시키는 배수임을 알 수 있다.

2.7.2 다중공선성의 해결 방법

다중공선성의 문제를 해결하는 방안으로 다음을 들 수 있다.

- 다중공선성을 사전에 방지하기 위해서는 변수선택 과정에서 상관계수가 높은 두 변수 중 하나만을 선택하는 것이 한 방법이 될 것이다. 이 경우 종속변수 Y를 설명하는 데 중요한 역할을 하는 변수를 빠뜨리는 경우가 없도록 주의해야 한다.

- 다중공선성이 국부적인 자료수집 과정에서 비롯될 가능성이 있으므로 좀 더 많은 데이터를 수집하여 분석을 다시 한다.
- 독립변수 중 한두 개를 차례로 모형에서 제거해보고 회귀계수의 표준오차가 줄어드는가를 관찰해서 표준오차를 현격히 감소시키는 변수를 제거한다.
- 다중공선성을 해결하기 위한 이론적 방법으로는 모수추정을 위해 최소자승법 대신에 능형회귀(ridge regression), 주성분회귀(principal components regression), 부분최소자승 회귀(partial least squares regression)를 사용하는 방법이 있다. 능형회귀는 3장에서, 주성분회귀와 부분최소자승 회귀방법은 4장에서 다룬다.

다음의 예를 통해 다중공선성을 좀 더 알아보자.

예 2.13

[예 2.8]에서 사용한 야구 선수들의 연봉(Salary) 데이터를 사용하여 독립변수 간의 공선성이 있는가를 진단하고, 해결방안을 제시하시오. 독립변수는 Hits(1986년 안타 횟수), Walks(1986년 볼넷 횟수), CRuns(선수생활 총 득점수), Hmrun(1986년 홈런수), CWalks(선수생활 총 볼넷 횟수)를 포함한 모형을 설정하였다.

표 2.5 모든 독립변수를 포함한 회귀분석 결과

	회귀계수	표준오차	t-값	p-값	분산팽창계수(VIF)
절편	−61.745	57.097	−1.081	0.281	0
X_1(Hits)	1.356	0.757	1.791	0.074	2.626
X_2(Walks)	4.917	1.577	3.118	0.002	2.641
X_3(CRuns)	1.021	0.212	4.810	0.000	11.133
X_4(HmRun)	2.538	2.913	0.871	0.385	1.496
X_5(CWalks)	−0.575	0.282	−2.030	0.043	12.496

$R^2_{adj} = 0.428$

분산팽창계수 VIF가 10 이상의 값이면 심각한 다중공선성을 의심해 볼 수 있는데 $VIF_3 = 11.133$와 $VIF_5 = 12.496$은 X_3과 X_5간의 다중공선성이 있음을 알려준다. 독립변수 간의 상관계수를 보면 아래와 같은데, X_3과 X_5간의 상관계수 0.928은 두 변수 간

높은 상관관계를 갖는다는 것을 보여준다.

	X_1	X_2	X_3	X_4	X_5
X_1	1.00	0.641	0.262	0.562	0.152
X_2		1.00	0.338	0.481	0.425
X_3			1.00	0.262	0.928
X_4				1.00	0.233
X_5					1.00

여기서 한가지 주의해야 할 것은 상관계수의 값은 이상점(outlier)에 매우 민감한 통계량이므로 산점도를 통해 상관관계를 검토할 필요가 있다. X_3와 X_5 간의 산점도 [그림 2.4]는 두 변수 간에 뚜렷한 선형관계가 있음을 보여준다. 따라서 이 경우 X_3와 X_5 중 하나를 모형에서 제거하는 것이 바람직하다.

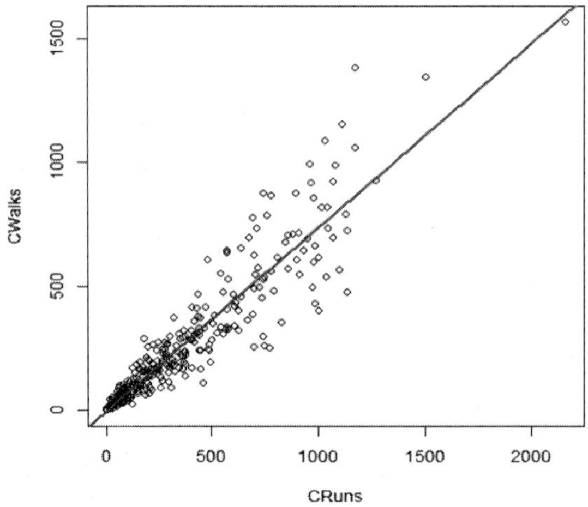

그림 2.4 X_3(CRuns)와 X_5(CWalks)의 산점도

X_5를 제거한 경우의 회귀분석 결과는 [표 2.6]과 같다. [표 2.5]에서 보면 독립변수 간 공선성이 있는 경우 X_1(Hits)이 유의수준 5%에서 유의하지 않았으나 독립변수 X_5를 제거한 뒤의 결과인 [표 2.6]에서 보면 X_1(Hits)이 연봉(Y)에 매우 유의한 변수임을 알 수 있다.

표 2.6 X_5를 제거한 모형의 회귀분석 결과

	회귀계수	표준오차	t-값	p-vlaue	분산팽창계수(VIF)
절편	−75.276	57.048	−1.320	0.188	0
X_1(Hits)	2.230	0.626	3.563	0.000	1.775
X_2(Walks)	2.970	1.259	2.358	0.019	1.664
X_3(CRuns)	0.613	0.068	8.950	0.000	1.145
X_4(HmRun)	2.339	2.929	0.799	0.425	1.146

R^2_{adj} = 0.421

2.8 지시변수와 회귀모형

지금까지 회귀모형은 독립변수 X와 종속변수 Y가 모두 정량적 변수인 경우만 다루었다. 경우에 따라서는 성별, 주거지역, 인종 등 범주형 변수가 독립변수로 회귀모형에 포함될 수 있는데, 이 경우 0과 1의 값을 갖는 지시변수(indicator variable 또는 dummy variable)를 사용하게 된다. 참고로 종속변수가 범주형인 경우는 6장의 로지스틱 회귀분석에서 다루게 된다.

예를 들어, 종속변수가 월평균 소득(Y)이고 독립변수가 경력연수(X_1), 성별(X_2)이라고 하면 경력연수는 양적변수이고 성별은 범주형 변수라고 할 수 있다. X_2를 지시변수로 간주하여 아래와 같이 정의하면 다음과 같은 회귀모형을 고려할 수 있다.

$$Y = \beta_0 + \beta_1 X_1 + \beta_2 X_2 + \epsilon \tag{2.61}$$

$$X_2 = \begin{cases} 1 & \text{남자의 경우} \\ 0 & \text{여자의 경우} \end{cases}$$

즉, 응답자가 남자인 경우의 회귀모형은

$$Y = (\beta_0 + \beta_2) + \beta_1 X_1 + \epsilon \tag{2.62}$$

이고, 여자인 경우는 X_2가 0이므로 다음과 같다.

$$Y = \beta_0 + \beta_1 X_1 + \epsilon \tag{2.63}$$

회귀모형에서 양적변수의 회귀계수가 갖는 의미는 해당 변수의 한 단위 변화에 따른 종속변수의 변화량을 의미한다. 그러나 지시변수의 경우 회귀계수가 갖는 의미는 다른 독립변수들이 고정된 상태에서 범주 간의 차이를 의미한다. 남/녀에 따른 기대반응치를 구하면 다음과 같다.

$$E[Y] = \begin{cases} \beta_0 + \beta_2 + \beta_1 X_1, & \text{남자의 경우} \\ \beta_0 + \beta_1 X_1, & \text{여자의 경우} \end{cases} \tag{2.64}$$

이를 그림으로 나타내면 [그림 2.5]와 같다.

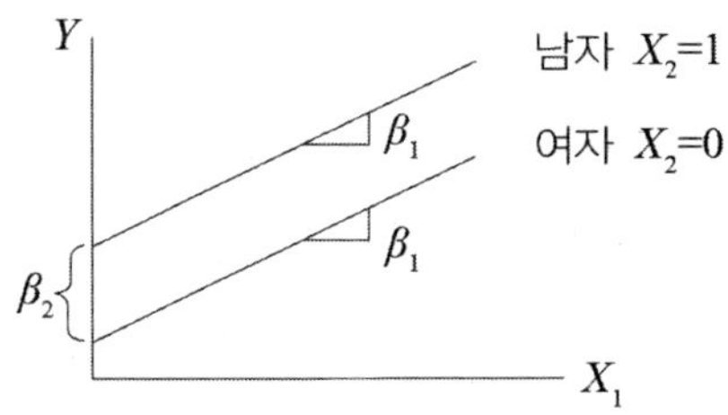

그림 2.5 지시변수를 포함한 회귀모형

즉, β_2는 경력연수가 같을 때 남자와 여자의 월평균 소득의 차이를 의미한다. β_2에 대한 가설검정은 다른 회귀계수와 같이 t-검정통계량을 이용하여 검정한다.

$$H_0 : \beta_2 = 0$$
$$H_1 : \beta_2 \neq 0$$

위의 가설에 대한 검정통계량은 $T = \widehat{\beta_2}/se(\widehat{\beta_2})$이며, 유의수준 α에서 기각역은 $|T| > t_{(\alpha/2; n-2-1)}$이다. 만일 귀무가설 H_0이 기각되면 같은 경력을 가진 남녀 간의 월평균소득에 유의한 차이가 있다고 해석하고, 기각되지 않으면 차이가 없다고 결론 내릴 수 있다.

남녀에 따라 별도의 회귀식(2.62)과 (2.63)을 추정하지 않고 식(2.61)과 같이 군이 지시변수를 사용하여 하나의 회귀식으로 추정하는 이유는 모형에서 보듯이 경력변수 X_1에 대해 동일한(남녀 구분 없이) 기울기와 동일한 오차분산을 가정하고 있으므로 합한 데이터를 사용하는 것이 자유도를 크게 하여 추정의 정도를 높이기 때문이다. 예를 들어 남자에 대한 관측치가 60개, 여자에 대한 관측치가 40개 있다고 할 때 총 100개의 데이터를 사용하여 하나의 회귀추정식을 얻는 것이 각각 60, 40개의 관측치를 이용한 두 개의 회귀추정식을 얻는 것보다 효율적일 것이다.

식(2.61)의 모형에서는 남녀에 대해 경력 1년 증가에 따른 평균소득 증가량이 같다고 가정하였는데 그렇지 않은 상황에서는 다른 모형을 설정하여야 한다. 이에 대해서는 이후에 다시 언급하기로 한다.

예 2.14

제조공정에서 코일의 인장강도(Y)에 온도(X_1)가 어떤 영향을 미치는가를 조사하고자 한다. 수집된 데이터에는 두 종류의 두께그룹(2 mm, 6 mm)이 있고, 두께에 따른 영향도 고려하여 회귀모형을 구현한다. 각 두께(X_2) 그룹에 대해 온도에 대한 인장강도의 기울기는 동일하다고 가정할 때 적절한 회귀모형을 기술하고 추정하라. 또한 두께그룹에 대해 인장강도에 있어 차이가 있는지를 검정하시오. 수집된 데이터는 아래와 같다.

표 2.7 코일의 인장강도 데이터

	1	2	3	4	5	6	7	8	9	10
X_1 (온도)	540	660	610	710	570	700	560	600	680	530
X_2 (두께)	2	2	2	2	6	6	6	6	6	6
Y (인장강도)	52.5	50.2	51.3	49.1	50.8	48.7	51.2	50.8	49.3	51.5

풀이

두께를 나타내는 변수를 D라 하고 2 mm일 때 1, 6 mm일 때 0을 갖는 지시변수로 정의하면 회귀모형은 다음과 같다.

$$Y = \beta_0 + \beta_1 X_1 + \beta_2 D + \epsilon \qquad (2.65)$$

이 경우 행렬 $\boldsymbol{X}^T$는 아래와 같다.

$$\boldsymbol{X}^T = \begin{bmatrix} 1 & 1 & 1 & 1 & 1 & 1 & 1 & 1 & 1 & 1 \\ 540 & 660 & 610 & 710 & 570 & 700 & 560 & 600 & 680 & 530 \\ 1 & 1 & 1 & 1 & 0 & 0 & 0 & 0 & 0 & 0 \end{bmatrix}$$

그리고 회귀계수를 다음 과정을 통하여 추정할 수 있다.

$$\boldsymbol{X}^T\boldsymbol{X} = \begin{bmatrix} 10.0 & 6160.0 & 4.0 \\ 6160.0 & 383520.0 & 2520.0 \\ 4 & 2520.0 & 4 \end{bmatrix} \quad \boldsymbol{X}^T\boldsymbol{y} = \begin{bmatrix} 505.4 \\ 310653.0 \\ 203.1 \end{bmatrix}$$

$$\hat{\beta} = (\boldsymbol{X}^T\boldsymbol{X})^{-1}\boldsymbol{X}^T\boldsymbol{y} = \begin{bmatrix} 61.108 \\ -0.0177 \\ 0.8042 \end{bmatrix}$$

위의 과정을 통해 얻은 회귀분석의 결과는 다음과 같다.

표 2.8 지시변수가 포함된 회귀 결과

변수	회귀계수	표준오차	t-값	p-값
절편	61.108	0.703	86.9	0.0001
X_1(온도)	-0.0177	0.001	-17.7	0.0001
D(두께)	0.8042	0.150	5.376	0.0010

R^2 = 0.9721, MSE = 0.0519, n = 10

따라서 추정된 회귀식은 다음과 같다.

$$Y = 61.108 - 0.0177X_1 + 0.8042D$$

여기서 두께를 구분하는 지시변수 D의 회귀계수 0.8042는 다음과 같이 해석된다. 온도가 일정하다고 할 때 2 mm 두께의 열연코일이 6 mm두께의 코일보다 인장강도가 0.8042만큼 더 크다고 할 수 있다. 변수 D에 대한 p-값은 0.05보다 작으므로 두께그룹에 따라 강도의 차이가 유의수준 α = 0.05에서 유의하다고 할 수 있다.

범주형 변수의 경우 그 범주의 수가 m이라면 $(m-1)$개의 지시변수가 필요한데, 다음의 예를 통해서 범주가 4일 때 3개의 지시변수에 대한 회귀계수는 어떻게 해석되는지 알아보자.

예 2.15

계절에 따른 판매량의 차이를 조사하고자 할 때 회귀모형을 설정하고(다른 독립변수는 없다고 가정) 각 회귀계수가 갖는 의미를 설명하라. 또한 겨울판매량과 여름판매량에 차이가 있는지를 검정하기 위한 가설을 설정하시오.

풀이

우선 회귀모형에 포함될 범주형 변수가 계절이고 범주수가 4이므로 3개의 지시변수가 필요하며 다음과 같은 회귀모형을 설정할 수 있다.

$$Y = \beta_0 + \beta_1 X_1 + \beta_2 X_2 + \beta_3 X_3 + \epsilon$$

$$X_1 = \begin{cases} 1 & \text{여름이면} \\ 0 & \text{여름이 아니면} \end{cases}$$

$$X_2 = \begin{cases} 1 & \text{가을이면} \\ 0 & \text{가을이 아니면} \end{cases}$$

$$X_3 = \begin{cases} 1 & \text{겨울이면} \\ 0 & \text{겨울이 아니면} \end{cases}$$

따라서 각 계절에 대응하는 지시변수의 값은 다음과 같다.

	X_1	X_2	X_3
봄	0	0	0
여름	1	0	0
가을	0	1	0
겨울	0	0	1

이때 각 계절마다의 평균판매량 $E[Y]$은 다음과 같이 나타낼 수 있다.

$$E[Y|\text{봄}] = \beta_0$$

$$E[Y|\text{여름}] = \beta_0 + \beta_1$$

$$E[Y|\text{가을}] = \beta_0 + \beta_2$$

$$E[Y|\text{겨울}] = \beta_0 + \beta_3$$

위에서 보는 바와 같이 β_0은 봄일 때의 판매량이며, β_1은 여름판매량과 봄판매량의 차이이며, β_2는 가을판매량과 봄판매량의 차이이고, β_3은 겨울판매량과 봄판매량의 차이이다. 따라서 봄판매량과 여름판매량 또는 봄판매량과 가을판매량에 차이가 있는지를 검정하기 위해서는 β_1 또는 β_2에 대한 t-검정을 하면 될 것이다.

그리고 물음과 같이 겨울판매량과 여름판매량에 차이가 있는지를 검정하기 위한 가설은 다음과 같이 설정된다.

$$H_0 : \beta_1 - \beta_3 = 0$$
$$H_1 : \beta_1 - \beta_3 \neq 0$$

위의 귀무가설이 사실일 때의 회귀모형을 설정하면 다음과 같다.

$$Y = \beta_0 + \beta_1 (X_1 + X_3) + \beta_2 X_2 + \epsilon$$

위의 모형을 축소모형($X_1 + X_3$을 새로운 하나의 독립변수로 간주)으로 보고 원래의 모형을 완전모형으로 보면 일부 계수에 대한 부분검정에 의거하여 다음과 같은 검정통계량으로 검정할 수 있다.

$$F = \frac{\frac{SSE(R) - SSE(F)}{(3-2)}}{\frac{SSE(F)}{(n-4)}} = \frac{\frac{SSR(F) - SSR(R)}{(3-2)}}{\frac{SSE(F)}{(n-4)}}$$

여기서 F는 완전모형을, R은 축소모형을 의미하며, F값의 자유도는 $(1, n-4)$가 된다.

예 2.16

[예 2.14]에서 두께그룹에 따라 인장강도(Y)에 대한 온도의 기울기가 다르다고 예상되면 온도(X_1)와 두께(D) 간에 교호작용(interaction)이 존재한다고 말하며 이때 회귀모형은 다음과 같이 설정될 수 있다.

$$Y = \beta_0 + \beta_1 X_1 + \beta_2 D + \beta_3 (X_1 \cdot D) + \epsilon \qquad (2.66)$$

위 식에서 X_1과 D의 곱으로 표현된 새로운 독립변수가 모형에 포함된 것을 볼 수 있다. 두께를 나타내는 지시변수 D의 값에 따라 인장강도 기대치는 다음과 같이 됨을 알 수 있다.

$$E[Y|D=1] = \beta_0 + \beta_2 + (\beta_1 + \beta_3)X_1$$

$$E[Y|D=0] = \beta_0 + \beta_1 X_1$$

위에서 온도(X_1)에 대한 Y의 기울기가 서로 다른 것을 볼 수 있다. 물론 이 기울기가 유의하게 다른가를 검정하는 것은 $\beta_3 = 0$의 여부를 검정하는 것이 될 것이다.

교호작용이 추가된 식(2.66)의 회귀모형에 적합시킨 결과는 다음과 같다.

표 2.9 교호작용이 추가된 회귀 결과

변수	회귀계수	표준오차	p-값
절편	60.1364	0.7499	0.0001
X_1	−0.0161	0.0012	0.0001
D	3.2785	1.2104	0.0352
$X_1 D$	−0.0039	0.0019	0.0857

$R^2 = 0.9836$, MSE = 0.0356, $n = 10$

따라서 추정회귀식은 다음과 같이 표현되는데,

$$\hat{Y} = 60.1364 - 0.0161X_1 + 3.2785D - 0.0039X_1 \cdot D$$

각 두께그룹에 대해 아래와 같이 두 개의 회귀식으로 쓸 수 있다.

$$\hat{Y} = 63.4149 - 0.02X_1 \qquad D=1\text{일 때}$$

$$\hat{Y} = 60.1364 - 0.0161X_1 \qquad D=0\text{일 때}$$

두 두께그룹에 대한 회귀선을 그려보면 [그림 2.6]과 같은데 두 회귀선의 기울기가 같지 않음을 알 수 있다. [표 2.9]에서 교호작용 $X_1 \cdot D$에 대응하는 회귀계수가 유의수준 10%에서 유의함을 볼 수 있다.

한편, 두께그룹에 따라 Y의 절편이 동일한가를 검정하는 것은 $\beta_2 = 0$의 여부를 검정하는 것인데, [표 2.9]로부터 유의수준 5%에서 절편이 동일하다고 할 수 없을 것이다.

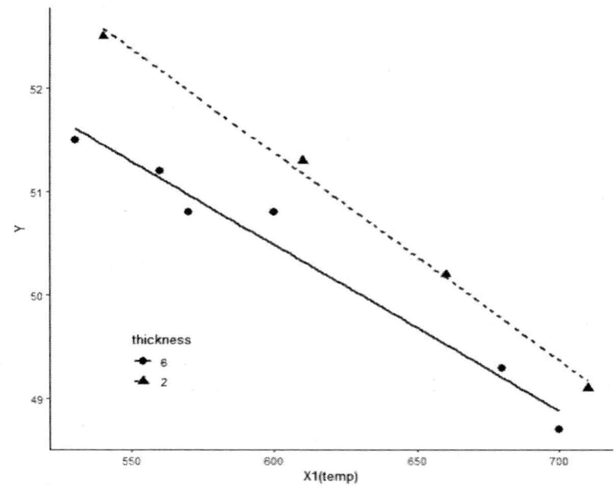

그림 2.6 두께에 따른 X_1(온도)와 인장강도(Y)의 관계

식(2.65)과 식(2.66)의 회귀모형에 대한 결정계수(R^2)와 오차의 평균제곱(MSE)과 비교해 보면, 교호작용을 추가시킨 회귀모형이 포함시키지 않은 모형보다 더 적합하다고 할 수 있다.

R 코드

1. 예 2.3~2.5, 2.7, 2.10, 2.11의 R 코드

```
# ch02_ex03_reg_basic.R
# ch2.2 regression model estimation
# ch2.3 inference
# ch2.6 prediction

# read csv file
dat1 <- read.csv("data/ch2_reg1.csv")

# ex2.3 regression coefficients estimation
lm_fit <- lm(weight ~ age + height, data = dat1)
coef(lm_fit)

# ex2.4 MSE
sum(lm_fit$residuals^2) / lm_fit$df.residual

# ex2.5 ANOVA
anova(lm_fit)

# ex2.7 summary
summary(lm_fit)

# ex2.10 prediction

# variance-covariance matrix of regression coefficient
vcov(lm_fit)

# new data with predictor variables only
newdata <- data.frame(age = 40, height = 170)

# Expected mean weight for new data
predict(lm_fit, newdata)

# 95% confidence interval of mean weight for new data
# `lwr` represents a lower bound, and `upr` represents an upper bound
conf_interval <- predict(lm_fit, newdata, interval = "confidence", level = 0.95)
conf_interval
conf_interval[, c("lwr", "upr")]
```

```
# ex2.11 prediction interval
pred_interval <- predict(lm_fit, newdata, interval = "prediction", level = 0.95)
pred_interval
pred_interval[, c("lwr", "upr")]
```

2. 예 2.8, 2.9, 2.13의 R 코드

[예 2.8](변수선택)에서 단계별 변수선택 과정을 위해 {olsrr}라는 R 패키지를 사용하고, [예 2.13](다중공선성)에서는 분산팽창계수 산정을 위해 VIF 함수가 포함된 {car}라는 R 패키지를 사용한다.

```
# ch02_ex08_variable_selection.R
# ch2.4 variable selection
# ch2.7 multicollinearity

# load packages
library("olsrr")
library("car")

# read csv file
# Hitters (Baseball player salary) data from Kaggle
dat_ba <- read.csv("data/Hitters.csv")

# multiple regression
lm_model <- lm(Salary ~ Hits + Walks + CRuns + HmRun + CWalks, data = dat_ba)
summary(lm_model)

# ex2.8 all possible regression : variable selection
k <- ols_step_all_possible(lm_model)
k

# ch2.9 stepwise method (pent=0.3, prem=0.3)
ols_step_both_p(lm_model, details = TRUE, pent = 0.3, prem = 0.3)

# stepwise method with entry p-value<0.5 & remove p-value>0.5
ols_step_both_p(lm_model, pent = 0.5, prem = 0.5)
```

```
# ex2.13: multicollinearity

# check VIF
vif_value1 <- vif(lm_model)
vif_value1

# check correlation for predictors
vars1 <- c("Hits", "Walks", "CRuns", "HmRun", "CWalks")
cor(dat_ba[vars1])

# plot for variables with high correlation
plot(dat_ba[, c("CRuns", "CWalks")])
abline(lm(CWalks ~ CRuns, data = dat_ba), col = "red", lwd = 2, lty = 1)

# 2nd model after removing one of high correlation variables
lm2_model <- lm(Salary ~ Hits + Walks + CRuns + HmRun, data = dat_ba)
summary(lm2_model)

# check VIF
vif_value2 <- vif(lm2_model)
vif_value2
```

3. 예 2.14, 2.16의 R 코드

```
# ch02_ex14_indicator.R
# ch2.8 regression with indicator variable

# load package
library(ggplot2)

# read csv file
dat1 <- read.csv("data/ch2_coil.csv")
summary(dat1)

# convert variable `thick` to factor
dat1$thick <- factor(dat1$thick, levels = c(6, 2))
summary(dat1)

# ex2.14: fit a regression model
lm_fit <- lm(y ~ temp + thick, data = dat1)
summary(lm_fit)
```

```
# ex2.16
lm_fit_interaction <- lm(y ~ temp + thick + temp:thick, data = dat1)
summary(lm_fit_interaction)

# plot
ggplot(dat1, aes(x = temp, y = y, shape = thick, linetype = thick)) +
  geom_smooth(method = "lm", se = FALSE, color = "grey30") +
  geom_point(size = 3) +
  labs(x = "X1(temp)", y = "Y", shape = "thickness", linetype = "thickness") +
  theme_classic() +
  theme(legend.position = c(0.2, 0.2))
```

참고문헌

본 장의 대부분 내용은 [1]에서 발췌한 것임을 밝힌다. 2.4.3절의 단계적 변수선택방법에 대한 보다 자세한 내용을 원하는 독자는 참고문헌 [4]를 참조하기 바란다. 잔차산점도에 의한 회귀분석의 가정과 진단은 참고문헌 [4]의 9장, 10장을 참조할 수 있다. 이상치의 존재 유무는 참고문헌 [3], [5]를 참조하기 바란다. PRESS는 참고문헌 [2]에서 제안되었으며, 식(2.59)의 증명은 참고문헌 [4]에서도 볼 수 있다.

[1] 전치혁, 정민근, 이혜선 (2004), 공학응용통계, 홍릉과학출판사, 개정판.

[2] Allen, D.M. (1974), "The relationship between variable selection and data augmentation and a method for prediction", Technometrics, 16, 125-127.

[3] Belsley, D.A., E. Kuh, and R.E. Welsch (1980), Regression Diagnostics: Identifying Influential Data and Source of Collinearity, Wiley, New York.

[4] Montgomery, D.C. and E.A. Peck (1992), Introduction to Linear Regression Analysis, 2nd ed., Wiley, New York.

[5] Rawling, J.O. (1988), Applied Regression Analysis, Wordsworth & Brooks/Cole, California.

연습문제

2.1 공장 오염수가 지나가는 파이프의 부식도에 수질이 미치는 영향 관계를 알아보기 위해 다음과 같은 모형을 고려하고자 한다.

$$Y = \beta_0 + \beta_1 X_1 + \beta_2 X_2 + \beta_3 X_3 + \beta_4 X_4 + \epsilon$$

Y: 부식도; X_1: pH; X_2: 탁도; X_3: 염소량; X_4: 약품농도

모형을 추정하기 위하여 다음과 같은 30개의 표본자료를 얻었다.

i	pH	탁도	염소량	약품농도	부식도
1	7.93	11.9	19.0	59.8	2.2
2	8.07	12.9	26.6	59.6	10.3
3	7.85	11.0	17.0	26.3	19.5
4	7.98	9.3	15.3	27.4	13.2
5	7.77	6.4	13.1	51.5	7.2
6	7.87	7.1	11.9	41.9	23.5
7	8.07	12.9	26.6	59.6	10.3
8	7.85	11.0	17.0	26.3	19.5
9	7.98	9.3	15.3	27.4	13.2
10	7.89	7.1	13.5	44.9	8.0
11	7.96	9.8	16.5	34.5	12.2
12	7.87	9.4	15.3	32.4	11.2
13	7.83	13.0	17.6	24.9	36.2
14	7.92	11.4	17.4	37.3	18.9
15	7.89	7.1	13.5	44.9	8.0
16	7.96	9.8	16.5	34.5	12.2
17	7.87	9.4	15.3	32.4	11.2
18	7.83	11.0	13.8	56.9	3.2

i	pH	탁도	염소량	약품농도	부식도
19	7.72	4.0	11.8	23.9	5.4
20	7.67	13.0	24.6	53.9	19.8
21	7.77	6.0	12.5	35.5	10.6
22	7.66	4.0	10.1	49.3	9.1
23	7.48	2.0	7.8	70.9	4.0
24	7.57	2.0	8.5	81.4	3.5
25	7.71	4.0	9.8	92.0	1.7
26	7.60	7.0	11.6	81.8	4.3
27	8.21	21.4	84.7	68.1	18.7
28	8.20	26.4	127.4	54.7	19.4
29	8.20	31.3	38.3	76.3	17.8
30	7.84	13.4	24.9	72.1	2.6

(a) 위의 다중회귀모형을 추정하라. 각 회귀계수의 추정치, 표준오차, t-값을 나타내는 표를 작성하고 5%에서 유의하면 t-값에 * 표를, 1%에서 유의하면 **표를 하라.

(b) 분산분석표를 작성하고 회귀성검정을 하라. (a)와 유사하게 * 또는 ** 표를 하라. 또한, 결정계수는 얼마인가?

2.2 코크스 품질을 대표하는 냉간강도(DI)에 영향을 주는 인자로 휘발분(VM)과 조직평형지수(CBI)를 고려하여 다음과 같은 다중회귀식을 추정하고자 한다.

$$DI = \beta_0 + \beta_1 VM + \beta_2 CBI + \epsilon$$

다음과 같이 7개의 자료를 얻었다.

번호	VM	CBI	DI
1	26.7	1.14	87.8
2	26.9	1.41	87.0
3	27.6	1.13	88.0
4	26.9	1.37	87.1
5	27.2	1.14	87.9
6	27.0	1.26	87.0
7	26.2	1.28	88.0

(a) 벡터-행렬을 사용하여 회귀계수들을 추정하라.

(b) 회귀표준오차를 구하라.

(c) 각 회귀계수에 대한 t-검정를 실시하라.

(d) ANOVA Table을 작성한 후, 결정계수를 구하고 F-검정을 실시하라.

2.3 자동차 매출액에 대해 다음과 같은 다중회귀모형을 고려한다.

$$S_t = \beta_0 + \beta_1 YP_t + \beta_2 R_t + \beta_3 CPI + \epsilon_t$$

S = 분기별 자동차 매출액

YP = 분기별 개인소득

R = 해당 분기 대출 이자율(3개월간)

CPI = 분기별 자동차 소비자가격지수

80개의 관측자료로부터 모형을 추정한 결과 다음과 같은 추정식을 얻었다.

$$S_t = 56.36 + 0.036\,YP_t - 0.508R_t - 0.088\,CPI_t \qquad R^2 = 0.841$$

회귀표준오차는 2.970이며, $(\boldsymbol{X}^T\boldsymbol{X})^{-1}$행렬의 대각선 원소들은 차례로 5.089, 1.02×10^{-6}, 6.04×10^{-4}, 1.39×10^{-4}이었다.

(a) 각 회귀계수 추정치의 표준오차를 구하고 t-값을 산출하라. 유의수준 5%에서 유의한지 검정하라.

(b) 회귀성에 대한 F-검정을 실시하라(유의수준 5%).

(c) adjusted R-square를 산출하라.

(d) 추정된 회귀식에서 CPI에 대한 계수의 의미를 설명하라. 또 부호는 적합한가?

2.4 반도체 Mask-ROM의 품질 특성치로 수율(%)이 중요한 것으로 알려져 있으며 이에 영향을 주는 공정 조건으로 A, B, C, D를 고려하여 다중회귀모형을 수행하여 다음과 같은 결과를 얻었다. 총관측수는 193이다.

Source	df	Sum of Square	Mean Square	F-value
Model		233.6		
Error				
Total				

MSE 3.2041 R-Square ________

Variables	Parameter Estimates	Standard Error	T for H0 Parameter = 0	Prob 〉 |T|
Intercept	78.941	6.843	11.536	0.0001
A	−0.014	0.00476	−2.942	0.0037
B	0.012	0.00538	2.229	0.0270
C	−0.020	0.00775	−2.579	0.0107
D	0.584	0.1327	4.400	0.0001

(a) 위 표에서 빈칸을 채우라.

(b) 유의수준 1%에서 회귀성 여부를 검정하라.

(c) 유의수준 1%에서 유의한 회귀계수를 구하라.

(d) 유의수준 5%에서 A의 회귀계수의 신뢰구간을 구하라.

(e) A=546, B=765, C=730, D=12에서의 미래반응치를 예측하라.

2.5 고로의 공정변수와 풍구선온도와의 관계를 알아보기 위하여 다음과 같은 데이터를 수집하였다.

번호	송풍압력	송풍온도	노정압력	노정온도	송풍에너지	풍구선온도
1	410	1117	239	224	990	2189
2	405	1106	239	198	995	2199
3	405	1119	239	162	1010	2217
4	405	1113	240	153	1001	2219
5	402	1098	239	151	992	2197
6	406	1112	240	158	995	2203
7	407	1108	239	165	987	2207
8	404	1093	239	184	977	2201
9	408	1104	239	159	977	2204
10	407	1106	239	179	981	2183
11	406	1094	239	171	966	2180
12	408	1109	239	178	978	2216
13	409	1119	240	183	993	2223
14	409	1113	239	186	985	2211
15	410	1111	239	178	975	2191
16	409	1118	239	197	996	2210
17	406	1108	239	167	992	2224
18	409	1101	239	171	974	2206

번호	송풍압력	송풍온도	노정압력	노정온도	송풍에너지	풍구선온도
19	408	1112	240	195	985	2221
20	404	1102	239	190	992	2201
21	402	1092	239	178	985	2191
22	406	1108	239	161	990	2222
23	406	1102	239	156	982	2192
24	405	1091	239	158	972	2204
25	411	1119	240	158	989	2217

(a) 모든 가능한 조합의 회귀분석을 통하여 풍구선온도를 설명하는 최적모형을 선정하라.

(b) 단계적 회귀분석(stepwise regression)을 통해 최적모형을 선정하라.

2.6 TV부품 중 하나인 Shadow Mask의 수율(Y; %)과 공정조건 X_1, X_2, X_3의 관계를 알아보기 위해 다음과 같은 모델을 사용하여

$$Y = \beta_0 + \beta_1 X_1 + \beta_2 X_2 + \beta_3 X_3 + \epsilon$$

다중회귀분석을 하였더니 다음과 같은 결과를 얻었다.

$$n = 105, \quad \sum_{i=1}^{105} (Y_i - \overline{Y})^2 = 106512, \quad R^2 = 0.475$$

Variable	Parameter Estimate	Standard Error
Intercept	72.213	11.229
X_1	−0.311	0.137
X_2	−0.223	0.047
X_3	0.585	0.143

(a) 분산분석표를 작성하고 회귀성검정을 실시하라(유의수준 1%).

(b) 오차항의 표준편차(회귀 표준오차)를 추정하라.

(c) 1% 유의수준에서 유의한 회귀계수는 어떤 것들인가?

2.7 코일의 인장강도(TS)에 영향을 미치는 요인으로 탄소(C), 망간(Mn), 권취온도(CT)를 택하여 다중회귀분석을 실시하여 다음과 같은 결과를 얻었다. 사용한 데이터 수는 100이다.

$$TS = 40.56 + 84.2C + 6.72Mn - 0.015CT$$
$$(14.2) \quad (4.8) \quad (1.6) \quad (-3.2) \leftarrow \text{t값}$$

MSE = 2.25 　　　Adjusted R-square = 0.9

(a) ANOVA Table을 작성하라.

(b) 유의수준 5%에서 회귀계수의 유의성 여부를 검정하라.

(c) CT의 회귀계수에 대한 95% 신뢰구간을 구하라.

(d) C의 회귀계수를 β_1이라 할 때 다음을 검정하라(유의수준 5%).

$$H_0 : \beta_1 = 80$$
$$H_1 : \beta_1 \neq 80$$

2.8 소비함수를 추정하기 위하여 다음과 같이 소비(Consumption; C)를 종속변수로, 가처분소득(Disposable Income; Y)을 독립변수로 하는 회귀모델을 설정하고 18년간의 분기별 자료를 분석하여 다음과 같은 결과를 얻었다.

Model Ⅰ: $C = 14.51 + 0.88Y$, $R^2 = 0.9977$, MSE = 13.8384

$$(7.03) \quad (173.06) \leftarrow \text{t-값}$$

한편, 다음과 같이 저축(Savings; $S = Y - C$)을 종속변수로 하는 회귀모델을 고려한다고 하자.

Model Ⅱ: $S = \beta_0 + \beta_1 Y + \epsilon$

(a) Model Ⅱ에서 회귀계수를 추정하라.

(b) Model Ⅱ의 결정계수는 모델 Ⅰ과 동일한가? 간단히 설명하라.

(c) Model Ⅱ의 MSE는 모델 Ⅰ과 동일한가? 간단히 설명하라.

(d) Model Ⅱ의 회귀계수 β_1 추정치에 대한 t값을 구하라.

2.9 어떤 냉연제품의 항복강도(Y)에 미치는 영향변수로 탄소량(X_1), 망간(X_2), 소둔온도(X_3), 조질압하율(X_4)을 독립변수로 하여 다중회귀분석을 한 결과 다음과 같은 분산분석표를 얻었다. 총 97개의 데이터를 사용하였다.

요인	자유도	제곱합	평균제곱	F-값	p-값
회귀	4	1059.54	264.88	79.3	0.0001
잔차	92	307.08	3.34		
전체	96	1366.62			

한편, 탄소량과 망간만을 독립변수로 하여 회귀분석한 결과는 다음과 같다.

요인	자유도	제곱합	평균제곱	F-값	p-값
회귀	2	1051.18	525.59	156.4	0.0001
잔차	94	315.44	3.36		
전체	96	1366.62			

(a) 다음 가설을 유의수준 5%에서 검정하고 해석하라.

$$H_0 : \beta_3 = \beta_4 = 0$$

$H_1 : \beta_3$와 β_4 모두 0은 아니다.

(b) 탄소와 망간만을 독립변수로 사용한 모형의 C_p값을 구하라.

2.10 어떤 열연코일의 항복강도(Y)에 미치는 영향변수로 슬라브 재가열시간(X_1)과 사상압연 후면온도(X_2)를 독립변수로 하여 다중회귀모형을 수립하고 총 100개의 관측치에 대해 회귀분석을 한 결과 다음을 얻었다.

$$\hat{Y} = 159.947 - 0.050X_1 - 0.1054X_2$$

요인	자유도	제곱합	평균제곱	F-값	p-값
회귀	2	376.03	188.01	40.29	0.0001
잔차	97	452.60	4.67		
전체	99	828.63			

또한 데이터로부터 다음 결과를 얻었다.

$$\overline{X_1} = 247.36 \qquad s^2_{X_1} = 8.3694$$

$$\overline{X_2} = 847.77 \qquad s^2_{X_2} = 262.34 \qquad r_{12} = 0.2241$$

(a) $\widehat{\beta_1}$ 및 $\widehat{\beta_2}$의 분산팽창계수를 구하라.

(b) $\widehat{\beta_1}$ 및 $\widehat{\beta_2}$의 분산을 각각 추정하라.

(c) $(\boldsymbol{X}^T\boldsymbol{X})^{-1}$를 구하라.

(d) $X_1 = 280,\ X_2 = 860$에서 항복강도의 95% 예측구간을 구하라.

2.11 3개의 독립변수 (X1, X2, X3) 및 종속변수 Y에 대한 6개의 관측치를 바탕으로 계산된 상관계수들이 다음과 같다. 여기서 모든 변수는 평균조정된(각 변수의 평균이 0이 되도록) 값을 사용한다.

	x1	x2	x3
x2	0.973		
x3	−0.847	−0.808	
y	0.932	0.887	−0.917

한편, 3개의 독립변수로 Y를 설명하고자 하는 절편없는 회귀모형 (<u>모형 1</u>)의 분석 결과가 다음과 같다.

Predictor	Coef	SE Coef	T	P
x1	8.840	8.159	1.08	0.358
x2	−2.357	6.315	−0.37	0.734
x3	−1.4661	0.9740	−1.51	0.229

Analysis of Variance

Source	DF	SS	MS	F	P
Regression	3	2462.80	820.93	13.16	0.031
Residual Error	3	187.20	62.40		
Total	6	2650.00			

또한, X1만을 독립변수로 한 절편없는 회귀모형 (<u>모형 2</u>)의 분석 결과는 다음과 같다.

Predictor	Coef	SE Coef	T	P
x1	10.227	1.781	5.74	0.002

Analysis of Variance

Source	DF	SS	MS	F	P
Regression	1	2301.1	2301.1	32.98	0.002
Residual Error	5	348.9	69.8		
Total	6	2650.0			

(a) 모형 1의 결과로부터 관측할 수 있는 점을 3줄 이내로 기술하라.

(b) 모형 1에서 X1에 대한 VIF(variance inflation factor)를 근사적으로 산출하라.

(c) 다음 가설을 유의수준 10%에서 검정하라.

$$H_0 : \beta_2 = \beta_3 = 0$$
$$H_1 : \beta_2, \beta_3 \text{ 모두 0은 아니다.}$$

(d) X1과 X2를 독립변수로 사용하는 새로운 모형에서의 X1에 대한 VIF를 구하라.

(e) X1과 X2를 독립변수로 사용하는 새로운 모형(즉, 모형 1에서 X3가 제외된)에서 R-square를 구하라.

(f) X2만을 독립변수로 하는 절편없는 회귀모형에서 기울기의 추정치와 표준오차를 구하라.

(g) 모형 1이 변수선택을 위한 후진제거법(유의수준 0.15)의 첫 단계라 할 때, 다음 단계에서 제외될 변수가 있겠는가? 만약 있다면, 어떤 변수가 제외되겠는가?

2.12 어느 공장에서 산화된 암모니아량(간단히 stack loss 또는 Y라 함)에 영향을 주는 요인으로 X_1 (공기량), X_2 (냉각수온도), X_3 (질산농도)의 세 가지를 고려하여 21개의 관측치를 얻은 후 다중회귀분석을 실시하여 다음과 같은 결과를 얻었다.

$$Y = -39.92 + 0.7156\ X_1 + 1.2953\ X_2 - 0.1521\ X_3$$

(−3.36) (5.31) (3.52) (−0.97) 괄호 내 숫자는 t-값임.

MSE = 10.5196, R^2 = 0.914

(a) 냉각수온도의 회귀계수 추정치의 의미를 간단히 설명하라.

(b) 냉각수온도의 회귀계수가 1.0 인지 여부를 유의수준 5%에서 검정하라.

(c) 위의 모형에 대한 ANOVA table를 작성하라 (df, SS, MS, F-값 포함).

(d) X_3가 없는 모형에 대한 Adjusted R-square를 구하라.

(e) X_2가 없는 모형에 대해 F 검정을 유의수준 1%에서 실시하라.

2.13 다음은 야구 선수들의 기록과 연봉에 대한 회귀분석을 단계별방법으로 수행한 중간의 결과를 보여주고 있다. (변수 추가 및 제거 시 유의수준 0.3 사용)

Step 7: Variable HITS Entered.

Analysis of Variance

Source	*DF*	*Sum of Squares*	*Mean Square*	*F-Value*	*Pr > F*
Model	7	7,019.32	1,002.76	52.19	<0.0001
Error	90	1,729.27	19.21		
Total	97	8,748.59	−		

Variable	*Parameter Est.*	*Standard Error*	*Type II SS*	*F-Value*	*Pr > F*
Intercept	1.5478	1.16262	34.05	1.77	0.1865
RUN (득점)	0.1003	0.03542	154.16	8.02	0.0057
HITS (안타수)	−0.0550	0.02441	97.38	5.07	0.0268
HR (홈런)	−0.0081	0.07762	0.21	0.01	0.9173
RBI (타점)	0.1191	0.03678	201.50	10.49	0.0017
BB (포볼)	0.0298	0.02147	37.03	1.93	0.1685
KK (삼진)	−0.0264	0.01318	77.04	4.01	0.0483
DP (병살)	−0.0924	0.09226	19.28	1.00	0.3192

(a) 변수 HITS가 추가됨으로써 나타난 현상 중 한 가지를 기술하라.

(b) 현 단계의 추정모형을 진단할 때, (야구)상식과 배치되는 현상을 한 가지 지적하고 의심되는 이유를 간단히 설명하라.

(c) 바로 이전 단계(변수 HITS가 추가되기 전)의 ANOVA Table을 작성하라.

(d) 바로 다음 단계에서 변수 하나가 제거된다고 하면 어떤 변수가 제거되겠는가?

(e) 최종 모형에서 더 이상 제거될 변수가 있음을 현 단계에서 알 수 있는가? 이유를 간단히 설명하라.

2.14 다음은 205개의 관측수를 갖는 어떤 데이터에 단계별방법을 적용한 결과를 나타낸 것이다. SST는 1.5823로 산출되었다.

Summary of Stepwise Method

Step	*Variable Entered*	*Number in Vars*	*Partial R-Square*	*C(p)*	*F-value*	*Pr > F*
1	X1	1	0.1574	37.5	37.91	〈 0.0001
2	X2	2	0.0711	19.4	18.61	〈 0.0001
3	X9	3	0.0311	12.6	8.45	0.0040

(a) Step 3에 대한 ANOVA table을 작성하라. 단, 자유도, 제곱합, 평균제곱합 및 F값을 포함하라.

(b) 변수 X1 및 X2가 포함되는 경우 변수 X9에 대한 Type II 제곱합을 산출하라.

(c) Step 2에서 변수 X2의 기울기 추정치에 대한 표준오차가 0.000158로 알려져 있다. 이 단계에서 X2 기울기 추정치를 구하라.

(d) 변수 X1 및 X9가 포함된 상태에서 변수 X2의 Type II 제곱합이 0.1150이라 한다. X1과 X9 두 변수만 포함된 모형의 R-square를 구하라.

2.15 다음은 세 변수를 포함하는 회귀모형의 추정 결과를 나타낸 것이다.

	Parameter Estimate	*Standard Error*	*t-value*	p-value
Intercept	2.101	3.431	0.612	0.553
$X1$	1.133	0.423	2.678	0.021
$X2$	0.674	0.310	2.174	0.052
$X3$	−1.165	0.335	−3.478	0.005

추가로 다음과 같은 제곱합 또는 부분제곱합이 알려져 있다.

$SSR(X1)=2.73, SSR(X2)=3.40, SSR(X3)=52.54, \triangle SSR(X2|X1)=9.46,$

$SSE=102.33, SST=214.74$

(a) 상기 모형에 대해 유의수준 5%에서 F 검정을 실시하라.

(b) $\Delta SSR(X3|X1, X2)$를 산출하라. 이 의미를 간단히 설명하라.

(c) 가설 $H_0 : \beta_1 = \beta_2 = 0$($H_1$: 두 계수 모두 0은 아니다)을 유의수준 5%에서 검정하라.

(d) 변수 $X3$가 없는 모형(즉, 변수 $X1$과 $X2$만 있는)에 대한 F 검정을 유의수준 5%에서 실시하라.

(e) $\Delta SSR(X1|X2)$를 산출하고, $\Delta SSR(X1)$과의 차이를 설명하라.

2.16 다음은 63개 관측치를 갖는 두 변수 회귀모형의 결과이다.

variables	*parameter estimate*	*standard error*	*VIF*
constant	29.641	2.319	–
$X1$	1.187	0.224	?
$X2$	−0.046	0.015	2.83

(a) 변수 X2의 VIF(분산팽창계수)값이 무엇을 의미하는지 설명하라.

(b) 변수 X1의 VIF를 구하라.

(c) 위의 정보를 바탕으로 변수 X1만 포함된 회귀모형에서 기울기의 표준오차를 추정하라.

(d) 아래 가설을 유의수준 5%에서 검정하라.

$$H_0 : \beta_1 = 1 \text{ vs. } H_1 : \beta_1 \neq 1$$

(e) 아래 가설을 검정하고자 한다.

$$H_0 : \beta_1 = 1,\ \beta_2 = 0 \quad \text{vs.} \quad H_0 : \beta_1 \neq 1,\ \beta_2 \neq 0$$

위의 정보만으로 검정할 수 있는가? 만약 할 수 없다면 어떤 정보가 더 필요한가?

2.17 다음은 37종의 와인에 대한 화학성분 및 아로마 평점(aroma)을 측정한 데이터이다.

	Mo	Ba	Cr	Sr	Pb	B	Mg	Ca	K	Aroma
1	0.044	0.387	0.029	1.23	0.561	2.63	128	80.5	1130	3.3
2	0.16	0.312	0.038	0.975	0.697	6.21	193	75	1010	4.4
3	0.146	0.308	0.035	1.14	0.73	3.05	127	91	1160	3.9
4	0.191	0.165	0.036	0.927	0.796	2.57	112	93.6	924	3.9
5	0.363	0.38	0.059	1.13	1.73	3.07	138	84.6	1090	5.6
6	0.106	0.275	0.019	1.05	0.491	6.56	172	112	1290	4.6
7	0.479	0.164	0.062	0.823	2.06	4.57	179	122	1170	4.8

	Mo	Ba	Cr	Sr	Pb	B	Mg	Ca	K	Aroma
8	0.234	0.271	0.044	0.963	1.09	3.18	145	91.9	1020	5.3
9	0.058	0.225	0.022	1.13	0.048	6.13	113	70.2	1240	4.3
10	0.074	0.329	0.03	1.07	0.552	3.3	140	74.7	1100	4.3
11	0.071	0.105	0.028	0.491	0.31	6.56	103	67.9	1090	5.1
12	0.147	0.301	0.087	2.14	0.546	3.5	199	66.3	1470	3.3
13	0.116	0.166	0.041	0.578	0.518	6.43	111	83.8	1120	5.9
14	0.166	0.132	0.026	0.229	0.699	7.27	107	44.9	854	7.7
15	0.261	0.078	0.063	0.156	1.02	5.04	94.6	54.9	899	7.1
16	0.191	0.085	0.063	0.192	0.777	5.56	110	64.1	976	5.5
17	0.009	0.072	0.021	0.172	0.232	3.79	75.9	48.1	995	6.3
18	0.027	0.094	0.021	0.358	0.025	4.24	80.9	57.6	876	5
19	0.05	0.294	0.006	1.12	0.206	2.71	120	64.8	1050	4.6
20	0.268	0.099	0.045	0.36	1.28	5.68	98.4	64.3	945	6.4
21	0.245	0.071	0.053	0.186	1.19	4.42	87.6	70.6	820	5.5
22	0.161	0.181	0.06	0.898	0.747	8.11	160	82.1	1220	4.7
23	0.146	0.328	0.1	1.32	0.604	6.42	134	83.2	1810	4.1
24	0.155	0.081	0.037	0.164	0.767	4.91	86.5	53.9	1020	6
25	0.126	0.299	0.054	0.995	0.686	6.94	129	85.9	1330	4.3
26	0.184	0.346	0.037	1.17	1.28	3.29	145	72.8	1140	3.9
27	0.211	0.206	0.028	0.72	1.02	6.12	99.3	95.2	1260	5.1
28	0.129	0.281	0.034	0.889	0.638	7.28	139	84.2	1200	3.9
29	0.166	0.292	0.039	1.11	0.831	4.71	125	59.5	1030	4.5
30	0.199	0.292	0.058	0.927	1.02	6.97	131	85.9	1390	5.2
31	0.266	0.158	0.049	0.794	1.3	3.77	143	128	1230	4.2
32	0.183	0.225	0.037	1.19	0.915	2	123	69.4	943	3.3
33	0.208	0.087	0.042	0.168	1.33	5.04	92.9	56.3	949	6.8
34	0.142	0.408	0.022	1.16	0.745	3.94	143	67.6	1170	5
35	0.171	0.263	0.072	1.35	0.899	2.38	130	64.4	1070	3.5
36	0.307	0.29	0.031	0.885	1.61	4.4	151	103	1100	4.3
37	0.342	0.366	0.048	1.08	1.77	3.37	145	58.3	1010	5.2

(a) 전체 성분을 포함하여 aroma를 설명하는 회귀모형을 추정하라.

(b) 위의 모형에서 각 변수에 대한 VIF를 산출하고 10 이상인 변수를 나열하라.

(c) 단계별 방법을 통한 회귀모형을 구축하라. 이 경우 각 변수에 대한 VIF를 산출하라.

(d) 첫 25개의 관측치를 사용하여 두 가지 모형(전체변수 사용, 단계별 방법에서 선택된 변수만 사용)으로 회귀분석을 한 후, 나머지 12개 관측치에 대한 aroma 변수를 예측하고 실제값과 평균제곱오차를 산출하여 비교하라.

2.18 어느 나라의 1980~2002년 기간(23년간)의 인구 증가를 분석하기 위하여 다음과 같은 회귀모형을 분석하였다. 괄호 내 숫자는 각 회귀계수추정치의 t-값이다.

(모형 1) $\ln(\widehat{Pop}) = 3.52 + 0.019\,T$
(536.2) (47.8)

(모형 2) $\ln(\widehat{Pop}) = 3.44 + 0.023\,T + 0.069\,D - 0.011\,(D \cdot T)$
(210.9) (28.3) (15.2) (−21.5)

여기서, Pop=인구수(백만 명), T=1980년을 1부터 부여한 시간변수, D=1990년 이전은 0, 그 이후는 1로 하는 지수변수이다.

(a) 모형 1에서 T의 계수는 무엇을 의미하나? 이 모형으로부터 분석 기간의 인구증가율은 몇 %라 할 수 있겠는가?
(b) 1980~1989 기간 및 1990~2002 기간의 인구증가율은 각각 얼마인가? 두 기간의 인구증가율 차이가 통계적으로 유의한가? 유의수준 5%에서 검정하라.
(c) 모형 1에서 T의 회귀계수가 0.02 보다 작은지 여부(즉, 대립가설이 '계수 〈 0.02' 형태)를 유의수준 5%에서 검정하라.

2.19 다음은 31명의 건강검진 데이터를 나타낸 것이다. GENDER에서 1은 남자, 2는 여자이며, DRINK에서 1은 금주, 2는 가끔 음주, 3은 자주 음주를 나타내고, SMOKING에서 1은 금연, 2는 흡연을 의미한다. SYSBP는 수축기혈압, DIABP는 이완기혈압, BMI는 체질량지수, GPT는 간기능검사 수치를 의미한다.

	AGE	GENDER	DRINK	SMOKING	SYSBP	DIABP	BMI	GPT
1	58	1	1	2	108	75	107	14
2	38	1	2	1	114	73	155.7	44
3	21	1	2	1	167	125	98	29
4	38	1	2	2	112	64	125.4	51
5	62	1	2	1	145	89	95.5	14
6	36	1	2	2	99	59	95.5	20
7	33	2	1	1	118	70	111.7	11
8	38	1	2	2	117	74	132.1	32
9	34	2	1	1	122	74	97.1	6

	AGE	GENDER	DRINK	SMOKING	SYSBP	DIABP	BMI	GPT
10	38	2	1	1	102	58	116.5	13
11	37	1	2	2	99	68	111.2	28
12	34	2	1	1	111	58	97.7	9
13	34	2	1	1	108	61	111.2	10
14	44	1	2	1	138	84	115.5	20
15	70	1	1	2	104	63	102.1	6
16	58	1	2	1	136	80	112.2	16
17	40	1	3	2	161	108	87.9	84
18	60	2	1	1	138	80	125.3	19
19	39	2	1	1	101	62	106.9	11
20	40	2	1	1	112	59	101.1	13
21	48	1	2	1	156	93	124.9	32
22	29	1	3	2	125	71	96.1	29
23	44	1	3	2	106	75	112.1	19
24	55	1	2	1	114	67	102.4	20
25	46	1	1	1	149	79	109.5	25
26	42	1	2	1	112	68	105.4	26
27	51	2	3	2	140	100	112.6	29
28	46	1	1	2	132	80	96.1	16
29	42	1	1	1	134	83	110.6	9
30	45	1	2	1	106	70	103.9	21
31	43	1	2	1	119	77	103.1	13

(a) GPT를 다른 변수로 설명하는 회귀모형을 수립하고자 한다. 지시변수를 포함하는 회귀모형을 기술하라.

(b) 위의 회귀모형을 추정하고, 유의수준 10%에서 유의한 변수를 나열하라.

(c) 지시변수 각각에 대해 추정 계수의 의미를 설명하라.

2.20 [예 2.15]에서 계절을 나타내는 하나의 변수 X를 다음과 같이 정의하고 X만을 독립변수로 하면 어떻게 되는지 알아보자.

$$Y = \beta_0 + \beta_1 X + \epsilon$$

$$X = \begin{cases} 1 & \text{봄} \\ 2 & \text{여름} \\ 3 & \text{가을} \\ 4 & \text{겨울} \end{cases}$$

(a) 계절별 평균 판매량을 표시하라.

(b) 위의 방안의 문제점을 지적하라.

2.21 식(2.7)의 정규방정식이 식(2.9)와 같이 됨을 보여라.

2.22 독립변수가 두 개 있는 다음 모형에서 $\widehat{\beta_1}$과 $\widehat{\beta_2}$의 공분산을 구하라.

$$Y_i = \beta_0 + \beta_1 X_{1i} + \beta_2 X_{2i} + \epsilon_i$$

2.23 독립변수가 두 개 있는 다음 모형에서

$$Y_i = \beta_0 + \beta_1 X_{1i} + \beta_2 X_{2i} + \epsilon_i$$

MSR의 기대치가 아래와 같음을 증명하라.

$$E[MSR] = \sigma^2 + \frac{1}{2}[\beta_1^2 \Sigma (X_{1i} - \overline{X_1})^2 + \beta_2^2 \Sigma (X_{2i} - \overline{X_2})^2 + 2\beta_1\beta_2 \Sigma (X_{1i} - \overline{X_1})(X_{2i} - \overline{X_2})]$$

(힌트: $SSR = SST - SSE = \Sigma Y_i^2 - n\overline{Y}^2 - SSE$ 의 관계를 이용하라)

2.24 실제 정확한 다중회귀모형이 다음과 같다고 한다.

$$Y_i = \beta_0 + \beta_1 X_{1i} + \beta_2 X_{2i} + \epsilon_i \quad i = 1, \ldots, n$$

그런데 모르고 독립변수 X_2를 빠뜨리고 다음의 모형을 사용하였다.

$$Y_i = \beta_0^* + \beta_1^* X_{1i} + \epsilon_i^*$$

(a) β_1^*의 추정량을 구하고 이의 기대치를 구하라.

(b) β_1^*의 추정량이 불편추정량인가? 간단히 설명하라.

2.25 어떤 제품의 수요(Y)가 고객의 소득수준(X)에 따라 증가하는 것으로 알려져 있다. 이를 보다 자세히 분석하기 위해 데이터를 수집하여 회귀분석을 사용코자 한다. 그런데, 어떤 정보에 따르면, 소득수준이 c 미만이냐, c 이상이냐에 따라 기울기가 다를 것으로 예상하

고 있다. 다시 말하면, 하나의 직선식으로 추정하는 것보다 $X = c$를 경계로 두 개의 직선식으로 추정하는 것이 효과적인 것으로 판단된다. 단, 두 개의 직선식을 사용할 때 $X = c$에서 두 직선이 만나야 한다.

(a) 지시변수를 사용하여 하나의 회귀식으로 표현할 수 있는 모델을 제시하라.

(b) (a)의 모델의 추정 결과로부터 첫 번째 직선식(X가 c 미만인 경우)의 절편과 기울기, 두 번째 직선식의 기울기를 얻는 방안을 기술하라.

(c) (a)의 모델의 추정 결과로부터 두 직선식의 기울기가 동일한지 여부를 검정하려면 어떻게 해야 하는지 기술하라.

2.26 식(2.40)이 성립함을 보이라.

2.27 hat 행렬 $\boldsymbol{H}$가 idempotent임을 보이라. 또한, 행렬 $\boldsymbol{I}-\boldsymbol{H}$ 또한 idempotent임을 증명하라.

2.28 하나의 독립변수 X를 갖는 단순회귀모형에 대한 잔차의 분산은 다음 식과 같음을 증명하라.

$$Var[e_i] = \sigma^2\left(1 - \frac{1}{n} - \frac{(X_i - \overline{X})^2}{\sum(X_i - \overline{X})^2}\right)$$

2.29 단순회귀모형에서 $X = x_0$에 대응하는 평균반응치의 신뢰구간 및 미래반응치의 예측구간이 각각 식(2.52), 식(2.54)와 같음을 유도하라.

3장

규제 회귀분석
(Regularized Regression)

3.1 라소(LASSO) 회귀분석
3.2 릿지(Ridge) 회귀분석
3.3 라소와 릿지 회귀의 비교
R 코드
연습문제

2장의 회귀분석에서 최소제곱법으로 도출된 회귀계수의 추정치는 불편추정량으로 편의(bias)가 없음을 알았다. 그러나 독립변수 간의 상관관계가 높을 때 발생하는 다중공선성 문제가 심한 경우 최소제곱법에 의한 회귀계수 추정치는 분산이 매우 클 수 있다. 즉, 분산팽창계수가 커진다. 이러한 현상을 해소하기 위하여 본 장에서는 회귀계수에 제약식을 주는 라소(lasso) 및 릿지(ridge) 등의 규제(regularized 또는 penalized) 회귀분석 기법을 다루고자 한다.

3.1 | 라소(LASSO) 회귀분석

3.1.1 라소의 개념

라소(lasso; least absolute shrinkage and selection operator)는 Tibshirani (1996)에 의하여 명명되었는데, 영문 명칭에서 설명하는 바와 같이 변수별 회귀계수 추정치의 크기를 축소시키며 어떤 변수의 회귀계수 추정치는 0으로 만드는 기법이다. 물론 추정치의 크기를 축소시키면 편의가 증가하지만, 여러 추정치의 평균오차제곱합 측면에서는 개선된다는 이론적 근거에서 출발하고 있다.

모수 θ의 추정량 $\hat{\theta}$의 제곱오차 기대치($MSE[\hat{\theta}]$)는 아래와 같다.

$$\begin{aligned} MSE[\hat{\theta}] &= E[(\hat{\theta}-\theta)^2] = E[(\hat{\theta}-E[\hat{\theta}]+E[\hat{\theta}]-\theta)^2] \\ &= E[(\hat{\theta}-E[\hat{\theta}])^2]+E[(E[\hat{\theta}]-\theta)^2]+2E[(\hat{\theta}-E[\hat{\theta}])(E[\hat{\theta}]-\theta)] \end{aligned} \tag{3.1}$$

위에서 마지막 항은 0이 되므로 식(3.1)은 다음과 같다.

$$MSE[\hat{\theta}] = Var[\hat{\theta}] + (bias)^2 \tag{3.2}$$

최소제곱법에 의한 일반 회귀계수의 추정치는 윗 식에서 편의(bias)가 0이 되므로 MSE는 분산과 동일하다. 만약 편의가 어느 정도 있더라도 분산을 줄일 수 있다면 MSE는 일반회귀계수의 MSE보다 작을 수 있게 된다. 라소는 이를 활용한 기법이라 하겠다. 일반적으로 회귀계수 추정치의 MSE가 작게 되면 예측력은 증가하게 된다.

3.1.2 라소에서 계수 추정

라소에서 어떻게 회귀계수를 측정하는지 알아보자. 2장에서 설명한 다중회귀모형은 다음과 같다.

$$Y_i = \beta_0 + \beta_1 X_{1i} + \ldots + \beta_k X_{ki} + \epsilon_i, \; i = 1, \ldots, n$$

최소제곱법은 목적함수를 다음과 같이 설정하여 회귀계수를 추정하였다.

$$\min \sum_{i=1}^{n} (Y_i - \beta_0 - \beta_1 X_{1i} - \ldots - \beta_k X_{ki})^2$$

라소에서는 목적함수는 동일하나 제약조건이 추가된다. 즉, 라소에서 다음의 최적화문제를 풀어 회귀계수를 추정한다.

$$\min \sum_{i=1}^{n} (Y_i - \beta_0 - \beta_1 X_{1i} - \ldots - \beta_k X_{ki})^2 \qquad (3.3a)$$

$$(\text{제약 조건}) \; \sum_{j=1}^{k} |\beta_j| \le t \qquad (3.3b)$$

위의 제약조건에서 t는 상수로서 분석자가 정할 수도 있으나 실제에서는 이후에 소개할 제약식이 없는 목적함수로 변환할 때 최솟값이 되도록 학습데이터에 의해 정해진다. 상수 t값을 매우 크게 한다는 것은 제약조건이 없는 것과 마찬가지므로 최소제곱법의 결과와 동일하게 된다. 회귀계수 크기 합을 t보다 작게하기 위해서 각각의 회귀계수 크기를 축소시켜야 된다. 회귀계수의 크기는 독립변수의 단위에 따라 다를 수 있으므로 라소에서는 사전에 독립변수들 데이터를 스케일링한다. 통상적으로 각 변수의 평균이 0으로 표준편차가 1이 되도록 표준화한다. 종속변수 데이터는 스케일링할 필요가 없다. 종속변수 데이터 평균을 0으로 만들면 절편인 β_0은 0이 되므로 모형에 포함시킬 필요가 없다.

[그림 3.1]은 독립변수가 2개인 경우 라소 회귀에서의 제약조건과 회귀계수의 변화를 나타낸 것이다. 마름모 내부는 제약 조건을 만족하는 회귀계수의 집합이며, β_{OLS}는 최소제곱법에 의한 회귀계수 벡터를 나타낸 것이다. 그리고 각 타원은 목적함수값이 같은 회귀계수의 집합을 나타내는데, 타원이 커질수록 목적함수값이 증가한다. β_{OLS}는 라소 회귀의 제약식 밖에 있으므로 회귀계수 β_1과 β_2를 축소시켜 제약식 안으로 들어오게 해야 한다. 본 그림의 경우는 결국 마름모꼴의 꼭짓점에 닿게 되어 $\beta_1 = 0$이 된 상황을 보이고 있다.

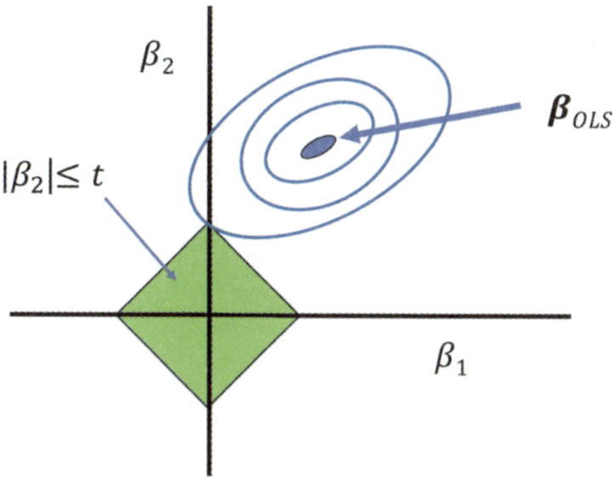

그림 3.1 라소 회귀에서 제약조건과 회귀계수의 변화

제약식이 있는 최적화문제를 어떻게 푸는지는 여기서 자세히 설명하지는 않지만, 보통 제약식 없는 목적함수로 변환하여 해결하고 있다. 즉, λ(람다)라는 0보다 큰 계수(이를 라그랑지 계수라고 함)를 제약식에 추가하여 다음의 목적함수를 최소화시키는 문제를 고려한다.

$$\min \sum_{i=1}^{n}(Y_i - \beta_0 - \beta_1 X_{1i} - \ldots - \beta_k X_{ki})^2 + \lambda \sum_{j=1}^{k}|\beta_j| \tag{3.4}$$

위 식에서 두 번째 항을 규제항(regularization term) 또는 패널티 항이라고도 한다. 결국 두 항의 합이 최소가 되는 방향으로 라소에서는 회귀계수를 추정한다. $\lambda = 0$일 때는 최소제곱법의 결과와 동일하며, 람다값이 커질수록 회귀계수의 크기가 줄어들게 된다. 람다값은 학습표본에 포함되지 않은 별도의 검증표본에 대해 여러 가지 값을 탐색하여 목적함수가 가장 작게 되는 값으로 정하게 된다.

예 3.1

다음과 같은 단순한 데이터에 대해 라소 회귀를 적용하시오.

	X_1	X_2	Y
1	−6	−3	−3
2	−4	−1	−2

3	−3	−2	−1
4	1	−4	0
5	2	1	1
6	3	2	2
7	7	7	3

풀이

독립변수 데이터만 스케일링한 후 람다값에 따른 X_1 및 X_2의 회귀계수 추정 결과는 아래와 같다.

λ	$\hat{\beta}_1$	$\hat{\beta}_2$
λ=0	2.020	0.134
λ=1	1.974	0.087
λ=2	1.927	0.041
λ=3	1.876	0.00

위의 결과에서 λ=0인 경우는 일반 다중회귀(최소제곱법)의 결과이며 람다값이 증가함에 따라 계수 축소 효과가 늘어나는 것을 볼 수 있다. 결국, λ=3의 경우에는 X_2의 회귀계수 추정치는 0으로 떨어지고 있다. 위의 데이터의 경우 X_1과 Y의 상관계수가 X_2와 Y의 상관계수보다 높으므로 이런 결과가 나온다고 하겠다. $\hat{\beta}_1 = 1.876$ 의 의미는 X_1이 표준편차 한 단위 변할 때, Y값이 1.876 변한다는 것을 말한다.

3.1.3 라소의 특성

라소로 회귀계수를 추정하는 가장 큰 이유는 학습데이터에 대한 과적합을 방지하기 위한 것이다. 회귀분석의 주목적 중 하나가 예측에 있으므로 학습데이터가 아닌 새로운 데이터에 대하여 종속변수 값을 잘 예측하기 위해서 목적식에 규제항을 추가함으로써 과적합을 피하고자 한다.

라소 회귀분석에서 얻을 수 있는 또 다른 특성으로는 자동으로 변수선택이 된다는 것이다. 즉, 어떤 변수에 대한 회귀계수가 0으로 추정되어 해당 변수가 최종 모형에 선택되지 않는 결과를 얻을 수 있다. 이는 제약조건이 회귀계수 절댓값의 합으로 표현되므로 [그림 3.1]에서 보듯이 목적식이 제약조건의 꼭짓점에 닿는 경우 특정 변수의 계수값이 0이 되기 때문이다. 즉, 일부 변수의 계수를 0으로 만드는 라소 회귀기법은 변수선택 기법으로 사용되기도 한다. 많은 독립변수들을 포함시키는 복잡한 다중회귀모형은 학습데이터에만 잘 맞고 새로운 데이터에는 잘 맞지 않는 과적합 문제가 발생하기 쉬우나, 라소 회귀와 같이 변수 선택을 통하여 단순하게 만들어진 모형은 과적합 문제를 피할 수 있다.

3.2 | 릿지(Ridge) 회귀분석

3.2.1 릿지 회귀의 개요

릿지(또는 능형) 회귀분석(ridge regression)은 1970년 Hoerl 과 Kennard에 의해 발표된 회귀분석 기법으로 역사적으로 보면 라소보다 훨씬 전이다. 다중공선성이 높은 경우 사용하는 계수축소형 회귀분석의 초기 기법이라 할 수 있겠다. 릿지 회귀에서는 회귀계수들의 제곱합에 대한 제약식을 추가한 다음과 같은 최적화문제를 풀어 회귀계수를 추정한다.

$$\min \sum_{i=1}^{n} (Y_i - \beta_0 - \beta_1 X_{1i} - \dots - \beta_k X_{ki})^2 \tag{3.5a}$$

$$(\text{제약 조건}) \quad \sum_{j=1}^{k} |\beta_j|^2 \le t \tag{3.5b}$$

또는 릿지 회귀에 대한 제약식 없는 목적함수식은 다음과 같다.

$$\min \sum_{i=1}^{n} (Y_i - \beta_0 - \beta_1 X_{1i} - \dots - \beta_k X_{ki})^2 + \lambda \sum_{j=1}^{k} |\beta_j|^2 \tag{3.6}$$

위 최적화 문제는 닫힌 해(closed-form solution)가 존재한다. 종속변수가 평균중심화되어 절편 β_0은 0이라 하고, 이를 제외시킨 계수 벡터 β와 데이터 행렬 X를 정의할 때 위의 목적식 함수를 다음과 같이 표현할 수 있다.

$$Q = (\boldsymbol{y} - \boldsymbol{X}\beta)^T(\boldsymbol{y} - \boldsymbol{X}\beta) + \lambda\beta^T\beta \tag{3.7}$$

위의 목적식을 최소로 하는 계수추정치를 구하기 위해 $\frac{\partial Q}{\partial \beta} = 0$을 풀면 다음과 같은 릿지의 계수벡터 추정식을 얻는다.

$$\hat{\beta} = (\boldsymbol{X}^T\boldsymbol{X} + \lambda\boldsymbol{I})^{-1}\boldsymbol{X}^T\boldsymbol{y} \tag{3.8}$$

릿지 회귀에서 역시 계수 추정하기 전에 모든 독립변수를 평균 0, 표준편차 1이 되도록 표준화한다. 라소 회귀에서와 같이 람다값이 커질수록 축소 효과가 더 생기므로 계수 추정치의 값이 줄어든다. 그러나 라소 회귀처럼 어떤 변수의 계수가 완전히 0으로 떨어지지는 않는다. 그 이유는 위의 제약조건이 원(2차원), 구(3차원) 등의 형태를 갖기 때문이다.

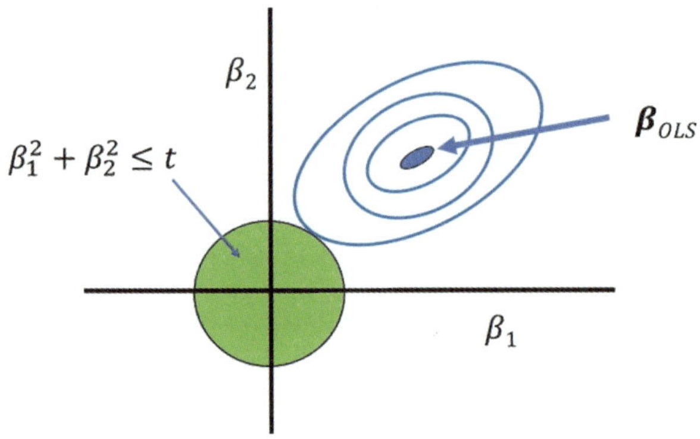

그림 3.2 릿지 회귀에서 제약조건과 회귀계수의 변화

예 3.2

[예 3.1]의 데이터에 대해 릿지 회귀모형을 적용한 결과는 아래와 같다.

λ	$\hat{\beta}_1$	$\hat{\beta}_2$
λ=0	2.020	0.134
λ=1	1.507	0.464
λ=2	1.269	0.548
λ=3	1.118	0.567

릿지 회귀의 결과를 보면 라소 회귀결과와 다르게 $\hat{\beta}_1$의 경우는 람다값이 증가할 때 감소하는 경향을 보이나, $\hat{\beta}_2$ 값은 람다값에 따라 증가 양상을 보인다.

3.3 | 라소와 릿지 회귀의 비교

라소와 릿지 회귀는 모두 과적합을 피하기 위해 계수 축소 전략을 사용한다. 다중공선성이 있는 경우 라소는 변수선택을 통해 보다 단순한 모형을 만드는 데 유리하고, 릿지 회귀는 예측력 향상에 유리하다고 알려져 있다.

학습표본에 대한 잔차제곱합(residual sum of squares)을 최소제곱법, 라소, 그리고 릿지에 대해 각각 계산한다고 하자.

$$SSE = \sum_{i=1}^{n}(Y_i - \hat{Y}_i)^2,\ \ \hat{Y}_i = \hat{\beta}_0 + \hat{\beta}_1 X_{1i} + \ldots + \hat{\beta}_k X_{ki}$$

이때 최소제곱법이 가장 작은 잔차제곱합을 얻는데, 이는 최소제곱법이 학습표본에 대한 잔차제곱합을 최소화하는 방법이기 때문이다. 다시 말하면, 라소와 릿지 모두 람다 값이 0일 때 학습표본에 대한 잔차제곱합이 최소가 된다. 따라서 학습표본에 대한 잔차제곱합은 라소와 릿지 모형의 성능을 비교하기에 적합한 척도가 아니며, 별도의 검증표본에 대한 잔차제곱합을 사용하는 것이 적절하다.

다중회귀분석에서와 같이 학습표본을 사용하여 R^2을 산출하는 경우를 생각해 보자.

$$R^2 = 1 - \frac{SSE}{SST},\ SST = \sum_{i=1}^{n}(Y_i - \overline{Y})^2 \tag{3.9}$$

엄밀히 말하면 위의 R^2는 라소와 릿지 회귀모형이 설명하는 결정계수라 할 수는 없다. 왜냐하면 라소 또는 릿지 회귀모형에서는 잔차와 종속변수 추정치가 직교(orthogonal)하지 않아서 분모의 총제곱합(SST)이 잔차제곱합(SSE)과 회귀제곱합(SSR)의 합으로 표현되지 않기 때문이다. 학습표본에 대해 라소와 릿지 모두 잔차제곱합이 최소제곱법 결과보다 항상 크므로 R^2값은 라소와 릿지 모두 최소제곱법 결과보다 항상 작다. 따라서 모형의 성능을 비교하기 위해서는 검증표본에 대한 척도를 계산하는 것이 적합하다.

라소 또는 릿지 회귀의 단점 중 하나는 회귀계수의 검정이 어렵다는 것이다. 회귀계수 추정량의 분포를 유도하기 어렵기 때문에 어떤 회귀계수가 통계적으로 유의하는지를 판단하기 위해서는 부트스트랩 기법 등을 사용해야 한다.

라소와 릿지 회귀를 포함하는 일반화한 기법으로 Zou and Hasti(2005)의 일라스틱 네트(Elastic Net)가 있는데, 다음 목적식을 최소화시키는 회귀계수를 추정한다.

$$\min \sum_{i=1}^{n} (Y_i - \beta_0 - \beta_1 X_{1i} - \ldots - \beta_k X_{ki})^2 + \lambda \left[(1-\alpha) \sum_{j=1}^{k} |\beta_j|^2 / 2 + \alpha \sum_{j=1}^{k} |\beta_j| \right] \tag{3.10}$$

즉, 일라스틱 네트에는 모수 α가 추가되어, $\alpha = 0$일 때 릿지회귀가 되며, $\alpha = 1$일 때 라소가 된다.

R 코드

1. 예 3.1, 3.2의 R 코드

라소와 릿지 회귀에서는 {penalized}라는 R 패키지를 사용한다. 라소에서는 lambda1을, 릿지에서는 lamda2에 규제 모수값을 주어 수행한다.

```
# ch03_ex01_lasso_ridge.R
# ch3.1 Lasso
# ch3.2 Ridge

# load library
library(penalized)

# read csv file
dat1 <- read.csv("data/ch3_dat1.csv")

# data preprocessing
x <- as.matrix(dat1[, 1:2])
y <- dat1$y

# standardize x
std_x <- scale(x)

# ex3.1

# list lambda values and transform for penalized()
lambda <- seq(0, 3, by = 1)
lasso_lambda <- lambda / 2

# for each value of lambda
for (i in lasso_lambda) {
  # estimate Lasso regression
  lasso <- penalized(y, std_x, lambda1 = i, trace = FALSE)
  # print coefficients
  print(round(coef(lasso), 4))
}
# ex3.2
```

```
ridge_lambda <- lambda

# for each value of lambda
for (i in ridge_lambda) {
  # estimate Lasso regression
  ridge <- penalized(y, std_x, lambda2 = i, trace = FALSE)
  # print coefficients
  print(round(coef(ridge), 4))
}
```

참고문헌

[1] Hoerl, A. E., and Kennard, R. W. (1970), "Ridge Regression: Biased Estimation for Nonorthogonal Problems,"Technometrics, 12, 55-67.

[2] Tibshirani, Robert (1996). "Regression Shrinkage and Selection via the lasso". Journal of the Royal Statistical Society. Series B (methodological), 58 (1): 267-88.

[3] Zoù, H., and Hastie, T. (2005). "Regularization and Variable Selection via the Elastic Net," Journal of the Royal Statistical Society, Series B, 67, 301-320.

연습문제

3.1 식(3.8)을 확인하라.

3.2 [연습문제 2.17]의 와인 데이터에 대해 다음과 같이 분석하라.

(a) 라소 회귀분석을 적용하되 다양한 람다값에 대하여 변수 선택이 어떻게 되는지 살펴보라. 임의의 학습표본 25개를 추출하여 모형을 추정하고 검증표본에 대한 성능지표를 산출하라.

(b) 릿지 회귀분석을 적용하되 다양한 람다값에 대하여 회귀계수 추정치가 어떻게 변하는지 살펴보라. 임의의 학습표본 25개를 추출하여 모형을 추정하고 검증표본에 대한 성능지표를 산출하라.

(c) 라소 및 릿지 회귀분석의 결과를 서로 비교하라.

3.3 [연습문제 4.18]의 도금강판 데이터에 대해 다음과 같이 분석하라.

(a) 라소 회귀분석을 적용하되 다양한 람다값에 대하여 변수 선택이 어떻게 되는지 살펴보라. 임의의 학습표본 30개를 추출하여 모형을 추정하고 검증표본에 대한 성능지표를 산출하라.

(b) 릿지 회귀분석을 적용하되 다양한 람다값에 대하여 회귀계수 추정치가 어떻게 변하는지 살펴보라. 임의의 학습표본 30개를 추출하여 모형을 추정하고 검증표본에 대한 성능지표를 산출하라.

(c) 라소 및 릿지 회귀분석의 결과를 서로 비교하라.

3.4 [연습문제 4.21]의 피노누어 데이터에 대하여 아래와 같이 분석하라.

(a) 라소 회귀분석을 적용하되 다양한 람다값에 대하여 변수 선택이 어떻게 되는지 살펴보라. 임의의 학습표본 20개를 추출하여 모형을 추정하고 검증표본에 대한 성능지표를 산출하라.

(b) 릿지 회귀분석을 적용하되 다양한 람다값에 대하여 회귀계수 추정치가 어떻게 변하는지 살펴보라. 임의의 학습표본 20개를 추출하여 모형을 추정하고 검증표본에 대한 성능지표를 산출하라.

(c) 라소 및 릿지 회귀분석의 결과를 서로 비교하라.

4장

차원축소 회귀분석

4.1 변수의 변동과 제곱합
4.2 주성분의 이해
4.3 행렬의 분해
4.4 주성분 스코어
4.5 주성분의 제곱합 분해
4.6 NIPALS 알고리즘
4.7 주성분 회귀분석
4.8 PLS 회귀분석의 개요
4.9 하나의 종속변수에 대한 PLS 회귀분석
4.10 다수의 종속변수에 대한 PLS 회귀분석
4.11 예측성능 평가
R 코드
연습문제

차원축소(dimension reduction) 회귀분석은 고차원 데이터의 정보를 보전하면서 종속변수의 변동을 잘 설명하는 저차원 데이터를 생성하는 것을 목적으로 한다. 2장 회귀분석에서 설명된 바와 같이 독립변수 간에 강한 다중공선성이 존재한다면 각 독립변수 영향의 유의성을 파악하기 어렵거나 실제 영향과 상반되는 회귀계수가 얻어지는 등의 문제가 있다. 이런 경우 독립변수들의 선형조합으로 새로운 잠재변수들을 도출하여 회귀분석에 사용하는 방법으로 문제를 해결할 수 있다. 이때 가용한 독립변수 개수보다 훨씬 작은 수의 잠재변수를 사용하므로, 차원축소 방법을 이용한 회귀분석이라 할 수 있다.

이 장에서는 차원축소기법의 기본인 주성분분석(principal component analysis; PCA)의 기본 이론을 설명하고, 주성분분석에서 도출된 주성분(또는 잠재변수)을 회귀분석에 활용하는 주성분 회귀분석(principal component regression)에 대해 알아본다. 또한, 부분최소자승법(partial least squares; PLS)에 의한 차원축소 회귀모형에 대해서도 설명하고자 한다. 부분최소자승법에 의한 잠재변수 도출은 종속변수의 영향을 고려하므로 주성분 회귀모형보다 예측 성능이 대체로 우수하다.

4.1 | 변수의 변동과 제곱합

총 k개의 독립변수가 있고 각 독립변수에 대해 n개의 관측치가 있다고 하자. 이때, X_{ji}를 j번째 독립변수에 대한 i번째 관측치라 하자($j=1, \cdots, k$; $i=1, \cdots, n$). 주성분분석에서는 통상 원 데이터를 그대로 사용하지 않고 적절한 변환을 취하는데, 주로 평균조정(mean-centered) 데이터를 이용한다. 이는 아래와 같이 각 독립변수에 대해 표본 평균을 뺌으로써 조정된 변수의 평균이 0이 되도록 하는 것이다. 우선 j번째 독립변수의 표본 평균과 표준편차를 아래와 같이 산출한다.

$$\overline{X_j} = (1/n)\sum_i X_{ji}$$

$$s_j = \sqrt{\sum_i (X_{ji} - \overline{X_j})^2/(n-1)}$$

이때 평균조정된 j번째 독립변수의 각 관측치는 아래와 같다.

$$X_{ji} \leftarrow X_{ji} - \overline{X_j} \tag{4.1}$$

이 밖에도 다른 변환이 사용되는 경우가 있는데, 특히 단위 등이 서로 달라 분산이 크게 다를 경우 표준편차가 1이 되도록 분산조정을 추가로 한다. 즉, 분산조정된 변수는 다음과 같으며 이때 조정된 변수의 평균은 0이고 표준편차는 1이 된다.

$$X_{ji} \leftarrow \frac{X_{ji} - \overline{X_j}}{s_j} \tag{4.2}$$

이후에는 별도의 언급이 없는 한 모든 변수가 평균조정된 것을 가정한다.

$\boldsymbol{x}_j$를 j번째 독립변수의 관측치 벡터라 하자. 여기서 벡터는 모두 열벡터(column vector)이다. 이때 독립변수에 대한 $(n \times k)$행렬 $\boldsymbol{X}$를 다음과 같이 나타낼 수 있다.

$$\boldsymbol{X} = (X_{ji}) = (\boldsymbol{x}_1, \ldots, \boldsymbol{x}_k)$$

통계적 분석은 변수의 변동을 설명하는 것이라 볼 수 있다. 변동은 통상 분산 또는 제곱합으로 표현되는데 본 장에서는 제곱합을 사용한다. 한 변수의 표본분산은 제곱합을 자유도로 나눈 값이기 때문에 결국 표본분산과 제곱합은 동일한 변동을 나타내는 개념이라 하겠다. 변수벡터 및 변수행렬에 대한 제곱합의 정의는 아래와 같다.

정의 4.1 제곱합(sum of square)

벡터 $\boldsymbol{x}_j$ 및 행렬 $\boldsymbol{X}$의 제곱합을 각각 다음과 같이 정의한다.

$$SS(\boldsymbol{x}_j) = \boldsymbol{x}_j^T \boldsymbol{x}_j = \sum_{i=1}^{n} X_{ji}^2$$

$$SS(\boldsymbol{X}) = \sum_{j=1}^{k} SS(\boldsymbol{x}_j) = \sum_{j=1}^{k}\sum_{i=1}^{n} X_{ji}^2$$

따라서 평균조정된 변수에 대해 제곱합과 표본분산은 다음과 같은 관계가 있다.

$$SS(\boldsymbol{x}_j) = (n-1)s_j^2$$

예 4.1

세 변수에 대해 6개의 관측치가 있는 평균조정 이전의 데이터 행렬 $\boldsymbol{X}$가 다음과 같다.

$$\boldsymbol{X} = \begin{pmatrix} 2 & 3 & 11 \\ 3 & 3 & 13 \\ 5 & 6 & 10 \\ 6 & 8 & 6 \\ 7 & 8 & 1 \\ 7 & 8 & -5 \end{pmatrix}$$

평균조정 후, 각 변수의 제곱합 및 행렬 $\boldsymbol{X}$에 대한 제곱합은 다음과 같이 산출된다.

$$SS(\boldsymbol{x}_1) = 22, \; SS(\boldsymbol{x}_2) = 30, \; SS(\boldsymbol{x}_3) = 236$$

$$SS(\boldsymbol{X}) = 22 + 30 + 236 = 288$$

정리 4.1 임의의 벡터 $\boldsymbol{x}$, 행렬 $\boldsymbol{X}$에 대해 다음이 성립한다. 여기서 c는 상수이다.

(a) $SS(c\boldsymbol{x}) = c^2 SS(\boldsymbol{x})$

(b) $SS(c\boldsymbol{X}) = c^2 SS(\boldsymbol{X})$

특히, 직교벡터 및 직교행렬에 대해 제곱합은 특수한 성질을 갖게 되는데, 우선 직교벡터 및 직교행렬을 정의하면 다음과 같다.

정의 4.2

(a) 직교벡터(orthogonal vector): 차원 n의 두 벡터 $\boldsymbol{x}_1$, $\boldsymbol{x}_2$에 대해 $\boldsymbol{x}_1^T\boldsymbol{x}_2 = 0$ 일 때, 두 벡터가 서로 직교한다고 한다.

(b) 직교정규벡터(orthonormal vector): 두 벡터가 서로 직교하며 각 벡터의 크기가 1일 때, 각 벡터를 직교정규벡터라 한다.

(c) 직교행렬(orthogonal matrix): 정방행렬(square matrix) $\boldsymbol{A}$에 대해 $\boldsymbol{A}^T\boldsymbol{A} = \boldsymbol{I}$일 때, 이를 직교행렬이라 한다. 즉, 직교행렬의 모든 열벡터는 직교정규벡터이다.

정리 4.2 직교행렬 $\boldsymbol{P}$에 대해 다음이 성립한다.

(a) $\boldsymbol{P}^T\boldsymbol{P} = \boldsymbol{P}\boldsymbol{P}^T = \boldsymbol{I}$

(b) $\boldsymbol{P}^T = \boldsymbol{P}^{-1}$

직교벡터 또는 직교행렬에 대한 제곱합은 다음과 같은 성질을 갖는다.

정리 4.3

(a) 두 직교벡터 $\boldsymbol{x}_1$, $\boldsymbol{x}_2$에 대해, $SS(\boldsymbol{x}_1 + \boldsymbol{x}_2) = SS(\boldsymbol{x}_1) + SS(\boldsymbol{x}_2)$

(b) 동일 차원인 두 행렬 $\boldsymbol{X}^{(1)} = (\boldsymbol{x}_1^{(1)}, \ldots, \boldsymbol{x}_k^{(1)})$, $\boldsymbol{X}^{(2)} = (\boldsymbol{x}_1^{(2)}, \ldots, \boldsymbol{x}_k^{(2)})$에 대해 $\boldsymbol{x}_j^{(1)}$과 $\boldsymbol{x}_j^{(2)}$이 서로 직교할 때, $SS(\boldsymbol{X}^{(1)} + \boldsymbol{X}^{(2)}) = SS(\boldsymbol{X}^{(1)}) + SS(\boldsymbol{X}^{(2)})$

(c) $(r \times r)$행렬 $\boldsymbol{P}$가 직교행렬일 때, $(n \times r)$행렬 $\boldsymbol{T}$에 대해 $SS(\boldsymbol{T}\boldsymbol{P}^T) = SS(\boldsymbol{T})$

(d) 차원 n의 벡터 $\boldsymbol{p} = (p_1, \ldots, p_n)^T$에서 $p_1^2 + \ldots + p_n^2 = 1$일 때, 임의의 벡터 $\boldsymbol{x}$에 대해 $SS(\boldsymbol{x}\boldsymbol{p}^T) = SS(\boldsymbol{x})$

증명 (a) 및 (d)에 대한 증명은 다음과 같으며, (b) 및 (c)의 증명은 연습문제로 놔둔다.

$$\text{(a)}\ SS(\boldsymbol{x}_1+\boldsymbol{x}_2)=(\boldsymbol{x}_1+\boldsymbol{x}_2)^T(\boldsymbol{x}_1+\boldsymbol{x}_2)=\boldsymbol{x}_1^T\boldsymbol{x}_1+\boldsymbol{x}_1^T\boldsymbol{x}_2+\boldsymbol{x}_2^T\boldsymbol{x}_1+\boldsymbol{x}_2^T\boldsymbol{x}_2$$

$$=\boldsymbol{x}_1^T\boldsymbol{x}_1+\boldsymbol{x}_2^T\boldsymbol{x}_2=SS(\boldsymbol{x}_1)+SS(\boldsymbol{x}_2)$$

$$\text{(d)}\ SS(\boldsymbol{x}\boldsymbol{p}^T)=\sum_{i=1}^{n}SS(p_i\boldsymbol{x})=\sum_{i=1}^{n}p_i^2SS(\boldsymbol{x})=SS(\boldsymbol{x})$$

예 4.2

다음과 같이 두 벡터가 있다.

$$\boldsymbol{p}^T=(0.4804, 0.4003, 0.2402, -0.0801, -04803, -05605)$$
$$\boldsymbol{x}^T=(2, 1, -2, -3, 0, 2)$$

이때 두 벡터는 서로 직교하며, 벡터 p는 크기가 1임을 확인할 수 있다. 따라서 [정리 4.3(d)]에 따라,

$$SS(\boldsymbol{x}\boldsymbol{p}^T)=SS(\boldsymbol{x})=22$$

이다. 또한, [정리 4.3(a)]에 따라,

$$SS(\boldsymbol{p}+\boldsymbol{x})=SS(\boldsymbol{p})+SS(\boldsymbol{x})=1+22=23$$

이다.

4.2 | 주성분의 이해

주성분분석은 원래의 변수들의 선형조합으로 새로운 변수들을 생성하는 것이라 할 수 있다. 따라서 원래 변수들의 총변동과 새로운 변수들의 총변동은 동일해야 한다. 이때 만약 몇 개의 새로운 변수가 총변동의 대부분을 설명한다고 하면, 전체 변수의 사용 대신 도출되는 몇 개의 새로운 변수만의 사용으로 여러 가지 분석을 대신할 수 있다는 것이 주성분분석

의 개념이라 하겠다.

원래의 변수들의 선형조합으로 새로운 변수들을 만드는 경우, 첫 번째 새로운 변수가 전체 변동을 가장 많이 설명하도록, 두 번째 새로운 변수는 첫 번째가 설명하지 않은 나머지 변동을 가장 많이 설명하도록 구성한다. 즉, 새로운 변수들은 다음과 같은 형태로 표현된다.

$$\begin{aligned} \boldsymbol{t}_1 &= p_{11}\boldsymbol{x}_1 + p_{12}\boldsymbol{x}_2 + \ldots + p_{1k}\boldsymbol{x}_k \\ \boldsymbol{t}_2 &= p_{21}\boldsymbol{x}_1 + p_{22}\boldsymbol{x}_2 + \ldots + p_{2k}\boldsymbol{x}_k \end{aligned} \tag{4.3}$$

결과적으로 주성분분석은 위와 같이 표현되는 새로운 변수를 만들 때 필요한 계수를 구하는 것이라 할 수 있겠다. 이런 계수를 구하는 원리는 $\boldsymbol{t}_1$이 전체 변동을 가장 많이 설명하도록, $\boldsymbol{t}_2$는 $\boldsymbol{t}_1$이 설명하지 못한 변동 중 가장 많이 설명하도록 등의 과정으로 진행하되, 이들 새로운 변수들은 서로 직교하도록 한다.

위의 원리를 간단한 예제를 통해 알아보자. 두 변수 X_1 및 X_2에 대한 5개의 관측치를 평균조정하면 다음과 같은 행렬 $\boldsymbol{X}$가 된다고 하자.

$$\boldsymbol{X} = \begin{pmatrix} 4 & 3 \\ 2 & 0 \\ 0 & -1 \\ -1 & 1 \\ -5 & -3 \end{pmatrix}$$

이를 이차원 평면에 나타내면 [그림 4.1]과 같다. 이때 X_1축을 시계 반대방향으로 θ도 회전시켜 새로운 축 X_1^*축을 만들고, 이에 수직하는 새로운 X_2^*축을 만든 다음 원래의 관측치를 새로운 두 축에 투영하면, 새로운 변수값은 각각 다음과 같다.

$$\boldsymbol{x}_1^* = \cos\theta \times \boldsymbol{x}_1 + \sin\theta \times \boldsymbol{x}_2 \tag{4.4a}$$

$$\boldsymbol{x}_2^* = -\sin\theta \times \boldsymbol{x}_1 + \cos\theta \times \boldsymbol{x}_2 \tag{4.4b}$$

이는 다음과 같이 직교행렬 $\boldsymbol{P}$를 사용하여 행렬 $\boldsymbol{X}$를 변환하는 과정이다.

$$\boldsymbol{P} = \begin{pmatrix} \cos\theta & \sin\theta \\ -\sin\theta & \cos\theta \end{pmatrix}$$

$$\boldsymbol{X}^* = \boldsymbol{X}\boldsymbol{P}^T$$

만약 θ=10° 회전한다면 새로운 변수값은 다음의 식으로 산출되며

$$\boldsymbol{x}_1^* = 0.984808 \times \boldsymbol{x}_1 + 0.173648 \times \boldsymbol{x}_2$$

$$\boldsymbol{x}_2^* = -0.173648 \times \boldsymbol{x}_1 + 0.984808 \times \boldsymbol{x}_2$$

결과적으로 다음과 같은 행렬로 표현될 것이다.

$$\boldsymbol{X}^* = \begin{pmatrix} 4.4602 & 2.2598 \\ 1.9696 & -0.3473 \\ -0.1737 & -0.9848 \\ -0.8112 & 1.1585 \\ -5.4450 & -2.0862 \end{pmatrix}$$

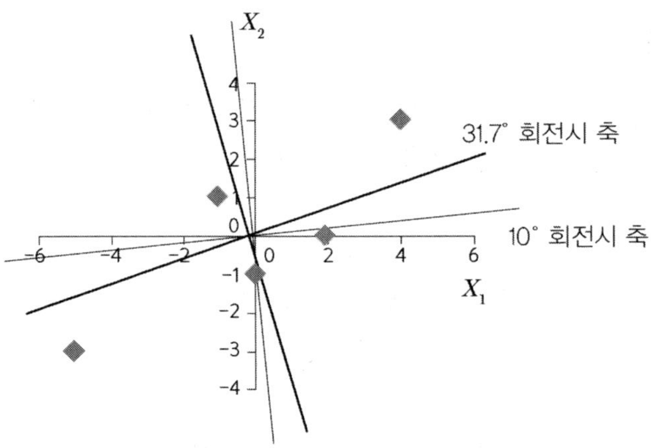

그림 4.1 원 데이터 및 회전 시 새로운 축

원래의 데이터 $\boldsymbol{X}$에 대한 제곱합은 다음과 같으며

$$SS(\boldsymbol{X}) = SS(\boldsymbol{x}_1) + SS(\boldsymbol{x}_2) = 46 + 20 = 66$$

이때 변수 X_1이 설명하는 비중은 전체 제곱합의 69.7%(=46/66)가 됨을 알 수 있다. 한편, 새로운 데이터 $\boldsymbol{X}^*$에 대한 제곱합은 다음과 같으며

$$SS(\boldsymbol{X}^*) = SS(\boldsymbol{x}_1^*) + SS(\boldsymbol{x}_2^*) = 54.11 + 11.89 = 66$$

새로운 변수 X_1^*이 설명하는 비중은 전체제곱합의 82.0%로 증가하는 것을 볼 수 있다. 회전 각도를 증가시키면 새로운 변수 X_1^*이 설명하는 비중이 차차 증가하다가 어느 시점에서는 다시 감소하게 되는데, 회전 각도가 31.717°에서 변수 X_1^*이 설명하는 비중이 최대가 됨을 알 수 있다. 즉, 회전각도 31.717°에서 새로운 변수값을 $\boldsymbol{t}_1$, $\boldsymbol{t}_2$라 할 때, 이는 다음 식으로 산출된다. (관련 계수 또는 회전각도 산정은 추후에 설명)

$$\boldsymbol{t}_1 = 0.850651 \times \boldsymbol{x}_1 + 0.525731 \times \boldsymbol{x}_2$$

$$\boldsymbol{t}_2 = -0.525731 \times \boldsymbol{x}_1 + 0.850651 \times \boldsymbol{x}_2$$

위와 같이 최대의 비중으로 전체 제곱합을 설명하는 첫 번째 새로운 변수를 첫 번째 주성분(principal component)이라 한다. 본 예는 두 개의 주성분이 있으며, 새로운 데이터 행렬 T는 다음과 같다.

$$\boldsymbol{T} = \begin{pmatrix} 4.9798 & 0.4491 \\ 1.7013 & -1.0515 \\ -0.5257 & -0.8507 \\ -0.3249 & 1.3764 \\ -5.8305 & 0.0767 \end{pmatrix}$$

위에서 첫 번째 열은 첫 번째 주성분의 관측값, 두 번째 열은 두 번째 주성분의 관측값을 나타내는데, 이와 같은 주성분의 관측값을 주성분 스코어(principal component score)라고 한다.

한편, 위의 각 주성분의 제곱합은 다음과 같으며,

$$SS(\boldsymbol{t}_1) = 62.07,\ SS(\boldsymbol{t}_2) = 3.93$$

위의 새로운 행렬의 제곱합은 아래와 같이 원래 데이터행렬의 제곱합과 동일하다.

$$SS(\boldsymbol{T}) = SS(\boldsymbol{t}_1) + SS(\boldsymbol{t}_2) = 62.07 + 3.93 = 66$$

이 중 첫 번째 주성분이 설명하는 비중이 94%, 두 번째 주성분이 설명하는 비중이 6%임을 알 수 있다.

4.3 | 행렬의 분해

행렬 $\boldsymbol{X}$의 제곱합은 분산–공분산 행렬의 고유치(eignenvalue)들의 합과 동일하게 되는데, 그 이유를 알아보기 위해 관련 이론을 전개해 본다.

변수들의 제곱합 및 교차곱의 행렬인 $\boldsymbol{X}^T\boldsymbol{X}$를 산출하면, 다음과 같이 정방(square)이며 대칭(symmetric)행렬임을 알 수 있다.

$$\boldsymbol{X}^T\boldsymbol{X}=\begin{pmatrix} \sum_i X_{1i}^2 & \sum_i X_{1i}X_{2i} & \cdots & \sum_i X_{1i}X_{ki} \\ \sum_i X_{1i}X_{2i} & \sum_i X_{2i}^2 & \cdots & \sum_i X_{2i}X_{ki} \\ \vdots & & \ddots & \\ \sum_i X_{1i}X_{ki} & \sum_i X_{2i}X_{ki} & & \sum_i X_{ki}^2 \end{pmatrix} \tag{4.5}$$

그리고 위의 행렬을 자유도로 나누면 표본 분산–공분산(sample variance–covariance) 행렬이 된다. 즉, 다음과 같다.

$$\boldsymbol{S_X}=\frac{1}{n-1}\boldsymbol{X}^T\boldsymbol{X} \tag{4.6}$$

행렬$\boldsymbol{X}^T\boldsymbol{X}$의 대각원소를 모두 합하면 행렬 $\boldsymbol{X}$의 제곱합이 됨을 볼 수 있다. 어떤 정방행렬의 대각원소의 합을 트레이스(trace)로 정의하므로 다음이 성립한다.

정리 4.4 행렬 $\boldsymbol{X}$의 제곱합은 다음과 같다.

(a) $SS(\boldsymbol{X})=tr(\boldsymbol{X}^T\boldsymbol{X})=\sum_{j=1}^{k}\sum_{i=1}^{n}X_{ji}^2$

(b) $SS(\boldsymbol{S_X})=tr(\boldsymbol{S_X})=\sum_{j=1}^{k}s_j^2=\frac{1}{n-1}SS(\boldsymbol{X})$

예 4.3

4.2절의 예에 대해 $\boldsymbol{X}^T\boldsymbol{X}$ 및 분산-공분산행렬은 각각 다음과 같다.

$$\boldsymbol{X}^T\boldsymbol{X}=\begin{pmatrix}46 & 26\\ 26 & 20\end{pmatrix},\ \boldsymbol{S}_{\boldsymbol{X}}=\begin{pmatrix}11.5 & 6.5\\ 6.5 & 5\end{pmatrix}$$

참고로 이곳에서 산출한 새로운 변수의 행렬 $\boldsymbol{T}$에 대한 $\boldsymbol{T}^T\boldsymbol{T}$ 및 이의 분산-공분산행렬은 다음과 같다.

$$\boldsymbol{T}^T\boldsymbol{T}=\begin{pmatrix}62.07 & 0\\ 0 & 3.93\end{pmatrix},\ \boldsymbol{S}_{\boldsymbol{T}}=\begin{pmatrix}15.517 & 0\\ 0 & 0.983\end{pmatrix}$$

$\boldsymbol{S}_{\boldsymbol{X}}$의 두 고유치를 산출하면 각각 15.517, 0.983인데, 이는 $\boldsymbol{S}_{\boldsymbol{T}}$의 대각원소가 됨을 알 수 있다. 또한, 두 행렬의 대각원소들의 합은 동일하며 두 변수의 분산의 합과 역시 일치함을 볼 수 있다.

일반적으로 임의의 행렬 $\boldsymbol{X}$는 세 개의 행렬, 즉 두 개의 직교행렬과 $\boldsymbol{X}^T\boldsymbol{X}$의 고유치를 갖는 행렬의 곱으로 분해되는데, 이를 특이치 분해(singular value decomposition)라 한다. 우선 행렬 $\boldsymbol{A}$에 대한 고유치 및 고유벡터는 다음과 같이 정의된다.

정의 4.3 고유치 및 고유벡터

정방행렬 $\boldsymbol{A}$에 대해 다음이 성립하는 0 아닌 벡터 $\boldsymbol{x}$가 존재할 때, 상수 λ를 행렬 $\boldsymbol{A}$의 고유치(eigenvalue)라 하며, $\boldsymbol{x}$를 이에 대응하는 고유벡터(eigenvector)라 한다.

$$\boldsymbol{Ax}=\lambda\boldsymbol{x}\quad (\text{상수 } \lambda)$$

차원이 (k×k)인 행렬 $\boldsymbol{A}$에 대한 0이 아닌 고유치는 최대 k개가 있을 수 있으며, 이들은 k개의 연립방정식으로부터 산출할 수 있다. 벡터 $\boldsymbol{x}$에 대한 선형변환 $\boldsymbol{A}$가 $\boldsymbol{x}$의 λ배가 된다고 할 때, λ를 행렬 $\boldsymbol{A}$의 고유치라고 한다. 벡터란 크기와 방향을 가진 양이라 할 수 있는데 벡터에 선형변환을 취하면 크기 및 방향이 변경될 수 있다. 그러나 고유벡터란 선형변환을 취할 때 크기만 바뀌는 경우를 일컫는다. 고유벡터의 크기는 통상 1로 두는데, 변경된 크기의 배수가 고유치이다. [정의 4.3]으로부터 다음 결과가 성립함을 볼 수 있다.

정리 4.5 정방행렬 $\boldsymbol{A}$에 대응하는 고유치 λ 및 고유벡터 $\boldsymbol{v}$는 다음으로부터 산출된다.

(a) 고유치 λ는 다음 방정식의 해로 산출된다.

$$Det(\boldsymbol{A}-\lambda \boldsymbol{I})=0 \quad (\boldsymbol{I}\text{는 단위행렬})$$

(b) 고유치 λ에 대응하는 고유벡터 $\boldsymbol{v}$는 다음의 시스템방정식으로부터 산출된다.

$$(\boldsymbol{A}-\lambda \boldsymbol{I})\boldsymbol{v}=\boldsymbol{0}$$

예 4.4

행렬 $\boldsymbol{A}$가 아래와 같을 때, 이의 고유치 및 고유벡터를 구하시오.

$$\boldsymbol{A}=\begin{pmatrix} 1 & 0.5 \\ 0.5 & 1 \end{pmatrix}$$

풀이

[정리 4.5(a)]를 적용하면,

$$\begin{vmatrix} 1-\lambda & 0.5 \\ 0.5 & 1-\lambda \end{vmatrix} = (1-\lambda)^2-0.25=\lambda^2-2\lambda+0.75=(\lambda-1.5)(\lambda-0.5)=0$$

이다. 이 방정식의 두 해가 두 개의 고유치가 되며, $\lambda_1=1.5$, $\lambda_2=0.5$와 같다.

$\lambda_1=1.5$일 때 $\boldsymbol{v}=(w_1, w_2)^T$로 두고 [정리 4.5(b)]를 적용하면,

$$\begin{pmatrix} -0.5 & 0.5 \\ 0.5 & -0.5 \end{pmatrix}\begin{pmatrix} w_1 \\ w_2 \end{pmatrix}=\begin{pmatrix} 0 \\ 0 \end{pmatrix}$$

이다. 그러므로 다음 방정식을 만족하는 값을 찾는다.

$$w_1-w_2=0$$

따라서 임의의 상수 c에 대해

$$\boldsymbol{v}=\begin{pmatrix} w_1 \\ w_2 \end{pmatrix}=c\begin{pmatrix} 1 \\ 1 \end{pmatrix}$$

이다. $c=1$로 둘 때 $\lambda_1 = 1.5$에 대응하는 고유벡터는 다음과 같다고 하겠다.

$$\boldsymbol{v}_1 = \begin{pmatrix} 1 \\ 1 \end{pmatrix}$$

유사한 방법으로 $\lambda_2 = 0.5$에 대응하는 고유벡터를 구하면 다음과 같다.

$$\boldsymbol{v}_2 = \begin{pmatrix} 1 \\ -1 \end{pmatrix}$$

위의 벡터를 크기 1인 것으로 정규화하여 고유벡터를 다음과 같이 나타낼 수도 있다.

$$\boldsymbol{v}_1 = \begin{pmatrix} 1/\sqrt{2} \\ 1/\sqrt{2} \end{pmatrix},\ \boldsymbol{v}_2 = \begin{pmatrix} 1/\sqrt{2} \\ -1/\sqrt{2} \end{pmatrix}$$

[그림 4.2]에서 벡터 $\boldsymbol{x}_1 = (-1, 0)^T$에 대한 행렬 $\boldsymbol{A}$의 선형변환을 통한 결과 벡터 $\boldsymbol{A}\boldsymbol{x}_1$의 모양(점선 화살표)과 위의 고유벡터 $\boldsymbol{v}_1$에 대한 선형 변화의 결과를 볼 수 있다.

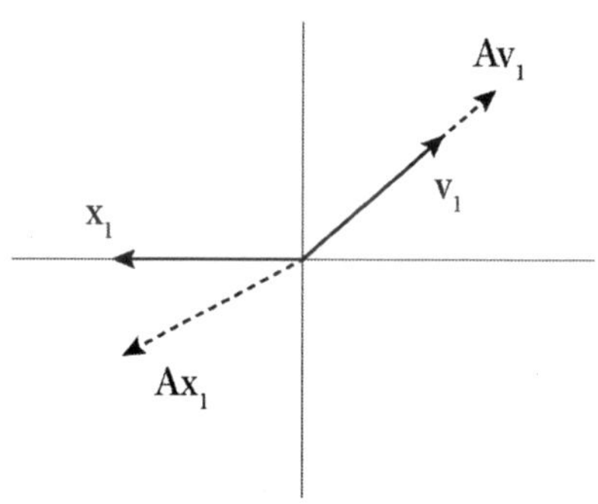

그림 4.2 벡터의 선형변환 및 고유벡터

참고로 고유치의 성질 중 다음과 같은 결과가 있다.

정리 4.6 차원 $(n \times n)$ 행렬 $\boldsymbol{A}$에 대한 고유치들을 $\lambda_i\ (i = 1, \cdots, n)$이라고 할 때, 다음이 성립한다.

(a) $\sum_{i=1}^{n} \lambda_i = tr(\boldsymbol{A})$

(b) $\prod_{i=1}^{n} \lambda_i = Det(\boldsymbol{A})$

또한, 고유치 및 고유벡터에 대해 다음이 성립한다.

정리 4.7 정방행렬 A에 대한 고유치 및 고유벡터에 대해 다음이 성립한다.

(a) 두 개의 다른 고유치에 대응하는 고유벡터는 서로 직교한다.

(b) $\boldsymbol{A}$의 고유치를 λ, 고유벡터를 $\boldsymbol{v}$라 할 때, 상수 b에 대해 $b\boldsymbol{A}$에 대한 고유치는 $b\lambda$, 고유벡터는 $\boldsymbol{v}$이다.

정리 4.8 특이치 분해(singular value decomposition)

$(n\times k)$행렬 $\boldsymbol{X}$의 계수(혹은 계급수; rank)를 r이라 할 때, 행렬은 다음과 같이 분해된다.

$$\boldsymbol{X}=\boldsymbol{VDP}^T$$

여기서, $\boldsymbol{V}$는 차원 $(n\times r)$의 직교행렬, $\boldsymbol{P}$는 차원 $(k\times r)$의 직교행렬이며, $\boldsymbol{D}$는 $\boldsymbol{X}$의 특이치를 대각원소로 하는 $(r\times r)$의 대각행렬이다. 이때 $\boldsymbol{X}$의 특이치는 행렬 $\boldsymbol{X}^T\boldsymbol{X}$의 고유치의 제곱근과 동일하며, $\boldsymbol{P}$의 각 열은 $\boldsymbol{X}^T\boldsymbol{X}$의 고유벡터를 나타낸다.

예 4.5

평균조정 후 행렬 $\boldsymbol{X}$가 다음과 같을 때, 이 행렬을 특이치 분해하시오.

$$\boldsymbol{X}=\begin{pmatrix} 4 & 3 \\ 2 & 0 \\ 0 & -1 \\ -1 & 1 \\ -5 & -3 \end{pmatrix}$$

풀이

데이터 행렬 $\boldsymbol{X}$는 rank가 2이므로, [정리 4.8]에 의해 다음과 같이 분해된다.

$$\boldsymbol{X}=\begin{pmatrix} -0.6321 & 0.2265 \\ -0.2159 & -0.5303 \\ 0.0667 & -0.4290 \\ 0.0412 & 0.6942 \\ 0.7401 & 0.0387 \end{pmatrix}\begin{pmatrix} 7.8784 & 0 \\ 0 & 1.9827 \end{pmatrix}\begin{pmatrix} -0.8507 & -0.5257 \\ -0.5257 & 0.8507 \end{pmatrix}^T$$

[정리 4.8]로부터 특히 $\boldsymbol{X}^T\boldsymbol{X}$가 아래와 같이 분해됨을 알 수 있는데, 이를 분광분해(spectral decomposition)이라 한다.

정리 4.9 분광분해(spectral decomposition)

$(n\times k)$ 행렬 $\boldsymbol{X}$의 rank를 r이라 할 때 $\boldsymbol{X}^T\boldsymbol{X}$는 차원 $(r\times r)$의 고유치행렬 $\boldsymbol{\Lambda}$와 직교행렬인 차원 $(k\times r)$의 고유벡터행렬 $\boldsymbol{P}$로 다음과 같이 분해된다.

$$\boldsymbol{X}^T\boldsymbol{X}=\boldsymbol{P}\boldsymbol{\Lambda}\boldsymbol{P}^T$$

증명 [정리 4.8]로부터

$$\boldsymbol{X}^T\boldsymbol{X}=\boldsymbol{P}\boldsymbol{D}\boldsymbol{V}^T\boldsymbol{V}\boldsymbol{D}\boldsymbol{P}^T=\boldsymbol{P}\boldsymbol{D}^2\boldsymbol{P}^T$$

따라서 $\boldsymbol{D}^2=\boldsymbol{\Lambda}$ 이므로 결과가 성립한다.

[정리 4.9]과 [정리 4.7(b)]로부터 표본 분산-공분산 행렬에 대해 다음이 성립한다.

$$\boldsymbol{S}_{\boldsymbol{X}}=\boldsymbol{P}\boldsymbol{\Lambda}'\boldsymbol{P}^T \tag{4.7}$$

여기서 $\boldsymbol{\Lambda}'$는 분산-공분산 행렬의 고유치행렬이며 $\boldsymbol{P}$는 고유벡터행렬이다.

변수들이 취하는 값의 범위가 변수 간에 서로 유사할 때는 $\boldsymbol{X}^T\boldsymbol{X}$ 또는 $\boldsymbol{S}_{\boldsymbol{X}}$를 사용하여 분석하는 데 큰 문제가 없지만, 변수 간에 큰 차이가 있는 경우에 이로부터 고유치를 구하면 변동이 매우 큰 변수에 의해 좌우될 수 있다. 즉, 데이터의 총변동이 이 변수에 의존하므로 하나의 큰 고유치가 산출되고 나머지는 상대적으로 작은 값들을 취하게 될 수 있다. 이런 문제를 피하기 위해서는 대신 상관계수행렬을 사용한다. 이는 각 변수를 평균조정하고 표준편차를 1이 되게 표준화시켜 분석하는 것과 동일하다. 분산-공분산행렬로부터 상관계수행렬은 얻을 수 있으나 반대는 일반적으로 불가능하다. 상관계수행렬을 사용하여 분석하는 경우 산출되는 고유치 및 고유벡터는 분산-공분산행렬을 사용하는 경우와 일반적으로 다르게 됨을 유의해야 한다. 그러나 이 경우에도 식(4.7)과 유사한 분해는 가능하다. 즉, 상관계수행렬 $\boldsymbol{R}_{\boldsymbol{X}}$에 대해 다음이 성립한다.

$$R_X = P' \Lambda'' P'^T \tag{4.8}$$

여기서 P'는 R_X에 대응하는 고유행렬이며 Λ''는 고유치행렬을 나타낸다. 식(4.7)에서의 P와 P' 또는 Λ'와 Λ''의 관계는 알기 어려우나 Λ''의 대각원소 λ_i''에 대해 다음이 성립한다. 이는 R_X의 대각원소들이 모두 1이기 때문이다.

$$\sum_{i=1}^{r} \lambda_i'' = r \tag{4.9a}$$

또한 식(4.8)로부터 다음이 성립함을 알 수 있다.

$$\sum_{i=1}^{r} \lambda_i'' {p_{ij}'}^2 = 1 \tag{4.9b}$$

예 4.6

[예 4.5]의 데이터 X에 대한 분산-공분산 행렬에 대해 다음이 성립한다.

$$S_X = \begin{pmatrix} 11.5 & 6.5 \\ 6.5 & 5 \end{pmatrix} = \begin{pmatrix} -0.8507 & -0.5257 \\ -0.5257 & 0.8507 \end{pmatrix} \begin{pmatrix} 15.5172 & 0 \\ 0 & 0.9828 \end{pmatrix} \begin{pmatrix} -0.8507 & -0.5257 \\ -0.5257 & 0.8507 \end{pmatrix}^T$$

따라서 분산-공분산 행렬의 두 고유치는 각각 15.5172, 0.9828이다. 참고로 X에 대한 상관계수행렬에 대한 고유치는 1.8572 및 0.1428이며 다음과 같이 분해된다.

$$R_X = \begin{pmatrix} 1 & 0.8572 \\ 0.8572 & 1 \end{pmatrix} = \begin{pmatrix} -0.7071 & -0.7071 \\ -0.7071 & 0.7071 \end{pmatrix} \begin{pmatrix} 1.8572 & 0 \\ 0 & 0.1428 \end{pmatrix} \begin{pmatrix} -0.7071 & -0.7071 \\ -0.7071 & 0.7071 \end{pmatrix}^T$$

4.4 주성분 스코어

[정리 4.8]에서 $\boldsymbol{T}=\boldsymbol{VD}$로 $(n \times r)$행렬 $\boldsymbol{T}$를 정의하면 다음과 같은 결과를 얻는다.

$$\boldsymbol{X}=\boldsymbol{TP}^T \tag{4.10}$$

또는

$$\boldsymbol{T}=\boldsymbol{XP} \tag{4.11}$$

이때, 행렬 $\boldsymbol{T}$를 주성분 행렬 혹은 주성분 스코어 행렬이라 한다. 즉, 행렬 $\boldsymbol{T}$의 각 열은 주성분에 대응되며 주성분 스코어(principal component score)라 한다. 행렬 $\boldsymbol{T}$의 i번째 열을 $\boldsymbol{t}_i$, 행렬 $\boldsymbol{P}$의 i번째 열을 $\boldsymbol{p}_i=(p_{i1}, p_{i2}, \cdots, p_{ik})^T$ 라 할 때, 식(4.11)는 다음과 같이 표현된다.

$$\boldsymbol{t}_i=\boldsymbol{X}\boldsymbol{p}_i=p_{i1}\boldsymbol{x}_1+\cdots+p_{ik}\boldsymbol{x}_k, \quad i=1, 2, \cdots, r \tag{4.12}$$

여기서 p_{ij}는 i번째 주성분에 대한 j번째 변수의 가중치(weight)를 나타낸다. 위의 주성분 관련 식은 4.2절에서 언급한 식(4.3)과 동일함을 알 수 있다. 정리하면, $\boldsymbol{p}_i$는 i번째 새로운 축을 나타내는 주성분(principal component)이며 $\boldsymbol{t}_i$는 각 데이터를 i번째의 주성분에 투영시킨 값(principal component score)을 나타낸다.

예 4.7

[예 4.5]의 데이터 행렬 $\boldsymbol{X}$에 대한 주성분 행렬은 다음과 같음을 알 수 있다.

$$\boldsymbol{T}=\boldsymbol{XP}=\begin{pmatrix} -4.9798 & 0.4491 \\ -1.7013 & -1.0515 \\ 0.5257 & -0.8507 \\ 0.3249 & 1.3764 \\ 5.8305 & 0.0767 \end{pmatrix}$$

주성분 행렬 T는 다음과 같은 성질을 갖는다.

정리 4.10 주성분 행렬 $\boldsymbol{T}$의 열벡터들은 서로 직교한다. 또한 $\boldsymbol{X}^T\boldsymbol{X}$의 고유치를 대각원소로 하는 대각행렬을 $\boldsymbol{\Lambda}$할 때 다음이 성립한다.

$$\boldsymbol{T}^T\boldsymbol{T} = \boldsymbol{\Lambda}$$

증명 $\boldsymbol{T}$의 정의인 $\boldsymbol{T} = \boldsymbol{VD}$을 이용하면 다음과 같다.

$$\boldsymbol{T}^T\boldsymbol{T} = \boldsymbol{D}\boldsymbol{V}^T\boldsymbol{V}\boldsymbol{D}$$

위에서 $\boldsymbol{V}$는 직교행렬이며, $\boldsymbol{D}^2 = \boldsymbol{\Lambda}$이므로 결과가 성립한다. 또 다른 증명 방법으로는 식(4.11)와 [정리 4.9]를 이용할 수 있다(연습문제 참조).

새로운 변수인 $\boldsymbol{t}_i$가 원래 변수인 $\boldsymbol{x}_j$들의 선형결합으로 이루어진 것임을 상기하면, $\boldsymbol{t}_i$를 구성하는 주요변수들이 무엇인가에 대해 관심이 있을 수 있다. 이는 새로운 변수의 의미를 부여하는 데도 도움이 된다. 이때 식(4.12)의 가중치를 주로 이용하며 이와 함께 다음에 정의하는 상관로딩을 이용하기도 한다. (혹자는 위의 가중치 p_{ij}를 로딩이라 부르기도 하므로 구분을 위해 상관로딩이란 용어를 사용한다.)

정의 4.4 상관로딩

새로운 변수 $\boldsymbol{t}_i$와 원 변수 $\boldsymbol{x}_j$와의 표본상관계수를 상관로딩(correlation loading)이라 한다.

정리 4.11 $\boldsymbol{t}_i$에 대한 $\boldsymbol{x}_j$의 상관로딩은 다음과 같다.

$$l_{ij} = \frac{\boldsymbol{t}_i^T\boldsymbol{x}_j}{\sqrt{\boldsymbol{t}_i^T\boldsymbol{t}_i}\sqrt{\boldsymbol{x}_j^T\boldsymbol{x}_j}} = \frac{p_{ij}\lambda_i}{\sqrt{\lambda_i}\,s_j} = \frac{p_{ij}}{s_j}\sqrt{\lambda_i}$$

여기서 s_j는 변수 $\boldsymbol{x}_j$의 표본표준편차이다.

결국, $\boldsymbol{t}_i$에 대한 $\boldsymbol{x}_j$의 상관로딩은 $\boldsymbol{t}_i$의 표준편차와 $\boldsymbol{x}_j$의 표준편차의 비에 p_{ij}를 곱한 값이다. 즉, 상관로딩은 가중치에 비례하며 고유치 제곱근에 비례하나 원변수의 표준편차에는 반비례한다.

주성분분석의 결과를 [표 4.1]과 같이 가중치 및 상관로딩으로 정리할 수 있다.

표 4.1 주성분의 가중치 및 상관로딩

주성분	고유치	가중치 $\boldsymbol{x}_1\ \boldsymbol{x}_2 \cdots \boldsymbol{x}_k$	상관로딩 $\boldsymbol{x}_1\ \boldsymbol{x}_2 \cdots \boldsymbol{x}_k$
$\boldsymbol{t}_1$	λ_1	$p_{11}\ p_{12} \cdots p_{1k}$	$l_{11}\ l_{12} \cdots l_{1k}$
$\boldsymbol{t}_2$	λ_2	$p_{21}\ p_{22} \cdots p_{2k}$	$l_{21}\ l_{22} \cdots l_{2k}$
$\vdots$	$\vdots$	$\vdots$	$\vdots$
$\boldsymbol{t}_r$	λ_r	$p_{r1}\ p_{r2} \cdots p_{rk}$	$l_{r1}\ l_{r2} \cdots l_{rk}$

예 4.8

[예 4.5]의 데이터행렬 $\boldsymbol{X}$에 대해 주성분 분석을 수행하고 가중치 및 상관로딩을 구해 보자. $\boldsymbol{X}^T\boldsymbol{X}$의 두 고유치는 다음과 같고,

$$\lambda_1 = 62.07, \quad \lambda_2 = 3.93$$

고유벡터행렬이 아래와 같다.

$$\boldsymbol{P} = \begin{pmatrix} -0.8507 & 0.5257 \\ -0.5257 & -0.8507 \end{pmatrix}$$

따라서 주성분별 가중치와 상관로딩은 아래 표와 같다. 결과를 볼 때, 원래의 두 변수는 첫 번째 주성분과 보다 밀접한 관계가 있음을 알 수 있다.

주성분	가중치 $\boldsymbol{x}_1$	가중치 $\boldsymbol{x}_2$	상관로딩 $\boldsymbol{x}_1$	상관로딩 $\boldsymbol{x}_2$
$\boldsymbol{t}_1$	−0.8507	0.5257	−0.9882	−0.9261
$\boldsymbol{t}_2$	−0.5257	−0.8507	0.1537	−0.3771

4.5 주성분의 제곱합 분해

[정리 4.10]의 결과로부터 rank r의 행렬 $\boldsymbol{X}$의 i번째 주성분벡터를 $\boldsymbol{t}_i$, 행렬 $\boldsymbol{X}^T\boldsymbol{X}$의 i번째 고유치를 λ_i라 할 때, 다음이 성립함을 알 수 있다.

$$SS(\boldsymbol{t}_i) = \lambda_i \tag{4.13}$$

즉, $\boldsymbol{t}_i$의 표본분산이 고유치와 동일함을 알 수 있다. 또한 이를 기초로 다음 결과를 얻을 수 있다.

정리 4.12 rank r의 행렬 $\boldsymbol{X}$의 i번째 주성분벡터를 $\boldsymbol{t}_i$, 행렬 $\boldsymbol{X}^T\boldsymbol{X}$의 i번째 고유치를 λ_i라 할 때, 다음이 성립한다.

$$SS(\boldsymbol{X}) = \sum_{i=1}^{r} SS(\boldsymbol{t}_i) = \sum_{i=1}^{r} \lambda_i$$

위의 증명을 위해서는 다음과 같은 결과가 필요하다.

정리 4.13 rank r인 행렬 $\boldsymbol{X}$는 다음과 같이 rank 1인 행렬 r개로 분해된다. 즉, 다음과 같다.

$$\boldsymbol{X} = \boldsymbol{t}_1\boldsymbol{p}_1^T + \cdots + \boldsymbol{t}_r\boldsymbol{p}_r^T = \boldsymbol{X}^{(1)} + \cdots + \boldsymbol{X}^{(r)}$$

여기서

$$\boldsymbol{X}^{(i)} = \boldsymbol{t}_i\boldsymbol{p}_i^T \tag{4.14}$$

이다.

예 4.9

평균조정 후 데이터 행렬 $\boldsymbol{X}$가 다음과 같다.

$$\boldsymbol{X}=\begin{pmatrix} 1 & 2 & 3 & 2 \\ -1 & 0 & -1 & -1 \\ 0 & -2 & -2 & -1 \end{pmatrix}$$

행렬 $\boldsymbol{X}$를 [정리 4.13]과 같이 분해해 보자. $\boldsymbol{X}$의 rank는 2이며, 고유치행렬 및 고유벡터행렬이 다음과 같으므로

$$\Lambda=\begin{pmatrix} 28.0767 & 0 \\ 0 & 1.9233 \end{pmatrix}$$

$$\boldsymbol{P}=\begin{pmatrix} 0.1993 & -0.6785 \\ 0.5068 & 0.6402 \\ 0.7061 & -0.0383 \\ 0.4527 & -0.3584 \end{pmatrix}$$

이다. 주성분 행렬은 다음과 같이 산출된다.

$$\boldsymbol{T}=\boldsymbol{XP}=\begin{pmatrix} 4.2364 & -0.2298 \\ -1.3580 & 1.0751 \\ -2.8784 & -0.8454 \end{pmatrix}$$

따라서 [정리 4.13]에 의하여 $\boldsymbol{X}$는 다음의 두 행렬의 합으로 표현될 수 있다.

$$\boldsymbol{X}=\begin{pmatrix} 0.8441 & 2.1471 & 2.9912 & 1.9177 \\ -0.2706 & -0.6882 & -0.9588 & -0.6147 \\ -0.5735 & -1.4588 & -2.0324 & -1.3030 \end{pmatrix}+\begin{pmatrix} 0.1559 & -0.1471 & 0.0088 & 0.0823 \\ -0.7294 & 0.6882 & -0.0412 & -0.3853 \\ 0.5735 & -0.5412 & 0.0324 & 0.3030 \end{pmatrix}$$

(정리 4.12의 증명) [정리 4.13]에서 행렬 $\boldsymbol{X}^{(i)}$와 $\boldsymbol{X}^{(j)}$ $(i \neq j)$의 동일한 열은 서로 직교하므로 [정리 4.3(b)]에 의하여 다음이 성립한다.

$$SS(\boldsymbol{X}) = \sum_{i=1}^{r} SS(\boldsymbol{X}^{(i)}) = \sum_{i=1}^{r} SS(\boldsymbol{t}_i \boldsymbol{p}_i^T) = \sum_{i=1}^{r} SS(\boldsymbol{t}_i)$$

따라서 식(4.13)을 이용하면 [정리 4.12]가 성립함을 알 수 있다.

$\boldsymbol{X}$의 열 간에 상관관계가 높을수록 $\boldsymbol{X}$차원보다 훨씬 낮은 차원 개수의 주성분들로 $\boldsymbol{X}$의 변동을 설명할 수 있다. 즉, 고유치가 큰 순서로 몇 개의 주성분만을 선택함으로써 전체

변동의 대부분을 설명할 수 있는 경우가 보통이다. 각 주성분의 변동이 전체 변동의 얼마를 차지하는가를 보기 위해 다음과 같은 기여율의 척도가 필요하다.

정의 4.5 주성분 기여율

주성분 $\boldsymbol{t}_i$에 의해 설명되는 변동의 기여율(contribution)을 다음과 같이 정의한다.

$$\rho_i = \frac{\lambda_i}{\sum_{i=1}^{r} \lambda_i} \times 100(\%)$$

주성분을 얻은 다음 다른 목적을 갖고 2차 분석을 수행하는 경우 전체의 주성분을 다 이용하는 대신 기여율이 큰 유효한 주성분 개수를 정한 후 이들만을 활용하는 경우가 대부분이다. 이를 위해 위의 기여율을 사용할 때 동시에 누적기여율을 산출하여 충분히 큰 값을 갖는 수준에서 주성분 수를 정할 수 있다. 또는 고유치 자체를 그림으로 나타낸 후 고유치 크기가 현저히 낮아지기 직전의 주성분까지를 유효한 것으로 판단하기도 한다. 이러한 그림을 스크리 도표(scree plot)라고 한다. 앞에서도 언급한 바 있으나 분산-공분산행렬로 산출한 고유치와 상관계수행렬로 산출한 고유치는 서로 다르기 때문에 이를 바탕으로 계산한 주성분별 기여율 역시 일반적으로 다르다.

예 4.10

다음 표는 국내 18개 증권회사의 주요 재무지표를 나열한 것이다.

표 4.2 국내 증권회사의 주요 재무지표

	총자본 순이익율 (X_1)	자기자본 순이익율(X_2)	자기자본 비율(X_3)	부채비율 (X_4)	자기자본 회전율(X_5)
SK증권	2.43	11.1	18.46	441.67	0.9
교보증권	3.09	9.95	29.46	239.43	0.9
대신증권	2.22	6.86	28.62	249.36	0.69
대우증권	5.76	23.19	23.47	326.09	1.43
동부증권	1.6	5.64	25.64	289.98	1.42
메리츠증권	3.53	10.64	32.25	210.1	1.17
미래에셋증권	4.26	15.56	24.4	309.78	0.81
부국증권	3.86	5.5	70.74	41.36	0.81

브릿지증권	4.09	6.44	64.38	55.32	0.32
삼성증권	2.73	10.68	24.41	309.59	0.64
서울증권	2.03	4.5	42.53	135.12	0.59
신영증권	1.96	8.92	18.48	441.19	1.07
신흥증권	3.25	7.96	40.42	147.41	1.19
우리투자증권	2.01	10.28	17.46	472.78	1.25
유화증권	2.28	3.65	63.71	56.96	0.12
한양증권	4.51	7.5	63.52	57.44	0.8
한화증권	3.29	12.37	24.47	308.63	0.57
현대증권	1.73	7.57	19.59	410.45	1.19

※ 자료: 한국신용평가정보. 2007.3.31. 기준 데이터

위의 데이터에 대해 주성분분석을 실시할 때 변수 X_4의 변동이 매우 크기 때문에 분산-공분산행렬을 바탕으로 고유치 등을 산출하는 것은 적절치 못하다. 대신 상관계수행렬을 구하면 다음과 같으며

$$R_X = \begin{pmatrix} 1 & 0.617 & 0.324 & -0.355 & 0.014 \\ 0.617 & 1 & -0.512 & 0.466 & 0.423 \\ 0.324 & -0.512 & 1 & -0.937 & -0.563 \\ -0.355 & 0.466 & -0.937 & 1 & 0.540 \\ 0.014 & 0.423 & -0.563 & 0.540 & 1 \end{pmatrix}$$

이에 대한 고유치는 다음과 같다.

2.7615, 1.6057, 0.5506, 0.0641, 0.0183

이를 스크리 도표로 나타내면 [그림 4.3(a)]와 같으며 고유치별 기여율을 그림으로 표시하면 [그림 4.3(b)]와 같다.

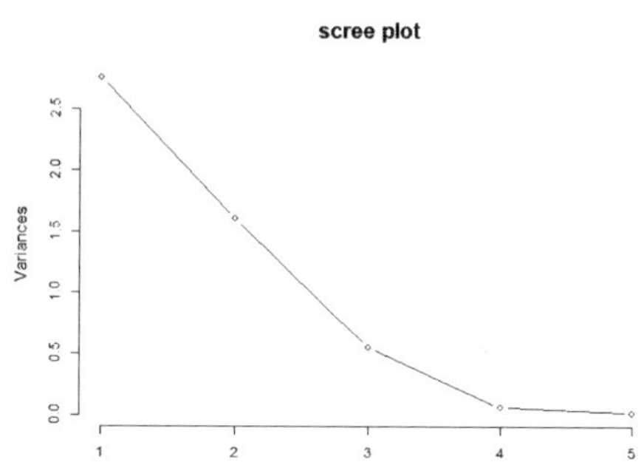

(a) 고유치 스크리 도표

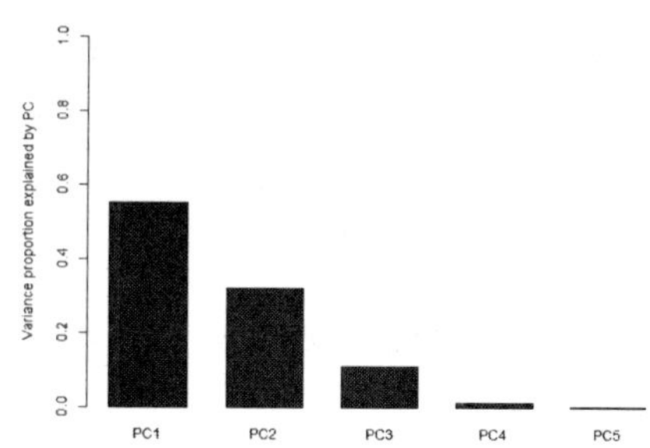

(b) 고유치별 기여율

그림 4.3 [예 4.10]의 고유치 및 기여율

한편, 다음의 결과로부터 각 변수(데이터행렬의 각 열)의 변동이 각 주성분에 의해 얼마나 설명되는지를 산출할 수 있다.

정리 4.14 j번째 변수에 대한 제곱합 및 표본분산은 다음과 같다.

(a) $SS(\boldsymbol{x}_j) = \sum_{i=1}^{r} \lambda_i p_{ij}^2$

(b) $s_j^2 = \sum_{i=1}^{r} \lambda_i' p_{ij}^2$

(c) $1 = \sum_{i=1}^{r} \lambda_i'' p_{ij}'^2$

위에서 λ_i' 는 분산-공분산 행렬의 i-번째 고유치이며 $\lambda_i' = \lambda_i/(n-1)$이다. 한편, $\lambda_i p_{ij}^2$은 i번째 주성분에 의해 설명되는 j번째 열에 대한 제곱합이다.

위의 결과들로부터 $\boldsymbol{X}$의 변동을 [표 4.3]과 같이 분해가 가능하다. 여기서는 각 변수의 제곱합을 분해한 것이나, 각 변수의 표본 분산 역시 유사하게 분해된다. 각 변수를 표준화한 경우에도 유사하게 분해할 수 있다.

표 4.3 주성분별 $\boldsymbol{X}$ 변동의 분해

PC Scores	$\boldsymbol{X}$ 변동 $\boldsymbol{x}_1$	$\boldsymbol{x}_2$	…	$\boldsymbol{x}_k$	합	기여율 (%)	누적기여율 (%)
$\boldsymbol{t}_1$	$\lambda_1 p_{11}^2$	$\lambda_1 p_{12}^2$	…	$\lambda_1 p_{1k}^2$	λ_1	ρ_1	ρ_1
$\boldsymbol{t}_2$	$\lambda_2 p_{21}^2$	$\lambda_2 p_{22}^2$	…	$\lambda_2 p_{2k}^2$	λ_2	ρ_2	$\rho_1 + \rho_2$
⋮		⋮			⋮	⋮	⋮
$\boldsymbol{t}_r$	$\lambda_r p_{r1}^2$	$\lambda_r p_{r2}^2$	…	$\lambda_r p_{rk}^2$	λ_r	ρ_r	100
Total	$SS(\boldsymbol{x}_1)$	$SS(\boldsymbol{x}_2)$	…	$SS(\boldsymbol{x}_k)$	$\sum\lambda_i$	100	

[예 4.10]에 대해 각 변수를 표준화한 후 첫 세 개의 주성분에 대해 X 변동을 분해하면 다음과 같다.

PC Scores	X 변동 x_1	x_2	x_3	x_4	x_5	합	기여율 (%)	누적기여율 (%)
t_1	0.016	0.430	0.896	0.865	0.554	2.7615	55.2	55.2
t_2	0.976	0.513	0.042	0.062	0.012	1.6057	32.1	87.3
t_3	0.0	0.048	0.032	0.036	0.434	0.5506	11.1	98.4
기타	0.008	0.009	0.029	0.036	0.0	0.0822	1.6	100
Total	1.0	1.0	1.0	1.0	1.0	5.0	100	

즉, 세 개의 주성분으로 전체 변동의 98% 이상을 설명하고 있다. 첫 주성분 스코어인 t_1 은 변수 x_3 및 x_4와 관련이 있고, t_2는 변수 x_1 및 x_2와, 그리고 t_3은 변수 x_5와 관련이 깊은 것을 볼 수 있다. 실제로, 재무분석 시 변수 x_1(총자본순이익율) 및 x_2(자기자본순이익율)는 수익성비율을 나타내며, x_3(자기자본비율) 및 x_4(부채비율)는 안정성비율을, 변수 x_5(자기자본회전율)은 활동성비율 중의 하나이므로 각 주성분을 이에 따라 해석이 가능할 것이다.

4.6 NIPALS 알고리즘

주성분 분석 결과는 결국 [표 4.1] 및 [표 4.3]으로 요약될 수 있는데, 이들의 작성을 위해서는 가중치행렬 $\boldsymbol{P}$와 고유치행렬 $\boldsymbol{\Lambda}$가 필요하다. 이들은 [정리 4.9]의 분광분해의 결과로부터 도출될 수 있으나 H. Wold가 제안한 NIPALS(nonlinear iterative partial least squares) 알고리즘을 이용하기도 한다. NIPALS 알고리즘의 장점은 수렴할 때까지의 반복적(iterative) 방법을 사용함으로써 이의 이해 및 구현이 용이하다는 것이다.

NIPALS 알고리즘은 다음과 같은 절차를 통하여 가중치와 주성분 스코어를 동시에 산출한다. 고유치는 주성분 스코어로부터 산출할 수 있다.

– 단계 1: 데이터행렬 $\boldsymbol{X}$의 임의의 열을 하나의 주성분 스코어의 초기치로 둔다. 즉,

$$\boldsymbol{t} = \boldsymbol{x}_j \quad (\text{임의의 } j)$$

– 단계 2: $\boldsymbol{t}$를 독립변수, $\boldsymbol{X}$의 각 열을 종속변수로 하는 단순회귀에서 산출한 기울기로 가중치 벡터를 구한다. 그리고 $\boldsymbol{p}$의 크기가 1이 되도록 표준화한다.

$$\boldsymbol{p}^T = \boldsymbol{t}^T\boldsymbol{X}/\boldsymbol{t}^T\boldsymbol{t},\ \boldsymbol{p}^T \leftarrow \boldsymbol{p}^T/\sqrt{\boldsymbol{p}^T\boldsymbol{p}} \tag{4.15}$$

– 단계 3: $\boldsymbol{t}$를 다음과 같이 수정한다.

$$\boldsymbol{t} = \boldsymbol{X}\boldsymbol{p} \tag{4.16}$$

– 단계 4: $\boldsymbol{t}$가 이전에 구한 것과 동일하지 않으면(수렴하지 않으면) 단계 2부터 반복한다. 수렴하는 경우 이때 최종 $\boldsymbol{t}$가 하나의 주성분 스코어이며 이의 제곱합이 대응하는 $\boldsymbol{X}^T\boldsymbol{X}$의 고유치가 된다. 그리고 $\boldsymbol{p}$는 가중치벡터(고유벡터)이다.

– 단계 5: 다음 주성분 스코어 산출을 위해 $\boldsymbol{X}$행렬을 아래와 같이 수정하고, 단계 1부터의 과정을 반복한다. 이상의 과정을 $\boldsymbol{X}$의 rank 수만큼의 주성분을 구할 때까지 반복한다.

$$\boldsymbol{X} \leftarrow \boldsymbol{X} - \boldsymbol{t}\boldsymbol{p}^T \tag{4.17}$$

예 4.11

4.2절의 데이터 $\boldsymbol{X}$에 대해 NIPALS 알고리즘에 의거 주성분 스코어 및 가중치들을 구하시오.

풀이

처음에 $\boldsymbol{X}$의 첫 열을 첫 주성분 스코어로 간주하여 시작하여 수련할 때까지의 과정을 반복한 결과는 다음과 같다.

$$\boldsymbol{t}_1^T = (4.97979, 1.70131, -0.52572, -0.32493, -5.83045)$$
$$\lambda_1 = SS(\boldsymbol{t}_1) = 62.07$$
$$\boldsymbol{p}_1^T = (0.85066, 0.52572)$$

위의 결과는 첫 주성분에 대한 것이며, 단계 5와 같이 $\boldsymbol{X}$를 수정하면 다음과 같다.

$$\boldsymbol{X}=\begin{pmatrix} -0.23609 & 0.38200 \\ 0.55277 & -0.89442 \\ 0.44721 & -0.72361 \\ -0.7236 & 1.17082 \\ -0.0403 & 0.06521 \end{pmatrix}$$

수정된 $\boldsymbol{X}$의 첫 열을 두 번째 주성분 스코어의 초기치로 사용하여 다시 수렴할 때까지의 과정을 반복한 결과는 다음과 같다.

$$\boldsymbol{t}_2^T=(0.44907,-1.05145,-0.85066,1.37638,0.07666)$$

$$\lambda_2=SS(\boldsymbol{t}_2)=3.93$$

$$\boldsymbol{p}_2^T=(-0.5272,0.85066)$$

4.7 | 주성분 회귀분석

종속변수의 관측치벡터 $\boldsymbol{y}$를 독립변수 데이터 행렬 $\boldsymbol{X}$로 설명하고자 하는 회귀모형은 다음과 같다. 여기서 $\boldsymbol{y}$ 역시 평균조정한 데이터라 간주한다.

$$\boldsymbol{y}=\boldsymbol{X}\beta+\epsilon \tag{4.18}$$

β는 회귀계수 벡터이며, ϵ은 오차항을 나타내는 벡터이다. $\boldsymbol{X}$의 열벡터 간 다중공선성(multicollinearity)이 높으면 최소자승법에 의한 β 추정치의 분산이 커지는 문제가 있으며, $\boldsymbol{X}$행렬의 관측수보다 변수수가 많을 때는 β 추정치를 구할 수 없다. 이 문제의 해결을 위해 주성분 회귀분석(principal component regression; PCR)에서는 $\boldsymbol{X}$ 변동 대부분을 설명하는 A개 $(A \le r)$의 주성분 스코어를 다음과 같이 독립변수로 사용하고자 한다.

$$\boldsymbol{y}=q_1\boldsymbol{t}_1+q_2\boldsymbol{t}_2+\cdots+q_A\boldsymbol{t}_A+\boldsymbol{f} \tag{4.19}$$

여기서 $\boldsymbol{f}$는 오차항을 나타내는 벡터이며, $q_1, \cdots, q_A$는 회귀계수들이다. 이때, A개의 주성분 스코어로 구성되는 $(n \times A)$ 주성분 행렬을 $\boldsymbol{T}_A = (\boldsymbol{t}_1, \boldsymbol{t}_2, \cdots, \boldsymbol{t}_A)$로, 회귀계수벡터를 $\boldsymbol{q} = (q_1, \cdots, q_A)^T$로 표기하면 식(4.19)의 모형은 다음과 같이 표현된다.

$$\boldsymbol{y} = \boldsymbol{T}_A \boldsymbol{q} + \boldsymbol{f} \tag{4.20}$$

위의 모형은 다중회귀모형으로 볼 수 있으므로 다중회귀모형에 대한 모든 이론이 적용될 수 있다. 그러나 데이터 행렬 대신 주성분 행렬을 사용하므로 다소 분석이 용이한 면이 있다.

4.7.1 회귀계수의 추정

주성분 회귀모형의 경우 주성분 스코어가 서로 직교하므로 해당 회귀계수는 독립적으로 다음과 같이 추정할 수 있다.

$$\hat{q}_a = \boldsymbol{t}_a^T \boldsymbol{y} / \boldsymbol{t}_a^T \boldsymbol{t}_a = \boldsymbol{t}_a^T \boldsymbol{y} / \lambda_a \quad a = 1, \cdots, A \tag{4.21}$$

즉, 각 회귀계수는 하나의 주성분 스코어가 독립변수로 사용되는 단순회귀모형에서의 추정치와 동일하다. 위의 결과를 벡터-행렬식으로 나타내면 $\boldsymbol{q}$의 추정식은 다음과 같다.

$$\hat{\boldsymbol{q}} = \boldsymbol{\Lambda}_A^{-1} \boldsymbol{T}_A^T \boldsymbol{y} \tag{4.22}$$

여기서 $\boldsymbol{\Lambda}_A$는 첫 A개 주성분에 대응하는 고유치 행렬이다.

참고로 위의 추정치로부터 식(4.18)의 원래 독립변수를 사용하는 회귀식의 계수를 산출할 수 있는데, 이는 다음과 같은 관계식으로부터 도출된다.

$$\hat{\boldsymbol{y}} = \boldsymbol{T}_A \hat{\boldsymbol{q}} = \boldsymbol{X} \hat{\beta}_{PCR} \tag{4.23}$$

즉, 식(4.18) 모형의 회귀계수는 PCR를 통하여 다음과 같이 추정될 수 있다.

$$\hat{\beta}_{PCR} = (\boldsymbol{X}^T \boldsymbol{X})^{-1} \boldsymbol{X}^T \boldsymbol{T}_A \hat{\boldsymbol{q}} \tag{4.24}$$

한편, 모형의 오차항들이 평균 0, 분산 σ^2을 갖는 정규분포를 따른다고 가정할 때, σ^2의 추정은 다중회귀모형의 경우가 동일하게 진행된다.

$$\hat{\sigma}^2 = \frac{SSE}{n-A} = MSE \tag{4.25}$$

위에서 SSE는 잔차제곱합을 나타낸다.

4.7.2 개별회귀계수의 검정

식(4.19)의 모형에서 오차항들이 평균 0, 분산 σ^2을 갖는 정규분포를 따른다고 가정할 때, 개별 회귀계수에 대한 검정을 고려하자. 즉, 다음과 같은 가설을 검정한다고 하자.

$$H_0 : q_a = 0 \tag{4.26}$$
$$H_1 : q_a \neq 0$$

이때, 식(4.21)의 추정량의 분산은 다음과 같다.

$$Var[\hat{q}_a] = \frac{\sigma^2}{\lambda_a^2}\sum_{j=1}^{n} t_{aj}^2 = \frac{\sigma^2}{\lambda_a} \tag{4.27}$$

$\hat{q}_a$에 대한 표준오차는 다음과 같다.

$$se(\hat{q}_a) = \sqrt{MSE/\lambda_a} \tag{4.28}$$

따라서 위의 가설에 대한 t-검정통계량은 다음과 같다.

$$\tau_a = \frac{\hat{q}_a}{se(\hat{q}_a)} = \frac{\hat{q}_a}{\sqrt{MSE/\lambda_a}} \tag{4.29}$$

4.7.3 회귀성 검정

주성분 회귀모형에 대한 적합도 척도로 다중회귀의 경우와 동일하게 R^2를 사용할 수 있다. A개의 주성분을 사용하는 모형의 경우 전체제곱합 (SST)는 다음과 같이 분해된다.

$$SST = SS(\boldsymbol{y}) = SSR + SSE \tag{4.30}$$

이때 SSR은 아래와 같이 산출할 수 있다.

$$SSR = SS(\hat{q}_1 \boldsymbol{t}_1) + \cdots + SS(\hat{q}_A \boldsymbol{t}_A) = \hat{q}_1^2 SS(\boldsymbol{t}_1) + \cdots + \hat{q}_A^2 SS(\boldsymbol{t}_A) = \sum_{j=1}^{A} \hat{q}_j^2 \lambda_j \tag{4.31}$$

따라서 모형의 설명 정도를 나타내는 결정계수 R^2는 다음과 같이 산출된다.

$$R^2 = \frac{SSR}{SST} \tag{4.32}$$

한편, 회귀성검정을 위한 다음 가설을 고려해 보자.

$$H_0 : q_1 = q_2 = \cdots = q_A = 0$$

H_1 : 모든 계수가 0은 아님

이에 대한 F-검정통계량은 다중회귀모형의 경우와 동일하며 다음과 같다.

$$F = \frac{MSR}{MSE} \tag{4.33}$$

주성분 회귀분석에서는 SSR을 각 주성분이 설명하는 부분들로 다시 분해할 수 있는데, 우선

$$SSR_a = SS(\hat{q}_a \boldsymbol{t}_a) = \hat{q}_a^2 SS(\boldsymbol{t}_a) = \hat{q}_a^2 \lambda_a, \quad a = 1, 2, \cdots, A \tag{4.34}$$

로 정의하면 다음이 성립한다.

$$SSR = SSR_1 + \cdots + SSR_A \tag{4.35}$$

또한, 각 주성분이 설명하는 변동의 비율을 다음과 같이 정의하면 다음이 성립한다.

$$\Delta R_a^2 = \frac{SSR_a}{SST}, \ a = 1, \cdots, A \tag{4.36}$$

$$R^2 = \Delta R_1^2 + \cdots + \Delta R_A^2 \tag{4.37}$$

한편, a번째 주성분 $\boldsymbol{t}_a$에 대응하는 부분 F-값은 다음과 같다.

$$F_a = \frac{SSR_a}{MSE} = \frac{\hat{q}_a^2/\lambda_a}{MSE} \tag{4.38}$$

이는 식(4.26)의 가설 검정통계량이 되며, 다음 관계가 성립한다.

$$F_a = \tau_a^2 \tag{4.39}$$

따라서 PCR의 결과를 [표 4.4]와 같이 요약할 수 있다.

표 4.4 PCR의 추정 결과 및 분산분석

주성분	회귀계수 추정치	표준오차	제곱합	자유도	평균제곱	F-값	Y 기여율
$\boldsymbol{t}_1$	$\hat{q}_1$	$se(\hat{q}_1)$	SSR_1	1	-	F_1	ΔR_1^2
$\boldsymbol{t}_2$	$\hat{q}_2$	$se(\hat{q}_2)$	SSR_2	1	-	F_2	ΔR_2^2
⋮	⋮	⋮	⋮	⋮	⋮	⋮	⋮
$\boldsymbol{t}_A$	$\hat{q}_A$	$se(\hat{q}_A)$	SSR_A	1	-	F_A	ΔR_A^2
모형	-	-	SSR	A	MSR	F	R^2
잔차	-	-	SSE	$n-A$	MSE	-	$1-R^2$
합	-	-	SST	n	-	-	1

예 4.12

3개의 독립변수에 대한 평균조정 후의 데이터 행렬 $\boldsymbol{X}$와 종속변수 관측벡터 $\boldsymbol{y}$는 다음과 같다.

$$X=\begin{pmatrix} -3 & -3 & 5 \\ -2 & -3 & 7 \\ 0 & 0 & 4 \\ 1 & 2 & 0 \\ 2 & 2 & -5 \\ 2 & 2 & -11 \end{pmatrix} \qquad y=\begin{pmatrix} -30 \\ -20 \\ 0 \\ 5 \\ 10 \\ 35 \end{pmatrix}$$

우선 $\boldsymbol{X}^T\boldsymbol{X}$ 행렬의 고유치를 구하면, $\lambda_1 = 273.55$, $\lambda_2 = 13.85$, $\lambda_3 = 0.61$로 산출되므로, 첫 주성분이 $\boldsymbol{X}$ 변동의 대부분(95.0%)을 설명하고 있다. 아래의 세 개의 주성분 중에서 두 개의 주성분 스코어 ($\boldsymbol{t}_1$, $\boldsymbol{t}_2$)로 $\boldsymbol{X}$ 변동의 95%를 설명하므로 두 개의 주성분을 사용한 회귀모형을 구현해 보자.

$\boldsymbol{t}_1$	$\boldsymbol{t}_2$	$\boldsymbol{t}_3$
-6.2347	1.9880	0.4199
-7.8320	0.6817	-0.4416
-3.6997	-1.5152	-0.1290
0.8209	-2.0392	0.4094
5.6980	-0.6940	-0.2262
11.2475	1.5787	-0.0325

따라서 고려하는 회귀모형은 다음과 같다.

$$\boldsymbol{y} = q_1\boldsymbol{t}_1 + q_2\boldsymbol{t}_2 + \boldsymbol{f}$$

PCR 회귀분석의 결과를 [표 4.4]와 같이 요약하면 아래와 같다.

주성분	회귀계수 추정치	표준오차	제곱합	자유도	평균제곱	F-값	Y 기여율 (%)
$\boldsymbol{t}_1$	2.9188	0.5297	2,330.4	1	2,330.4	40.5	87.9
$\boldsymbol{t}_2$	-2.5390	2.3546	89.3	1	89.3	1.6	3.4
모형			2,419.7	2	1,209.9	21.0	91.3
잔차			230.3	4	57.6		8.7
합			2,650.0	6			100

위의 결과를 보면 주성분 $\boldsymbol{t}_2$는 결국 유의하지 않으며, 첫 주성분만으로 $\boldsymbol{y}$를 설명할 때, 87.9 %의 변동이 설명됨을 볼 수 있다.

4.7.4 반응치의 예측

PCR 모형의 추정 이후 새로운 데이터 행렬 $\boldsymbol{X}_{new}$(하나의 관측치인 경우는 벡터)에 대한 반응치 벡터인 $\boldsymbol{y}$를 예측한다고 하자. 우선 학습표본 $\boldsymbol{X}$를 평균조정할 때 사용한 변수별 평균을 이용하여 새로운 데이터에 대한 평균조정을 수행한다. 그리고, 다음과 같이 $\boldsymbol{X}_{new}$에 대응하는 주성분 스코어 행렬을 산출한다.

$$\boldsymbol{T}_{new} = \boldsymbol{X}_{new}\boldsymbol{P}_A \tag{4.40}$$

여기서 $\boldsymbol{P}_A$는 기존 데이터행렬 $\boldsymbol{X}$에 대응하는 A개의 주성분에 대한 행렬을 나타낸다. 반응치는 다음과 같이 예측된다.

$$\hat{\boldsymbol{y}}_{new} = \boldsymbol{T}_{new}\hat{\boldsymbol{q}} \tag{4.41}$$

$\hat{\boldsymbol{q}}$는 식(4.22)와 같다. 결국 새로운 데이터 $\boldsymbol{X}_{new}$에 대응하는 반응치 예측식은 다음과 같다.

$$\hat{\boldsymbol{y}}_{new} = \boldsymbol{X}_{new}\boldsymbol{P}_A\hat{\boldsymbol{q}} \tag{4.42}$$

예 4.13

[예 4.12]의 데이터에 대해 PCR 모형을 추정한 후, 새로운 데이터 $\boldsymbol{X}_{new} = (-1,-2,3)$에 대한 반응치를 예측한다고 하자. 우선 기존 데이터에 대한 고유행렬(eigenvector)은 다음과 같다.

$$P_A = \begin{pmatrix} 0.2525 & -0.5487 & -0.7969 \\ 0.2842 & -0.7453 & 0.6032 \\ -0.9249 & -0.3788 & -0.0323 \end{pmatrix}$$

PCR 모형에서 첫 두 개의 주성분을 사용하였으므로 반응치는 다음과 같이 예측된다.

$$\hat{y}_{new} = (-1,-2,3)\begin{pmatrix} 0.2525 & -0.5487 \\ 0.2842 & -0.7453 \\ -0.9249 & -0.3788 \end{pmatrix}\begin{pmatrix} 2.9188 \\ -2.5390 \end{pmatrix} = -2.3599$$

4.8 | PLS 회귀분석의 개요

PCR에서는 데이터 행렬 $\boldsymbol{X}$의 변동 대부분을 설명하는 주성분 중 일부를 선택하여 $\boldsymbol{y}$를 설명하는 회귀모형에 사용하는 것이지만, 부분최소자승법(partial least squares; PLS)에서는 주성분 도출과 회귀모형 추정을 동시에 수행하고자 한다. 따라서 PLS에서는 $\boldsymbol{X}$와 $\boldsymbol{y}$를 동시에 '잘' 설명하는 주성분 스코어와 관련 계수를 동시에 도출하고자 한다. PCR에서는 주성분 스코어를 도출한 후 이들을 독립변수로 하는 회귀모형에서 회귀계수를 추정하는 두 단계를 별도로 수행하는 것이 다르다 하겠다. 따라서 PLS와 PCR에서 사용되는 주성분 스코어는 서로 다른 값이다. PLS에서는 이와 같이 주성분 스코어를 구함으로써 $\boldsymbol{X}$의 설명력을 PCR에 비해 약간 희생시키는 대신 $\boldsymbol{y}$의 설명력을 높이려는 것이다. 엄밀히 말하면 PLS에서 사용하는 새로운 변수는 주성분이 아니며 이를 잠재변수(latent variable)라 부른다.

PLS에서는 다수의 종속변수를 동시에 다룰 수 있는 장점도 있다. 4.9절에서는 하나의 종속변수가 있는 경우를 우선 취급하며, 4.10절에서 다수의 종속변수를 다루는 모형을 소개하고자 한다.

4.9 | 하나의 종속변수에 대한 PLS 회귀분석

우선, $(n \times k)$ 데이터행렬 $\boldsymbol{X}$, 종속변수벡터 $\boldsymbol{y}$에 대해 동시에 A개의 잠재변수 $\boldsymbol{t}_a$ $(a=1,\cdots,A)$로 설명할 수 있는 모형을 고려할 수 있다. 그러나 $\boldsymbol{X}$를 잘 설명하는 잠재변수와 $\boldsymbol{y}$를 잘 설명하는 잠재변수가 다를 수 있기 때문에, $\boldsymbol{y}$는 새로운 잠재변수인 $\boldsymbol{U}=[\boldsymbol{u}_1,\boldsymbol{u}_2,\cdots,\boldsymbol{u}_A]$에 의해 설명된다고 하고 $\boldsymbol{u}_a$와 $\boldsymbol{t}_a$를 선형관계로 가정하는 모형이 흔히 사용되고 있다. 즉, 데이터행렬 $\boldsymbol{X}$, 종속변수벡터 $\boldsymbol{y}$에 대해 PLS 모형은 다음과 같다.

$$X = t_1 p_1^T + t_2 p_2^T + \cdots + t_A p_A^T + E \quad (4.43a)$$

$$y = u_1 q_1 + u_2 q_2 + \cdots + u_A q_A + f \quad (4.43b)$$

$$u_a = b_a t_a + h, \ a = 1, \cdots, A \quad (4.43c)$$

여기서 계수에 해당하는 차원 k-벡터 p_a와 계수 q_a는 각각 X, y에 대응하는 로딩(loading)을 나타내며, E, f는 각 모델에 해당하는 오차항(행렬 또는 벡터)이다. 위에서 식(4.43c)의 관계를 내부 관계(inner relation), 여기서 계수 b_a를 내부관계 계수라 하며, 식(4.43a) 및 (4.43b)의 관계를 외부 관계(outer relation)라 한다. 위의 모형에서는 내부관계를 선형으로 가정하였으나, 비선형(nonlinear)으로 가정하여 인공신경망 모형을 사용하여 분석하는 경우도 있다. 후자의 경우를 비선형 PLS라 부른다.

식(4.43)의 모형은 여러 종속변수를 염두에 둔 것이며, 실제 종속변수가 하나인 경우는 위의 모형을 보다 간단히 기술할 수 있다. 위에서 로딩계수는 잠재변수별로 크기 1로 조정하는데, y-로딩계수는 상수이므로 모두 1로 둘 수 있다. 따라서 식(4.43c)의 관계를 식(4.43b)에 대입하면 식(4.43)의 모형은 내부 관계가 없는 다음과 같은 모형이 된다.

$$X = t_1 p_1^T + t_2 p_2^T + \cdots + t_A p_A^T + E \quad (4.44a)$$

$$y = t_1 b_1 + t_2 b_2 + \cdots + t_A b_A + f \quad (4.44b)$$

이에 따라 종속변수가 하나인 경우에는 계수 b_a들을 y-로딩이라 부르기도 한다.

한편, 식(4.43)의 모형과 이의 축소 형태인 식(4.44)의 모형을 [그림 4.4]와 같이 도식화할 수 있다. 여기서 화살표는 변수 간의 영향 방향을 나타낸다.

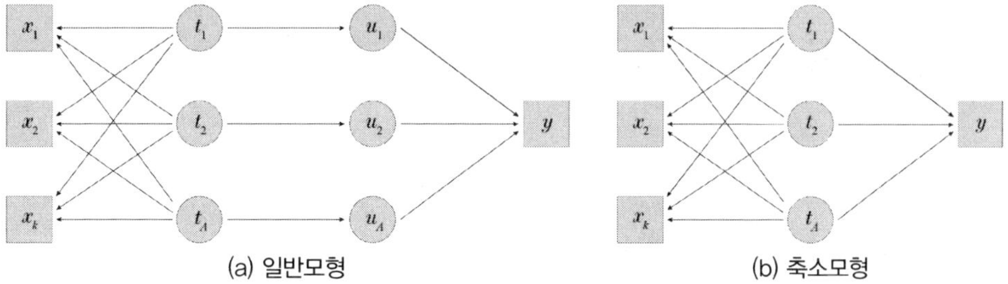

그림 4.4 하나의 종속변수를 갖는 PLS 모형

4.9.1 PLS를 위한 NIPALS 알고리즘

식(4.44)의 축소모형에 대한 계수 및 잠재변수값들을 다음과 같은 NIPALS 알고리즘을 이용하여 산출할 수 있다. 이 알고리즘도 주성분분석에서와 같이 한 번에 하나의 잠재변수 관련 계수를 산출하여 A개의 잠재변수를 구할 때까지 반복한다. 즉, $(\boldsymbol{t}_1, \boldsymbol{p}_1, b_1)$, $(\boldsymbol{t}_2, \boldsymbol{p}_2, b_2)$, ⋯, $(\boldsymbol{t}_A, \boldsymbol{p}_A, b_A)$의 순으로 산출한다.

– 단계 1: $\boldsymbol{X}$의 각 열벡터를 종속변수로 $\boldsymbol{y}$를 독립변수로 하는 단순회귀모형으로부터 $\boldsymbol{y}$의 기울기를 추정하여 가중치 $\boldsymbol{w} = (w_1, \cdots, w_k)^T$를 산출하고 이의 크기가 1이 되도록 조정한다. 즉,

$$w_j = \boldsymbol{x}_j^T \boldsymbol{y} / \boldsymbol{y}^T \boldsymbol{y}, \quad j = 1, \cdots, k; \quad \boldsymbol{w} \leftarrow \boldsymbol{w} / \sqrt{\boldsymbol{w}^T \boldsymbol{w}}$$

– 단계 2: $\boldsymbol{t}$를 다음과 같이 산출한다.

$$\boldsymbol{t} = w_1 \boldsymbol{x}_1 + \cdots + w_k \boldsymbol{x}_k = \boldsymbol{X}\boldsymbol{w}$$

– 단계 3: $\boldsymbol{t}$를 $\boldsymbol{X}$에 회귀시켜 로딩벡터 $\boldsymbol{p}$를 다음과 같이 구한다.

$$p = \boldsymbol{X}^T \boldsymbol{t} / \boldsymbol{t}^T \boldsymbol{t}$$

– 단계 4: 로딩벡터 $\boldsymbol{p}$의 크기를 반영하여 $\boldsymbol{t}$와 $\boldsymbol{w}$를 조정한다.

$$\boldsymbol{t} \leftarrow \boldsymbol{t} \sqrt{\boldsymbol{p}^T \boldsymbol{p}}, \quad \boldsymbol{w} \leftarrow \boldsymbol{w} \sqrt{\boldsymbol{p}^T \boldsymbol{p}}$$

– 단계 5: $\boldsymbol{p}$의 크기를 1이 되도록 조정한다.

$$\boldsymbol{p} \leftarrow \boldsymbol{p} / \sqrt{\boldsymbol{p}^T \boldsymbol{p}}$$

– 단계 6: $\boldsymbol{t}$를 $\boldsymbol{y}$에 회귀시킬 때 계수 b를 산출한다.

$$b = \boldsymbol{y}^T \boldsymbol{t} / \boldsymbol{t}^T \boldsymbol{t}$$

– 단계 7: $\boldsymbol{X}$와 $\boldsymbol{y}$를 다음과 같이 수정 후 A개의 잠재변수를 얻을 때까지 단계 1부터 과정을 반복한다.

$$\boldsymbol{X} \leftarrow \boldsymbol{X} - \boldsymbol{t}\boldsymbol{p}^T \quad (\boldsymbol{x}_j \leftarrow \boldsymbol{x}_j - p_j \boldsymbol{t},\ j = 1, \cdots, k)$$
$$\boldsymbol{y} \leftarrow \boldsymbol{y} - b\boldsymbol{t}$$

위의 알고리즘과 관련하여 몇 가지 참고사항을 기술하면 다음과 같다.

① 단계 1과 2에서 보듯이 PLS에서는 잠재변수값을 PCA와는 다르게 산출하고 있다. 즉, PLS에서도 잠재변수를 $\boldsymbol{X}$ 각 변수들의 선형결합으로 구하나 이때 가중치로 $\boldsymbol{y}$가 각 변수를 얼마나 설명하고 있는가를 반영하여 산출하고 있다. 이를 [그림 4.5]와 같이 설명할 수 있는데, $\boldsymbol{x}_j$에 대응하는 가중치로서 벡터 $\boldsymbol{x}_j$를 벡터 $\boldsymbol{y}$에 투영시킬 때 얻는 길이를 이용한다.

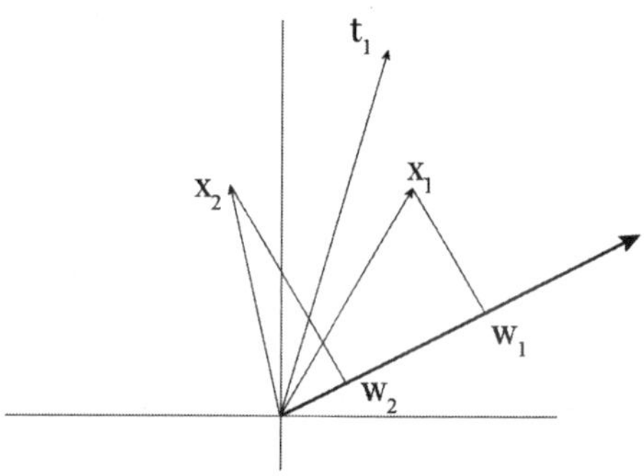

그림 4.5 PLS에서의 가중치와 잠재변수

② 결과적으로 얻는 A개의 로딩벡터들은 각 크기가 1이나, 서로 직교하지 않는다. 그러나, 가중치 벡터들은 크기가 1이 아니나 서로 직교하며, 따라서 잠재변수값들 역시 직교한다.

③ 단계 5에서의 기존 $\boldsymbol{X}$를 $\boldsymbol{X}_{old}$, 새로운 $\boldsymbol{X}$를 $\boldsymbol{X}_{new}$라 할 때, 이의 제곱합은 다음과 같이 감소된다.

$$SS(\boldsymbol{X}_{new}) = SS(\boldsymbol{X}_{old}) - SS(\boldsymbol{t}) \tag{4.45a}$$

④ 단계 5에서 기존 $\boldsymbol{y}$를 $\boldsymbol{y}_{old}$, 새로운 $\boldsymbol{y}$를 $\boldsymbol{y}_{new}$라 할 때, 이의 제곱합은 다음과 같이 감소한다.

$$SS(\boldsymbol{y}_{new}) = SS(\boldsymbol{y}_{old}) - SS(b\boldsymbol{t}) = SS(\boldsymbol{y}) - b^2 SS(\boldsymbol{t}) \quad (4.45b)$$

⑤ 잠재변수 행렬을 $\boldsymbol{T} = (\boldsymbol{t}_1, \cdots, \boldsymbol{t}_A)$, 로딩행렬을 $\boldsymbol{P} = (\boldsymbol{p}_1, \cdots, \boldsymbol{p}_A)$, y-계수 벡터를 $\boldsymbol{b} = (b_1, \cdots, b_A)^T$라 할 때, 식(4.44)의 모형을 다음과 같이 기술할 수 있다.

$$\boldsymbol{X} = \boldsymbol{TP} + \boldsymbol{E} \quad (4.46a)$$

$$\boldsymbol{y} = \boldsymbol{Tb} + \boldsymbol{f} \quad (4.46b)$$

따라서 $\boldsymbol{T}$가 산출된다면 $\boldsymbol{P}$, $\boldsymbol{b}$는 각각 다음과 같이 추정된다.

$$\boldsymbol{P}^T = (\boldsymbol{T}^T\boldsymbol{T})^{-1}\boldsymbol{T}^T\boldsymbol{X} \quad (4.47)$$

$$\hat{\boldsymbol{b}} = (\boldsymbol{T}^T\boldsymbol{T})^{-1}\boldsymbol{T}^T\boldsymbol{y} \quad (4.48)$$

⑥ 위의 축소모형에서는 $\boldsymbol{y}$의 잠재변수 스코어가 언급되지 않지만, 필요하면 다음과 같이 구할 수 있다.

$$\boldsymbol{u}_1 = \boldsymbol{y}$$

$$\boldsymbol{u}_a = \boldsymbol{y} - (b_1\boldsymbol{t}_1 + \cdots + b_{a-1}\boldsymbol{t}_{a-1}), \ a = 2, \cdots, A$$

위에서 보듯이 잠재변수들은 순차적으로 도출되고 있는데, 결국 $\boldsymbol{X}$의 선형결합으로 산출됨을 다음 결과로부터 알 수 있다.

정리 4.15 잠재변수 행렬 $(n \times A)$을 $\boldsymbol{T} = (\boldsymbol{t}_1, \cdots, \boldsymbol{t}_A)$, 가중치행렬 $(k \times A)$을 $\boldsymbol{W} = (\boldsymbol{w}_1, \cdots, \boldsymbol{w}_A)$, 로딩행렬 $(k \times A)$을 $\boldsymbol{P} = (\boldsymbol{p}_1, \cdots, \boldsymbol{p}_A)$라 할 때, $\boldsymbol{T}$는 $\boldsymbol{X}$로부터 다음을 통해 변환된다.

$$\boldsymbol{T} = \boldsymbol{X}\boldsymbol{W}^*$$

여기서 $\boldsymbol{W}^*$은 변환가중치행렬로 다음과 같다.

$$\boldsymbol{W}^* = \boldsymbol{W}(\boldsymbol{P}^T\boldsymbol{W})^{-1} \quad (4.49)$$

결과적으로, PLS 모형으로부터 $\boldsymbol{X}$의 가중치행렬과 로딩행렬을 얻는다면 [정리 4.15]로부터 잠재변수 스코어를 산출할 수 있으며, 다시 식(4.48)으로부터 $y-$로딩을 얻을 수 있다. 해석이 어려운 가중치행렬 $\boldsymbol{W}$와는 달리, [정리 4.15]에서 사용되는 새로운 가중치행렬 $\boldsymbol{W}^*$는 $\boldsymbol{X}$를 $\boldsymbol{T}$로 변환시키는 가중치행렬이라고 해석할 수 있다. 만약 2개의 잠재변수가 관여되는 경우라면, 첫 잠재변수값은 우선 다음과 같이 산출된다.

$$\boldsymbol{t}_1 = \boldsymbol{X}\boldsymbol{w}_1$$

그리고, 두 번째 잠재변수값은 다음과 같이 산출된다.

$$\boldsymbol{t}_2 = (\boldsymbol{X} - \boldsymbol{t}_1\boldsymbol{p}_1^T)\boldsymbol{w}_2 = \boldsymbol{X}(\boldsymbol{I} - \boldsymbol{w}_1\boldsymbol{p}_1^T)\boldsymbol{w}_2$$

즉, 첫 두 개의 변환 가중치 벡터는 다음과 같다.

$$\boldsymbol{w}_1^* = \boldsymbol{w}_1, \ \boldsymbol{w}_2^* = (\boldsymbol{I} - \boldsymbol{w}_1\boldsymbol{p}_1^T)\boldsymbol{w}_2$$

예 4.14

3개의 독립변수에 대한 평균조정 후의 데이터 행렬 $\boldsymbol{X}$와 종속변수 관측벡터 $\boldsymbol{y}$가 다음과 같다.

$$\boldsymbol{X} = \begin{pmatrix} -3 & -3 & 5 \\ -2 & -3 & 7 \\ 0 & 0 & 4 \\ 1 & 2 & 0 \\ 2 & 2 & -5 \\ 2 & 2 & -11 \end{pmatrix} \qquad \boldsymbol{y} = \begin{pmatrix} -30 \\ -20 \\ 0 \\ 5 \\ 10 \\ 35 \end{pmatrix}$$

NIPALS 알고리즘으로부터 도출되는 첫 번째 잠재변수 관련 가중치 및 스코어는 다음과 같다.

$$\boldsymbol{w}_1 = (0.2815, 0.3131, -0.9079)^T$$

$$\boldsymbol{t}_1 = (-6.3243, -7.8584, -3.6318, 0.9079, 5,7295, 11.1771)^T$$

이때, 첫 잠재변수에 대응하는 $\boldsymbol{X}$의 로딩벡터 및 $\boldsymbol{y}$의 로딩 추정치는 아래와 같다.

$$\boldsymbol{p}_1 = (0.2538, 0.2858, -0.9241)^T$$

$$\hat{b}_1 = 2.9246$$

그리고, 두 번째 잠재변수 관련 가중치 및 스코어는 다음과 같으며,

$$\boldsymbol{w}_2 = (0.6580, 0.6389, 0.4245)^T$$
$$\boldsymbol{t}_2 = (-2.0381, -0.5966, 1.5430, 1.9745, 0.7158, -1.5986)^T$$

$\boldsymbol{X}$의 로딩벡터 및 $\boldsymbol{y}$의 로딩 추정치는 다음과 같다.

$$\boldsymbol{p}_2 = (0.5424, 0.7280, 0.4194)^T$$
$$\hat{b}_2 = 2.4647$$

결국 두 개의 잠재변수를 사용하는 경우 잠재변수행렬, $\boldsymbol{X}$－로딩행렬, 가중치행렬 및 $\boldsymbol{y}$－로딩벡터는 다음과 같다.

$$\boldsymbol{T} = \begin{pmatrix} -6.3243 & -2.0381 \\ -7.8584 & -0.5966 \\ -3.6318 & 1.5430 \\ 0.9079 & 1.9745 \\ 5.7295 & 0.7158 \\ 11.1771 & -1.5986 \end{pmatrix} \quad \boldsymbol{P} = \begin{pmatrix} 0.2538 & 0.5424 \\ 0.2858 & 0.7280 \\ -0.9241 & 0.4194 \end{pmatrix}$$

$$\boldsymbol{W} = \begin{pmatrix} 0.2818 & 0.6580 \\ 0.3131 & 0.6389 \\ -0.9080 & 0.4245 \end{pmatrix} \quad \boldsymbol{b} = \begin{pmatrix} 2.9246 \\ 2.4647 \end{pmatrix}$$

종속변수에 대한 추정식은 아래와 같다.

$$\hat{y} = 2.9246\boldsymbol{t}_1 + 2.4647\boldsymbol{t}_2$$

그리고 변환 가중치행렬 $\boldsymbol{W}^*$의 산출 과정은 다음과 같다.

$$\boldsymbol{P}^T\boldsymbol{W} = \begin{pmatrix} 1 & -0.0427 \\ 0 & 1 \end{pmatrix} \quad (\boldsymbol{P}^T\boldsymbol{W})^{-1} = \begin{pmatrix} 1 & 0.0427 \\ 0 & 1 \end{pmatrix}$$

$$\boldsymbol{W}^* = \boldsymbol{W}(\boldsymbol{P}^T\boldsymbol{W})^{-1} = \begin{pmatrix} 0.2818 & 0.6700 \\ 0.3131 & 0.6523 \\ -0.9080 & 0.3857 \end{pmatrix}$$

위의 $\boldsymbol{W}^*$와 [정리 4.15]을 사용하여 잠재변수행렬 $\boldsymbol{T}$를 도출할 수 있다.

NIPALS 알고리즘 수행 결과, 잠재행렬 $\boldsymbol{T}$는 아래와 같이 독립변수 행렬 $\boldsymbol{X}$와 가중치행렬 $\boldsymbol{W}$, 그리고 로딩행렬 $\boldsymbol{P}$의 연산으로 표현된다.

$$\boldsymbol{T} = \boldsymbol{X}\boldsymbol{W}(\boldsymbol{P}^T\boldsymbol{W})^{-1}$$

$\boldsymbol{T}$를 식(4.46b)에 대입하면, 다음과 같다.

$$\begin{aligned} \boldsymbol{y} &= \boldsymbol{X}\boldsymbol{W}(\boldsymbol{P}^T\boldsymbol{W})^{-1}\boldsymbol{b} + \boldsymbol{f} \\ &= \boldsymbol{X}\boldsymbol{\beta}_{PLS} + \boldsymbol{f} \end{aligned}$$

따라서 원 독립변수 행렬 $\boldsymbol{X}$에 대한 회귀계수는 다음과 같이 정리된다.

$$\boldsymbol{\beta}_{PLS} = \boldsymbol{W}(\boldsymbol{P}^T\boldsymbol{W})^{-1}\boldsymbol{b}$$

4.9.2 PLS에서 제곱합 분해

A개의 잠재변수를 사용하는 모형에 대해 모형이 설명하는 $\boldsymbol{y}$의 변동(제곱합)을 SSR, 설명하지 못하는 변동을 SSE라 할 때, $\boldsymbol{y}$의 전체제곱합(SST)은 다음과 같이 분해된다.

$$SST = SS(\boldsymbol{y}) = SSR + SSE \tag{4.50}$$

여기서 SSR은 다음과 같이 산출할 수 있다.

$$SSR = SS(b_1\boldsymbol{t}_1) + \cdots + SS(b_A\boldsymbol{t}_A) = b_1^2 SS(\boldsymbol{t}_1) + \cdots + b_A^2 SS(\boldsymbol{t}_A) \tag{4.51}$$

즉, a번째 잠재변수가 $\boldsymbol{y}$를 설명하는 회귀제곱합을 아래와 같이 정의할 때

$$SSR_a = b_a^2 SS(\boldsymbol{t}_a), \quad a = 1, \cdots, A \tag{4.52}$$

SSR은 각 잠재변수가 설명하는 부분으로 분해된다.

$$SSR = SSR_1 + SSR_2 + \cdots + SSR_A \tag{4.53}$$

또한, 각 주성분이 설명하는 $\boldsymbol{y}$ 변동의 기여율을 다음과 같이 정의하면

$$\Delta R_a^2 = \frac{SSR_a}{SST} \quad a = 1, \cdots, A \tag{4.54}$$

모형의 총 기여율인 R^2는 다음과 같다.

$$R^2 = \frac{SSR}{SST} = \Delta R_1^2 + \cdots + \Delta R_A^2 \tag{4.55}$$

한편, 잠재변수들이 $\boldsymbol{X}$의 변동을 얼마나 설명하는지 동시에 검토할 필요가 있다. 잠재변수들이 $\boldsymbol{X}$의 변동을 잘 설명하지 못한다면 새로운 데이터에 대한 $\boldsymbol{y}$를 예측하는 데 문제가 될 수 있기 때문이다. A개의 잠재변수들로 설명하는 $\boldsymbol{X}$의 변동은 다음과 같다.

$$SS(\boldsymbol{t}_1\boldsymbol{p}_1^T + \cdots + \boldsymbol{t}_A\boldsymbol{p}_A^T) = SS(\boldsymbol{t}_1) + \cdots + SS(\boldsymbol{t}_A) \tag{4.56}$$

이때 잠재변수 $\boldsymbol{t}_a$의 $\boldsymbol{X}$ 변동에의 기여율을 다음과 같이 정의한다.

$$\rho_a = \frac{SS(\boldsymbol{t}_a)}{SS(\boldsymbol{X})} \times 100(\%) \tag{4.57}$$

따라서 PLS의 결과를 [표 4.5]와 같이 각 잠재변수별 $\boldsymbol{X}$ 및 $\boldsymbol{y}$에 대한 기여율로 정리할 수 있다. 또한 필요에 따라 분산분석표를 작성하여 사용할 수도 있겠다. 다만, F-검정을 위해서는 오차항에 대한 정규분포의 가정이 필요하다.

표 4.5 PLS 모형의 잠재변수별 기여율

잠재변수	계수 추정치	$\boldsymbol{X}$제곱합	$\boldsymbol{X}$ 기여율	y 제곱합	y 기여율
$\boldsymbol{t}_1$	$\hat{b}_1$	$SS(\boldsymbol{t}_1)$	ρ_1	SSR_1	ΔR_1^2
$\boldsymbol{t}_2$	$\hat{b}_2$	$SS(\boldsymbol{t}_2)$	ρ_2	SSR_2	ΔR_2^2
⋮	⋮	⋮	⋮	⋮	⋮
$\boldsymbol{t}_A$	$\hat{b}_A$	$SS(\boldsymbol{t}_A)$	ρ_A	SSR_A	ΔR_A^2
모형	–			SSR	R^2
잔차	–			SSE	$1-R^2$
합	–	$SS(\boldsymbol{X})$	100	SST	1

예 4.15

[예 4.14]의 데이터에 대해 2개의 잠재변수를 사용하는 PLS의 결과는 다음 표와 같이 요약할 수 있다.

잠재변수	계수 추정치	$\boldsymbol{X}$ 제곱합	$\boldsymbol{X}$ 기여율(%)	y 제곱합	y 기여율(%)
$\boldsymbol{t}_1$	2.9246	273.55	95.0	2,339.46	88.3
$\boldsymbol{t}_2$	2.4647	13.85	4.8	84.17	3.2
모형	–	287.4	99.8	2,423.63	91.5
잔차	–	0.6	0.2	226.37	8.5
합		288	100	2,650	100

즉, 2개의 잠재변수를 사용하는 PLS 모형은 $\boldsymbol{X}$ 변동을 99.8% 설명하면서 동시에 $\boldsymbol{y}$ 변동을 91.5% 설명하고 있다.

4.9.3 새로운 데이터에 대한 종속변수 예측

k개 독립변수에 대한 새로운 데이터 행렬 $\boldsymbol{X}_{new}$에 대한 $\boldsymbol{y}$의 예측을 위해서 우선 다음과 같이 새로운 잠재변수값을 산출한다. 이때 새로운 데이터 역시 각 변수별로 평균조정하는데 모형수립 시 사용한 평균값들을 사용해야 한다.

- 단계 0: $a=1$
- 단계 1: $\boldsymbol{X}_{new}$의 열벡터의 다음과 같은 선형결합으로 a번째 잠재변수값 산출

$$\boldsymbol{t}_a^{'} = \boldsymbol{X}_{new}\boldsymbol{w}_a$$

- 단계 2: $\boldsymbol{X}_{new}$를 다음과 같이 수정

$$\boldsymbol{X}_{new} \leftarrow \boldsymbol{X}_{new} - \boldsymbol{t}_a^{'}\boldsymbol{p}_a^T$$

- 단계 3: $a=A$이면 마치고, 그렇지 않으면 $a=a+1$로 두고 (단계 1)부터 반복한다.

위의 반복적 알고리즘 대신 [정리 4.15]의 식(4.49)를 이용하여 다음과 같이 새로운 데이터에 대한 잠재변수 행렬을 구성할 수 있다.

$$\boldsymbol{T}' = \boldsymbol{X}_{new}\boldsymbol{W}^* \tag{4.58}$$

위와 같이 $\boldsymbol{X}_{new}$에 대응하는 새로운 잠재변수를 구한 후 $\boldsymbol{y}$의 예측식은 다음과 같다.

$$\hat{\boldsymbol{y}}_{new} = \hat{b}_1\boldsymbol{t}_1' + \cdots + \hat{b}_A\boldsymbol{t}_A' = \boldsymbol{T}'\hat{\boldsymbol{b}} \tag{4.59}$$

예 4.16

[예 4.14]의 데이터에 대한 PLS 회귀모형 추정 이후, 새로운 데이터 행렬 $\boldsymbol{X}_{new}$(평균조정 후)가 다음과 같이 주어질 때 이에 대응하는 $\boldsymbol{y}$값을 예측하라

$$\boldsymbol{X}_{new} = \begin{pmatrix} -1.5 & -2 & 4 \\ 1 & 1 & 3 \end{pmatrix}$$

풀이

식(4.49)에 의해 산출된 $\boldsymbol{W}^*$는 다음과 같다.

$$\boldsymbol{W}^* = \begin{pmatrix} 0.2818 & 0.6700 \\ 0.3131 & 0.6523 \\ -0.9080 & 0.3857 \end{pmatrix}$$

따라서 $\boldsymbol{T}'$는 식(4.58)에 의하여 다음과 같다.

$$\boldsymbol{T}' = \begin{pmatrix} -4.6806 & -0.7666 \\ -2.1290 & 2.4795 \end{pmatrix}$$

$\boldsymbol{y}$값은 다음과 같이 예측된다.

$$\hat{\boldsymbol{y}}_{new} = \begin{pmatrix} -15.578 \\ -0.115 \end{pmatrix}$$

2장의 회귀분석에서 독립변수 간에 다중공선성이 강한 경우 OLS에 의한 회귀계수 추정치에 문제가 있을 수 있음을 보았다. 이때 PLS 결과를 사용하여 회귀계수를 구하면 이런 문제를 해소할 수 있다. 다음의 [정리 4.16]은 다중회귀모형의 회귀계수를 PLS로 구하는 방법을 나타낸 것이다.

> **정리 4.16** 아래의 다중회귀모형을 고려할 때,
>
> $$\boldsymbol{y} = \boldsymbol{X}\boldsymbol{\beta} + \boldsymbol{\epsilon}$$
>
> PLS를 사용한 회귀계수 (또는 베타계수) $\boldsymbol{\beta}$의 추정치는 다음과 같이 산출할 수 있다.
>
> $$\hat{\boldsymbol{\beta}}_{pls} = \boldsymbol{W}^{*}\hat{\boldsymbol{b}} = \boldsymbol{W}^{*}(\boldsymbol{T}^{T}\boldsymbol{T})^{-1}\boldsymbol{T}^{T}\boldsymbol{y}$$

증명 PLS 모형으로부터 $\boldsymbol{y}$의 추정식을 다음과 같이 표현할 수 있다.

$$\hat{\boldsymbol{y}} = \boldsymbol{T}\hat{\boldsymbol{b}} = \boldsymbol{X}\boldsymbol{W}^{*}\hat{\boldsymbol{b}}$$

위는 $\hat{\boldsymbol{y}} = \boldsymbol{X}\hat{\boldsymbol{\beta}}_{pls}$와 동일하므로 결과가 성립한다.

만약 2개의 잠재변수가 사용될 때, 추정식은 다음과 같다.

$$\hat{\boldsymbol{y}} = \hat{b}_1\boldsymbol{t}_1 + \hat{b}_2\boldsymbol{t}_2$$

이는 다시 변환 가중치벡터를 사용하여 다음과 같이 기술할 수 있다.

$$\hat{\boldsymbol{y}} = \hat{b}_1\boldsymbol{X}\boldsymbol{w}_1^{*} + \hat{b}_2\boldsymbol{X}\boldsymbol{w}_2^{*} = \boldsymbol{X}(\boldsymbol{w}_1^{*}\hat{b}_1 + \boldsymbol{w}_2^{*}\hat{b}_2)$$

따라서 PLS에 의한 $\boldsymbol{\beta}$의 추정치는 다음과 같이 표현된다.

$$\hat{\boldsymbol{\beta}}_{pls} = \boldsymbol{w}_1^{*}\hat{b}_1 + \boldsymbol{w}_2^{*}\hat{b}_2 \tag{4.60}$$

예 4.17

[예 4.14]의 데이터에 대해 원래 변수를 사용한 회귀모형에서의 계수들은 다음과 같이 추정된다.

$$\hat{\beta}_{pls,1} = 2.4754\,,\ \hat{\beta}_{pls,2} = 2.5232\,,\ \hat{\beta}_{pls,3} = -1.7046$$

[정리 4.16]을 사용하면 새로운 데이터행렬 $\boldsymbol{X}_{new}$에 대응하는 $\hat{\boldsymbol{y}}_{new}$는 다음과 같이 산출할 수 있다.

$$\hat{\boldsymbol{y}}_{new} = \boldsymbol{X}_{new}\hat{\boldsymbol{\beta}}_{pls} \tag{4.61}$$

4.9.4 PLS에서 독립변수의 중요도

원래의 각 독립변수가 종속변수를 설명하는데 얼마나 영향을 미치는지는 공정분석 등에서 매우 중요하다. 원래의 독립변수를 직접 사용하는 다중회귀분석에서는 각 변수의 회귀계수 추정치를 바탕으로 중요도를 산정할 수 있다. PLS에 의한 회귀분석에서는 잠재변수를 사용하기 때문에 각 독립변수가 잠재변수에 어떤 영향을 주며 다시 잠재변수들이 종속변수에 어떤 영향을 주는 지를 동시에 고려할 필요가 있다. 따라서 $j-$번째 독립변수의 종속변수에 대한 중요도로 다음과 같은 형태의 척도가 사용될 수 있다.

$$\boldsymbol{x}_j\text{의 중요도} \propto \sum_{a=1}^{A} SSR_a(w_{aj}/\parallel \boldsymbol{w}_a \parallel)^2,\ j=1,\cdots,k \tag{4.62}$$

여기서 w_{aj}는 $\boldsymbol{x}_j$의 $\boldsymbol{t}_a$에 대한 기여도이고, SSR_a는 식(4.52)으로 주어지는 것으로 $\boldsymbol{t}_a$의 $\boldsymbol{y}$에 대한 기여도로 간주할 수 있다. $\parallel \boldsymbol{w}_a \parallel$로 나눈 것은 $\sum_j w_{aj}^2$이 1이 되지 않기 때문에 조정하기 위한 것이다. 이에 근거하여 각 독립변수의 중요도 척도로 VIP(variable importance in projection)를 다음과 같이 정의한다.

정의 4.6 VIP(Variable Importance in Projection)

독립변수 $\boldsymbol{x}_j$의 중요도 척도인 VIP를 다음과 같이 정의한다.

$$VIP_j = \sqrt{\frac{k}{SSR}\sum_{a=1}^{A} SSR_a (w_{aj} / \| \boldsymbol{w}_a \|)^2}, \quad j = 1, \cdots, k$$

위의 정의에 의하면 다음이 성립하므로

$$\sum_{j=1}^{k} VIP_j^2 = k \tag{4.63}$$

한 독립변수 당 중요도 제곱의 평균은 1이 됨을 알 수 있다. 이에 따라 통상 VIP가 1보다 큰 독립변수를 의미 있는 변수로 간주한다.

예 4.18

[예 4.16]의 데이터에 대해 각 독립변수의 VIP를 구하면 다음과 같다.

$$VIP_1 = 0.523, \quad VIP_2 = 0.570, \quad VIP_3 = 1.550$$

즉, $\boldsymbol{x}_3$가 가장 영향력 있는 변수라 할 수 있겠다.

예 4.19

5개의 독립변수 및 하나의 종속변수에 대해 19개의 관측치를 갖는 데이터를 각각 평균 0, 표준편차 1로 표준화한 후 PLS 모형으로 분석한 결과 다음을 얻었다. 단 2개의 잠재변수가 결정되었다.

PLS y − 로딩(내부관계 계수): $\hat{b}_1 = 0.4736$, $\hat{b}_2 = 0.2026$

잠재변수 표본분산: $s_{t_1}^2 = 4.33$, $s_{t_2}^2 = 0.55$

$$P=\begin{pmatrix}0.479 & 0.056\\ 0.474 & 0.177\\ 0.358 & -0.883\\ 0.463 & -0.081\\ 0.451 & 0.424\end{pmatrix}\qquad W=\begin{pmatrix}0.482 & 0.035\\ 0.486 & 0.222\\ 0.317 & -0.814\\ 0.451 & -0.255\\ 0.479 & 0.519\end{pmatrix}$$

(a) PLS 모형이 $\boldsymbol{X}$ 및 $\boldsymbol{y}$를 각각 얼마나 설명하는가?

(b) 5개 독립변수에 대한 아래의 관측치에 대응하는 $\boldsymbol{y}$값을 예측하라.

	X1	X2	X3	X4	X5
1	1.77	1.68	-0.32	1.84	1.54
2	1.94	1.54	-0.47	2.19	1.73

(c) 원래 독립변수에 대응하는 회귀계수(베타계수)를 PLS 추정치를 바탕으로 산출하라.

(d) 각 독립변수의 VIP 지수를 산출하라.

풀이

(a) $\boldsymbol{t}_1$의 기여율은 다음과 같이 산출된다.

$$\rho_1 = \frac{SS(t_1)}{SS(X)} = \frac{18s_{t_1}^2}{18(5)} = \frac{77.94}{90} = 86.6(\%)$$

또한, $\boldsymbol{t}_1$의 $\boldsymbol{y}$ 제곱합은 다음과 같다.

$$SSR_1 = \hat{b}_1^2 SS(\boldsymbol{t}_1) = 17.48$$

참고로 각 변수를 표준화한 경우 전체제곱합은 (관측수−1)이 됨을 알 수 있다. 이와 같은 계산을 통해 PLS 모형의 기여율을 다음 표로 정리할 수 있다. 즉, 추정모형은 $\boldsymbol{X}$ 데이터를 97.6%, $\boldsymbol{y}$ 데이터를 99.4% 설명하고 있다.

잠재변수	계수 추정치	X 제곱합	X 기여율(%)	y 제곱합	y 기여율(%)
$\boldsymbol{t}_1$	0.4736	77.94	86.6	17.48	97.1
$\boldsymbol{t}_2$	0.2026	9.90	11.0	0.41	2.3
모형	–	87.84	97.6	17.89	99.4
잔차	–	2.16	2.4	0.11	0.6
합		90.0	100	18.0	100

(b) 우선 변환 가중치행렬은 다음과 같이 계산된다.

$$W^* = \begin{pmatrix} 0.482 & 0.0607 \\ 0.486 & 0.2480 \\ 0.317 & -0.7971 \\ 0.451 & -0.2309 \\ 0.479 & 0.5446 \end{pmatrix}$$

따라서 $\boldsymbol{y}$값의 예측치는 다음과 같다.

$$\boldsymbol{y}_{new} = \boldsymbol{X}_{new} \boldsymbol{W}^* \hat{\boldsymbol{b}} = \begin{pmatrix} 1.7278 \\ 1.8526 \end{pmatrix}$$

(c) 5개 변수에 대한 베터계수는 다음과 같이 추정된다.

$$\hat{\beta}_{pls} = \boldsymbol{W}^* \hat{\boldsymbol{b}} = (0.2406,\ 0.2804,\ -0.0114,\ 0.1668,\ 0.3372)^T$$

(d) VIP 지수는 다음의 표와 같이 계산된다.

변수	t_1	t_2		
	$SSR_1 = 17.48$	$SSR_2 = 0.41$	$SSR = 17.89$	
	조정된 가중치		가중합	VIP
X_1	0.4816	0.0592	4.05	1.06
X_2	0.4856	0.2420	4.15	1.08
X_3	0.3167	0.7777	2.00	0.75
X_4	0.4506	0.2253	3.57	1.00
X_5	0.4786	0.5314	4.12	1.07

결과적으로 X_3의 중요도가 가장 떨어지며 나머지 변수의 중요도는 거의 비슷함을 알 수 있다. 이는 (c)의 베타계수로도 알 수 있다.

4.10 | 다수의 종속변수에 대한 PLS 회귀분석

종속변수가 m개 있을 때($Y_1,\ldots,Y_m$), 각 종속변수에 대해 4.9절에서 설명한 PLS 회귀모형을 적용할 수 있으나, 이 경우 각 모형별로 별개의 $\boldsymbol{T}$ 및 $\boldsymbol{P}$가 산출되며, 따라서 이는 각 종속변수를 별개의 $\boldsymbol{T}$로 설명한다는 전제를 갖고 있다. 이보다는 여러 종속변수를 설명하는 공통의 $\boldsymbol{T}$, $\boldsymbol{P}$를 찾는 것이 보다 합리적일 것이다. 더욱이, 여러 종속변수도 서로 상관관계가 높은 경우 각 종속변수를 별도로 설명하는 것보다 동시에 설명하는 모형이 필요하다. 물론 각 종속변수를 별개로 예측하여도 무방한 상황일 때에는 개별적으로 적용하는 것이 예측력은 일반적으로 높다고 하겠다.

j번째 종속변수 벡터를 $\boldsymbol{y}_j\,(j=1,\cdots,m)$이라 하고, 이 벡터들의 $(n\times m)$행렬을 $\boldsymbol{Y}=[\boldsymbol{y}_1,\cdots,\boldsymbol{y}_m]$라 하자. 이 경우 고려하고자 하는 PLS 회귀분석은 $\boldsymbol{X}$와 $\boldsymbol{Y}$를 동시에 설명하는 잠재변수를 찾고 관련 계수들을 추정하고자 한다. 따라서 식(4.43)의 모형을 다수의 종속변수로 확장하면 다음과 같은 모형이 된다.

$$\boldsymbol{X}=\boldsymbol{t}_1\boldsymbol{p}_1^T+\boldsymbol{t}_2\boldsymbol{p}_2^T+\cdots+\boldsymbol{t}_A\boldsymbol{p}_A^T+\boldsymbol{E} \tag{4.64a}$$

$$\boldsymbol{Y}=\boldsymbol{u}_1\boldsymbol{q}_1^T+\boldsymbol{u}_2\boldsymbol{q}_2^T+\cdots+\boldsymbol{u}_A\boldsymbol{q}_A^T+\boldsymbol{F} \tag{4.64b}$$

$$\boldsymbol{u}_a=b_a\boldsymbol{t}_a+\boldsymbol{h},\quad a=1,\cdots,A \tag{4.64c}$$

여기서 계수에 해당하는 $k-$벡터 $\boldsymbol{p}_a$와 $m-$벡터 $\boldsymbol{q}_a$는 각각 $\boldsymbol{X}$, $\boldsymbol{Y}$에 대응하는 로딩벡터를 나타내며, $\boldsymbol{E}$, $\boldsymbol{F}$는 각 모델에 해당하는 오차 행렬이다. 위에서 식(4.64c)의 관계를 내부관계(inner relation), 식(4.64a) 및 (4.64b)의 관계를 외부 관계(outer relation)이라 한다. 이 때 외부관계식은 다음과 같이 행렬로 표현할 수 있다.

$$\boldsymbol{X}=\boldsymbol{T}\boldsymbol{P}^T+\boldsymbol{E} \tag{4.65a}$$

$$\boldsymbol{Y}=\boldsymbol{U}\boldsymbol{Q}^T+\boldsymbol{F} \tag{4.65b}$$

여기서 $\boldsymbol{T}$, $\boldsymbol{P}$는 4.9절에서와 동일하며, $\boldsymbol{U}=[\boldsymbol{u}_1,\ldots,\boldsymbol{u}_A]$, $\boldsymbol{Q}=[\boldsymbol{q}_1,\ldots,\boldsymbol{q}_A]$이다.

한편, 위의 모형을 [그림 4.5]와 같이 도식화할 수 있다.

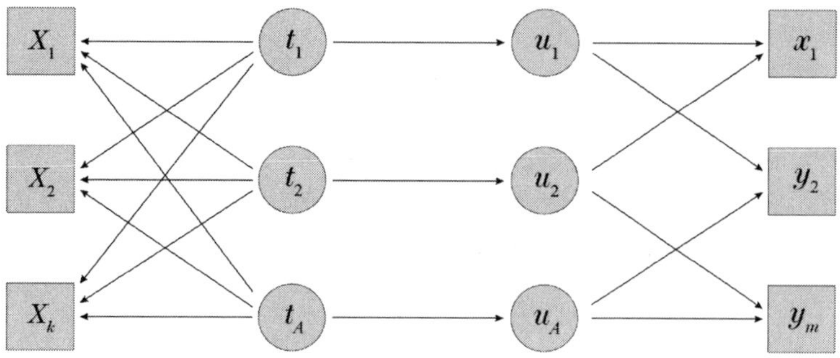

그림 4.5 다수 종속변수의 PLS 모형

4.10.1 PLS의 NIPALS 알고리즘

식(4.64)의 모형에서 잠재변수 및 계수 추정 역시 NIPALS 알고리즘을 사용한다. 이를 단계별로 정리하면 다음과 같다. 여기서도 아래의 알고리즘을 한번 적용할 때마다 하나의 잠재변수 및 이에 대응하는 계수들이 추정된다. 따라서 A 개의 잠재변수를 구하기 위해서는 A번의 적용이 필요하다.

– 단계 1: $\boldsymbol{Y}$의 임의의 열을 $\boldsymbol{u}$로 놓는다.

– 단계 2: $\boldsymbol{X}$의 각 열벡터를 종속변수로 $\boldsymbol{u}$를 독립변수로 하는 단순회귀모형으로부터 $\boldsymbol{y}$의 기울기를 추정하여 가중치 $\boldsymbol{w}=(w_1,\cdots,w_k)^T$ 를 산출하고 크기가 1이 되도록 조정한다.

$$w_j=\boldsymbol{x}_j^T\boldsymbol{u}/\boldsymbol{u}^T\boldsymbol{u},\ j=1,\cdots,k\ (\text{또는 } \boldsymbol{w}=\boldsymbol{X}^T\boldsymbol{u}/\boldsymbol{u}^T\boldsymbol{u})$$

$$\boldsymbol{w}\leftarrow\boldsymbol{w}/\sqrt{\boldsymbol{w}^T\boldsymbol{w}}$$

– 단계 3: 잠재변수 $\boldsymbol{t}$를 다음과 같이 산출한다.

$$\boldsymbol{t}=\boldsymbol{X}\boldsymbol{w}$$

- 단계 4: $\boldsymbol{Y}$의 각 열을 종속변수로 t를 독립변수로 하는 회귀모형의 기울기로부터 $\boldsymbol{Y}$-로딩벡터를 구한 뒤 크기가 1이 되도록 조정한다.

$$q = \boldsymbol{Y}^T t / t^T t$$
$$q \leftarrow q / \sqrt{q^T q}$$

- 단계 5: 잠재변수 u를 다음과 같이 산출한다.

$$u = \boldsymbol{Y} q$$

- 단계 6: (수렴 확인) u의 모든 원소값이 이전의 값들과 동일한지 조사한다. 모든 값이 동일하면 (단계 7)로 가며, 그렇지 않으면 (단계 2)를 반복한다.
- 단계 7: t를 $\boldsymbol{X}$에 회귀시켜 $\boldsymbol{X}$-로딩벡터 p를 다음과 같이 구한다.

$$p = \boldsymbol{X}^T t / t^T t$$

- 단계 8: 로딩벡터 p의 크기를 반영하여 t 와 w를 조정한다.

$$t \leftarrow t\sqrt{p^T p}, \quad w \leftarrow w\sqrt{p^T p}$$

- 단계 9: p의 크기를 1이 되도록 조정한다.

$$p \leftarrow p / \sqrt{p^T p}$$

- 단계 10: 내부 관계의 계수를 산출한다.

$$b = u^T t / t^T t$$

- 단계 11: $\boldsymbol{X}$와 $\boldsymbol{Y}$를 다음과 같이 수정 후 A개의 잠재변수를 얻을 때까지 단계 1부터 과정을 반복한다.

$$\boldsymbol{X} \leftarrow \boldsymbol{X} - t p^T \quad (x_j \leftarrow x_j - p_j t,\ j = 1, \cdots, k)$$
$$\boldsymbol{Y} \leftarrow \boldsymbol{Y} - b t q^T$$

위의 알고리즘과 관련하여 몇 가지 언급하면 다음과 같다.

① 종속변수가 하나인 경우 ($m=1$), (단계 4)에서 $q=1$이므로 (단계 6)에서 항상 수렴하게 된다. 즉, 하나의 종속변수 경우에는 (단계 4), (단계 5), (단계 6)의 과정이 필요하지 않게 된다.

② (단계 1)에서 $\boldsymbol{Y}$의 열을 선택할 때 제곱합이 큰 열을 통상적으로 선택한다.

③ 결과적으로 얻는 로딩행렬 $\boldsymbol{P}$의 열들은 크기가 1이나, 서로 직교하지 않는다. 로딩행렬 $\boldsymbol{Q}$도 마찬가지이다. 그러나 가중치 행렬 $\boldsymbol{W}$의 열들은 크기가 1이 아니나 서로 직교한다. 그리고, 잠재변수 행렬 $\boldsymbol{T}$의 열들은 서로 직교하나, $\boldsymbol{U}$의 각 열들은 서로 직교하지 않는다.

④ 식(4.65a)로부터, $\boldsymbol{T}$가 구해진 경우 $\boldsymbol{X}$-로딩행렬은 다음과 같이 산출할 수 있다.

$$\boldsymbol{P}^T=(\boldsymbol{T}^T\boldsymbol{T})^{-1}\boldsymbol{T}^T\boldsymbol{X} \tag{4.66}$$

⑤ 여기서도 [정리 4.15]가 성립한다. 즉,

$$\boldsymbol{T}=\boldsymbol{X}\boldsymbol{W}^* \quad (\text{여기서 } \boldsymbol{W}^*=\boldsymbol{W}(\boldsymbol{P}^T\boldsymbol{W})^{-1}) \tag{4.67}$$

⑥ 내부 관계 계수 추정치를 대각원소로 하는 행렬을 $\boldsymbol{B}$라 할 때, $\boldsymbol{Q}$는 다음과 같이 표현된다.

$$\boldsymbol{Q}^T=\boldsymbol{B}^{-1}(\boldsymbol{T}^T\boldsymbol{T})^{-1}\boldsymbol{T}^T\boldsymbol{Y} \tag{4.68}$$

⑦ $\boldsymbol{P}$의 열과 $\boldsymbol{W}$의 열 간에는 다음과 같은 관계가 있다.

$$\boldsymbol{p}_a^T\boldsymbol{w}_a=1,\ a=1,\cdots,A \tag{4.69a}$$

$$\boldsymbol{p}_b^T\boldsymbol{w}_a=0,\ b>a \tag{4.69b}$$

즉, $\boldsymbol{P}^T\boldsymbol{W}$는 대각원소가 1이고 대각선 하부원소가 0인 상부삼각행렬(upper triangular matrix)이 된다.

⑧ $\boldsymbol{U}$의 각 열은 다음과 같이 산출된다.

$$\boldsymbol{u}_1 = \boldsymbol{Y}\boldsymbol{q}_1 \tag{4.70a}$$

$$\boldsymbol{u}_a = (\boldsymbol{Y} - b_a \boldsymbol{T}_{a-1}\boldsymbol{Q}_{a-1}^T)\boldsymbol{q}_a,\ a = 2, \cdots, A \tag{4.70b}$$

여기서 $\boldsymbol{T}_{a-1}$ 및 $\boldsymbol{Q}_{a-1}$은 각각 $\boldsymbol{T}$ 및 $\boldsymbol{Q}$의 처음 $a-1$개의 열로 구성된 행렬이다.

예 4.20

4개의 독립변수 및 2개의 종속변수에 대한 평균조정된 데이터가 다음과 같다.

	X_1	X_2	X_3	X_4	Y_1	Y_2
1	−1	−0.5	−1	1	5.9	−10
2	1	1.1	−6	−6	−3.7	−2
3	0	0.3	−5	−2	1	11
4	−3	−3.2	−9	19	7.7	−22
5	4	1.2	14	−12	−7.5	4
6	−2	−2.6	−2	9	2.8	1
7	1	3.7	9	−9	−6.2	18

잠재변수를 3개로 제한할 때, NIPALS 알고리즘으로 얻는 $\boldsymbol{T}$ 및 $\boldsymbol{U}$행렬은 각각 다음과 같다.

$$\boldsymbol{T} = \begin{pmatrix} -1.5778 & 0.4118 & 0.4471 \\ 2.2994 & 8.0194 & -0.7980 \\ -0.8146 & 5.1398 & -0.3002 \\ -21.3867 & -3.2066 & -0.0108 \\ 17.8784 & -5.7770 & -1.6893 \\ -9.2701 & -3.6198 & -0.0904 \\ 12.8714 & -0.9676 & 2.4417 \end{pmatrix} \quad \boldsymbol{U} = \begin{pmatrix} -11.6060 & -9.4014 & -8.5596 \\ 0.0370 & -3.3410 & -7.2526 \\ 9.1472 & 11.4378 & 9.4747 \\ -22.9817 & -6.0217 & -4.9145 \\ 7.1262 & -9.1250 & -6.7941 \\ -0.4775 & 7.9141 & 9.2598 \\ 18.7549 & 8.5373 & 8.7862 \end{pmatrix}$$

이때, $\boldsymbol{X}$ 및 $\boldsymbol{Y}$에 대한 로딩 행렬은 각각 다음과 같다.

$$\boldsymbol{P} = \begin{pmatrix} 0.1649 & 0.0026 & -0.5484 \\ 0.1588 & 0.1300 & 0.6241 \\ 0.5487 & -0.8595 & 0.4559 \\ -0.8041 & -0.4943 & 0.3192 \end{pmatrix} \quad \boldsymbol{Q} = \begin{pmatrix} -0.4832 & -0.1202 & 0.0795 \\ 0.8755 & 0.9927 & 0.9968 \end{pmatrix}$$

또한, 내부 관계의 계수는 다음과 같이 추정된다.

$$\hat{b}_1 = 0.8444\,,\ \hat{b}_2 = 0.4256\,,\ \hat{b}_3 = 3.2063$$

한편, 가중치행렬 $\boldsymbol{W}$는 다음과 같이 산출된다.

$$\boldsymbol{W} = \begin{pmatrix} 0.1476 & -0.4020 & -0.6922 \\ 0.1849 & 0.4863 & 0.5028 \\ 0.5065 & -0.8236 & 0.4769 \\ -0.8313 & -0.4651 & 0.2795 \end{pmatrix}$$

4.10.2 PLS에서 제곱합 분해

$\boldsymbol{Y}$의 전체 제곱합은 다음과 같이 분해된다.

$$SST = SS(\boldsymbol{Y}) = SSR + SSE \tag{4.71}$$

여기서 SSR은 다음과 같이 산출된다.

$$SSR = \sum_{a=1}^{A} SS(b_a \boldsymbol{t}_a \boldsymbol{q}_a^T) = \sum_{a=1}^{A} b_a^2 SS(\boldsymbol{t}_a) \tag{4.72}$$

$\boldsymbol{t}_a$에 의해 설명되는 $\boldsymbol{Y}$의 변동을 SSR_i라 할 때 이는 다음과 같다.

$$SSR_a = b_a^2 SS(\boldsymbol{t}_a),\ i = 1, \cdots, A \tag{4.73}$$

따라서,

$$SSR = SSR_1 + \cdots + SSR_A \tag{4.74}$$

즉, PLS의 분석 결과를 종속변수 하나인 경우와 동일하게 [표 4.5]와 같이 요약할 수 있다. 나아가서 $\boldsymbol{t}_a$에 의해 설명되는 $\boldsymbol{y}_j$의 변동을 SSR_{aj}라 할 때 이는 다음과 같이 산출되며,

$$SSR_{aj} = q_{aj}^2 SS_a,\ j = 1, \cdots, m \tag{4.75}$$

다음과 같은 관계가 있다.

$$SSR_a = SSR_{a1} + \cdots + SSR_{am} \tag{4.76}$$

그러므로 필요에 따라 $\boldsymbol{Y}$ 제곱합을 다시 각 종속변수별로 분해할 수 있다. 또한, 각 종속변수 별 잠재변수별 기여도를 다음과 같이 정의할 수 있다. 즉, j번째 종속변수에 대한 $\boldsymbol{t}_a$의 기여도는 다음과 같다.

$$\boldsymbol{y}_j\text{에 대한 } \boldsymbol{t}_a\text{의 기여도} = \frac{SSR_{aj}}{SS(\boldsymbol{y}_j)} \tag{4.77}$$

예 4.21

[예 4.20]의 데이터 및 결과를 바탕으로 $\boldsymbol{Y}$ 제곱합을 분해하면 아래와 같다.

잠재변수	내부계수 추정치	$\boldsymbol{X}$ 기여율(%)	$\boldsymbol{Y}$ 제곱합	$\boldsymbol{Y}$ 기여율(%)
$\boldsymbol{t}_1$	0.8444	86.6	739.5	58.6
$\boldsymbol{t}_2$	0.4256	12.4	26.9	2.1
$\boldsymbol{t}_3$	3.2063	0.8	100.2	7.9
모형	–	99.8	866.6	68.7
잔차	–	0.2	394.7	31.3
합	–	100	1261.3	100

$\boldsymbol{Y}$ 제곱합은 다시 아래 표와 같이 분해할 수 있다.

잠재변수	y_1제곱합	기여율(%)	y_2제곱합	기여율(%)	$\boldsymbol{Y}$ 제곱합	기여율(%)
$\boldsymbol{t}_1$	172.7	81.7	566.8	54.0	739.5	58.7
$\boldsymbol{t}_2$	0.4	0.2	26.5	2.5	26.9	2.1
$\boldsymbol{t}_3$	0.6	0.3	99.6	9.5	100.2	7.9
합(모형)	173.7	82.2	692.9	66.0	866.6	68.7

위의 표에서 보듯이 $\boldsymbol{y}_1$의 변동은 3개의 잠재변수로 82.2%가 설명되나, $\boldsymbol{y}_2$의 변동은 66%만이 설명됨을 알 수 있다. 또한, $\boldsymbol{y}_1$의 변동은 잠재변수 $\boldsymbol{t}_1$(또는 $\boldsymbol{u}_1$)로 대부분 설명되며, $\boldsymbol{y}_2$의 변동은 잠재변수 $\boldsymbol{t}_2(\boldsymbol{u}_2)$ 및 $\boldsymbol{t}_3(\boldsymbol{u}_3)$에 의해서도 설명됨을 볼 수 있다.

예 4.22

표준화된 5개의 독립변수와 2개의 종속변수 ($\boldsymbol{y}_1$, $\boldsymbol{y}_2$)에 대한 21개의 관측치데이터에 PLS 모형을 적용시켜 다음 결과를 얻었다. 즉, 두 개의 잠재변수가 사용되었으며, 각 잠재변수의 $\boldsymbol{X}$ 기여율은 각각 82.4%, 15.9%이다. 또한 두 잠재변수가 설명하는 $\boldsymbol{y}_1$ 및 $\boldsymbol{y}_2$ 제곱합은 각각 18.6, 19.5이며, 잠재변수 $\boldsymbol{t}_1$의 $\boldsymbol{Y}$ 기여율(두 종속변수 합에 대한)은 89.7%이다. 내부 관계 계수추정치를 구하라(양수라 가정). 또한 $\boldsymbol{y}_1$에 대한 $\boldsymbol{u}_1$의 로딩이 0.6822라 할 때 나머지 Y-로딩을 산출하라(모두 양수라 가정).

풀이

각 잠재변수의 제곱합은 $\boldsymbol{X}$ 전체제곱합에 각 기여율을 곱하여 산출된다. 즉,

$$SS(\boldsymbol{t}_1) = 0.824\,SS(\boldsymbol{X}) = 0.824(21-1)(5) = 82.4$$
$$SS(\boldsymbol{t}_2) = 0.159\,SS(\boldsymbol{X}) = 0.159(100) = 15.9$$

SSR_1은 다음과 같다.

$$SSR_1 = 0.897\,SST = 0.897(2)(21-1) = 35.88$$

그리고, SSR_2는 다음으로부터 산출된다.

$$SSR_2 = SSR - SSR_1 = SS(\boldsymbol{y}_1) + SS(\boldsymbol{y}_2) - SSR_1 = 18.6 + 19.5 - 35.88 = 2.22$$

SSR_a와 $SS(\boldsymbol{t}_a)$간 다음 관계가 성립하므로

$$SSR_a = b_a^2 SS(\boldsymbol{t}_a)$$

첫 잠재변수에 대응하는 내부 관계 계수는 다음과 같이 산출된다.

$$b_1 = \sqrt{SSR_1/SS(\boldsymbol{t}_1)} = \sqrt{35.88/82.4} = 0.6599$$
$$b_2 = \sqrt{SSR_2/SS(\boldsymbol{t}_2)} = \sqrt{2.22/15.9} = 0.3737$$

$q_{11} = 0.6822$로 주어졌으므로 SSR_{11}은 다음과 같다.

$$SSR_{11} = q_{11}^2 SSR_1 = (0.6822)^2(35.88) = 16.70$$

그리고 q_{12}는 다음과 같다.

$$q_{12} = \sqrt{1 - q_{11}^2} = 0.7312$$

한편, q_{21}은 다음과 같이 산출된다.

$$q_{21} = \sqrt{SSR_{21}/SSR_2} = \sqrt{(SS(y_1) - SSR_{11})/SSR_2} = \sqrt{(18.6 - 16.70)/2.22} = 0.9255$$

마지막으로 q_{22}는 다음과 같다.

$$q_{22} = \sqrt{1 - q_{21}^2} = 0.3787$$

참고로, 본 예제에 대한 제곱합 분해를 정리하면 아래 표와 같다.

잠재변수	내부계수 추정치	X 제곱합	X 기여율 (%)	y_1 제곱합	y_2 제곱합	Y 제곱합	Y 기여율 (%)
t_1 (u_1)	0.6599	82.4	82.4	16.70	19.18	35.88	89.7
t_2 (u_2)	0.3737	15.9	15.9	1.90	0.32	2.22	5.55
모형	–	98.3	98.3	18.60	19.50	38.10	95.25
잔차	–	1.7	1.7	1.40	0.50	1.90	4.75
합	–	100	100	20.0	20.0	40.0	100

4.10.3 새로운 데이터에 대한 종속변수 예측

k개 독립변수에 대한 새로운 데이터 행렬 $\boldsymbol{X}_{new}$에 대한 $\boldsymbol{Y}$의 예측을 위해 우선 다음과 같이 새로운 잠재변수값을 산출한다. 이때 새로운 데이터 역시 각 변수별로 평균조정하는데 모형수립 시 사용한 평균값들을 사용해야 한다.

– 단계 0: $a = 1$

– 단계 1: $\boldsymbol{X}_{new}$의 열벡터의 다음과 같은 선형결합으로 a번째 잠재변수값 산출

$$t_a' = X_{new} w_a$$

– 단계 2: X_{new}를 다음과 같이 수정

$$X_{new} \leftarrow X_{new} - t_a' p_a^T$$

– 단계 3: $a = A$이면 마치고, 그렇지 않으면 $a = a + 1$으로 두고 (단계 1)부터 반복한다.

위의 반복적 알고리즘 대신 다음과 같이 새로운 데이터에 대한 잠재변수행렬을 구성할 수 있다.

$$T' = X_{new} W^* \tag{4.78}$$

위와 같이 X_{new}에 대응하는 새로운 잠재변수를 구한 후 Y의 예측식은 다음과 같다.

$$\hat{Y}_{new} = \sum_{a=1}^{A} \hat{b}_a t_a' q_a^T = T' B Q^T \tag{4.79}$$

예 4.23

[예 4.20]의 데이터에 대한 PLS 회귀모형 추정 이후, 새로운 데이터 행렬 X_{new}가 다음과 같이 주어질 때 이에 대응하는 y_1 및 y_2 값을 각각 예측하시오.

$$X_{new} = \begin{pmatrix} -1.5 & -2 & 1 & 5 \\ 1 & 1 & -3 & -4 \end{pmatrix}$$

이에 대응하는 새로운 잠재변수 행렬은 다음과 같다.

$$T' = \begin{pmatrix} -4.2409 & -3.8030 & 0.0758 \\ 2.1381 & 4.5589 & -0.5350 \end{pmatrix}$$

따라서 행렬 Y의 예측식은 다음과 같다.

$$\hat{\boldsymbol{Y}}_{new} = \begin{pmatrix} -4.2409 & -3.8030 & 0.0758 \\ 2.1381 & 4.5589 & -0.5350 \end{pmatrix} \begin{pmatrix} 0.8444 & & \\ & 0.4256 & \\ & & 3.2063 \end{pmatrix} \begin{pmatrix} -0.4832 & 0.8755 \\ -0.1202 & 0.9927 \\ 0.0795 & 0.9968 \end{pmatrix}$$

$$= \begin{pmatrix} 1.9442 & -4.4998 \\ -1.2420 & 1.7970 \end{pmatrix}$$

즉, $\boldsymbol{y}_1$ 및 $\boldsymbol{y}_2$값은 각각 다음과 같이 예측된다.

$$\boldsymbol{y}_{1,new} = \begin{pmatrix} 1.9442 \\ -1.2420 \end{pmatrix}, \quad \boldsymbol{y}_{2,new} = \begin{pmatrix} -4.4998 \\ 1.7970 \end{pmatrix}$$

정리 4.17 아래의 다중회귀모형을 고려할 때,

$$\boldsymbol{Y} = \boldsymbol{X}\boldsymbol{B} + \epsilon$$

PLS의 결과로부터 회귀계수 $\boldsymbol{B}$의 추정치를 다음과 같이 산출할 수 있다.

$$\hat{\boldsymbol{B}}_{pls} = \boldsymbol{W}^* \boldsymbol{B} \boldsymbol{Q}^T$$

예 4.24

[예 4.22]의 데이터에 대해 다중회귀분석을 하는 경우 PLS에 의한 회귀계수를 구해보자. 이를 위해 우선 $\boldsymbol{W}^*$를 구하면 다음과 같다.

$$\boldsymbol{W}^* = \begin{pmatrix} 0.1476 & -0.3921 & -0.8825 \\ 0.1849 & 0.4987 & 0.7439 \\ 0.5065 & -0.7897 & 0.0930 \\ -0.8312 & -0.5208 & 0.0294 \end{pmatrix}$$

따라서 [정리 4.18]에 의하여 회귀계수 행렬은 다음과 같다.

$$\hat{\boldsymbol{B}}_{pls} = \begin{pmatrix} -0.2650 & -2.8770 \\ 0.0887 & 2.7249 \\ -0.1430 & 0.3379 \\ 0.3733 & -0.7410 \end{pmatrix}$$

즉, 추정회귀식은 다음과 같이 기술된다.

$$\hat{Y}_1 = -0.265X_1 + 0.089X_2 - 0.143X_3 + 0.373X_4$$

$$\hat{Y}_2 = -2.877X_1 + 2.725X_2 + 0.338X_3 - 0.741X_4$$

참고로 각 종속변수에 대해 OLS를 적용한 추정회귀식은 다음과 같은데, PLS 추정식과 큰 차이가 있음을 알 수 있다.

$$\hat{Y}_1 = -2.139X_1 - 1.342X_2 - 0.0267X_3 - 0.2144X_4$$

$$\hat{Y}_2 = -4.806X_1 + 1.252X_2 + 0.457X_3 - 1.346X_4$$

4.11 예측성능 평가

다중회귀모형을 추정하여 종속변수값을 예측하는 경우 예측치의 신뢰구간을 구할 수 있다. 통상 PLS 모형에서는 분포에 대한 가정이 없기 때문에 추정되는 계수 추정량에 대한 분포 역시 유도가 되지 않으며 예측치의 신뢰구간 등을 산출하기 어렵다. 이에 따라 PLS 모형의 예측성능 평가는 2.6.3절에서 설명한 바와 같이 학습데이터(learning data)를 바탕으로 이루어진다. 즉, $\boldsymbol{X}$ 및 $\boldsymbol{Y}$가 알려진 데이터(학습표본)를 이용하여 모형을 구축하고 $\boldsymbol{Y}$를 예측한 후 검증표본의 실제 $\boldsymbol{Y}$값과 비교하여 오차를 산출하는 방식을 사용한다. 예측오차의 평가척도 역시 2.6.3절에서 언급한 MAD, MSE, RMS 등이 사용된다.

교차검증(cross validation) 기법은 PLS 모형의 적절한 잠재변수 수를 결정하는 데에도 널리 활용되고 있다. 잠재변수의 수를 변화시키면서 모형의 예측오차를 산출하여 예측오차가 가장 최소가 되는 잠재변수 수를 최종 모형에서 택하는 방법을 사용할 수 있다. 동일한 데이터에 대해 모형을 구축하고 대입법에 의해 예측오차를 구하는 경우에는 잠재변수 수가 증가함에 따라 예측오차가 지속적으로 감소하게 되지만, 일반적으로 테스트 데이터를 사용할 때(cross validation 포함)는 잠재변수 수가 증가함에 따라 예측오차가 감소하다 다시 증가하는 경향을 보이는 경우가 대부분이다.

R 코드

1. 예 4.5, 4.8의 R 코드

```
# ch04_ex05_svd.R
# ch4.3 Matrix decomposition
# ch4.4 Principal component score

# ex4-5
# load data
dat1<- read.csv(file = "data/ch4_dat1.csv")
dat1

# define as matrix
x <- as.matrix(dat1)
# singular value decomposition of x
s <- svd(x)
diag(s$d)
s$u
s$v

# ex4-6
# covariance matrix of x
cov(x)
svd(cov(x))
#correlation matrix of x
cor(x)
svd(cor(x))

# ex4-7
# principal component T=xp
x%*%s$v

# ex4-8
# eigenvalue & eigenvector of x'x
eigen(t(x)%*%x)
```

2. 예 4.10의 R 코드

```
# ch04_ex10_pca.R
# ch4.5 principal component - proportion of variance

# ex4.10

# load data
# specify `fileEncoding` argument if needed
dat2 <- read.csv("data/ch4_dat2.csv", fileEncoding = "euc-kr")

# covert data frame to matrix
x <- as.matrix(dat2[, 2:6])

# correlation matrix
round(cor(x), 3)

# principal component analysis with centering and scaling
pca_fit <- prcomp(x, center = TRUE, scale. = TRUE)
pca_fit

# eigenvalue of cor(x)
pca_var <- pca_fit$sdev^2
pca_var

# scree plot : to choose the number of components
screeplot(pca_fit, type = "lines", main = "scree plot")

# bar plot of variance proportion explained by each PC
rate_var <- pca_var / sum(pca_var)
rate_var
categories <- c("PC1", "PC2", "PC3", "PC4", "PC5")
barplot(rate_var,
  names.arg = categories, cex.axis = 1,
  ylab = "Variance proportion explained by PC",
  col = "blue", space = 0.5, width = 1, ylim = c(0, 1))
```

3. 예 4.12의 R 코드

```
# ch04_ex12_pcr.R
# ch4.7 Principle Component Regression

# ex4-12
# read csv file, centered data
dat3 <- read.csv(file = "data/ch4_dat3.csv")
dat3

# covert data frame to matrix
x <- as.matrix(dat3[, 1:3])

# PCA with centering and without scaling
pca_fit <- prcomp(dat3[, 1:3], center = TRUE, scale. = FALSE)
pca_fit

# eigenvalue of cov(x)
pca_fit$sdev^2

#eigenvalue of x'x
pca_fit$sdev^2 * (nrow(x) - 1)

# principal component score
PRC <- predict(pca_fit, dat3[,1:3])
PRC

# create training data with components
dat4 <- as.data.frame(cbind(PRC, y = dat3$y))

# Principal component regression
lm_fit <- lm(y ~ 0 + PC1 + PC2, data = dat4)
summary(lm_fit)
anova(lm_fit)
```

4. 예 4.14, 4.15의 R 코드

이 코드에서 사용한 {pls} 패키지 결과는 본문에서 설명한 NIPALS 알고리즘과 로딩벡터가 아니라 가중치벡터의 크기를 1로 만드는 형태로 모형을 추정한다.

```
# ch04_ex14_pls.R
# ch4.9 Partial least squares with a single response variable

# load package
library(pls)

# read csv file, centered data
dat3 <- read.csv(file = "data/ch4_dat3.csv")

# ex4-14
# estimate PLS model
pls_fit <- plsr(y ~ ., ncomp = 2, data = dat3)

# scores (T)
scores(pls_fit)

# loadings (P)
loadings(pls_fit)

# weights (W)
loading.weights(pls_fit)

# y-loading vector (b)
Yloadings(pls_fit)

# beta-pls
coef(pls_fit)

# ex4-15
# create training data with components
dat4 <- as.data.frame(cbind(scores(pls_fit), y = dat3$y))

# linear regression by using latent variables
# without intercept due to mean-centered response valiable
lm_fit <- lm(y ~ 0 + ., data = dat4)
summary(lm_fit)
anova(lm_fit)
```

참고문헌

본 장에서는 고유치 및 고유벡터에 대해 기본적인 성질만을 언급하고 있다. 더 자세한 설명 및 증명을 위해서는 참고문헌 [7] 등의 선형대수학 관련 서적을 참고해야 한다. NIPALS 알고리즘은 1966년 H. Wold에 의해 처음 PCA를 위해 제안되었으며(참고문헌 [8] 참조), 이후 부분최소자승법(Partial Least Squares; PLS)에 주로 사용되고 있다. 본 알고리즘은 참고문헌 [3] 등에 다시 소개되고 있다.

[정리 4.15]의 증명은 참고문헌 [4] 등에 있다. NIPALS 알고리즘 등 PLS에 대한 구체적 내용을 위해서는 참고문헌 [3], [9] 등을 참고할 수 있다. VIP 지수는 공정분석용 소프트웨어인 Umetrics 사의 SIMCA에서 처음으로 소개되었으며, 참고문헌 [1] 등에서 정의를 찾아볼 수 있다. 비선형 PLS 모형에 대해서는 참고문헌 [5] 등을 참조바란다.

[1] Chong, Il-Gyo and Chi-Hyuck Jun (2005), "Performance of some variable selection methods when multicollinearity is present", *Chemometrics and Intelligent Laboratory Systems*, 78(1-2), 103-112.

[2] Frank, I.E. and B.R. Kowalski (1984). "Prediction of wine quality and geographic origin from chemical measurements by partial least-squares regression modeling," *Analytica Chimica Acta*, 162, 241-251.

[3] Geladi, P. and Kowalski, B.R. (1986), "Partial least-squares regression: A Tutorial", Analytica Chimica Acta, 185, 1-17.

[4] Helland, I.S. (1988), "On the structure of partial least squares", Communications in Statistics-Computation and Simulation, 17, 581-607.

[5] Qin, S.J. and McAvoy, T.J. (1992), "Nonlinear PLS modeling using neural networks", Computers & Chemical Engineering, 16, 4, 379-391.

[6] Sharma, S. (1996), Applied Multivariate Techniques, Wiley, New York.

[7] Strang, G. (1980), Linear Algebra and Its Applications, second edition, Academic Press, New York.

[8] Wold, H. (1966), Estimation of principal components and related models by iterative least squares, Multivariate Analysis(Ed., Krishnaiah, P. R.), Academic Press, NY, pp. 391–420.

[9] Wold, S., Sjöström, M., and Eriksson, L. (2001), "PLS regression: A basic tool of chemometrics", Chemometrics and Intelligent Laboratory Systems, 58, 109–130.

[10] Wold, S., E. Johansson and M. Cocchi (1993), "PLS – partial least-squares projections to latent structures", 3D QSAR in Drug Design: Theory, Methods and Applications (ed. H. Kubinyi), Kluwer/Escom, Netherlands.

연습문제

4.1 3개의 변수에 대한 21개의 관측치로 구성된 데이터 행렬 $\boldsymbol{X}$에 대한 표본 분산–공분산행렬이 다음과 같다.

$$\boldsymbol{S}_X = \begin{pmatrix} 24.8 & -7.3 & 15.1 \\ -7.3 & 11.2 & 4.6 \\ 15.1 & 4.6 & 39.4 \end{pmatrix}$$

(a) 위의 행렬에 대한 고유치 및 고유벡터를 구하라.

(b) 전체변동의 90% 정도를 설명하는 주성분을 도출하려면 몇 개를 사용해야 하나.

(c) 상관계수행렬을 산출하고 이에 대응하는 고유치 및 고유벡터를 구하라.

4.2 변수 2개에 대한 10개의 관측치로 구성된 데이터 행렬 $\boldsymbol{X}$가 있다. 이의 표본상관계수행렬에 대한 하나의 고유치가 1.57로 알려져 있다.

(a) 또 다른 고유치를 구하라.

(b) 두 변수의 상관계수를 구하라.

4.3 변수 4개에 대한 표본 상관계수행렬이 다음과 같다.

$$\boldsymbol{R}_X = \begin{pmatrix} 1 & -0.35 & 0.82 & 0.47 \\ -0.35 & 1 & -0.42 & -0.51 \\ 0.82 & -0.42 & 1 & 0.73 \\ 0.47 & -0.51 & 0.73 & 1 \end{pmatrix}$$

(a) 위의 행렬에 대한 고유치 및 고유벡터를 구하라.

(b) 각 변수의 분산을 첫 2개의 주성분에 대해 분해하고 결과를 해석하라.

4.4 다음은 45명의 프로야구선수 1루수에 대한 일정 기간의 기록이다.

선수 번호	득점	홈런	타점	4구	삼진	타율	장타율	출루율
1	55	1	30	31	65	0.275	0.322	0.324
2	82	19	95	86	53	0.343	0.522	0.445
3	123	47	126	89	109	0.323	0.689	0.436
4	35	3	27	25	49	0.286	0.385	0.344
5	63	19	76	40	54	0.284	0.472	0.361
6	38	12	42	24	88	0.248	0.417	0.306
7	76	23	64	45	75	0.288	0.507	0.358
8	101	34	113	83	114	0.291	0.571	0.402
9	86	23	97	90	53	0.311	0.534	0.422
10	101	39	95	96	130	0.276	0.605	0.412
11	36	0	49	37	50	0.286	0.358	0.357
12	52	17	62	52	88	0.27	0.479	0.367
13	55	15	54	45	87	0.273	0.44	0.356
14	44	8	30	18	44	0.234	0.413	0.287
15	90	14	48	88	57	0.324	0.489	0.436
16	109	36	95	80	113	0.293	0.604	0.404
17	27	2	40	35	37	0.274	0.351	0.355
18	73	23	90	51	75	0.294	0.487	0.378
19	73	29	95	53	115	0.296	0.543	0.369
20	28	6	29	32	60	0.302	0.425	0.393
21	90	34	101	83	126	0.297	0.566	0.406
22	128	54	123	112	114	0.323	0.733	0.458
23	22	6	39	17	19	0.311	0.447	0.37
24	111	35	119	59	65	0.372	0.672	0.442
25	80	27	86	54	93	0.284	0.533	0.365
26	77	42	103	65	115	0.305	0.619	0.393
27	76	15	49	44	53	0.312	0.462	0.381
28	100	38	102	78	97	0.306	0.621	0.404
29	47	8	46	26	59	0.282	0.417	0.333
30	62	18	59	43	79	0.274	0.457	0.354
31	77	15	64	51	97	0.292	0.465	0.375
32	60	17	66	41	69	0.275	0.435	0.344
33	84	31	90	104	79	0.309	0.606	0.44

선수 번호	득점	홈런	타점	4구	삼진	타율	장타율	출루율
34	38	12	43	36	65	0.234	0.386	0.308
35	36	4	35	13	46	0.268	0.357	0.305
36	96	32	114	49	79	0.329	0.598	0.391
37	51	4	69	38	45	0.316	0.439	0.379
38	41	9	61	62	39	0.311	0.49	0.419
39	61	25	75	39	76	0.259	0.487	0.328
40	74	22	76	63	76	0.293	0.515	0.385
41	95	26	79	84	54	0.344	0.636	0.46
42	46	14	48	37	77	0.244	0.396	0.303
43	16	2	11	21	31	0.206	0.286	0.286
44	57	9	76	34	42	0.303	0.458	0.354
45	51	4	69	38	45	0.316	0.439	0.379

상관계수행렬을 바탕으로 주성분분석을 한 결과 다음과 같은 고유치를 얻었다.

6.0019 1.2432 0.3325 0.1788 0.1145 0.1037 0.0149 0.0105

한편, 첫 5개의 주성분별 고유벡터는 다음과 같다.

PC1	PC2	PC3	PC4	PC5
−0.38751	0.069656	0.051411	−0.15322	0.851524
−0.37564	0.289661	0.163251	−0.29057	−0.25458
−0.38028	0.053953	0.413817	−0.1851	−0.09074
−0.36714	−0.02355	−0.72572	−0.19573	0.02487
−0.27392	0.60124	−0.06149	0.743126	−0.03289
−0.276	−0.61454	0.323295	0.438227	0.102771
−0.39559	0.001168	0.198958	−0.20012	−0.3555
−0.34876	−0.41065	−0.35342	0.187604	−0.25144

(a) 전체변동의 약 95%를 설명하는 수준에서 적절한 주성분수를 결정하라.

(b) $\boldsymbol{X}$의 변동을 주성분별로 분해하라. 단 (a)에서 결정한 주성분수를 사용.

(c) 첫 3개의 주성분의 의미를 간단히 해석하라.

4.5 다음은 식품별 각종 함유량을 나타내고 있다. 변수들의 상관계수행렬을 바탕으로 주성분 분석을 실시한 후 다음에 답하라.

	칼로리	수분	단백질	지방	당분
O1	351	15.5	6.2	0.8	76.6
O2	471	4	19.5	24	46.2
O3	249	40	4.5	0.4	54.5
O4	366	11.5	11.5	1.4	74.5
O5	270	35	8	1.5	54.3
O6	414	4.5	7.2	8.2	79.1
O7	325	22.7	6.7	3.7	66.2
O8	116	72	2.6	0.3	24.8
O9	377	6	9	1	80.2
O10	167	60.2	24.2	4.2	6.6
O11	354	52.5	14.1	32.5	0.1
O12	135	72.8	21	5	0
O13	280	56.7	18.6	22.2	0
O14	648	22.6	5.5	69.2	0
O15	77	79.5	1.9	0.1	17.3
O16	40	89.1	1.2	0.2	8.3
O17	33	90.5	1.3	0.3	6.9
O18	51	85.3	1.3	0.2	10.9
O19	28	91.9	1.3	0.4	4
O20	721	15.5	0.6	81.6	0.2
O21	719	15.5	0.6	81.1	0.2
O22	400	35.3	27.9	31.5	0.9
O23	512	7	6.8	30.8	59.3

(a) 첫 3개의 주성분을 도출한다고 할 때 각각의 고유치를 구하라. 이들 3개의 주성분으로 전체변동을 얼마나 설명할 수 있는가?

(b) 위의 3개 주성분 각각의 어떤 변수들과 주로 관련이 있는지를 설명하라.

4.6 다음은 어떤 데이터에 대한 주성분분석으로 도출된 첫 두 개의 주성분 스코어 및 종속변수를 나타내고 있다.

t_1	t_2	y
72.0693	29.0359	163
49.3127	28.9586	74
−14.2052	18.1284	−135
70.0119	35.6215	126
−14.3851	1.6942	−84
−6.133	−25.8141	103
−27.995	−0.0378	−116
−11.6537	−16.9481	29
25.1774	−61.1165	397
−24.4915	15.5325	−174
−37.2383	12.2785	−211
−39.1275	11.6816	−218
−32.7934	12.9149	−200
−41.8799	10.2159	−223
33.3314	−72.1454	469

(a) t_1을 독립변수로 하는 PCR에서 계수를 추정하고 이 모형의 결정계수를 구하라.

(b) t_1 및 t_2를 독립변수로 하는 PCR에서 계수들을 추정하고 이 모형의 결정계수를 구하라.

(c) (b)의 결과를 바탕으로 주성분별 y의 분산을 분석하라.

4.7 [연습문제 4.5]의 데이터 중 칼로리를 종속변수로 하고 다른 변수들의 주성분들을 이용한 주성분 회귀분석을 실시하고자 한다.

(a) 모든 변수를 표준화하라.

(b) 칼로리 변수를 제외한 나머지 변수들에 대한 주성분분석을 실시하라. 몇 개의 주성분을 사용하는 것이 타당하겠는가?

(c) 칼로리 변수를 설명하는 주성분 회귀분석모형을 추정하라.

(d) 위의 추정모형에 대해 분산분석표를 작성하라.

(e) 다음과 같은 성분을 갖는 새로운 식품에 대해 칼로리를 예측하라. (아래 데이터는 표준화가 되지 않은 것임에 유의하라)

	수분	단백질	지방	당분
새식품1	25.5	4.2	1.3	56.6
새식품2	4.3	9.5	14.7	86.1

4.8 다음은 우리나라의 연도별 각종 물가 관련 지수를 보이고 있다.

년도	생산자 물가지수	식료품 생산지수	수출물가	수입물가	도소매업 판매액지수	소비자 물가지수
1986	65.3	52	74.63	59.85	38.3	40.8
1987	65.6	51.4	77.87	64.13	42.8	42.1
1988	67.4	56.1	81.23	67.85	46.1	45.1
1989	68.4	58.2	79.73	65.4	50.5	47.6
1990	71.2	64.6	81.65	64.75	57.1	51.7
1991	74.6	69.9	84.72	64.72	62.2	56.5
1992	76.2	73.1	86.98	65.69	65.7	60.1
1993	77.4	74	89.13	68.01	71.2	62.9
1994	79.5	80.5	91.59	70.69	77.4	66.9
1995	83.2	83.4	92.87	74.77	83.6	69.9
1996	85.9	85.9	88.96	75.31	89.5	73.3
1997	89.2	88.1	94.84	82.44	92.3	76.6
1998	100.1	98.2	124.52	105.71	80.6	82.3
1999	98	102.6	101.03	92.88	91.1	83
2000	100	100	100	100	100	84.9
2001	99.5	102.4	96.19	103.53	106.8	88.3
2002	99.2	104.5	89.48	97.11	116	90.8
2003	101.4	109.1	87.51	98.85	115.1	93.9
2004	107.6	118.5	92.93	108.89	114.6	97.3
2005	109.9	117.6	86.74	112.03	117.9	100
2006	112.4	114.8	85.1	117.97	122.9	102.2

※ 자료: 한국은행

(a) 소비자 물가지수를 설명하는 주성분 회귀모형을 추정하라. 분산-공분산행렬 또는 상관계수행렬의 사용여부는 적절히 판단하고 주성분 수는 타당하도록 결정하라. 단, 1986~2004년도 간의 데이터를 사용하라. 추정모형은 소비자 물가지수를 얼마나

설명하고 있는가?

(b) 위의 모형으로부터 다중회귀모형의 회귀계수를 추정하라. 그리고, 최소자승법에 의한 추정치와 비교하라.

(c) 주성분 회귀모형으로부터 2005년 및 2006년도 소비자 물가지수를 각각 예측하라.

4.9 [정리 4.3]의 (b) 및 (c)를 증명하라.

4.10 [정리 4.10]을 식(4.11)에 의거하여 증명하라.

4.11 데이터행렬 $\boldsymbol{X}$에 대한 첫 A개의 주성분 스코어 $\boldsymbol{t}_a$ $(a=1,\cdots,A)$ 와 종속변수 $\boldsymbol{y}$와의 상관계수 r_{ay}가 주어져 있다. $\boldsymbol{X}^T\boldsymbol{X}$ 행렬의 첫 A개의 고유치는 λ_a $(a=1,\cdots,A)$ 이다. 종속변수 $\boldsymbol{y}$에 대한 주성분 회귀모형의 계수 추정치를 구하라.

4.12 n개의 관측치를 갖는 독립변수들에 대해 실시한 주성분분석으로 첫 두 개의 고유치 λ_1, λ_2를 얻었다. 그리고, 표본 분산 s_y^2을 갖는 종속변수를 설명하는 주성분 회귀모형으로부터 계수추정치 $\hat{q}_1$, $\hat{q}_2$를 얻었다. 각 주성분의 $\boldsymbol{y}$에의 기여율을 구하라.

4.13 [정리 4.14]가 성립함을 증명하라.

4.14 [예 4.14]에서 $\boldsymbol{T}=\boldsymbol{X}\boldsymbol{W}^*$가 성립함을 확인하라.

4.15 7개의 독립변수, 하나의 종속변수에 대한 31개의 관측치 데이터가 있다. 각 변수를 평균 0, 분산 1이 되도록 표준화한 후 PLS 모형에 적용시킨 후 다음의 결과를 얻었다. 잠재변수 수는 3개로 결정되었다.

잠재변수 표본 분산: $s_{t_1}^2=3.45$, $s_{t_2}^2=2.17$, $s_{t_3}^2=0.83$

내부계수: $\hat{b}_1=0.432$, $\hat{b}_2=0.361$, $\hat{b}_3=0.194$

잠재변수별로 $\boldsymbol{X}$, $\boldsymbol{y}$를 얼마나 설명하는가? 위의 모형의 $\boldsymbol{X}$ 및 $\boldsymbol{y}$의 기여율을 구하라.

4.16 다음은 어느 해의 프로야구선수들의 각종 기록(안타수, 타점 등 10개 변수)을 독립변수로 이듬해의 연봉(SALARY)을 종속변수로 한 PLS 모형을 구축한 후 분석한 결과로서 X 및 y의 누적기여율을 나타낸다. 모든 변수는 평균 0, 표준편차 1로 표준화되었으며 총관측치(선수 수)는 93이다.

잠재변수	X 누적기여율	y 누적기여율
1	0.7856	0.7059
2	0.8683	0.7706
3	0..9325	0.7972

(a) 추정모형이 X 및 y 변수를 각각 얼마나 설명하고 있는가?

(b) [표 4.1]과 같은 잠재변수별 기여율을 정리한 표를 작성하라.

(c) 각 잠재변수별 내부 계수를 구하라.

4.17 [연습문제 4.8]의 데이터에 대해 다음을 분석하라.

(a) 소비자물가지수를 종속변수, 나머지 변수들을 독립변수들로 하는 PLS 모형을 추정하라. 단, 1986~2004년도 간의 데이터를 사용하라. 잠재변수 수는 적절히 판단하라.

(b) 위의 모형으로부터 다중회귀모형의 회귀계수를 추정하라.

(c) PLS 모형으로부터 2005년 및 2006년도 소비자 물가지수를각각 예측하라.

4.18 다음은 도금강판의 공정변수들(X1–X6)과 품질변수인 도금량(COAT)을 나타내고 있다.

	X1	X2	X3	X4	X5	X6	COAT
1	0.7	1579	45	135	18	31	960
2	1.4	1575	40	135	16	30	950
3	0.7	1473	50	150	20	35	1040
4	0.8	1448	50	150	20	35	1030
5	0.8	1548	50	138	20	25	940
6	0.8	1523	40	120	16	40	1020
7	1.7	1512	50	110	20	25	900
8	1.6	1511	57	101	28	24	880
9	1.5	1510	50	105	20	25	860
10	1.3	1502	55	115	22	33	970
11	0.7	1413	60	108	24	36	980
12	0.8	1413	65	115	26	32	970
13	0.7	1394	65	195	26	42	1140

	X1	X2	X3	X4	X5	X6	COAT
14	0.8	1384	68	204	27	44	1100
15	1.6	1242	40	120	16	20	880
16	1.6	1242	40	110	16	16	870
17	1.7	1242	40	102	16	16	810
18	0.7	1241	66	198	28	36	1160
19	0.7	1199	66	198	28	37	1170
20	0.8	1167	65	195	26	36	1090
21	0.7	1160	65	195	26	36	1100
22	0.5	1134	80	240	32	42	1240
23	0.5	1134	62	240	32	42	1290
24	0.9	1434	55	186	25	35	1030
25	0.7	1444	80	165	22	33	1060
26	0.9	1034	52	240	32	32	1250
27	0.9	1340	70	156	20	21	910
28	0.9	1133	50	171	22	32	1010
29	1.3	1064	50	195	26	26	900
30	1.5	1064	50	100	20	20	870
31	0.8	1052	55	100	20	20	930
32	0.8	1052	75	125	20	20	940
33	0.8	1052	55	138	22	22	920
34	0.6	903	45	143	20	28	980
35	0.6	903	50	138	22	22	1100
36	0.7	1421	70	135	18	24	880
37	0.6	1414	60	150	20	30	1003
38	0.7	1264	70	110	28	27	906
39	0.7	1254	60	180	24	30	1000
40	1.2	1237	60	210	28	31	1027
41	1	1244	60	180	24	32	1008
42	0.5	1225	60	180	24	26	922
43	0.6	1134	45	180	24	27	1089
44	0.7	1126	60	180	24	37	1123
45	0.9	1071	45	135	18	25	954
46	1	1025	50	180	24	42	1141
47	1.2	1024	45	135	18	31	996
48	0.9	1024	45	150	20	35	1056
49	0.6	937	40	135	18	29	945
50	0.6	937	45	135	18	33	972
51	1.3	1572	40	125	18	25	901
52	1.1	1502	45	131	18	30	941
53	0.8	1433	50	150	30	50	1245

(a) COAT를 종속변수, 나머지 공정변수들을 독립변수로 하는 PLS 모형을 구축하고 추정하라. 단, 각 변수는 표준화하라.

(b) 몇 개의 잠재변수가 적절한가? 이때 X 및 Y(COAT)의 설명력은 각각 얼마인가?

(c) 각 공정변수의 종속변수에 대한 VIP 지수를 구하라.

(d) 공정변수 각각에 대한 베터계수를 추정하라.

4.19 종속변수가 다수인 PLS 모형에서 X 변수 각각의 중요도인 VIP 지수는 어떻게 산출할 수 있는가?

4.20 자동차 차체(body in white) 및 문(door)의 조립공정에서 차체 주요 지점의 공차들(X1–X10)을 X 변수들로 문 장착 후의 3개 지점에서 측정한 갭(gap)(Y1, Y2, Y3)을 Y 변수로 하는 PLS 모형을 구축한 후 첫 3개 잠재변수에 대해 다음과 같은 결과를 얻었다. 단, 모든 변수는 평균조정되었으며, X의 총제곱합은 112.280이며, y_1, y_2, y_3의 제곱합은 각각 24.77, 41.04, 23.610이다.

내부계수 추정치: 1.0548 0.5817 1.2031

잠재변수 제곱합: SS(t_1)=29.776, SS(t_2)=38.011, SS(t_3)=12.323

행렬 P

0.4916	0.2017	−0.0288
0.0803	0.1135	−0.6109
0.4238	0.17450	−0.2240
0.2456	−0.3153	−0.1320
0.5494	−0.2280	−0.3705
0.2642	−0.4921	0.5099
0.1832	−0.4118	0.2899
−0.0589	−0.3497	0.2131
0.0954	−0.3411	0.0269
0.3068	−0.3377	0.1760

행렬 W

0.8221	0.2547	−0.0111
−0.2181	−0.2572	−0.6727
0.5899	0.1095	−0.2127
0.0108	−0.5904	−0.1300
0.3610	−0.5476	−0.3508
0.2412	−0.3698	0.4298
0.0954	−0.3437	0.2634
−0.1686	−0.2538	0.3038
−0.0800	−0.3898	0.0907
0.2570	−0.3033	0.1777

행렬 Q

−0.6094	−0.4723	−0.4170
0.5424	0.8777	0.5807
−0.5783	−0.0815	−0.6992

변환가중치행렬 (W^*)

0.8221	0.7240	0.4970
−0.2181	−0.3817	−0.9046
0.5899	0.4462	0.1144
0.0108	−0.5843	−0.4274
0.3610	−0.3415	−0.4653
0.2412	−0.2321	0.3512
0.0954	−0.2893	0.1313
−0.1686	−0.3500	0.0964
−0.0800	−0.4355	−0.1456
0.2570	−0.1566	0.1405

(a) 공정변수 X1부터 X4까지의 VIP 지수를 각각 구하라.

(b) 잠재변수들이 X 및 Y를 얼마나 설명하는지 제곱합을 분해하고 기여율을 구하라.

(c) PLS 모형이 y_1, y_2, y_3을 각각 얼마나 설명하는가?

(d) X 데이터가 다음과 같은 3대의 자동차에 대한 y_1, y_2, y_3을 예측하라.

	X1	X2	X3	X4	X5	X6	X7	X8	X9	X10
1	0.435	0.06	0.358	0.217	0.225	0.24	−0.262	−0.673	0.13	−0.262
2	−0.365	−0.34	−0.542	0.518	−0.375	0.14	−0.162	−0.472	−0.97	−1.062
3	0.735	0.26	0.657	1.017	0.725	0.04	−0.363	0.127	−0.17	0.037

4.21 다음은 37개의 피노누어(Pinot Noir) 포도주에 대한 화학성분과 방향(Aroma) 점수를 나타낸 것이다.

	Cd	Mo	Cu	Ba	Cr	Sr	B	Si	Na	Ca	K	Aroma
1	0.005	0.044	0.83	0.387	0.029	1.23	2.63	17.3	66.8	80.5	1130	3.3
2	0.055	0.16	0.066	0.312	0.038	0.975	6.21	19.7	53.3	75	1010	4.4
3	0.056	0.146	0.643	0.308	0.035	1.14	3.05	15.8	35.4	91	1160	3.9
4	0.063	0.191	0.133	0.165	0.036	0.927	2.57	13.4	27.5	93.6	924	3.9
5	0.011	0.363	0.051	0.38	0.059	1.13	3.07	16.7	76.6	84.6	1090	5.6
6	0.05	0.106	0.055	0.275	0.019	1.05	6.56	18.7	15.7	112	1290	4.6
7	0.025	0.479	0.753	0.164	0.062	0.823	4.57	17.8	98.5	122	1170	4.8
8	0.024	0.234	0.102	0.271	0.044	0.963	3.18	14.3	10.5	91.9	1020	5.3
9	0.009	0.058	0.17	0.225	0.022	1.13	6.13	13	54.4	70.2	1240	4.3
10	0.033	0.074	0.053	0.329	0.03	1.07	3.3	16.3	70.5	74.7	1100	4.3
11	0.039	0.071	0.163	0.105	0.028	0.491	6.56	9.47	45.3	67.9	1090	5.1

12	0.045	0.147	0.074	0.301	0.087	2.14	3.5	9.18	80.4	66.3	1470	3.3
13	0.06	0.116	0.18	0.166	0.041	0.578	6.43	11.1	59.7	83.8	1120	5.9
14	0.067	0.166	0.043	0.132	0.026	0.229	7.27	6	55.2	44.9	854	7.7
15	0.077	0.261	0.285	0.078	0.063	0.156	5.04	6.34	10.4	54.9	899	7.1
16	0.064	0.191	0.552	0.085	0.063	0.192	5.56	6.96	13.6	64.1	976	5.5
17	0.025	0.009	0.081	0.072	0.021	0.172	3.79	6.4	11.6	48.1	995	6.3
18	0.02	0.027	0.153	0.094	0.021	0.358	4.24	7.92	38.9	57.6	876	5
19	0.034	0.05	0.058	0.294	0.006	1.12	2.71	14.7	68.1	64.8	1050	4.6
20	0.043	0.268	0.314	0.099	0.045	0.36	5.68	9.11	19.5	64.3	945	6.4
21	0.061	0.245	0.172	0.071	0.053	0.186	4.42	7.62	11.6	70.6	820	5.5
22	0.047	0.161	0.082	0.181	0.06	0.898	8.11	19.3	12.5	82.1	1220	4.7
23	0.048	0.146	0.09	0.328	0.1	1.32	6.42	19.3	125	83.2	1810	4.1
24	0.049	0.155	0.158	0.081	0.037	0.164	4.91	6.46	11.5	53.9	1020	6
25	0.042	0.126	0.21	0.299	0.054	0.995	6.94	43.6	45	85.9	1330	4.3
26	0.058	0.184	0.058	0.346	0.037	1.17	3.29	16.7	65.8	72.8	1140	3.9
27	0.065	0.211	0.055	0.206	0.028	0.72	6.12	27.1	20.5	95.2	1260	5.1
28	0.065	0.129	0.151	0.281	0.034	0.889	7.28	22.2	13.3	84.2	1200	3.9
29	0.068	0.166	0.053	0.292	0.039	1.11	4.71	17.6	13.9	59.5	1030	4.5
30	0.067	0.199	0.163	0.292	0.058	0.927	6.97	38.3	42.9	85.9	1390	5.2
31	0.084	0.266	0.071	0.158	0.049	0.794	3.77	19.7	39.1	128	1230	4.2
32	0.069	0.183	0.095	0.225	0.037	1.19	2	4.57	7.51	69.4	943	3.3
33	0.087	0.208	0.099	0.087	0.042	0.168	5.04	6.96	12	56.3	949	6.8
34	0.074	0.142	0.052	0.408	0.022	1.16	3.94	6.75	36.8	67.6	1170	5
35	0.084	0.171	0.038	0.263	0.072	1.35	2.38	6.18	101	64.4	1070	3.5
36	0.106	0.307	0.051	0.29	0.031	0.885	4.4	17.4	7.25	103	1100	4.3
37	0.102	0.342	0.077	0.366	0.048	1.08	3.37	5.33	33.1	58.3	1010	5.2

(a) 처음 25개의 관측치를 사용하여 Aroma를 설명하는 PLS 모형을 구축하라. 단, 모형 구축 전에 각 변수를 평균 0, 표준편차 1이 되도록 표준화하여 사용하라. 잠재변수 수는 종속변수를 약 80% 을 설명하는 수준에서 결정하라.

(b) 위에서 추정한 모형으로 나머지 관측(테스트 데이터)에 대한 X 데이터를 갖고 종속변수를 예측하라. 테스트 데이터에 대한 MAD 및 RMS 오차를 구하라.

(c) 잠재변수 수를 다르게 설정함에 따라 위의 과정이 어떻게 변화하는지 분석하라. 즉, 잠재변수 수를 1에서 7까지 변화시키면서 테스트 데이터에 대한 MAD 및 RMS의 변화추이를 나타내라. 이로부터 적절한 잠재변수 수를 결정하라.

(d) 위의 데이터 중 처음 35개 관측치를 택하여 무작위로 섞은 다음, 5-fold cross validation을 사용하여 PLS 모형의 적절한 잠재변수 수를 결정하라.

5 장

분류분석 개요

5.1 분류 문제 및 분류기법
5.2 기본적인 분류기법
5.3 분류의 성능평가
5.4 ROC 곡선
5.5 이익도표
R 코드
연습문제

분류분석(classification analysis)은 다수의 속성(attribute) 또는 변수를 갖는 객체(object)를 사전에 정해진 그룹 또는 범주(class, category) 중의 하나로 분류하는 것이다. 예를 들어, 기업의 3개의 재무지표를 기준으로 우량 또는 불량으로 분류하는 것은 범주수가 2이고 변수수가 3인 분류분석 문제가 될 것이다. 이를 위해서는 이미 범주(우량 또는 불량)가 알려진 여러 기업에 대하여 3개의 재무지표 데이터를 수집한 후 효율적인 분류규칙(classification rule)을 만들어야 할 것이다. 여기서 효율적이라 함은 기존 객체를 잘 분류할 뿐만 아니라 새로운 객체 역시 잘 분류함을 의미한다. 분류규칙을 만들기 위해서는 기존의 범주가 알려진 객체 데이터를 수집하여야 하며, 이를 학습표본이라 한다.

5.1 | 분류 문제 및 분류기법

분류 문제를 수학적으로 표현하기 위하여 다음과 같은 기호를 정의하자. 학습표본이 n개의 객체로 이루어진다고 하고, 각 객체는 p개의 변수를 갖는다 하자.

X_{ai} = 변수 X_a에 대한 i번째 객체의 관측치, $a=1,...,p; i=1,...,n$

$\boldsymbol{x}_i=(X_{1i},X_{2i},...,X_{pi})^T$: i번째 객체의 변수 벡터, $i=1,...,n$

(객체 번호를 구분하지 않는 변수벡터를 대표할 때는 $\boldsymbol{x}$ 라 표기)

J = 총범주수

Y_i (또는 y_i) = i번째 객체의 범주 변수 (1,2,..., J 중의 하나)

이때 학습표본을 다음과 같이 나타낼 수 있다.

$$L=\{(\boldsymbol{x}_1,y_1),(\boldsymbol{x}_2,y_2),...,(\boldsymbol{x}_n,y_n)\} \tag{5.1}$$

분류 문제는 새로운 객체를 범주 중의 하나로 분류하기 위하여 학습표본을 바탕으로 분류규칙을 만드는 것이다. 이때 분류규칙은 객체의 변수벡터의 함수로 도출되므로 이를 $r(\boldsymbol{x})$로 나타낸다. 이때 $r(\boldsymbol{x})$는 1,..., J 중 하나의 값을 가지며, 이를 분류기(classifier)라 부르기도 한다. 분류규칙의 성능을 관찰하기 위하여 우선 학습표본에 적용하여 실제 범주와 추정된 범주를 비교한다. 즉, $r(\boldsymbol{x}_i)$와 y_i를 비교하여 오분류율 등을 분석한다. 다시 말하면, $r(\boldsymbol{x}_i)=y_i$이면 올바르게 분류된 것이나 그렇지 않으면 잘못 분류된 것이다. 학습표본에 있는 전체 객체는 서로 배타적인 J개의 집합으로 나누어진다.

예 5.1

9명의 고객에 대하여 이동통신회사 선호도를 조사하였더니 아래와 같았다. 고객의 속성자료로 성별과 나이를 조사하였으며 선호 통신회사 A, B 중 택하도록 하였다.

표 5.1 간단한 분류 학습표본

고객	1	2	3	4	5	6	7	8	9
성별	남	남	남	남	여	여	여	여	여
나이	20	23	35	41	19	24	25	33	39
선호회사	A	B	A	A	A	B	A	B	B

고객의 성별과 나이를 바탕으로 선호회사 A 또는 B를 구분하는 분류 문제를 생각해 보자. 이때 각 고객이 객체가 되며 각 객체는 성별과 나이의 두 가지 변수 (p=2)를 가지며, 회사 A를 범주 1, 회사 B를 범주 2라 할 때 2범주 (J=2)분류 문제가 된다. 위의 학습표본으로부터 다음과 같은 분류규칙을 얻었다고 가정하자.

(규칙 1)
남자이고 나이가 30 이상이거나 여자이고 나이가 30 이하이면 범주 1 (A),
그렇지 않으면 범주 2 (B).

위의 분류규칙을 학습표본에 적용시킬 때 잘못 분류된 경우는 고객 1과 6이 된다. 가능한 한 학습표본에 대하여 이러한 오분류율(misclassification rate)이 작은 분류규칙이 좋겠지만 아직 관측되지 않은 표본에 대한 분류 성능을 고려해야 한다. 위의 예에 대해 만약 다음과 같은 분류규칙을 사용하면 학습표본에 대해서는 오분류율이 0이 될 것이다.

(규칙 2)
남자이고 나이가 30 이상이거나 20 이하면 범주 1,
여자이고 나이가 30 이하이면 범주 1.
그 밖의 경우이면 범주 2(단, 여자이고 나이가 24이면 범주 2)

그러나 (규칙 2)는 다분히 인위적인 것을 볼 수 있겠다. 이와 같이 학습표본에 대하여서만 오분류율을 0으로 만드는 분류규칙은 과적용되는(overfitting) 경우가 많다. 이를 피하기 위해 학습표본을 모두 사용하여 분류규칙을 유도하지 않고 일부만을 이용한 후 나머지는 구현된 분류규칙의 검증을 위해 사용한다.

분류를 위한 방법론은 무수하게 많은데 크게 아래와 같이 크게 나뉜다.

1) 통계적 방법: 로지스틱 회귀분석, 판별분석 등 다변량 통계이론에 바탕을 둔 방법
2) 트리기반 기법: CART, C4.5, CHAID 등 트리 형태의 분지 방법을 이용하는 기법
3) 비선형최적화 기법: 서포트벡터 머신(support vector machine: SVM) 등
4) 기계학습기법: 신경망(neural network) 등의 블랙박스 형태의 기법

6장에서는 로지스틱 회귀분석을, 7장에서는 판별분석에 의한 분류분석을, 8장에서는 트리기반 기법을 다루며, 9장에서는 서포트벡터 머신을 다루고자 한다.

5.2 | 기본적인 분류기법

본 절에서는 위에서 언급하지 않은 기본적인 몇 가지 분류기법에 대하여 설명하고자 한다.

5.2.1 인접객체법

인접객체법(nearest neighbor classification)은 학습데이터를 활용하지만 규칙을 도출하는 기법은 아니다. 분류하고자 하는 새로운 객체에 대하여 학습데이터에 있는 가장 가까운 몇 개의 객체들을 찾은 후 이들 인접객체의 다수 범주로 분류하는 기법이다. k개의 인접객체를 고려할 때, $k-$인접객체법($k-$nearest neighbor method; $k-$nn)이라 한다. 가까운 정도의 척도는 유사성척도 또는 유클리드거리 등의 비유사성척도가 사용되는데, 이들에 대한 자세한 설명은 11장에서 이루어진다.

$k-$인접객체법의 알고리즘은 다음과 같다.

단계 1. k 값을 정한다.

단계 2. 분류하고자 하는 새로운 객체 z에 대해

2-1 학습표본에 있는 각 객체 $\boldsymbol{x}_i$와의 거리 $d(\boldsymbol{z},\boldsymbol{x}_i)$를 산출한다.

2-2 위의 거리가 짧은 순으로 k개의 객체를 선정한다.

2-3 k개의 인근객체가 취하는 범주 중 최빈값을 새로운 객체 z의 범주로 정한다.

예 5.2

다음과 같은 7개의 객체에 대한 학습표본이 있다.

표 5.2 k-nn 분류 학습표본

객체번호	X1	X2	범주
1	5	7	1
2	4	3	2
3	7	8	2
4	8	6	2
5	3	6	1
6	2	5	1
7	6	6	1

(a) 학습표본에 있는 각 객체에 대해 3-인근객체법으로 분류하고 실제 범주와 비교하라.

(b) 두 개의 새로운 객체 $\boldsymbol{z}_1=(9,6)^T$과 $\boldsymbol{z}_2=(5,4)^T$의 범주를 3-인근객체법으로 분류하라.

풀이

(a) 거리 척도로는 유클리드 거리를 사용한다. 이때 객체 간의 거리 행렬은 다음과 같다.

	1	2	3	4	5	6	7
1	0	4.123	2.236	3.162	2.236	3.606	1.414
2	4.123	0	5.831	5.0	3.162	2.828	3.606
3	2.236	5.831	0	2.236	4.472	5.831	2.236
4	3.162	5.0	2.236	0	5.0	6.083	2.0
5	2.236	3.162	4.472	5.0	0	1.414	3.0
6	3.606	2.828	5.831	6.083	1.414	0	4.123
7	1.414	3.606	2.236	2.0	3.0	4.123	0

따라서 학습표본의 객체별 3개의 인근객체 및 추정 범주는 다음 표와 같다.

	인근객체	추정 범주	실제 범주
1	7, 3, 5	1	1
2	6, 5, 7	1	2
3	1, 4, 7	1	2
4	7, 3, 1	1	2
5	6, 1, 7	1	1
6	5, 2, 1	1	1
7	1, 4, 3	2	1

예를 들어, 객체 1와 가장 가까운 3개의 객체는 7, 3, 5이며 범주가 각각 1, 2, 1이므로 추정 범주는 1이 된다.

(b) 새로운 두 객체와 기존 객체들과의 거리는 다음과 같다.

	1	2	3	4	5	6	7
z_1	4.123	5.831	2.828	1.0	6.0	7.071	3.000
z_2	3.000	1.414	4.472	3.606	2.828	3.162	2.236

따라서 z_1 의 인근객체는 4, 3, 7이며 범주 2로 추정되고, z_2 의 인근객체는 2, 7, 5로 범주 1로 추정된다.

5.2.2 나이브 베이지안 분류법

나이브 베이지안(Naive Bayesian) 분류법이란 속성변수들과 범주변수가 확률분포를 따른다고 간주하여 베이즈 정리와 조건부 독립성을 활용한 분류기법이다. 속성변수들이 범주형일 때 주로 사용되나, 연속형인 경우에도 확률분포의 형태를 가정하여 사용할 수 있다. 여기서는 범주형 변수인 경우를 설명한다.

어떤 객체 $\boldsymbol{x}$ 에 대한 범주를 Y라 하자. $\boldsymbol{x}$ 가 주어질 때 Y의 조건부확률분포는 베이즈 정리에 따라 다음과 같이 표현된다.

$$f(y|\boldsymbol{x}) \propto f(y) f(\boldsymbol{x}|y), \ y=1,\ldots,J \tag{5.2}$$

여기서 $f(y)$는 Y의 사전분포(prior distribution)를 의미하며, $f(y|\boldsymbol{x})$는 $\boldsymbol{x}$의 관측 후 사후분포(posterior distribution)를 나타낸다. 나이브 베이지안 분류법은 이 사후분포를 산출하여 가장 큰 값을 갖는 범주를 객체 $\boldsymbol{x}$에 부여하는 것이다. 사후분포를 정확히 계산하기 위해서는 비례상수가 필요하나 범주를 부여하기 위해서는 비례상수 없이 오른쪽의 두 항을 산출하면 된다.

식(5.2)에서 $f(\boldsymbol{x}|y)$는 속성변수들의 조건부 결합확률분포를 나타내는데 나이브 베이지안에서는 조건부 독립성(conditional independence)을 이용하여 이를 평가하고 있다. 확률변수 X_1, X_2, Y에 대하여 다음이 성립할 때, Y가 주어질 때 X_1과 X_2가 조건부 독립이라 말한다.

$$P(X_1 = x_1 | X_2, Y) = P(X_1 = x_1 | Y) \tag{5.3}$$

예를 들어, 어떤 데이터로부터 키가 큰 사람이 대체로 이해력이 높다는 관측이 이루어졌다고 하자. 그러나 키와 이해력의 관계는 직접적인 것이 아니고 '나이'라는 변수가 중간에 개입되어 발생한 것으로 해석되었다면(나이가 많으면 키가 커지고 따라서 이해력이 높아진다), 나이가 동일할 때 키와 이해력은 독립이라고 할 수 있을 것이다. 다시 말하면 나이가 주어질 때 키와 이해력은 조건부 독립이라 할 수 있다.

식(5.2)에서 속성변수들이 범주가 주어질 때 (동일한 범주 내에서) 서로 독립이라 가정하면 다음과 같이 표현된다.

$$f(y|\boldsymbol{x}) \propto f(y) \prod_{i=1}^{p} f_{X_i}(x_i|y) \tag{5.4}$$

사후확률(또는 비례항)을 평가하기 위해 학습표본으로부터 Y의 사전확률 및 각 속성변수별 분포를 추정하여야 한다.

$f(y) =$ 범주 y의 상대돗수, $y = 1,\ldots,J$

$f_{X_i}(x_i|y) =$ 범주 y인 객체중에서 $X_i = x_i$인 객체들의 비율

사후확률이 산출된 후에는 가장 큰 값을 갖는 범주를 선택하여 객체 $\boldsymbol{x}$에 부여하는 것이다.

예 5.3

아래와 같은 9명의 고객에 대한 학습표본이 있다.

표 5.3 나이브 베이지안 분류법 학습표본

고객	1	2	3	4	5	6	7	8	9
성별(X1)	남	남	남	남	여	여	여	여	여
나이(X2)	20대	20대	30대	40대	10대	20대	20대	30대	40대
범주(Y)	1	2	1	1	1	2	1	2	2

나이브 베이지안 분류법을 적용하여 보자. 우선 Y의 사전분포는 다음으로 추정된다.

$$f(1) = 5/9, f(2) = 4/9$$

성별에서 '남'을 1로 '여'를 2로 하고, 나이에서 10대를 1, 20대를 2 등으로 나타낼 때, 변수별 조건부 확률분포는 아래와 같이 추정된다.

$$f_{X_1}(1|1) = 3/5,\ f_{X_1}(2|1) = 2/5$$
$$f_{X_1}(1|2) = 1/4,\ f_{X_1}(2|2) = 3/4$$
$$f_{X_2}(1|1) = 1/5,\ f_{X_2}(2|1) = 2/5,\ f_{X_2}(3|1) = 1/5,\ f_{X_2}(4|1) = 1/5$$
$$f_{X_2}(1|2) = 0,\ f_{X_2}(2|2) = 2/4,\ f_{X_2}(3|2) = 1/4,\ f_{X_2}(4|2) = 1/4$$

고객 1의 범주에 대한 사후확률은 다음과 같다.

$$f(1|X_1 = 1, X_2 = 2) \propto f(1)f_{X_1}(1|1)f_{X_2}(2|1) = (5/9)(3/5)(2/5) = 2/15$$

$$f(2|X_1 = 1, X_2 = 2) \propto f(2)f_{X_1}(1|2)f_{X_2}(2|2) = (4/9)(1/4)(2/4) = 1/18$$

Y=1에 대한 사후확률이 더 크므로 고객 1의 범주는 1로 추정된다.
한편, 10대 남자인 새로운 고객에 대한 범주를 추정하여 보자.

$$f(1|X_1 = 1, X_2 = 1) \propto f(1)f_{X_1}(1|1)f_{X_2}(1|1) = (5/9)(3/5)(1/5) = 3/15$$

$$f(2|X_1 = 1, X_2 = 1) \propto f(2)f_{X_1}(1|2)f_{X_2}(1|2) = (4/9)(1/4)(0) = 0$$

이므로 10대 남자는 범주 1로 추정된다.

추정된 모델의 사후확률을 도표로 정리하면 다음과 같다.

표 5.4 나이브 베이지안 사후확률과 분류 결과

ID	gender(성별)	age_gr(연령대)	실제 범주	추정 범주	사후확률 (Y=1)	사후확률 (Y=2)
1	남	20대	1	1	0.706	0.294
2	남	20대	2	1	0.706	0.294
3	남	30대	1	1	0.706	0.294
4	남	40대	1	1	0.706	0.294
5	여	10대	1	1	0.993	0.007
6	여	20대	2	2	0.348	0.652
7	여	20대	1	2	0.348	0.652
8	여	30대	2	2	0.348	0.652
9	여	40대	2	2	0.348	0.652

5.3 분류의 성능평가

5.3.1 분류 오류율

범주를 아는 다음과 같은 데이터를 학습표본(learning sample)이라 한다.

$$L = \{(x_{1,}f_1),(x_2,j_2),\ldots,(x_n,j_n)\}$$

위에서 j_i는 i번째 객체가 속하는 범주를 나타내며 $1,\ldots,J$ 중 하나의 값을 갖는다. 분류규칙 $d(x)$의 성능은 주로 분류오류율(misclassification rate)을 사용하는데 분류규칙이 추정한 범주와 실제 범주가 일치하지 않는 비율을 나타낸다. 즉, 학습표본 전체를 이용하여 분류규칙을 만들 때 분류오류율은 다음과 같이 표현된다.

$$R(d) = \frac{1}{n}\sum_{i=1}^{n} I(d(x_i) \neq j_i) \tag{5.5}$$

여기서 $I(.)$는 다음과 같이 정의된다.

$$I(d(x_i) \neq j_i) = \begin{cases} 1, & d(x_i) \neq j_i \text{ 일 때} \\ 0, & d(x_i) = j_i \text{ 일 때} \end{cases} \tag{5.6}$$

그러나 데이터 전체로 분류규칙을 만들고 다시 이 데이터를 사용하여 분류오류율을 산출하는 것은 문제점을 갖고 있다. 즉, 분류규칙을 본 데이터에만 잘 적용되도록 하여 분류오류율을 작게 할 수 있기 때문이다. 좋은 분류규칙이란 새로운 데이터에 대하여 작은 오류율을 가져야 하나 이와 같이 해당 데이터에만 과적용되는(overfitting) 분류규칙은 새로운 데이터에도 효율적일 수 있다는 보장이 없다.

이런 문제로 통상 관측수가 상당수 있는 데이터에 대해서는 전체 데이터를 두 부분으로 나누어 분류규칙을 만드는 데 한 부분을 사용하고 분류오류율을 산출하는 성능평가를 위해서는 다른 부분을 사용하는 방안을 사용하고 있다. 이때 첫 부분을 학습표본(training sample), 다른 부분을 검증표본(test sample)이라 한다. 검증표본을 L_2라 표기하고 이의 표본수를 n_2라 하면 검증표본 사용 시의 분류오류율은 다음과 같이 산출된다.

$$R^{ts}(d) = \frac{1}{n_2}\sum_{(x_i, j_i) \in L_2} I(d(x_i) \neq j_i) \tag{5.7}$$

검증표본으로 분리하기에 충분하지 않는 데이터의 경우에는 교차검증(cross validation) 기법을 사용한다. $V-$fold cross validation이란 전체 표본을 V 등분한 후 $1/V$ 부분을 검증표본으로 활용하자는 것이다. 이때 나머지 부분으로 분류규칙을 만든다. 검증표본이 V가지가 생성되므로 각 경우에 대해 분류오류율을 산출한 후 전체에 대한 평균치를 최종 사용하게 된다. 예를 들어, 3-fold cross validation이란 전체 표본을 3등분한 후, 두 번째 및 세 번째 부분으로 분류규칙을 만든 후 첫 부분을 검증표본으로 간주하여 오류율을 산출하고 첫 번째 및 세 번째 부분으로 분류규칙을 만든 후 두 번째 부분으로 오류율을 산출하며 다시 첫 번째 및 두 번째 부분으로 분류규칙을 만든 후 세 번째 부분으로 오류율을 산출하여 결국 이 세 오류율의 평균을 최종 분류오류율로 삼는 방법이다.

따라서 V −fold cross validation에서 분류오류율은 다음과 같이 산출된다.

$$R^{cv}(d) = \frac{1}{V}\sum_{v=1}^{V} R^{ts}(d^{(v)}) \tag{5.8}$$

위에서 $d^{(v)}$란 전체 표본에서 v − 번째 부분을 제외한 나머지 데이터로부터 얻은 분류규칙을 말한다. 전체 관측수 n이 작은 경우에는 n −fold cross validation을 종종 사용하는데 이를 leave−one−out validation이라고도 한다.

5.3.2 정확도, 민감도 및 특이도

의학 분야에서 어떤 질병에 대한 진단 방법을 평가할 때 오류율 이외에 정확도, 민감도 및 특이도를 분석하는 경우가 종종 있다. 실제 범주가 질병이 있는 경우(1 또는 +로 표기)와 질병이 없는 경우(0 또는 −로 표기)의 두 가지로 분류된다고 하고, 진단 방법이 양성(1 또는 +로 표기) 또는 음성(0 또는 −로 표기)으로 판정될 때, [표 5.1]과 같이 4가지 경우가 발생한다. 이와 같은 표를 정오분류표(confusion matrix)라 한다.

표 5.2 두 범주의 정오분류표

		실제 범주	
		1 (+)	0 (−)
추정 범주	1 (+)	a	b
	0 (−)	c	d

[표 5.2]에서 문자들은 다음과 같이 정의된다.

a = true positive 관측수

b = false positive 관측수

c = false negative 관측수

d = true negative 관측수

여기서 "positive" 또는 "negative"는 "양성" 또는 "음성"으로 추정됨을 나타내고, "true" 또는 "false"는 추정의 사실 또는 거짓을 나타낸다. 이때 오류율은 다음과 같이 산출된다.

$$\text{오류율} = \frac{b+c}{a+b+c+d} \tag{5.9}$$

정확도(accuracy)는 오류율의 반대 개념으로 실제 범주를 제대로 추정한 전체 비율을 나타내며 아래와 같이 산출된다.

$$\text{정확도} = \frac{a+d}{a+b+c+d} = 1 - \text{오류율} \tag{5.10}$$

민감도(sensitivity)는 실제 질병이 있는 경우를 양성으로 판정하는 비율을 나타내는 것으로 다음과 같이 산출된다. recall이라고도 한다.

$$\text{민감도} = \frac{a}{a+c} \tag{5.11}$$

그리고 특이도(specificity)는 실제 질병이 없는 경우를 음성으로 판정하는 비율을 나타내는 것으로 다음과 같다.

$$\text{특이도} = \frac{d}{b+d} \tag{5.12}$$

또한, 다음과 같은 지표를 사용하기도 한다.

$$true\ \ positive\ \ rate = \frac{a}{a+c} = \text{특이도}$$

$$false\ \ negative\ \ rate = \frac{c}{a+c}$$

$$true\ \ negative\ \ rate = \frac{d}{b+d} = \text{특이도}$$

$$false\ \ positive\ \ rate = \frac{b}{b+d}$$

$$precision = \frac{a}{a+b}$$

다음으로, 범주 간 불균형(imbalance)이 심한 경우에는 다음과 같이 F_1 척도를 사용한다.

$$F_1 = \frac{2 \times precision \times recall}{precision + recall} \tag{5.13}$$

민감도 및 특이도를 별도로 산출하여 분석하는 이유 중 하나는 동일한 정확도을 갖는다 하더라도 민감도와 특이도는 다를 수 있기 때문이다. 경우에 따라서는 높은 민감도를 원하거나 높은 특이도를 원할 수 있다.

예 5.4

[예 5.3]의 데이터의 나이브베이즈 수행에 대한 성능평가 결과는 아래와 같다.

		실제 범주	
		1	2
추정 범주	1	4	1
	2	1	3

오류율 = (1+1)/9 = 0.22

정확도 = 1 - 0.22 = 0.78

민감도 = 4/(4+1) = 0.80

특이도 = 3/(1+3) = 0.75

precision = 4/(4+1) = 0.80

F_1 척도 = 2(0.8)(0.8)/(0.8+0.8) = 0.8

5.4 ROC 곡선

일반적으로 민감도와 특이도를 동시에 증가시키는 것은 불가능하다. 다시 말하면 민감도를 높이면 특이도가 감소하고 또한 반대가 성립하게 된다. 민감도와 특이도를 동시에 그래프로 나타낸 것 중 ROC(receiver operating characteristic) 곡선이 널리 사용되는데, 이는 분류기의 경계치를 조정하여 가면서 (1−특이도)(또는 false positive rate)를 x축에 민감도를 y축에 도식화한 것이다.

한 예로 [그림 5.1]은 여러 분류 방법의 결과를 ROC 곡선으로 나타낸 것이다. ROC 곡선은 북서쪽에 위치할수록 해당 분류기법이 우수함을 의미한다. 즉, ROC 곡선하의 면적이 1에 가까울수록 분류 성능이 우수함을 말한다고 하겠다. 반면에 45° 직선에 가까울수록 성능이 좋지 않다고 하겠다.

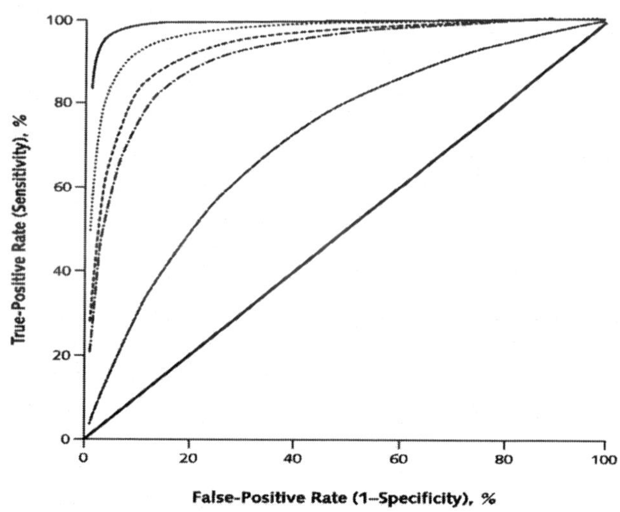

그림 5.1 ROC 곡선의 예(분류기법의 비교)

예 5.5

다음은 10개의 객체로 이루어진 학습표본이다. 각 객체는 변수 X로 표현되며 두 개의 범주로 나뉘어 있다.

	1	2	3	4	5	6	7	8	9	10
X	24	35	37	42	49	54	56	68	72	73
범주	0	0	1	0	1	1	0	1	1	1

만약, 분류기준이 X < 40이면 범주 0, X ≥ 40이면 범주 1로 추정할 때, 정오분류표는 다음과 같다.

		실제 범주	
		1 (+)	0 (−)
추정 범주	1 (+)	5	2
	0 (−)	1	2

따라서 민감도와 특이도는 각각 다음과 같다.

민감도 = 5/6 = 0.8333

특이도 = 2/4 = 0.5

만약, 분류기준이 X<50이면 범주 0, X ≥ 50이면 범주 1로 추정할 때, 정오분류표는 다음과 같다.

		실제 범주	
		1 (+)	0 (−)
추정 범주	1 (+)	4	1
	0 (−)	2	3

이때 민감도와 특이도는 각각 다음과 같이 산출된다.

민감도 = 4/6 = 0.6667

특이도 = 3/4 = 0.75

예 5.6

[표 5.3]은 X1, X2 두 변수를 지니고 범주수가 두 개인 9개 객체의 데이터에 대해 특정한 방법을 이용한 분류분석 결과를 보여준다. 추정된 범주 1에 대한 사후확률을 기반으로 ROC 곡선을 설명한다.

표 5.3 범주 1에 대한 사후확률

ID	X1	X2	class(실제)	class(예측)	P(범주$1\|x$)
1	5	7	1	1	0.921
5	3	6	1	1	0.981
6	2	5	1	1	0.980
7	6	6	1	2	0.356
2	4	3	2	2	0.100
3	7	8	2	1	0.728
4	8	6	2	2	0.026
8	9	6	2	2	0.006
9	5	4	2	2	0.103

[표 5.3]을 기반으로 ROC 곡선을 그리기 위해 우선 범주 1로의 판정을 위하여 사후확률에 대한 경계치를 변화시키면서 민감도 및 특이도를 산출하면 아래 표와 같다.

표 5.4 경계치에 따른 민감도와 특이도

경계치	a	b	c	d	sensitivity	specificity	1-specificity
0.006 이상	4	5	0	0	1	0	1
0.026 이상	4	4	0	1	1	0.2	0.8
0.1 이상	4	3	0	2	1	0.4	0.6
0.103 이상	4	2	0	3	1	0.6	0.4
0.356 이상	4	1	0	4	1	0.8	0.2
0.728 이상	3	1	1	4	0.75	0.8	0.2
0.921 이상	3	0	1	5	0.75	1	0
0.98 이상	2	0	2	5	0.5	1	0
0.981 이상	1	0	3	5	0.25	1	0
1 이상	0	0	4	5	0	1	0

그리고 위의 표를 바탕으로 ROC 곡선을 작성하면 [그림 5.2]와 같다.

AUC(Area Under Curve)는 ROC 곡선 아래의 면적으로 1에 가까울수록 분류(예측)를 잘 하는 모형으로 평가된다.

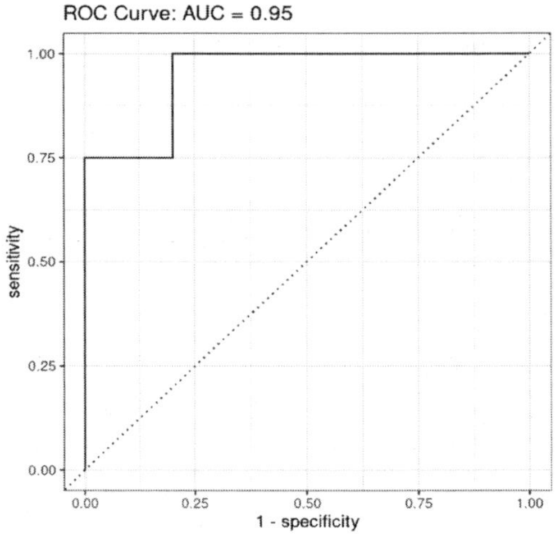

그림 5.2 [예 5.4]에 대한 ROC 곡선과 AUC

5.5 | 이익도표

이익도표는 marketing을 위해 수익을 창출하는 목표고객(target)을 추출할 목적으로 사용되는데, 단순히 분류를 위한 여러 모형을 비교하기 위한 목적으로도 종종 사용되고 있다. 목표 마케팅의 목적에서는 특정 범주의 고객을 목표고객으로 할 때 이러한 목표고객의 비율이 상대적으로 높은 서브그룹을 찾고자 하는 것이다. 이를 위해 우선 전체 데이터를 특정 범주의 사후확률의 순서로 정렬한 후 N개(주로 $N=10$을 사용)의 집단으로 구분하고 각 집단별로 다음과 같은 통계량을 산출한다.

$$\%response = \frac{\text{해당집단중 특정범주빈도}}{\text{해당집단의 전체빈도}} \times 100 \tag{5.14}$$

$$\%captured\ response = \frac{\text{해당집단중 특정범주빈도}}{\text{전체중 특정범주빈도}} \times 100 \tag{5.15}$$

$$gain = \frac{\text{해당집단까지의 특정범주누적빈도}}{\text{전체중 특정범주빈도}} \times 100 \tag{5.16}$$

$$lift = \frac{\text{해당집단까지의 특정범주누적비율}}{\text{전체중 특정범주비율}} \tag{5.17}$$

위에서 % response는 한 집단에 있는 여러 범주 중 특정 범주의 상대도수를 의미하는 것으로 이 값이 크다는 것은 해당 집단에서는 다른 범주에 비해 특정 범주의 비율이 상대적으로 높음을 의미한다. 한편, % captured response는 특정 범주의 분포를 집단별로 보고자 함으로 이 값이 크다는 것은 해당 집단에 특정 범주가 상대적으로 많이 밀집함을 의미한다. 이 % captured response를 누적한 결과를 cumulative % captured response 혹은 gain이라고 하는데, 분류 성능이 좋을수록 gain이 상위집단에서 빠르게 1로 가까워진다. 그리고, lift는 사후확률이 높은 순서로 해당 집단까지 선택하였을 때, 임의로 같은 수의 객체를 선택한 경우보다 특정 범주수가 몇 배 위치하고 있는지를 의미하는 것으로, 분류기법에 기반한 객체 선정이 랜덤 객체 선정에 비해 얼마나 우월한지를 나타낸다. 모든 객체를 선택하는 경우 사후확률에 의한 객체 선정 결과와 랜덤 객체 선정 결과가 동일하므로 lift값은 1이 된다. 하지만 상위 몇 집단만을 목표대상으로 간주한다면, 해당 집단까지의 lift값이 클수록 좋은 분류 성능을 보인다고 할 수 있다.

위와 같은 통계량 각각에 대하여 도식화한 것을 총칭하여 이익도표라 하며, 각각을 %response (이익)도표, %captured response (이익)도표, gain (이익)도표, lift (이익)도표 등으로 부르기도 한다. 각 도표에서 x축에는 집단에 대한 누적비율을 y축에 각 통계량을 나타낸다. 일반적으로 gain 도표와 lift 도표가 분류 성능 측정에 활용된다.

예 5.7

전체 데이터수(객체수)가 1000인 어떤 데이터의 실제 범주별 빈도는 다음과 같다.

	범주 1	범주 2	계
객체수(빈도)	437	563	1000

한편, 어떤 분류모형을 사용하여 각 객체의 범주 1(특정범주)에 대한 사후확률을 산출한 후 이의 크기로(내림차순으로) 전체 객체를 정렬한 후 100개의 객체를 한 집단으로 구분하였더니 각 집단에 속하는 범주 1의 빈도는 다음과 같다.

집단	1	2	3	4	5	6	7	8	9	10	계
빈도	92	78	64	57	43	35	29	22	7	10	437

이를 바탕으로 식(5.14)에서 식(5.17)의 통계량을 산출하면 [표 5.5]와 같다.

표 5.5 이익도표를 위한 통계량

집단	범주 1의 빈도	%response	%captured response	gain(cum. %captured response)	lift
1	92	92	21.1	21.1	2.105
2	78	78	17.8	38.9	1.945
3	64	64	14.6	53.5	1.785
4	57	57	13.0	66.6	1.665
5	43	43	9.8	76.4	1.529
6	35	35	8.0	84.4	1.407
7	29	29	6.6	91.1	1.301
8	22	22	5.0	96.1	1.201
9	7	7	1.6	97.7	1.086
10	10	10	2.3	100.0	1.000

예를 들어, 집단 2에 대하여 통계량은 다음과 같이 계산된다.

%response = 100(78/100) = 78 (%)

%captured response = 100(78/437) = 17.8 (%)

gain = 100(92+78)/437 = 38.9 (%)

lift = ((92 78)/2)/43.7 = 1.945

[표 5.5]를 바탕으로 gain 도표와 lift 도표를 작성하면 [그림 5.3], [그림 5.4]와 같다.

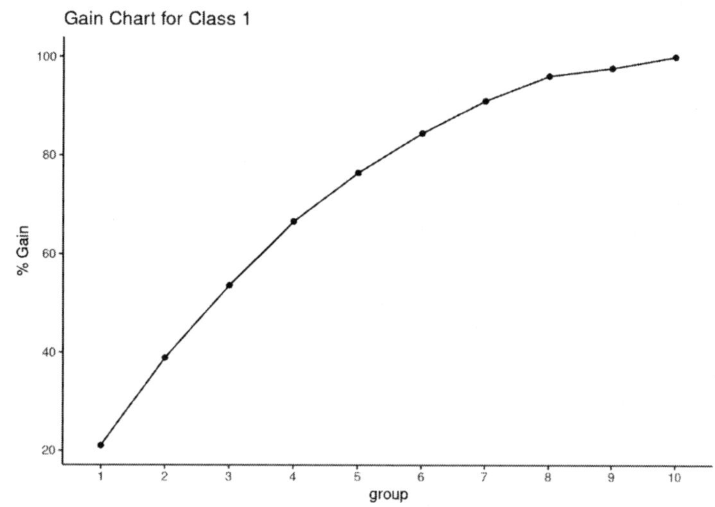

그림 5.3 gain 도표

[그림 5.3]에서 곡선이 45° 직선에 비하여 북서쪽에 위치할수록 상위집단을 특정 범주로 분류하는 비율이 높으므로 해당 분류기법의 성능이 우수하다고 할 수 있다.

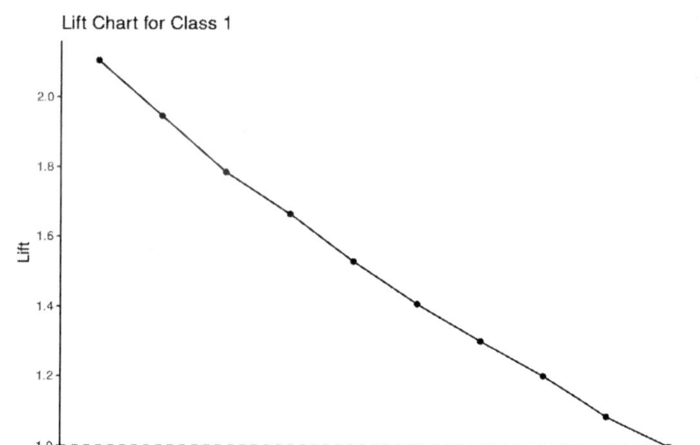

그림 5.4 lift 도표

R 코드

1. 예 5.2의 R 코드

```
# ch05_ex02_knn.R
# ch5.2 basic methods (ch5.2.1 k-nearest neighbor)

# ex5-2: k-nearest neighbor classification

# load package
library(class) # knn

# load data
dat1 <- read.csv("data/ch7_dat1.csv")
dat1$class <- factor(dat1$class)
train_x <- dat1[1:7, 2:3]
train_y <- dat1[1:7, 4]
test_x <- dat1[8:9, 2:3]

# compute Euclidean distance between training data
dist(train_x)

# estimate class for each training data
# as the most frequent class among 3-nearest neighbor
knn.cv(train_x, train_y, k = 3)

# estimate class for each test data
# as the most frequent class among 3-nearest neighbor in training data
knn(train_x, test_x, train_y, k = 3)
```

2. 예 5.3, 5.4의 R 코드

```
# ch05_ex03_NB.R
# ch5.2 basic methods (ch5.2.2 naive Bayes)
# ch5.3 classification performance metrics

# load packages
library(e1071) # naive bayes
library(yardstick) # measure performance

# read csv file
dat3 <- read.csv("data/ch5_dat3.csv")
dat3$gender <- factor(dat3$gender)
dat3$age_gr <- factor(dat3$age_gr)
dat3$class <- factor(dat3$class)

# summary about data
summary(dat3)

# ex5-3: Naive Bayes classification

# Naive Bayes classification
nb_fit <- naiveBayes(class ~ gender + age_gr, data = dat3)
print(nb_fit)

# posterior probability
nb_posterior <- predict(nb_fit, dat3, type = "raw")
round(nb_posterior, 3)

# estimated class
nb_class <- predict(nb_fit, dat3, type = "class")
nb_class

# print summary results
results <- cbind(dat3, pred_class = nb_class, posterior = round(nb_posterior, 3))
results

# ex5-4: measure performance for ex5-3 results

# confusion matrix
conf_mat(results, truth = "class", estimate = "pred_class")

# sensitivity, specificity, F1-score
multi_metric <- metric_set(accuracy, sens, spec, f_meas)
multi_metric(results, truth = "class", estimate = "pred_class")
```

3. 예 5.4의 R 코드

```
# ch05_ex04_confusion_matrix.R
# ch5.3 classification performance metrics

# ex5-4

# load packages
library(yardstick)

# load data
dat <- read.csv("data/ch5_cm.csv")
dat$pred_y <- factor(dat$pred_y, levels = c(1, 0))
dat$true_y <- factor(dat$true_y, levels = c(1, 0))
summary(dat)
table(dat)

# confusion matrix
cm <- conf_mat(dat, truth = "true_y", estimate = "pred_y")
cm

# accuracy, sensitivity, specification, F1
multi_metric <- metric_set(accuracy, sens, spec, f_meas)
multi_metric(dat, truth = "true_y", estimate = "pred_y")

# OPTIONAL: show many other metrics from confusion matrix
summary(cm)
```

4. 예 5.5의 R 코드

```
# ch05_ex05_ROC_1.R
# ch5.4 ROC curve

# ex5-5

# load package
library(yardstick)
library(ggplot2)
```

```
# read csv file
dat5 <- read.csv("data/ch5_dat5.csv")
dat5$class <- factor(dat5$class, levels = c(1, 0))

# classification based on rules: x >= 40
dat5$pred40 <- factor(ifelse(dat5$x >= 40, 1, 0), levels = c(1, 0))

# measure performance - pred40
cm40 <- conf_mat(dat5, truth = "class", estimate = "pred40")
cm40

multi_metric <- metric_set(sens, spec)
metric40 <- multi_metric(dat5, truth = "class", estimate = "pred40")
metric40

# classification based on rules: x >= 50
dat5$pred50 <- factor(ifelse(dat5$x >= 50, 1, 0), levels = c(1, 0))

# measure performance - pred50
cm50 <- conf_mat(dat5, truth = "class", estimate = "pred50")
cm50

metric50 <- multi_metric(dat5, truth = "class", estimate = "pred50")
metric50
```

5. 예 5.6의 R 코드

```
# ch05_ex06_ROC_2.R
# ch5.4 ROC curve

# ex5-6

# load package
library(yardstick)
library(ggplot2)

# load data
dat <- read.csv("data/ch5_roc.csv")
dat$class <- factor(dat$class)
```

```
dat$pred <- factor(dat$pred)

# ROC curve
roc <- roc_curve(dat, truth = "class", posterior1)
roc

# Area under ROC curve
auc <- roc_auc(dat, truth = "class", posterior1)
auc

# Plot
autoplot(roc) +
  labs(title = paste0("ROC Curve: AUC = ", auc[[".estimate"]]))
```

참고문헌

$k-$인근객체법 및 나이브 베이지안 분류법 등에 대한 보다 자세한 특성은 참고문헌 [1] 등을 참조할 수 있다. ROC 곡선의 자세한 내용은 참고문헌 [2]를 참고할 수 있다.

[1] Tan, P.-N., M. Steinbach and V. Kumar (2006), *Introduction to Data Mining*, Pearson International Edition, Boston.

[2] Zweig, MH and Campbell, G. Receiver-operating characteristic (ROC) plots: A fundamental evaluation tool in clinical medicine. Clin Chem. 1993; 39: 561-577.

연습문제

5.1 $k-$인급객체법에서 k값이 작을 때와 클 때의 단점을 각각 설명하라.

5.2 객체의 속성변수들이 높은 상관관계를 가질 때 나이브 베이지안 분류법을 적용하는 경우 어떤 결과가 예상되는가?

5.3 다음은 10명의 봉급생활자에 대한 속성 및 신용등급을 나타낸 자료이다.

	주택보유	결혼여부	봉급수준	신용등급
1	예	예	상	A
2	아니오	아니오	중	B
3	아니오	예	중	B
4	예	아니오	중	A
5	예	예	중	A
6	예	아니오	상	A
7	아니오	아니오	하	B
8	예	예	중	B
9	아니오	예	하	B
10	예	예	상	A

(a) $k-$인근객체법을 사용하여 위의 각 고객에 대한 신용등급을 추정하라. 단, $k=3$을 사용하라. 속성 중 '주택보유' 및 '결혼여부'는 이분형으로 '봉급수준'은 서열형으로 간주하여 11.3절에서 설명하는 거리척도를 사용하라.

(b) 나이브 베이지안 분류법을 사용하여 위의 각 고객에 대한 신용등급을 추정하라.

5.4 다음과 같은 두 변수를 갖는 8개의 객체에 대한 학습표본이 있다.

객체	1	2	3	4	5	6	7	8
X1	5	4	7	8	3	2	6	9
X2	7	3	8	6	6	5	6	6
범주	1	−1	1	−1	−1	−1	1	1

$k-$인근객체법 ($k=4$)을 사용하여 다음의 새로운 객체를 분류하라.

(a) (X1, X2) = (5, 4)

(b) (X1, X2) = (7, 6)

5.5 [예 5.5]의 데이터에 대하여 X 〈 c일 때 범주 0으로 분류하는 기준을 사용한다고 할 때 c값의 변화에 따른 민감도 및 특이도를 산출하라. 또한 이를 바탕으로 ROC 곡선을 작성하라.

5.6 전체 데이터수(객체수)가 500인 어떤 데이터의 실제 범주별 빈도는 다음과 같다.

	범주 1	범주 2	계
객체수(빈도)	281	219	500

분류모형 A와 B를 사용하여 각 객체의 범주1 (특정범주)에 대한 사후확률을 산출한 후 이의 크기로 (내림차순으로) 전체 객체를 정렬한 후 50개의 객체를 한 집단으로 구분하였더니 각 집단에 속하는 범주1의 빈도는 다음과 같다.

집단	1	2	3	4	5	6	7	8	9	10	계
모형A	48	46	41	36	30	25	19	12	14	10	281
모형B	49	48	45	41	34	30	12	7	10	5	281

이를 바탕으로 식(5.14) - (5.17)의 통계량을 산출하고 각각에 대한 이익도표를 작성하라. 또한 두 분류모형의 성능을 비교하라.

6장

로지스틱 회귀분석

6.1 이분 로지스틱 회귀모형
6.2 명목 로지스틱 회귀모형
6.3 서열 로지스틱 회귀모형
부록 6.1 정규분포 모수에 대한 최우추정법
부록 6.2 최우추정치에 대한 표준오차
R 코드
연습문제

로지스틱 회귀분석(logistic regression)은 종속변수가 통상 2개의 범주(있음/없음, 불량/양호, 합격/불합격 등)를 다루는 모형을 지칭하나 3개 이상의 범주를 다루기도 한다. 후자의 경우는 다시 명목형 데이터(nominal data)와 서열형 데이터(ordinal data) 구분에 따라 서로 다른 모형이 사용된다. 따라서 본 장에서 다음의 세 가지 회귀모형을 다룬다.

1) 이분 로지스틱 회귀모형(binary logistic regression): 종속변수가 2개의 범주를 가질 때 사용
2) 명목 로지스틱 회귀모형(nominal logistic regression): 종속변수가 3개 이상의 범주를 가지며 범주 간에 순서가 없을 때 사용
3) 서열 로지스틱 회귀모형(ordinal logistic regression): 종속변수가 3개 이상의 범주를 가지며 범주 간에 자연적인 순서가 있을 때 사용

6.1 | 이분 로지스틱 회귀모형

6.1.1 이분형 종속변수

이분 로지스틱 회귀모형은 종속변수가 2가지 범주를 취하는 경우에 사용된다. 예를 들어, 특정 후보에 대한 지지여부(지지함/지지하지 않음), 제품의 불량여부(양품/불량품), 거래의 사기여부(사기거리/정상거래) 등을 들 수 있다. 따라서 종속변수를 Y라 하고 i번째 관측치를 Y_i라 하면, 이는 0 또는 1의 값을 갖는다고 할 수 있다. 보통 관심 있는 사건이 일어날 때 '1'로, 그렇지 않을 때 '0'으로 둔다.

Y_i가 지시변수(indicator variable)이므로 이의 기대치 $E[Y_i]$는 Y_i가 1일 확률과 같다. 이 확률을 P_i라 하면 다음과 같은 식이 성립된다.

$$P_i = P\{Y_i = 1\} = E[Y_i] \tag{6.1}$$

Y_i에 대한 확률분포는 베르누이(Bernoulli) 분포를 따른다. 즉, Y_i에 대한 확률밀도함수는 다음과 같이 표현할 수 있다.

$$f_i(y) = P\{Y_i = y\} = P_i^y(1-P_i)^{1-y}, y = 0, 1 \tag{6.2}$$

이 경우의 회귀모형은 Y_i를 직접적으로 설명하는 것이 아니라 P_i를 설명하는 것을 고려한다. 하나의 독립변수 X에 대하여 n개의 관측치가 있는 경우 우선 생각할 수 있는 모형은 다음과 같이 이 확률이 X에 대하여 선형적일 것으로 가정하는 것이다.

$$P_i = \beta_0 + \beta_1 X_i \quad i = 1, ..., n \tag{6.3}$$

위의 모형을 선형확률모형(linear probability model)이라 한다. 여기서 문제가 되는 것은 P_i가 확률값이므로 0에서 1의 값을 가져야 하는데 X에 대하여 선형으로 가정하면 X값에 따라 0 이하 또는 1 이상의 값을 가질 수 있다는 점이다. 이와 같은 문제점을 보완하기 위하여 다음 절에서 설명하는 로짓 변환을 바탕으로 하는 로지스틱 모형이 개발되었다.

6.1.2 로짓 변환

선형확률모형의 문제를 해결하는 모형으로 제시된 것이 로지스틱 회귀모형이다. 로지스틱 함수(logistic function)는 확률변수의 분포함수 형태와 같이 S 곡선을 그리고 있으며 변수변환에 의해 선형으로 바꾸기가 용이하기 때문에 널리 사용된다. 즉, P_i가 X_i의 취하는 값과 관계 없이 항상 0에서 1 사이의 값을 갖는 다음과 같은 로지스틱 함수를 따른다고 가정한다 (이하에서 편의상 오차항 사용을 생략하였다).

$$P_i = \frac{\exp(\beta_0 + \beta_1 X_i)}{1 + \exp(\beta_0 + \beta_1 X_i)} \tag{6.4}$$

위의 로지스틱 함수는 [그림 6.1]에서 보듯이 X값에 상관없이 항상 확률 P가 0과 1 사이 값을 갖게 된다.

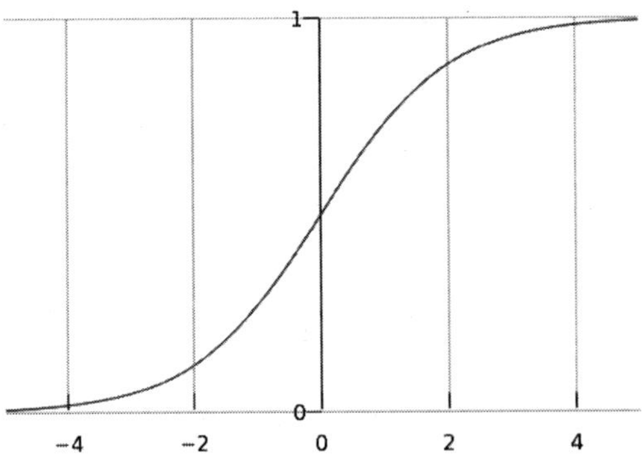

그림 6.1 로지스틱 함수의 예

식(6.4)는 변수 X 및 계수들에 대하여 선형이 아니므로 추정이 어렵다. 그러나, P를 다음과 같이 변환하면 선형회귀식으로 바꿀 수 있다.

$$logit(P) = \ln\left[\frac{P}{1-P}\right] \tag{6.5}$$

위의 변환을 로짓(logit) 변환이라 한다. 여기서 $P/(1-P)$는 발생하지 않을 확률 대비 발생할 확률의 비로 승산비(odds ratio)라고 한다. 즉, 승산비는 '$Y=0$'이 일어날 확률 대비 'Y=1'이 일어날 확률의 비를 말하는 것이다. 예를 들어, 승산비=1은 P=0.5를 의미하며 P=0.75인 경우 승산비는 3이 된다. $logit(P)$는 P가 증가함에 따라 증가하며 $-\infty$에서 ∞까지 모든 실수값을 취한다. 이때 식(6.4)의 로지스틱 회귀모형은 식(6.5)의 로짓 변환을 통하여 다음과 같은 선형모형 형태로 표현된다(이를 확인하라).

$$logit(P) = \beta_0 + \beta_1 X \tag{6.6}$$

식(6.6)에서 회귀계수 β_1의 의미는 선형회귀모형에서와는 달리 다소 복잡하다. β_1은 X가 한 단위 증가할 때 $logit(P)$, 즉 승산비의 로그값(또는 로그 승산비)의 증가분을 말하므로 승산비가 e^{β_1} 배로 증가함을 의미한다.

식(6.6)의 모형은 여러 독립변수가 있는 경우로 확장이 가능하다. 즉, p개의 독립변수가 있는 경우 로지스틱 회귀모형은 다음과 같다.

$$logit(P) = \beta_0 + \beta_1 X_1 + \dots + \beta_p X_p = \boldsymbol{\beta}^T \boldsymbol{x} \tag{6.7}$$

여기서 $\boldsymbol{\beta} = (\beta_0, \beta_1, \dots, \beta_p)^T$는 계수벡터를 나타내며, $\boldsymbol{x} = (1, X_1, \dots, X_p)^T$이다. 또한 두 개 이상의 독립변수 간의 교호작용(interaction)이 있는 경우 두 개 또는 그 이상의 변수의 곱을 또 다른 독립변수로 간주하여 추가할 수 있다.

6.1.3 회귀계수의 추정

식(6.6) 또는 식(6.7)의 모형에서 확률 P는 직접적으로 관측되는 것이 아니고 0 또는 1을 갖는 Y가 관측되므로 최소자승법으로 계수를 추정하기 어렵다. 로지스틱 모형에서 회귀계수의 추정을 위해서 주로 최우추정법(maximum likelihood estimation)이 사용된다. 최우추정법이란 확률변수인 관측치들에 대한 결합확률밀도함수(joint probability density function)를 모수의 함수로 표현한 후, 이를 최대화시키는 모수 값을 찾는 방법이다. 이때 모수의 함수를 우도함수(likelihood function)라 하며, 각 관측치에 대한 확률밀도함수를 단순히 곱함으로써 얻을 수 있다. 또한, 우도함수를 최대화시키는 대신 우도함수에 로그를 취한 로그 우도함수를 최대화시키는 방안을 통상적으로 사용하고 있다. 정규분포의 모수에 대한 최우추정법을 본 장의 [부록]에 설명하였다.

편의상 식(6.6)과 같이 독립변수가 하나인 모형에 대한 회귀계수 추정을 설명하고자 한다. Y_i가 식(6.2)와 같이 베르누이 분포를 따르므로, 데이터 $(x_1, y_1), \ldots, (x_n, y_n)$이 주어질 때 우도함수는 다음과 같다.

$$L = \prod_{i=1}^{n} f_i(y_i) = \prod_{i=1}^{n} P_i^{y_i}(1-P_i)^{1-y_i} \tag{6.8}$$

그리고 우도함수에 자연로그를 취하면 아래와 같다.

$$\begin{aligned} \log L &= \sum_{i=1}^{n} y_i \log P_i + \sum_{i=1}^{n}(1-y_i)\log(1-P_i) \\ &= \sum_{i=1}^{n} y_i \log\frac{P_i}{1-P_i} + \sum_{i=1}^{n}\log(1-P_i) \end{aligned} \tag{6.9}$$

이 식에 (6.6)의 관계를 대입하면 로그 우도함수는 다음과 같다.

$$\log L = \sum_{i=1}^{n} y_i(\beta_0 + \beta_1 x_i) - \sum_{i=1}^{n}\log(1+e^{\beta_0+\beta_1 x_i}) \tag{6.10}$$

식(6.10)을 최대로 하는 모수 β_0 및 β_1을 구하기 위해 위의 식을 β_0과 β_1에 대하여 각각 편미분하고 0으로 놓으면 다음의 두 식을 얻는다.

$$\sum_{i=1}^{n} y_i = \sum_{i=1}^{n}\frac{e^{\beta_0+\beta_1 x_i}}{1+e^{\beta_0+\beta_1 x_i}} \tag{6.11a}$$

$$\sum_{i=1}^{n} x_i y_i = \sum_{i=1}^{n}\frac{x_i e^{\beta_0+\beta_1 x_i}}{1+e^{\beta_0+\beta_1 x_i}} \tag{6.11b}$$

위의 비선형 방정식을 풀어 β_0과 β_1에 대한 최우추정치를 얻는다. 이를 위해 주로 뉴턴-랩슨 알고리즘(Newton-Raphson algorithm)이나 quasi-Newton 알고리즘이 사용된다.

한편, i번째 객체(또는 관측)에 대한 Y_i의 데이터 형태가 r_i번 반복할 때 '1'이 나오는 수를 나타낸다면 Y_i는 다음과 같이 이항분포(binomial distribution)를 따르게 된다.

$$f_i(y_i) = P\{Y_i = y_i\} = \binom{r_i}{y_i} P_i^{y_i}(1-P_i)^{r_i - y_i}, \quad y_i = 0, 1, \ldots, r_i \tag{6.12}$$

이때 우도함수는 다음과 같다.

$$L = \prod_{i=1}^{n} \binom{r_i}{y_i} P_i^{y_i}(1-P_i)^{r_i - y_i} \tag{6.13}$$

그리고 최우추정치를 얻는 방법은 위의 경우와 유사하다.

각 객체에 대한 반복 관측치가 있는 경우에는 P_i의 추정이 가능하므로, 최우추정치 대신 최소자승법(least squares method)을 이용할 수도 있다. 이때 각 객체에 대한 P_i는 다음과 같이 추정되므로

$$\widehat{P}_i = y_i / r_i \tag{6.14}$$

하나의 독립변수가 있는 경우 회귀모형은 다음과 같다.

$$logit(\widehat{P}_i) = \beta_0 + \beta_1 X_i + \varepsilon_i \tag{6.15}$$

위의 계수를 통상적 최소자승법(ordinary least squares; OLS)을 사용하여 추정할 수 있으나 모형의 오차항 분산이 아래와 같이 객체에 따라 다르므로

$$Var[\varepsilon_i] = \frac{1}{r_i \widehat{P}_i (1-\widehat{P}_i)} \tag{6.16}$$

보다 엄밀하게는 다음과 같은 가중치를 갖는 가중최소자승법(weighted least squares; WLS)을 사용하여야 한다.

$$w_i = r_i \widehat{P}_i (1-\widehat{P}_i) \tag{6.17}$$

참고로, 단순회귀모형 $Y_i = \beta_0 + \beta_1 X_i + \epsilon_i$에 대한 가중최소자승법은 아래 함수를 최소로 하는 회귀계수를 얻는 것이다.

$$Q_w = \sum_{i=1}^{n} w_i (Y_i - \beta_0 - \beta_1 X_i)^2$$

6.1.4 분류규칙

이분 로지스틱 회귀모형에서 기본적인 분류규칙은 Y=1일 확률이 Y=0일 확률보다 크면 1로 분류하고, 그렇지 않으면 0으로 분류하는 것이다. 즉,

$$P_i > 0.5 \text{ 이면 } i\text{번째 객체를 '1'로 분류} \quad (6.18a)$$

$$P_i \leq 0.5 \text{ 이면 } i\text{번째 객체를 '0'으로 분류} \quad (6.18b)$$

이 규칙은 로짓에 대해서는 다음과 같다.

$$logit(P_i) > 0 \text{ 이면 } i\text{번째 객체를 '1'로 분류} \quad (6.19a)$$

$$logit(P_i) \leq 0 \text{ 이면 } i\text{번째 객체를 '0'으로 분류} \quad (6.19b)$$

예 6.1

기숙사에 거주하는 남자 대학생 15명을 대상으로 생활 습관에 대한 설문조사를 하여 아래 표와 같은 결과를 얻었다. 그리고 이 학생들의 평점을 기준으로 '우수'와 '보통' 학생으로 구분하였다. 여기서 Break는 지시변수로서 아침식사를 하는 경우 1, 그렇지 않은 경우 0이다.

표 6.1 우수/보통 학생에 대한 설문조사 결과

객체	아침식사여부 (Break)	수면시간 (Sleep)	서클활동시간 (Circle)	범주
1	0	8	2	우수
2	1	7	1	우수

3	0	9	0	우수
4	1	6	4	우수
5	1	8	2	우수
6	0	7	3	우수
7	0	7	0	보통
8	1	6	1	보통
9	0	7	2	보통
10	0	8	1	보통
11	0	5	2	보통
12	1	8	0	보통
13	0	6	3	보통
14	1	7	2	보통
15	0	6	1	보통

우수학생을 범주 1로 보통학생을 범주 0으로 하고, 범주 1일 확률을 P로 정의할 때 로짓 모형의 추정 결과는 다음과 같다.

표 6.2 [예 6.1]에 대한 Logistic Regression 결과

```
Coefficients:
              Estimate  Std. Error    z value   Pr(>|z|)  Odds Ratio
(Intercept)  -30.51084    18.01826   -1.69333    0.09039       0.000
Break          2.03128     1.98369    1.02399    0.30584       7.624
Sleep          3.47067     2.07498    1.67263    0.09440      32.158
Circle         2.41439     1.39637    1.72904    0.08380      11.183
```

위의 결과에 따르면 추정된 회귀식은 다음과 같다.

$$logit(P) = -30.511 + 2.031Break + 3.471Sleep + 2.414Circle$$

[표 6.2]에서 'Std. Error'는 각 회귀계수의 추정치에 대한 표준오차(standard error)를 나타내는데, 로그 우도함수의 2차 미분량으로 구성된 헤시안 행렬(Hessian matrix)의 역행렬로부터 근사적으로 산출된다. 이의 과정을 [부록 6.2]에 기술하였다. 'z value'는 각 계수의 유의성 검정에 대한 검정통계치이며, 'Odds Ratio'는 각 변수의 승산비를 나타낸다. [표 6.1]의 데이터에 대하여 범주 1일 확률을 추정하고 분류규칙을 적용한 결과는 [표 6.3]과 같다.

표 6.3 [예 6.1]에 대한 범주 추정

객체	아침식사여부 (Break)	수면시간 (Sleep)	서클활동시간 (Circle)	실제 범주	Logit(P)	P	추정 범주
1	0	8	2	우수 (1)	2.086	0.8895	1
2	1	7	1	우수 (1)	−1.768	0.1458	0
3	0	9	0	우수 (1)	0.729	0.6746	1
4	1	6	4	우수 (1)	2.003	0.8811	1
5	1	8	2	우수 (1)	4.117	0.9840	1
6	0	7	3	우수 (1)	1.029	0.7367	1
7	0	7	0	보통 (0)	−6.213	0.0020	0
8	1	6	1	보통 (0)	−5.239	0.0053	0
9	0	7	2	보통 (0)	−1.385	0.2002	0
10	0	8	1	보통 (0)	−0.328	0.4187	0
11	0	5	2	보통 (0)	−8.327	0.0002	0
12	1	8	0	보통 (0)	−0.711	0.3294	0
13	0	6	3	보통 (0)	−2.442	0.0800	0
14	1	7	2	보통 (0)	0.646	0.6561	1
15	0	6	1	보통 (0)	−7.270	0.0007	0

[표 6.3]의 결과를 오분류행렬(confusion matrix)로 정리하면 [표 6.4]와 같다. 즉, 실제 '우수' 학생 6명 중 1명을 '보통'으로 잘못 분류하였으며, 실제 '보통' 학생 중 11.1%를 '우수'로 잘못 분류하고 있다.

표 6.4 [예 6.1]에 대한 오분류행렬

		추정 범주		계
		1	0	
실제범주	1	5	1	6
	0	1	8	9
계		6	9	15

6.1.5 비용을 고려한 분류규칙

실제 1인 범주를 0으로 오분류할 때와 실제 0인 범주를 1로 오분류할 때 초래되는 비용을 고려하여 총비용이 최소가 되는 분류 방안을 생각할 수 있다. 우선 두 가지 오분류비용을 다음과 같이 정의하자.

$C(0/1)$ = 실제 1인 범주를 0으로 오분류할 때 초래 비용

$C(1/0)$ = 실제 0인 범주를 1로 오분류할 때 초래 비용

아래와 같은 분류규칙을 적용한다고 할 때

$P_i > v$ 이면 i번째 객체를 '1'로 분류 (6.20a)

$P_i \le v$ 이면 i번째 객체를 '0'으로 분류 (6.20b)

학습표본으로부터 다음과같은 두 가지 오분류율을 추정한다고 하자.

$p(0/1;v)$ = 실제 1인 범주를 0으로 오분류하는 비율

$p(1/0;v)$ = 실제 0인 범주를 1로 오분류하는 비율

여기서 $p(0/1;v)$는 v값이 증가할 때 같이 증가할 것이며, $p(1/0;v)$는 감소할 것이다. 이 때 총 오분류비용(total cost of misclassification; TCM)은 다음과 같이 산출된다.

$$TCM(v) = C(0/1)p(0/1;v)\pi_1 + C(1/0)p(1/0;v)\pi_0 \quad (6.21)$$

여기서 π_0 및 π_1은 각각 범주 0 및 1일 사전확률(prior probability)로서 데이터 관측 이전에 각 범주로 예상되는 가능성을 확률로 나타내는 값이다. 따라서 $TCM(v)$를 최소로 하는 분류 경계치 v를 구하여 분류규칙에 적용할 수 있다. $TCM(v)$를 최소화시키기 위해서는 다수의 v값에 대하여 총비용을 산출하는 탐색기법을 사용할 수 있다.

예 6.2

[예 6.1]에서 $v=0.5$, $C(0/1)=C(1/0)=1$, $\pi_0=\pi_1=0.5$인 경우 총오분류비용 TCM은 다음과 같다.

$$TCM(0.5)=0.5(0.1667)+0.5(0.1111)=0.1389$$

한편, v=0.66일 때 객체 14의 경우만 '0'으로 분류되므로 TCM은 다음과 같이 줄어든다.

$$TCM(0.66)=0.5(0.2)+0.5(0.0)=0.1$$

6.1.6 기타 변환

식(6.4)에서는 로지스틱 함수를 사용하고 있으나 X 값에 무관하게 0에서 1 사이의 값을 갖는 다른 함수를 고려할 수 있다. 로지스틱 함수 대신 많이 사용되는 함수로는 곰페르츠(Gompertz) 함수가 있다. 즉,

$$P=1-\exp(-\exp(\beta_0+\beta_1 X)) \tag{6.22}$$

이는 다시 다음과 같이 쓸 수 있는데,

$$\ln(-\ln(1-P))=\beta_0+\beta_1 X \tag{6.23}$$

이때 왼쪽의 P에 대한 변환을 곰핏(Gompit) 변환이라 한다.

식(6.6) 또는 (6.23)을 일반화하면 다음과 같은 식을 만들 수 있다.

$$g(P)=\boldsymbol{\beta}^T\boldsymbol{x} \tag{6.24}$$

이때 왼쪽의 함수 g를 연결함수(link function)라 하는데 확률 P에 대한 적절한 변환함수를 의미한다. 일반적으로 누적확률분포함수가 0에서 1 사이의 값을 취하므로 누적확률분포함수 F의 역함수를 g로 사용할 수 있다. 즉,

$$g(P) = F^{-1}(P) = \beta^T \boldsymbol{x} \tag{6.25}$$

위의 모형을 프로빗(Probit) 모형이라 한다. 여기서도 표준정규분포를 종종 사용하는데 이 경우를 노밋(Normit) 모형이라 한다. 즉, 노밋 모형은 다음과 같다.

$$g(P) = \Phi^{-1}(P) = \beta^T \boldsymbol{x} \tag{6.26}$$

위에서 Φ는 표준정규분포의 누적확률분포함수로서 다음과 같이 주어진다.

$$\Phi(x) = \int_{-\infty}^{x} \frac{1}{\sqrt{2\pi}} e^{-z^2/2} dz \tag{6.27}$$

식(6.24)의 일반적인 모형에 대하여 연결함수에 따라 각 모형을 요약하면 다음과 같다.

로짓 모형: $g(P) = \ln\left(\frac{P}{1-P}\right) = \beta^T \boldsymbol{x}$

곰핏 모형: $g(P) = \ln(-\ln(1-P)) = \beta^T \boldsymbol{x}$

프로빗 모형: $g(P) = F^{-1}(P) = \beta^T \boldsymbol{x}$

노밋 모형: $g(P) = \Phi^{-1}(P) = \beta^T \boldsymbol{x}$

예 6.3

[예 6.1]의 데이터를 곰핏 모형 및 노밋 모형에 각각 적용한 후 범주를 추정하여 보자. 우선 곰핏 모형의 추정 결과는 다음과 같다.

Gompit 모형 결과

```
Coefficients:
             Estimate  Std. Error  z value  Pr(>|z|)
(Intercept)  -26.350      14.979   -1.759    0.0786 .
Break          1.350       1.503    0.898    0.3692
Sleep          2.967       1.711    1.734    0.0828 .
Circle         2.040       1.071    1.905    0.0567 .
---
Signif. codes:  0 '***' 0.001 '**' 0.01 '*' 0.05 '.' 0.1 ' ' 1
```

즉, 곰핏 모형에 의한 추정회귀식은 다음과 같다.

$$\ln(-\ln(1-\hat{P})) = -26.35 + 1.350Break + 2.967Sleep + 2.040Circle$$

한편, 노밋 모형의 추정 결과는 다음과 같다.

Normit 모형 결과

```
Coefficients:
             Estimate  Std. Error  z value  Pr(>|z|)
(Intercept) -17.8505     9.9127    -1.801    0.0717 .
Break         1.2607     1.1288     1.117    0.2641
Sleep         2.0313     1.1424     1.778    0.0754 .
Circle        1.4144     0.7798     1.814    0.0697 .
---
Signif. codes:  0 '***' 0.001 '**' 0.01 '*' 0.05 '.' 0.1 ' ' 1
```

따라서 노밋 모형에 의한 추정회귀식은 다음과 같다.

$$\Phi^{-1}(\hat{P}) = -17.8505 + 1.2607Break + 2.0313Sleep + 1.4144Circle$$

위의 추정식을 바탕으로 각 객체에 대해 범주를 추정하면 [표 6.5]와 같다. 이 데이터에 대한 추정 결과는 로짓 모형의 경우와 동일함을 볼 수 있다.

표 6.5 [예 6.1]에 대한 곰핏 및 노밋 모형 적용 시 범주 추정치

객체	아침식사 여부 (Break)	수면 시간 (Sleep)	서클활동 시간 (Circle)	실제 범주	곰핏 모형		노밋 모형	
					P	추정 범주	P	추정 범주
1	0	8	2	우수 (1)	0.987	1	0.891	1
2	1	7	1	우수 (1)	0.106	0	0.171	0
3	0	9	0	우수 (1)	0.760	1	0.666	1
4	1	6	4	우수 (1)	0.927	1	0896	1
5	1	8	2	우수 (1)	1.000	1	0.994	1
6	0	7	3	우수 (1)	0.821	1	0.729	1
7	0	7	0	보통 (0)	0.004	0	0.000	0
8	1	6	1	보통 (0)	0.006	0	0.001	0
9	0	7	2	보통 (0)	0.200	0	0.212	0
10	0	8	1	보통 (0)	0.432	0	0.425	0
11	0	5	2	보통 (0)	0.001	0	0.000	0
12	1	8	0	보통 (0)	0.247	0	0.367	0

객체	아침식사 여부 (Break)	수면 시간 (Sleep)	서클활동 시간 (Circle)	실제 범주	곰핏 모형		노밋 모형	
					P	추정 범주	P	추정 범주
13	0	6	3	보통 (0)	0.085	0	0.078	0
14	1	7	2	보통 (0)	0.578	1	0.677	1
15	0	6	1	보통 (0)	0.001	0	0.000	0

6.2 명목 로지스틱 회귀모형

종속변수가 셋 이상의 범주를 갖고 있으나 자연스러운 순서가 없는 경우를 고려해 보자. 이를 위해서 다범주 회귀모형(multicategory or polychotomous regression model)을 사용하는데, 이 중에서 널리 사용되는 기준범주 로짓 모형(baseline-category logit model)을 소개한다. 종속변수 Y가 1, 2, ⋯, J의 값을 취한다고 하자. 이때 Y가 각 범주에 속할 확률을 아래와 같이 정의하자.

$$P_j = P\{Y = j\}, j = 1, \ldots J \tag{6.28}$$

여기서 모든 확률을 합하면 1이 된다. 즉,

$$\sum_{j=1}^{J} P_j = 1$$

기준범주 로짓 모형이란, 마지막 범주인 범주 J를 기준(baseline)으로 간주하여 (다른 범주를 기준으로 할 수도 있음) 범주별로 다음과 같은 (J–1)개의 회귀모형을 사용하는 것이다. 여기서는 편의상 독립변수는 X 하나인 경우를 고려하자.

$$\log\left(\frac{P_j}{P_J}\right) = \alpha_j + \beta_j X, \;\; j = 1, \ldots, J-1 \tag{6.29}$$

특히, 두 개의 범주를 가질 때 (J=2) 위의 모형은 식(6.6)의 로짓 모형이 됨을 알 수 있다. 식(6.29)의 모형하에서 범주별 확률은 다음과 같이 표현된다(이를 확인하라).

$$P_j = P_J e^{\alpha_j + \beta_j X} = \frac{e^{\alpha_j + \beta_j X}}{1 + \sum_{j=1}^{J-1} e^{\alpha_j + \beta_j X}},\ j = 1, \ldots, J-1 \tag{6.30a}$$

$$P_J = \frac{1}{1 + \sum_{j=1}^{J-1} e^{\alpha_j + \beta_j X}} \tag{6.30b}$$

모형이 추정된 후 새로운 객체에 대하여 각 범주별 확률을 추정한 후 최대의 확률을 갖는 범주를 부여하게 된다. 즉, 분류규칙은 다음과 같다.

$$k = \arg\max_j P_j:\ P_k\text{의 값이 가장 클 때 해당 객체를 범주 } k\text{로 분류} \tag{6.31}$$

모수의 추정을 위해 최우추정법을 사용할 수 있는데, i 번째 객체의 범주가 y_i일 때 다음의 변수를 정의한다.

$$v_{ij} = \begin{cases} 1 & y_i = j\text{일 때} \\ 0 & y_i \neq j\text{일 때} \end{cases} \tag{6.32}$$

이때 Y_i는 1개를 J항으로 나누는 다항분포(multinomial distribution)를 따르므로 우도함수는 다음과 같다.

$$L = \prod_{i=1}^{n} P\{Y_i = y_i\} = \prod_{i=1}^{n}\prod_{j=1}^{J} P_j^{v_{ij}}$$

따라서 로그우도함수는 다음과 같다.

$$\log L = \sum_{i=1}^{n}\sum_{j=1}^{J} v_{ij} \log P_j \tag{6.33}$$

예 6.4

어떤 제품의 불량원인을 파악하기 위하여 불량품을 분석한 결과 공정변수 X_1 및 X_2의 값에 따라 [표 6.6]에서 보는 바와 같이 3종류의 불량(Y=1, 2, 3)이 발생함을 알았다. 공정변수에 따른 불량종류를 모형화하여 분류규칙을 도출하고자 한다.

표 6.6 공정변수–불량종류 데이터

	X_1	X_2	Y
1	9.33	5.02	1
2	9.91	5.01	1
3	11.88	4.94	1
4	11.54	5.12	1
5	11.66	5.03	1
6	12.43	4.94	2
7	10.32	5.13	2
8	10.15	4.87	1
9	9.83	5.13	2
10	10.79	4.94	3
11	10.57	4.93	3
12	8.66	5.02	3
13	9.59	5.01	3
14	9.35	4.94	3
15	10.20	5.12	2
16	12.20	4.93	2
17	9.80	5	1
18	8.80	5.01	3

범주 1을 기준범주로 할 때, 위의 데이터에 대한 명목 로지스틱 회귀분석의 결과는 다음과 같다.

```
Coefficients :
                 Estimate  Std. Error   z-value   Pr(>|z|)
(Intercept):2  -73.99350    52.46440   -1.4104    0.15843
(Intercept):3   87.30791    69.84356    1.2500    0.21128
X1:2             0.80709     0.74505    1.0833    0.27869
X1:3            -1.46459     0.88058   -1.6632    0.09627 .
X2:2            12.92119     9.46261    1.3655    0.17210
```

```
X2:3          -14.59441    13.16136   -1.1089     0.26748
---
Signif. codes:  0 '***' 0.001 '**' 0.01 '*' 0.05 '.' 0.1 ' ' 1

Log-Likelihood: -14.106
```

모형 추정식은 아래와 같이 쓸 수 있다.

$$\log\left(\frac{P_2}{P_1}\right) = -73.9935 + 0.8071X_1 + 12.9212X_2$$

$$\log\left(\frac{P_3}{P_1}\right) = 87.3079 - 1.4646X_1 - 14.5944X_2$$

식(6.30)을 사용하여 (단, 본 예에서는 독립변수가 X_1 및 X_2이므로 계수가 추가된다) 범주별 확률을 구하고 식(6.31)에 의하여 범주를 추정하면 아래 표와 같다.

	Y	P_1	P_2	P_3	**추정 범주**
1	1	0.3754	0.0759	0.5487	3
2	1	0.4983	0.1413	0.3604	1
3	1	0.5970	0.3361	0.0670	1
4	1	0.1854	0.8121	0.0025	2
5	1	0.3922	0.5915	0.0163	2
6	2	0.5188	0.4552	0.0260	1
7	2	0.3413	0.6353	0.0235	2
8	1	0.2007	0.0113	0.7880	3
9	2	0.4176	0.5235	0.0589	2
10	3	0.5596	0.1307	0.3098	1
11	3	0.4864	0.0836	0.4300	1
12	3	0.1993	0.0235	0.7772	3
13	3	0.4211	0.0923	0.4866	3
14	3	0.1775	0.0130	0.8096	3
15	2	0.3876	0.5756	0.0368	2
16	2	0.5808	0.3720	0.0472	1
17	1	0.4523	0.1032	0.4446	1
18	3	0.2087	0.0242	0.7671	3

또한, 이를 오분류행렬로 정리하면 [표 6.7]과 같다. 실제 범주를 정확히 추정한 비율은 55.6%(18개 제품 중 10개 제품)임을 알 수 있다.

표 6.7 [예 6.4]에 대한 오분류행렬

		추정 범주			계
		1	2	3	
실제 범주	1	3	2	2	7
	2	2	3	0	5
	3	2	0	4	6
계		7	5	6	18

6.3 서열 로지스틱 회귀모형

종속변수가 3개 이상의 범주를 갖는데 각 범주 간에 서열이 있는 경우를 고려하는 두 가지 모형, 즉 누적 로짓 모형과 인근 범주 로짓 모형을 소개한다.

6.3.1 누적 로짓 모형(Cumulative logit model)

범주 간 서열이 있으므로 누적확률이 의미를 갖게 된다. 식(6.28)의 범주별 확률에 대하여 Y가 범주 j 이하에 속할 (누적)확률은 다음과 같다.

$$P\{Y \le j\} = P_1 + \ldots + P_j, \quad j = 1, \ldots, J-1 \tag{6.34}$$

위의 누적확률에 로짓 변환을 취하면 다음과 같으며,

$$logit(P\{Y \le j\}) = \log\left(\frac{P\{Y \le j\}}{1 - P\{Y \le j\}}\right) \tag{6.35}$$

하나의 독립변수 X에 대한 누적 로짓 모형은 아래와 같다.

$$logit(P\{Y \le j\}) = \alpha_j + \beta X, \quad j = 1, \ldots, J-1 \tag{6.36}$$

여기서 특기사항은 독립변수에 대한 계수가 범주와 관계없이 일정하다고 가정한 것이다.

즉, X가 한 단위 증가할 때 로그 승산비가 범주 j와 관계없이 β만큼 증가하게 된다. 이런 성질 때문에 식(6.36)의 모형을 비례 승산 모형(proportional odds model)이라고도 한다. 이 모형의 큰 장점은 추정할 계수 수를 줄일 수 있는 것이다.

모형 파라미터의 추정은 6.2절의 명목형 모형인 경우와 유사하게 다항분포를 사용한 최우추정법을 사용할 수 있으며 여기서는 생략한다. 모형이 추정된 후 새로운 객체에 대하여 각 범주별 확률을 추정한 후 최대의 확률을 갖는 범주를 부여하게 된다. 즉, 분류 기준은 식(6.31)과 같다. 그리고, 각 범주별 확률은 다음과 같이 산출된다.

$$P_j = P\{Y \le j\} - P\{Y \le j-1\} = \frac{e^{\alpha_j + \beta X}}{1+e^{\alpha_j + \beta X}} - \frac{e^{\alpha_{j-1} + \beta X}}{1+e^{\alpha_{j-1} + \beta X}}, \quad j = 2, \ldots, J-1 \qquad (6.37a)$$

$$P_1 = P\{Y \le 1\} = \frac{e^{\alpha_1 + \beta X}}{1+e^{\alpha_1 + \beta X}} \qquad (6.37b)$$

$$P_J = 1 - \frac{e^{\alpha_{J-1} + \beta X}}{1+e^{\alpha_{J-1} + \beta X}} \qquad (6.37c)$$

예 6.5

다음 표는 벨 연구소에서 한 통신장치에 대하여 실시한 조사 결과를 나타낸 것이다. 주요 성능변수인 회선잡음(circuit noise: N)과 소리크기 손실(loudness loss: L)이 이용자의 주관적인 만족도에 미치는 영향을 분석하기 위한 것이다. 만족도는 원 결과(Cavanaugh, 1976)를 가공하여 다음과 같이 3가지로 분류하였다.

$$Y = \begin{cases} 1 & \text{나쁘다} \\ 2 & \text{보통} \\ 3 & \text{좋다} \end{cases}$$

표 6.8 성능변수에 따른 통신 만족도

성능변수		만족도
잡음 (N)	손실 (L)	
25	5	3
25	10	3
25	20	2
25	30	1

32	5	3
32	10	3
32	20	2
32	30	1
42	5	1
42	10	3
42	20	1
42	30	1

위의 데이터에 누적 로짓 모형을 적용하여 분석한 결과는 다음과 같다.

누적 로짓 모형 결과

```
Coefficients:
               Estimate  Std. Error  z value  Pr(>|z|)
(Intercept):1  -13.0353      6.7831   -1.922    0.0546 .
(Intercept):2  -11.3991      6.4017   -1.781    0.0750 .
N                0.2236      0.1467    1.525    0.1273
L                0.2999      0.1383    2.169    0.0301 *
---
Signif. codes:  0 '***' 0.001 '**' 0.01 '*' 0.05 '.' 0.1 ' ' 1

Names of linear predictors: logitlink(P[Y<=1]), logitlink(P[Y<=2])
```

이에 따르면 추정모형은 다음과 같다.

$$logit(P\{Y \le 1\}) = -13.04 + 0.2236N + 0.2999L$$
$$logit(P\{Y \le 2\}) = -11.40 + 0.2236N + 0.2999L$$

범주별 추정확률은 다음 식으로부터 산출할 수 있다.

$$P_1 = \frac{e^{-13.04 + 0.2236N + 0.2999L}}{1 + e^{-13.04 + 0.2236N + 0.2999L}}$$

$$P_2 = \frac{e^{-11.40 + 0.2236N + 0.2999L}}{1 + e^{-11.40 + 0.2236N + 0.2999L}} - P_1$$

$$P_3 = 1 - P_1 - P_2$$

위의 식에 의하여 범주별 확률을 구한 후 가장 큰 확률을 갖는 범주를 추정 범주라 할 때, 이를 정리하면 [표 6.9]와 같다. 오분류율은 33.3% (=4/12)이다.

표 6.9 [예 6.5]에 대한 실제 범주와 추정 범주

성능변수		실제 범주	범주별 확률			추정 범주
잡음(N)	손실(L)		나쁘다(1)	보통(2)	좋다(3)	
25	5	3	0.0026	0.0107	0.9867	3
25	10	3	0.0115	0.0452	0.9433	3
25	20	2	0.1897	0.3572	0.4531	3
25	30	1	0.8245	0.1359	0.0396	1
32	5	3	0.0123	0.0480	0.9397	3
32	10	3	0.0529	0.1705	0.7766	3
32	20	2	0.5283	0.3241	0.1476	1
32	30	1	0.9574	0.0340	0.0086	1
42	5	1	0.1044	0.2710	0.6246	3
42	10	3	0.3430	0.3861	0.2709	2
42	20	1	0.9129	0.0689	0.0182	1
42	30	1	0.9953	0.0038	0.0009	1

6.3.2 인근범주 로짓 모형(Adjacent-categories logit model)

독립변수 X을 갖는 인근범주 로짓 모형은 다음과 같다.

$$\log\left(\frac{P_{j+1}}{P_j}\right) = \alpha_j + \beta_j X \quad j = 1, \ldots, J-1 \tag{6.38}$$

이 경우 범주별 확률은 다음과 같이 표현된다.

$$P_j = P_1 \exp\left\{\sum_{i=1}^{j-1} (\alpha_i + \beta_i X)\right\} \quad j = 2, \ldots J \tag{6.39}$$

여기서

$$P_1 = \left\{1 + \exp(\alpha_1 + \beta_1 X) + \ldots + \exp\left(\sum_{i=1}^{J-1} \alpha_i + \beta_i X\right)\right\}^{-1} \tag{6.40}$$

따라서 식(6.38)의 모형은 다음의 모형과 동일함을 알 수 있다.

$$\log\left(\frac{P_j}{P_1}\right) = \eta_j + \gamma_j X, \quad j = 2, \ldots, J \tag{6.41}$$

즉, 범주 1을 기준으로 하는 기준범주 로짓 모형과 같다고 하겠다. 이때 범주별 확률은 다음과 같다.

$$P_1 = \frac{1}{1 + \sum_{i=2}^{J} \exp(\eta_i + \gamma_i X)} \tag{6.42a}$$

$$P_j = P_1 \exp(\eta_j + \gamma_j X) \quad j = 2, \ldots, J \tag{6.42b}$$

예 6.6

[예 6.5]에 대해 인근범주모형을 적용하여 보자. 식(6.38)의 모형에 대한 결과는 다음과 같다.

인근범주모형 결과

```
Coefficients:
                 Estimate  Std. Error  z value  Pr(>|z|)
(Intercept):1    12.94227    10.91281    1.186     0.236
(Intercept):2     6.10598     8.12750    0.751     0.452
N:1              -0.31432     0.24616   -1.277     0.202
N:2              -0.04643     0.20835   -0.223     0.824
L:1              -0.17500     0.18967   -0.923     0.356
L:2              -0.29578     0.21017   -1.407     0.159

Names of linear predictors: loglink(P[Y=2]/P[Y=1]), loglink(P[Y=3]/P[Y=2])
```

즉, 모형 추정식은 다음과 같다.

$$\log\left(\frac{P_2}{P_1}\right) = 12.94 - 0.3143N - 0.1750L$$

$$\log\left(\frac{P_3}{P_2}\right) = 6.1060 - 0.0464N - 0.2958L$$

식(6.39)와 식(6.40)에 의한 범주별 확률과 추정 범주는 [표 6.10]에서 보는 바와 같다. 오분류율은 25% (=3/12)이다.

표 6.10 [예 6.6]의 인근범주모형에 의한 범주별 확률

잡음 (N)	손실 (L)	실제 범주	P_1	P_2	P_3	추정 범주
25	5	3	0.0005	0.0301	0.9694	3
25	10	3	0.0043	0.1195	0.8762	3
25	20	2	0.1295	0.6305	0.2400	2
25	30	1	0.5369	0.4541	0.0090	1
32	5	3	0.0055	0.0410	0.9535	3
32	10	3	0.0487	0.1511	0.8002	3
32	20	2	0.5926	0.3195	0.0879	1
32	30	1	0.9132	0.0856	0.0012	1
42	5	1	0.1662	0.0534	0.7804	3
42	10	3	0.6329	0.0848	0.2823	1
42	20	1	0.9734	0.0227	0.0039	1
42	30	1	0.9960	0.0040	0.0000	1

한편, 식(6.41)과 같이 범주 1(나쁘다)을 기준으로 하는 기준범주 로짓 모형을 사용하면 추정 결과는 다음과 같다.

기준범주모형 결과

```
Coefficients :
               Estimate  Std. Error  z-value  Pr(>|z|)
(Intercept):2  12.94227    10.91573   1.1857   0.23576
(Intercept):3  19.04825    12.23026   1.5575   0.11936
N:2            -0.31432     0.24621  -1.2766   0.20174
N:3            -0.36075     0.26321  -1.3706   0.17051
L:2            -0.17500     0.18972  -0.9225   0.35629
L:3            -0.47078     0.26427  -1.7814   0.07484 .
---
Signif. codes:  0 '***' 0.001 '**' 0.01 '*' 0.05 '.' 0.1 ' ' 1

Log-Likelihood: -5.8388
```

$\log(P_2/P_1)$에 대한 추정된 회귀계수는 인근범주모형의 결과와 일치함을 확인할 수 있다. 또한, $\log(P_3/P_1)$에 대한 추정된 회귀계수는 인근범주모형의 결과로부터 쉽게 도출하여 일치함을 확인할 수 있다.

부록 6.1 | 정규분포 모수에 대한 최우추정법

최우추정법이란 추정해야 할 모수가 포함된 확률변수의 관측치에 대한 결합확률밀도함수(joint probability density function)를 모수의 함수로 유도한 후 이를 최대화시키는 모수 값을 찾는 방법이다. 이때 결합확률밀도함수를 우도함수(likelihood function)라 하며, 각 관측치에 대한 확률밀도함수를 단순히 곱함으로써 얻을 수 있다. 또한, 우도함수를 최대화시키는 대신 우도함수에 로그를 취한 로그 우도함수를 최대화시키는 방안을 통상적으로 사용하고 있다.

확률변수 Y가 다음과 같은 확률밀도함수를 갖는 정규분포를 따른다고 하자.

$$f(y) = \frac{1}{\sqrt{2\pi}\,\sigma}\exp\left(-\frac{(y-\mu)^2}{2\sigma^2}\right)$$

여기서 μ와 σ^2을 추정해야 할 모수라 하고 Y에 대한 n개의 관측치를 $y_{1,\ldots,}y_n$이라 할 때, 이에 대한 우도함수는 다음과 같다.

$$L = \prod_{i=1}^{n} f(y_i) = \left(\frac{1}{\sqrt{2\pi}\,\sigma}\right)^n \exp\left(-\sum_{i=1}^{n}\frac{(y_i-\mu)^2}{2\sigma^2}\right)$$

따라서 자연로그를 취한 로그 우도함수는 다음과 같다.

$$\ln L = -n\ln(\sqrt{2\pi\sigma^2}) - \sum_{i=1}^{n}\frac{(y_i-\mu)^2}{2\sigma^2}$$

위의 함수를 최대로 하는 모수값을 구하기 위하여 각 모수에 대하여 편미분한 후 0으로 놓으면 다음과 같은 2개의 방정식을 얻는다.

$$\frac{\partial \ln L}{\partial \mu} = \frac{1}{\sigma^2}\sum_{i=1}^{n}(y_i-\mu) = 0$$

$$\frac{\partial \ln L}{\partial \sigma^2} = -\frac{n}{2\sigma^2} + \frac{\sum(y_i-\mu)^2}{2(\sigma^2)^2} = 0$$

위의 2개 방정식을 연립으로 풀면 다음과 같은 최우추정치를 얻는다.

$$\hat{\mu} = \bar{y} = \frac{1}{n}\sum_{i=1}^{n} y_i$$

$$\hat{\sigma}^2 = \frac{1}{n}\sum_{i=1}^{n}(y_i - \bar{y})^2$$

부록 6.2 | 최우추정치에 대한 표준오차

모수 $\boldsymbol{\beta} = (\beta_0, \beta_1, \ldots, \beta_{p-1})^T$가 포함된 우도함수 L이 구성되고 로그우도 함수 $\log L$을 최대로 하는 최우추정치 $\hat{\boldsymbol{\beta}} = (\hat{\beta}_0, \hat{\beta}_1, \ldots, \hat{\beta}_{p-1})^T$이 산출된 후 각 모수에 대한 근사적 표준오차는 다음의 과정을 통해 얻어진다(참고문헌 [7, p.599] 참조). 우선 다음과 같이 2차 편미분량으로 구성된 $p \times p$ 헤시안 행렬을 만든다.

$$\boldsymbol{H} = [h_{ij}], \quad i, j = 0, 1, \ldots, p-1$$

여기서

$$h_{ii} = \frac{\partial^2 \log L}{\partial \beta_i^2}, \quad i = 0, 1, \ldots, p-1$$

$$h_{ij} = \frac{\partial^2 \log L}{\partial \beta_i \partial \beta_j}, \quad i \neq j$$

이때 모수 추정치에 대한 근사적 분산–공분산 행렬은 다음과 같이 산출된다.

$$S = [(-h_{ij})_{\boldsymbol{\beta} = \hat{\boldsymbol{\beta}}}]^{-1}$$

따라서 $\hat{\beta}_i$에 대한 표준오차는 위의 행렬의 $(i+1)$번째 대각원소의 제곱근과 같다.

예로서 다음과 같이 두 개의 독립변수가 있는 로짓 모형

$$logit(P) = \beta_0 + \beta_1 X_1 + \beta_2 X_2$$

에 대하여 헤시안 행렬을 구하면 다음과 같다.

$$H = \begin{bmatrix} -\sum \widehat{P}_i(1-\widehat{P}_i) & -\sum x_{1i}\widehat{P}_i(1-\widehat{P}_i) & -\sum x_{2i}\widehat{P}_i(1-\widehat{P}_i) \\ -\sum x_{1i}\widehat{P}_i(1-\widehat{P}_i) & -\sum x_{1i}^2\widehat{P}_i(1-\widehat{P}_i) & -\sum x_{1i}x_{2i}\widehat{P}_i(1-\widehat{P}_i) \\ -\sum x_{2i}\widehat{P}_i(1-\widehat{P}_i) & -\sum x_{1i}x_{2i}\widehat{P}_i(1-\widehat{P}_i) & -\sum x_{2i}^2\widehat{P}_i(1-\widehat{P}_i) \end{bmatrix}$$

여기서

$$\widehat{P}_i = \frac{\exp(\widehat{\beta}_0 + \widehat{\beta}_1 x_{1i} + \widehat{\beta}_2 x_{2i})}{1 + \exp(\widehat{\beta}_0 + \widehat{\beta}_1 x_{1i} + \widehat{\beta}_2 x_{2i})}$$

이다.

R 코드

1. 예 6.1, 6.3의 R 코드

```
# ch06_ex01_binary.R
# ch6.1 binary logistic regression

# load package
library(yardstick) # confusion matrix

# read csv file
dat1 <- read.csv("data/ch6_dat1.csv")
dat1$Class <- factor(dat1$Class, levels = c("Average", "Excellent"))

# ex6.1
# estimate binary logistic regression
bin.fit <- glm(
  Class ~ Break + Sleep + Circle,
  data = dat1,
  family = binomial("logit")
)

# regression coefficients with significance tests
tbl <- summary(bin.fit)

# odds ratio
odds <- exp(coef(bin.fit))

# summary table with odds ratio
tbl$coefficients <- cbind(tbl$coefficients, "Odds Ratio"=odds)
tbl

# logit(P)
logit <- predict(bin.fit, newdata = dat1, type = "link")
logit

# predicted probability (P)
pred.prob <- predict(bin.fit, newdata = dat1, type = "response")
pred.prob
```

```
# predicted class
pred.class <- factor(
  ifelse(pred.prob > .5, "Excellent", "Average"),
  levels = c("Average", "Excellent")
)
pred.class

# result table
results <- cbind(dat1, logit = logit, P = pred.prob, pred_class = pred.class)
results

# confusion matrix
conf_mat(results, truth = "Class", estimate = "pred_class")


# ex6.3
# estimate with complementary log-log(gompit) link function
gompit.fit <- glm(
  Class ~ Break + Sleep + Circle,
  data = dat1,
  family = binomial("cloglog")
)

summary(gompit.fit)

# estimate with probit(normit) link function
normit.fit <- glm(
  Class ~ Break + Sleep + Circle,
  data = dat1,
  family = binomial("probit")
)

summary(normit.fit)
```

2. 예 6.4의 R 코드

```
# ch06_ex04_nominal.R
# ch6.2 nominal logistic regression

# load package
library(nnet) # nominal logistic regression
```

```
library(yardstick) # confusion matrix

# read csv file
dat2 <- read.csv("data/ch6_dat2.csv")
dat2$Y <- factor(dat2$Y, levels = c(1, 2, 3))

# ex6.4
# baseline-category logit model
# set the first class (1) as reference level
nom.fit <- multinom(
  Y ~ X1 + X2,
  data = dat2
)

# regression coefficients with significance tests
summary(nom.fit)

# predicted probabilities
pred.prob <- predict(nom.fit, newdata = dat2, type = "probs")
pred.prob

# predicted class
pred.class <- predict(nom.fit, newdata = dat2, type = "class")
pred.class

# result table
results <- cbind(dat2, P = pred.prob, pred_class = pred.class)
results

# confusion matrix
conf_mat(results, truth = "Y", estimate = "pred_class")
```

3. 예 6.5의 R 코드

```
# ch06_ex05_ordinal.R
# ch6.3 ordinal logistic regression

# load package
library(VGAM) # ordinal logistic regression
library(yardstick) # confusion matrix
```

```
# read csv file
dat3 <- read.csv("data/ch6_dat3.csv")
dat3$Y <- factor(dat3$Y, levels = c(1, 2, 3), ordered = TRUE)

# ex6.5
# cumulative logit model
cum.fit <- vglm(
  Y ~ N + L,
  data = dat3,
  family = cumulative(parallel = TRUE, reverse = FALSE)
)

# regression coefficients with significance tests
# use `HDEtest = FALSE` to disable test for Hauck-Donner effect
summary(cum.fit, HDEtest = FALSE)

# predicted probabilities
pred.prob <- predict(cum.fit, dat3, type = "response")
pred.prob

# predicted class
pred.class <- factor(
  apply(pred.prob, 1, which.max),
  levels = c(1, 2, 3),
  ordered = TRUE
)
pred.class

# result table
results <- cbind(dat3, P = pred.prob, pred_class = pred.class)
results

# confusion matrix
conf_mat(results, truth = "Y", estimate = "pred_class")

# ex6.6
# adjacent-categories logit model
adj.fit <- vglm(
  Y ~ N + L,
  data = dat3,
  family = acat(parallel = FALSE, reverse = FALSE)
)
```

```
# regression coefficients with significance tests
summary(adj.fit, HDEtest = FALSE)

# predicted probabilities
pred.prob <- predict(adj.fit, dat3, type = "response")
pred.prob

# predicted class
pred.class <- factor(
  apply(pred.prob, 1, which.max),
  levels = c(1, 2, 3),
  ordered = TRUE
)
pred.class

# result table
results <- cbind(dat3, P = pred.prob, pred_class = pred.class)
results

# confusion matrix
conf_mat(results, truth = "Y", estimate = "pred_class")
```

참고문헌

6.1.3 절의 이분 로지스틱 회귀모형에 대해 가중최소자승법을 사용한 내용에 대해서는 참고문헌 [6]을 참조하였다. 가중최소자승법 자체에 대한 설명을 위해서는 참고문헌 [1] 등을 참조할 수 있다. 여러 범주에 대한 로짓 모형에 대한 참고문헌으로 [2, 4]를 들 수 있다. [예 6.5]에 대한 데이터는 참고문헌 [3]에서 발췌한 것이다. 6.3.1절에서의 비례 승산 모형은 참고문헌 [5]에서 제안되었다. [부록 6.2]의 내용은 참고문헌 [7]을 참조하였다.

[1] 전치혁, 정민근, 이혜선 (2004), 공학응용통계, 개정판, 홍릉과학출판사.

[2] Agresti, A. (1996), *An Introduction to Categorical Data Analysis*, Wiley, NewYork.

[3] Cavanaugh, J.-R. et al. (1976), "Models for the subjective effects of loss, noise, and talker echo on telephone connections", *The Bell System Technical Journal*, 55, 9, 1319-1371.

[4] Kooperberg, C., S. Bose and C.J. Stone (1997), "Polychotomous regression", *Journal of the American Statistical Association*, vol.92, no.437, pp.117-127.

[5] McCullagh, P. (1980), "Regression models for ordinal data (with discussion)," *Journal of the Royal Statistical Society*, Series B, 42(2), 109-142.

[6] Montgomery, D.C. and E.A. Peck(1992), *Introduction to Linear Regression Analysis*, second edition, Wiley,NewYork.

[7] Neter, J., M.H. Kutner, C.J. Nachtsheim, and W. Wasserman (1996), *Applied Linear Regression Models*, third edition, Irwin, Chicago.

연습문제

6.1 다음 데이터는 건강검진으로 지방간 여부를 판정받은 사람들에 대한 데이터이다. 'GENDER'는 성별로서 1은 남자, 2는 여자를 나타내며, 'BMI(body mass index)'는 체질량지수로서 체중(kg)을 신장(m)의 제곱으로 나눈 값이고, 'TG'는 중성지방 수치를 나타낸다. 그리고 'FAT'은 지방간 여부를 나타내는 종속변수로서 1은 지방간을 0은 정상임을 나타낸다.

객체	GENDER	BMI	TG	FAT
1	1	22.2	169	1
2	2	26.6	46	0
3	2	22.6	58	0
4	1	19.9	70	0
5	2	33.2	179	0
6	2	22	68	0
7	1	28.6	66	1
8	1	24.5	78	1
9	1	22	40	0
10	2	24.1	72	0
11	1	20.6	141	0
12	1	24.9	56	0
13	1	23.9	132	1
14	1	20.7	55	0
15	2	23.9	59	0
16	2	19.8	140	0
17	1	32.2	151	1
18	1	25.6	188	1
19	1	23.5	108	0

객체	GENDER	BMI	TG	FAT
20	1	34.3	79	1
21	1	21.6	43	0
22	1	27.6	45	0
23	1	21	16	0
24	1	21	130	0
25	2	24.6	45	0
26	1	29.1	184	1
27	2	21.4	140	0
28	2	25.6	90	0
29	1	24.5	74	0
30	2	21.5	57	0
31	2	24.5	79	0
32	1	25.4	89	0
33	1	22.5	93	0
34	1	24.7	37	0
35	1	26.5	216	1
36	2	27.6	159	1
37	2	23.5	60	0
38	2	22.2	102	0
39	1	27.5	231	1
40	2	27.3	79	0

(a) 로지스틱 회귀모형을 추정하고 각 계수추정치를 해석하라.

(b) 위의 학습표본에 대한 범주를 추정하고 오분류행렬을 작성하라.

6.2 다음은 어떤 부품의 강도 시험을 위해 부하(load)에 따른 시험 부품수와 파괴 부품수를 나타낸 것이다.

관측번호	부하	시험 부품수	파괴 부품수
1	20	40	5
2	25	50	7
3	30	25	4
4	35	60	10
5	40	45	13
6	45	50	20

관측번호	부하	시험 부품수	파괴 부품수
7	50	20	11
8	55	30	17
9	60	40	27
10	65	40	23
11	70	30	22
12	75	35	25

(a) 이분 로지스틱 회귀모형을 이용하여 부하에 따른 파괴 확률의 추정식을 도출하라.

(b) 파괴를 1, 비파괴를 0으로 분류할 때 부하가 얼마 이상일 때 1로 분류되는가?

6.3 다음 데이터는 30개 기업의 3가지 재무지표와 범주(Y)를 나타낸 것이다. 범주 중 0은 2년 후 파산한 기업을 말하며 1은 그렇지 않은 것을 의미한다. X1은 잉여이익금율(=잉여이익금/총자산, %), X2는 세전이익율(=세전이익/총자산, %), X3는 매출액 비율(=매출액/총자산, %)을 나타낸다.

	X1	X2	X3	Y		X1	X2	X3	Y
1	-48.2	6.8	1.6	0	16	21.5	-14.4	1.0	1
2	-49.2	-17.2	0.3	0	17	8.5	5.8	1.5	1
3	-19.2	-36.7	0.8	0	18	40.6	5.8	1.8	1
4	-18.1	-6.5	0.9	0	19	34.6	26.4	1.8	1
5	-98.0	-20.8	1.7	0	20	19.9	26.7	2.3	1
6	-129.0	-14.2	1.3	0	21	17.4	12.6	1.3	1
7	-4.0	-15.8	2.1	0	22	54.7	14.6	1.7	1
8	-8.7	-36.3	2.8	0	23	53.5	20.6	1.1	1
9	-59.2	-12.8	2.1	0	24	35.9	26.4	2.0	1
10	-13.1	-17.6	0.9	0	25	39.4	30.5	1.9	1
11	-38.0	1.6	1.2	0	26	53.1	7.1	1.9	1
12	-57.9	0.7	0.8	0	27	39.8	13.8	1.2	1
13	-8.8	-9.1	0.9	0	28	59.5	7.0	2.0	1
14	-64.7	-4.0	0.1	0	29	16.3	20.4	1.0	1
15	-11.4	4.8	0.9	0	30	21.7	-7.8	1.6	1

(a) 로짓 모형을 추정하고 결과를 해석하라.

(b) 파산 확률을 추정하고 이를 바탕으로 범주를 추정하라. 또한 오분류행렬을 작성하라.

6.4 [예 6.4]에서 범주 3을 기준으로 하는 기준범주 로짓 모형으로부터 각 범주확률을 추정하라. 범주 1을 기준으로 하는 경우와 결과가 동일한가?

6.5 [예 6.5]에서 추정된 누적 로짓 모형을 사용하여 다음의 6개의 새로운 객체를 분류하라.

객체	1	2	3	4	5	6
잡음	20	20	30	30	40	40
손실	15	25	15	25	15	25

6.6 다음은 세 가지 품종 'Setosa', 'Versicolor', 'Virginica'의 붓꽃(Iris)으로부터 각각 50개, 총 150개의 객체를 추출해서 4가지 부위를 ㎜ 단위로 측정한 자료이다. 측정변수는 X1(Sepal Length – 꽃받침 조각의 길이), X2(Sepal Width – 꽃받침 조각의 폭), X3(Petal Length – 꽃잎의 길이), X4(Petal Width – 꽃잎의 폭)이다.

Setosa				Versicolor				Virginica			
X1	X2	X3	X4	X1	X2	X3	X4	X1	X2	X3	X4
5.1	3.5	1.4	0.2	7.0	3.2	4.7	1.4	6.3	3.3	6.0	2.5
4.9	3.0	1.4	0.2	6.4	3.2	4.5	1.5	5.8	2.7	5.1	1.9
4.7	3.2	1.3	0.2	6.9	3.1	4.9	1.5	7.1	3.0	5.9	2.1
4.6	3.1	1.5	0.2	5.5	2.3	4.0	1.3	6.3	2.9	5.6	1.8
5.0	3.6	1.4	0.2	6.5	2.8	4.6	1.5	6.5	3.0	5.8	2.2
5.4	3.9	1.7	0.4	5.7	2.8	4.5	1.3	7.6	3.0	6.6	2.1
4.6	3.4	1.4	0.3	6.3	3.3	4.7	1.6	4.9	2.5	4.5	1.7
5.0	3.4	1.5	0.2	4.9	2.4	3.3	1.0	7.3	2.9	6.3	1.8
4.4	2.9	1.4	0.2	6.6	2.9	4.6	1.3	6.7	2.5	5.8	1.8
4.9	3.1	1.5	0.1	5.2	2.7	3.9	1.4	7.2	3.6	6.1	2.5
5.4	3.7	1.5	0.2	5.0	2.0	3.5	1.0	6.5	3.2	5.1	2.0
4.8	3.4	1.6	0.2	5.9	3.0	4.2	1.5	6.4	2.7	5.3	1.9
4.8	3.0	1.4	0.1	6.0	2.2	4.0	1.0	6.8	3.0	5.5	2.1
4.3	3.0	1.1	0.1	6.1	2.9	4.7	1.4	.7	2.5	5.0	2.0
5.8	4.0	1.2	0.2	5.6	2.9	3.6	1.3	5.8	2.8	5.1	2.4
5.7	4.4	1.5	0.4	6.7	3.1	4.4	1.4	6.4	3.2	5.3	2.3
5.4	3.9	1.3	0.4	5.6	3.0	4.5	1.5	6.5	3.0	5.5	1.8
5.1	3.5	1.4	0.3	5.8	2.7	4.1	1.0	7.7	3.8	6.7	2.2
5.7	3.8	1.7	0.3	6.2	2.2	4.5	1.5	7.7	2.6	6.9	2.3
5.1	3.8	1.5	0.3	5.6	2.5	3.9	1.1	6.0	2.2	5.0	1.5
5.4	3.4	1.7	0.2	5.9	3.2	4.8	1.8	6.9	3.2	5.7	2.3
5.1	3.7	1.5	0.4	6.1	2.8	4.0	1.3	5.6	2.8	4.9	2.0

Setosa				Versicolor				Virginica			
X1	X2	X3	X4	X1	X2	X3	X4	X1	X2	X3	X4
4.6	3.6	1.0	0.2	6.3	2.5	4.9	1.5	7.7	2.8	6.7	2.0
5.1	3.3	1.7	0.5	6.1	2.8	4.7	1.2	6.3	2.7	4.9	1.8
4.8	3.4	1.9	0.2	6.4	2.9	4.3	1.3	6.7	3.3	5.7	2.1
5.0	3.0	1.6	0.2	6.6	3.0	4.4	1.4	7.2	3.2	6.0	1.8
5.0	3.4	1.6	0.4	6.8	2.8	4.8	1.4	6.2	2.8	4.8	1.8
5.2	3.5	1.5	0.2	6.7	3.0	5.0	1.7	6.1	3.0	4.9	1.8
5.2	3.4	1.4	0.2	6.0	2.9	4.5	1.5	6.4	2.8	5.6	2.1
4.7	3.2	1.6	0.2	5.7	2.6	3.5	1.0	7.2	3.0	5.8	1.6
4.8	3.1	1.6	0.2	5.5	2.4	3.8	1.1	7.4	2.8	6.0	1.9
5.4	3.4	1.5	0.4	5.5	2.4	3.7	1.0	7.9	3.8	6.4	2.0
5.2	4.1	1.5	0.1	5.8	2.7	3.9	1.2	6.4	2.8	5.6	2.2
5.5	4.2	1.4	0.2	6.0	2.7	5.1	1.6	6.3	2.8	5.1	1.5
4.9	3.1	1.5	0.2	5.4	3.0	4.5	1.5	6.1	2.6	5.6	1.4
5.0	3.2	1.2	0.2	6.0	3.4	4.5	1.6	7.7	3.0	6.1	2.3
5.5	3.5	1.3	0.2	6.7	3.1	4.7	1.5	6.3	3.4	5.6	2.4
4.9	3.6	1.4	0.1	6.3	2.3	4.4	1.3	6.4	3.1	5.5	1.8
4.4	3.0	1.3	0.2	5.6	3.0	4.1	1.3	6.0	3.0	4.8	1.8
5.1	3.4	1.5	0.2	5.5	2.5	4.0	1.3	6.9	3.1	5.4	2.1
5.0	3.5	1.3	0.3	5.5	2.6	4.4	1.2	6.7	3.1	5.6	2.4
4.5	2.3	1.3	0.3	6.1	3.0	4.6	1.4	6.9	3.1	5.1	2.3
4.4	3.2	1.3	0.2	5.8	2.6	4.0	1.2	5.8	2.7	5.1	1.9
5.0	3.5	1.6	0.6	5.0	2.3	3.3	1.0	6.8	3.2	5.9	2.3
5.1	3.8	1.9	0.4	5.6	2.7	4.2	1.3	6.7	3.3	5.7	2.5
4.8	3.0	1.4	0.3	5.7	3.0	4.2	1.2	6.7	3.0	5.2	2.3
5.1	3.8	1.6	0.2	5.7	2.9	4.2	1.3	6.3	2.5	5.0	1.9
4.6	3.2	1.4	0.2	6.2	2.9	4.3	1.3	6.5	3.0	5.2	2.0
5.3	3.7	1.5	0.2	5.1	2.5	3.0	1.1	6.2	3.4	5.4	2.3
5.0	3.3	1.4	0.2	5.7	2.8	4.1	1.3	5.9	3.0	5.1	1.8

(a) 각 품종별로 처음 30개의 객체들을 학습표본으로 명목 로지스틱 회귀모형을 적용하여 분류하고 학습표본에 대한 오분류행렬을 작성하라.

(b) 학습표본이 아닌 나머지 데이터(품종별 20개, 총 60개 관측치)에 대한 범주를 추정하고 오분류행렬을 작성하라.

6.7 다음은 유방암 상태(이분형: malignant or benign)와 세 가지 변수(x1-clump thickness; x6-bare nuclei; x7-bland chromatin; 각 변수는 0에서 10 사이의 값을 가짐)와의 관계를 알아보기 위한 로짓 모형과 노밋 모형의 결과를 나타낸 것이다.

```
Binary Logistic Regression: y versus x1, x6, x7
Response Information
Variable  Value    Count
y         1        161  (Malignant: Event)
          0        316  (Benign)
          Total    477
```

```
Link Function: Logit
                                                      Odds     95% CI
Predictor       Coef    SE Coef       Z      P   Ratio  Lower  Upper
Constant    -9.72357    1.11490   -8.72  0.000
x1          0.782704   0.137454    5.69  0.000    2.19   1.67   2.86
x6          0.535184  0.0965788    5.54  0.000    1.71   1.41   2.06
x7          0.937970   0.207919    4.51  0.000    2.55   1.70   3.84
```

```
Link Function: Normit

Predictor       Coef    SE Coef        Z      P
Constant    -5.00099   0.487753   -10.25  0.000
x1          0.392899  0.0653413     6.01  0.000
x6          0.284298  0.0450344     6.31  0.000
x7          0.458536  0.0895436     5.12  0.000
```

(a) 로짓 모형에서 x1의 승산비를 해석하라.

(b) 로짓 모형에서 x1의 승산비가 x6의 승산비보다 높다고 할 수있는가? 간단히 설명하라.

(c) 로짓 모형에서 (x1, x6, x7)=(5, 10, 4)일 때, 'malignant' 일 확률을 구하라.

(d) 노밋 모형에서 (x1, x6, x7)=(5, 10, 4)일 때, 'malignant' 일 확률을 구하라.

(e) 노밋 모형을 사용할 경우 (x1, x6, x7)=(9, 3, 5)인 환자의 유방암 상태를 어떤 것으로 분류하겠는가?

6.8 식(6.4)가 로짓 변환을 통해 식(6.6)과 같이 됨을 보이라.

6.9 식(6.6)의 로짓 모형에 대해 Y_i가 식(6.12)와 같은 이항분포를 따를 때 로그우도함수를 유도하고 파라미터 추정을 위한 두 개의 방정식을 유도하라.

6.10 식(6.23)의 곰핏 모형에 대하여 Y_i가 베르누이 분포(0 및 1의 값)를 따를 때 로그우도함수를 유도하고 파라미터 추정을 위한 두 개의 방정식을 유도하라.

6.11 설명변수가 하나(X) 있는 이분 곰핏 모형에서 P가 1/2 이상인 X의 범위를 구하라.

6.12 이분형 종속변수(Y)를 하나의 독립변수 X로 설명하는 프로빗 모형을 고려한다. Y=1인 확률 P에 대해 다음과 같은 관계가 있다고 한다.

$$P = 1 - \exp\left[(\beta_0 + \beta_1 X)^a\right]$$

위에서 α는 알고 있는 상수이며, β_0, β_1는 추정할 계수이다.

(a) 상기 프로빗 모형에 대한 적절한 연결함수를 구하라.

(b) 관측데이터 $\{(x_i, y_i), i=1, \cdots, n\}(y_i=0,1)$가 있다고 할 때 모형 계수를 추정할 로그우도함수를 기술하라.

(c) 상기 모형이 추정된 후 X에 대한 새로운 관측치만을 갖고 Y를 1 또는 0으로 분류할 수 있는가? 그렇다면 1과 0으로 분류할 수 있는 X의 경계치를 구하라.

6.13 기준범주 로짓 모형에서 식(6.30)이 성립함을 확인하라.

6.14 누적 로짓 모형에서 식(6.37)이 성립함을 확인하라.

6.15 서열 로지스틱 모형의 일종으로 다음과 같은 로짓 형태를 사용하는 것을 연속비율 로짓 모형(continuation–ratio logit model)이라 한다.

$$\log\left(\frac{P_1}{P_2}\right), \log\left(\frac{P_1+P_2}{P_3}\right), \ldots, \log\left(\frac{P_1+\ldots+P_{j-1}}{P_J}\right)$$

설명변수로 X를 사용하는 경우 범주별 추정확률을 유도하라.

6.16 세 범주 이상의 명목 로지스틱 모형에서 변수 v_{ij}를 식(6.32) 대신 r_i의 시행 중 범주 j에 속한 수라 정의할 때, 이 변수는 확률 $(P_{1,\ldots,}P_J)$를 갖는 다항분포를 따른다. 이 경우 우도함수를 구성하라.

6.17 Y가 범주를 나타내며 범주 간의 서열이 있는 경우 누적 곰핏 모형(cumulative gompit model)을 사용하고자 한다. 즉, Y가 j일 확률을 P_j (j=1,2,⋯,J)라 할 때 Y가 j 이하일 확률에 대해 곰핏 변환을 이용한 모델을 사용하고자 한다. 독립변수는 X라 하자.

(a) 사용할 누적 곰핏 모형을 기술하라.

(b) 모형이 추정된 후 P_j를 산출하는 식을 도출하라.

(c) 모형 추정을 위한 학습표본의 객체(관측) i에 대해 다음 데이터가 있다.

$$v_{ij} = \begin{cases} 1 & y_i = j\text{일 때} \\ 0 & \text{그렇지 않을 때} \end{cases}$$

최우추정법을 사용한다고 할 때 로그우도함수를 유도하고 추정 방안을 간단히 기술하라.

7장

판별분석

7.1 피셔 방법

7.2 의사결정론에 의한 분류규칙

7.3 오분류비용을 고려한 분류규칙

7.4 이차 판별분석

7.5 세 범주 이상의 분류

R 코드

연습문제

판별분석(discriminant analysis)은 객체를 몇 개의 범주로 분류하는 목적 외에도 범주들을 가장 잘 구분하는 변수를 찾고 범주 간의 차이를 가장 잘 표현하는 새로운 함수를 구하는 등 여러 목적으로 활용되나, 여기서는 분류 목적으로 사용하는 방안을 다룬다. 분류 목적의 판별분석에서는 범주들을 가장 잘 구별하는 변수들의 하나 또는 다수의 함수(선형 또는 비선형)를 도출하여 이를 기반으로 분류규칙을 제시한다.

이러한 판별함수는 피셔(Fisher) 방법 또는 의사결정이론으로부터 유도되는데, 의사결정이론에서는 주로 다변량 정규분포를 사용한다. 이때 정규분포의 분산-공분산 행렬이 범주와 관계없이 동일하다고 가정하면 판별함수가 선형으로 도출되므로 이 경우를 선형판별분석(linear discriminant analysis; LDA)이라 하며, 분산-공분산 행렬이 범주별로 다르다고 가정하면 이차식의 판별함수가 유도되므로 이 경우를 이차판별분석(quadratic discriminant analysis; QDA)이라 한다. 7.1절에서 피셔 방법을 소개하며, 그 이후에는 의사결정론에 의한 분석을 설명한다.

7.1 | 피셔 방법

판별분석은 주로 의사결정이론에 의거한 것을 의미하나 이해를 돕기 위해 피셔에 의한 방법을 먼저 소개한다. 피셔 방법에서는 변수의 분포에 대한 가정이 필요 없으며, 사전확률 또는 비용의 고려가 없다. 본 절에서는 두 범주의 분류 문제만을 다룬다.

7.1.1 피셔 판별함수

각 객체는 p개 변수들의 벡터 $\boldsymbol{x}=(X_{1,\ldots,}X_p)^T$로 이루어 지고, 범주 1 또는 범주 2 중 하나를 취한다고 하자. 그리고 객체 $\boldsymbol{x}$의 기대치와 분산-공분산 행렬(variance-covariance matrix)이 아래와 같다고 하자.

$$E[\boldsymbol{x}]=\begin{cases}\boldsymbol{\mu}_1, & \boldsymbol{x}\text{가 범주 1에 속할 때}\\ \boldsymbol{\mu}_2, & \boldsymbol{x}\text{가 범주 2에 속할 때}\end{cases}$$

$$Var[\boldsymbol{x}]=\boldsymbol{\Sigma}\ \text{(범주와 관계없이 동일)}$$

피셔 방법은 변수들의 선형조합으로 새로운 변수를 형성한 후 이를 바탕으로 분류규칙을 만드는 것이다. 다음과 같이 변수들의 선형조합으로 새로운 변수 Z를 형성하는 함수를 피셔 판별함수(Fisher's discriminant function)라 한다.

$$Z=w_1X_1+w_2X_2+\ldots+w_pX_p=\boldsymbol{w}^T\boldsymbol{x} \tag{7.1}$$

여기서 계수벡터 $\boldsymbol{w}=(w_1,\ldots,w_p)^T$는 통상 다음 비율을 최대화하는 것으로 결정한다.

$$\lambda=\frac{\text{범주 간 }Z\text{의 평균차이}}{Z\text{의 분산}} \tag{7.2}$$

우선 범주 간 Z의 평균차이는 다음과 같다.

$$\text{범주 간 }Z\text{의 평균차이}=E[Z\,|\,\text{범주 1}]-E[Z\,|\,\text{범주 2}]=\boldsymbol{w}^T\boldsymbol{\mu}_1-\boldsymbol{w}^T\boldsymbol{\mu}_2$$

그리고 Z의 분산은 다음과 같다.

$$Var[Z] = Var[\boldsymbol{w}^T\boldsymbol{x}] = \boldsymbol{w}^T\boldsymbol{\Sigma}\boldsymbol{w}$$

따라서 식(7.2)의 비율은 다음과 같다.

$$\lambda = \frac{\boldsymbol{w}^T(\boldsymbol{\mu}_1 - \boldsymbol{\mu}_2)}{\boldsymbol{w}^T\boldsymbol{\Sigma}\boldsymbol{w}} \tag{7.3}$$

식(7.3)의 비율을 최대로 하는 $\boldsymbol{w}$ 벡터를 구하기 위해 $\boldsymbol{w}$로 미분하여 0으로 두면 다음 식을 얻는다.

$$\boldsymbol{\mu}_1 - \boldsymbol{\mu}_2 = \frac{2\boldsymbol{w}^T(\boldsymbol{\mu}_1 - \boldsymbol{\mu}_2)}{\boldsymbol{w}^T\boldsymbol{\Sigma}\boldsymbol{w}}\boldsymbol{\Sigma}\boldsymbol{w} \tag{7.4}$$

이를 만족하는 $\boldsymbol{w}$에 대해 다음이 성립한다.

$$\boldsymbol{w} \propto \boldsymbol{\Sigma}^{-1}(\boldsymbol{\mu}_1 - \boldsymbol{\mu}_2) \tag{7.5}$$

즉, $\boldsymbol{w}$는 유일한 해는 아니며, 임의의 상수를 곱한 계수들이 모두 해가 될 수 있다. 편의상 비례상수를 1로 두면 위의 계수는 다음과 같으며,

$$\boldsymbol{w} = \boldsymbol{\Sigma}^{-1}(\boldsymbol{\mu}_1 - \boldsymbol{\mu}_2) \tag{7.6}$$

따라서 식(7.1)의 피셔 판별함수는 다음과 같다.

$$Z = \boldsymbol{w}^T\boldsymbol{x} = (\boldsymbol{\mu}_1 - \boldsymbol{\mu}_2)^T\boldsymbol{\Sigma}^{-1}\boldsymbol{x} \tag{7.7}$$

위에서 관련된 모수는 학습표본으로부터 추정될 수 있다. 학습표본으로 총 n개의 객체가 있으며, 다음과 같이 n_1개는 범주 1에, n_2개는 범주 2로 구분된다고 하자 $(n_1 + n_2 = n)$.

$$\text{범주 1: } \boldsymbol{x}_i^{(1)}, \quad i = 1, \ldots, n_1$$

$$\text{범주 2: } \boldsymbol{x}_i^{(2)}, \quad i = 1, \ldots, n_2$$

이때, 범주별 평균벡터는 다음과 같이 추정된다.

$$\widehat{\boldsymbol{\mu}}_j = \overline{\boldsymbol{x}}^{(j)} = \frac{1}{n_j}\sum_{i=1}^{n_j}\boldsymbol{x}_i^{(j)} \quad j = 1,2 \tag{7.8}$$

그리고 분산-공분산 행렬은 아래와 같이 합동 분산-공분산 행렬(pooled variance-covariance matrix)로 추정된다.

$$\widehat{\boldsymbol{\Sigma}} = \boldsymbol{S}_p = \frac{(n_1-1)\boldsymbol{S}_1 + (n_2-1)\boldsymbol{S}_2}{n_1+n_2-2} \tag{7.9}$$

여기서 $\boldsymbol{S}_1$, $\boldsymbol{S}_2$는 각각 범주 1, 범주 2에 속하는 객체들에 대한 표본 분산-공분산 행렬을 나타낸다. 즉,

$$\boldsymbol{S}_j = \frac{1}{n_j-1}\sum_{i=1}^{n_j}(\boldsymbol{x}_i^{(j)} - \overline{\boldsymbol{x}}^{(j)})(\boldsymbol{x}_i^{(j)} - \overline{\boldsymbol{x}}^{(j)})^T, \quad j = 1,2 \tag{7.10}$$

위와 같이 합동 분산-공분산 행렬을 사용하는 이유는 각 범주별 평균이 서로 다를 수 있기 때문이다. 따라서 식(7.6)의 판별계수는 다음과 같이 추정된다.

$$\widehat{\boldsymbol{w}} = \boldsymbol{S}_p^{-1}(\overline{\boldsymbol{x}}^{(1)} - \overline{\boldsymbol{x}}^{(2)}) \tag{7.11}$$

참고로 식(7.2)의 λ 대신 다음의 비율을 최대화시키는 방안도 동일한 결과를 얻는다(이를 확인하라).

$$\lambda = \frac{(\text{범주 간 } Z\text{의 평균차이})^2}{Z\text{의 분산}} \tag{7.12}$$

$$\lambda = \frac{\text{범주 간 제곱합}}{\text{범주 내 제곱합}} \tag{7.13}$$

7.1.2 분류규칙

객체 $\boldsymbol{x}$의 범주를 분류하기 위해 새로운 변수인 Z값을 기준으로 다음과 같이 분류할 수 있다. 다음이 성립할 때

$$\overline{Z_1} = \hat{\boldsymbol{w}}^T \overline{\boldsymbol{x}}^{(1)} > \overline{Z_2} = \hat{\boldsymbol{w}}^T \overline{\boldsymbol{x}}^{(2)}$$

객체 $\boldsymbol{x}$의 분류규칙은 아래와 같다.

$$\hat{Z} = \hat{\boldsymbol{w}}^T \boldsymbol{x} \geq \overline{Z}\text{이면, } \boldsymbol{x}\text{를 범주 1로 분류} \tag{7.14a}$$

$$\hat{Z} = \hat{\boldsymbol{w}}^T \boldsymbol{x} < \overline{Z}\text{이면, } \boldsymbol{x}\text{를 범주 2로 분류} \tag{7.14b}$$

여기서 $\overline{Z}$는 경계값으로

$$\overline{Z} = \frac{\overline{Z_1} + \overline{Z_1}}{2}$$

로 산출하나, 범주별 객체수가 다른 경우에는 다음을 사용함이 보다 타당할 것이다.

$$\overline{Z} = \frac{1}{n}\sum_{i=1}^{n} Z_i = \frac{n_1 \overline{Z_1} + n_2 \overline{Z_2}}{n_1 + n_2} \tag{7.15}$$

결국, 피셔 판별함수에 따른 분류 경계식은 다음과 같이 주어진다.

$$\hat{\boldsymbol{w}}^T \boldsymbol{x} = \overline{Z} \tag{7.16}$$

참고로 마할라노비스 거리(Mahalanobis distance)를 이용한 분류규칙도 위와 동일함을 알 수 있다. 벡터 $\boldsymbol{x}_1$와 벡터 $\boldsymbol{x}_2$ 간의 마할라노비스 거리의 제곱 또는 일반화된 제곱거리(generalized squared distance)는 다음과 같이 정의된다(11.2절 참조).

$$d^2(\boldsymbol{x}_1, \boldsymbol{x}_2) = (\boldsymbol{x}_1 - \boldsymbol{x}_2)^T \boldsymbol{\Sigma}^{-1} (\boldsymbol{x}_1 - \boldsymbol{x}_2) \tag{7.17}$$

벡터 $\boldsymbol{x}$와 범주 1의 평균 $\boldsymbol{\mu}_1$의 거리가 벡터 $\boldsymbol{x}$와 범주 2의 평균 $\boldsymbol{\mu}_2$와의 거리보다 가까우면 범주 1에 분류하는 것이 타당하므로, 분류규칙은 다음과 같다.

$$d^2(\boldsymbol{x}, \boldsymbol{\mu}_1) \leq d^2(\boldsymbol{x}, \boldsymbol{\mu}_2)\text{이면, } \boldsymbol{x}\text{를 범주 1로 분류} \tag{7.18}$$

위의 규칙을 정리하면 식(7.14)와 동일함을 알 수 있다.

예 7.1

두 변수 X_1, X_2에 대해 학습표본으로 [표 7.1]과 같이 9개의 객체와 사전에 분류된 범주가 있다고 하자. [그림 7.1]은 각 객체를 두 변수 좌표축에 나타낸 것이다.

표 7.1 두 변수 객체의 학습표본

객체번호	x_1	x_2	범주
1	5	7	1
2	4	3	2
3	7	8	2
4	8	6	2
5	3	6	1
6	2	5	1
7	6	6	1
8	9	6	2
9	5	4	2

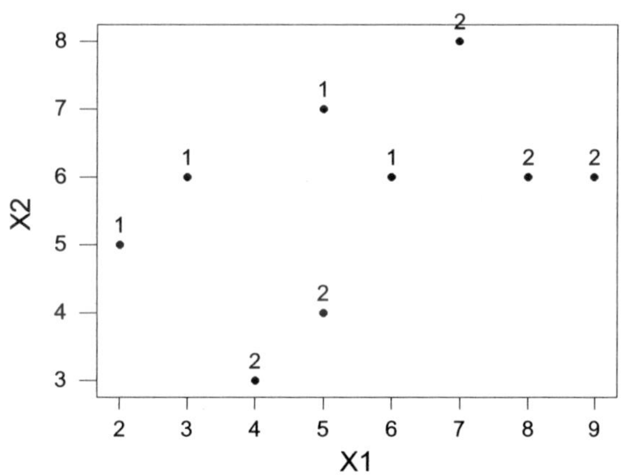

그림 7.1 [예 7.1]의 학습 표본

범주별 평균벡터는 다음과 같으며,

$$\bar{\boldsymbol{x}}^{(1)} = \begin{pmatrix} 4.0 \\ 6.0 \end{pmatrix} \qquad \bar{\boldsymbol{x}}^{(2)} = \begin{pmatrix} 6.6 \\ 5.4 \end{pmatrix}$$

범주별 표본 분산-공분산 행렬은 다음과 같다.

$$\boldsymbol{S}_1 = \begin{pmatrix} 3.3333 & 1 \\ 1 & 0.6666 \end{pmatrix} \quad \boldsymbol{S}_2 = \begin{pmatrix} 4.3 & 2.95 \\ 2.95 & 3.8 \end{pmatrix}$$

따라서 합동 분산-공분산 행렬은 다음과 같다.

$$\boldsymbol{S}_p = \begin{pmatrix} 3.8857 & 2.1143 \\ 2.1143 & 2.4571 \end{pmatrix}$$

그러므로 판별계수는 다음과 같이 추정된다.

$$\widehat{\boldsymbol{w}} = \boldsymbol{S}_p^{-1}(\overline{\boldsymbol{x}}^{(1)} - \overline{\boldsymbol{x}}^{(2)}) = \begin{pmatrix} 0.4839 & -0.4164 \\ -0.4164 & 0.7653 \end{pmatrix} \begin{pmatrix} -2.6 \\ 0.6 \end{pmatrix} = \begin{pmatrix} -1.5080 \\ 1.5418 \end{pmatrix}$$

따라서 피셔 판별함수는 다음과 같으며,

$$Z = -1.5080X_1 + 1.5418X_2$$

각 범주별 Z의 평균은

$$\overline{Z_1} = 3.2187, \quad \overline{Z_2} = -1.6273$$

이고, 경계값은

$$\overline{Z} = 0.5264$$

이다. (식 7.16)에 의한 분류 경계식은 다음과 같이 주어지며,

$$-1.5080X_1 + 1.5418X_2 = 0.5264 \quad (\text{또는 } X_2 = 0.3414 + 0.9781X_1)$$

피셔 판별함수의 값이 0.5264보다 크면 범주 1, 작으면 범주 2로 분류한다. 학습표본과 분류 경계식을 X_1, X_2 두 변수 좌표축에 표시하면 [그림 7.2]와 같다.

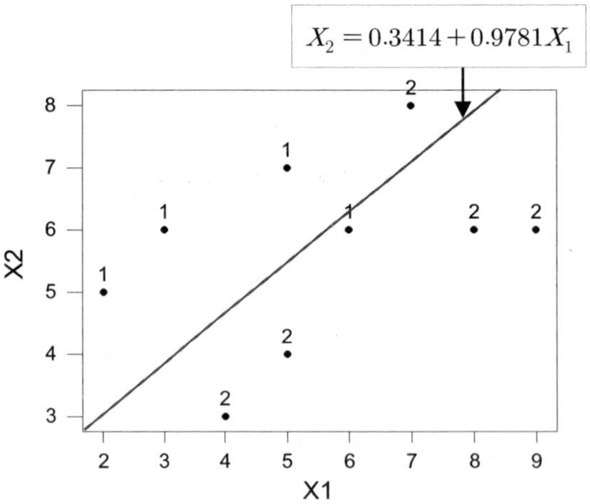

그림 7.2 학습표본과 분류 경계식

[그림 7.2]에서 직선은 분류 경계식을 나타내며, 객체가 직선 위쪽에 위치하는 경우 범주 1, 아래쪽에 위치하는 경우 범주 2로 분류하므로, 범주 1인 객체와 범주 2인 객체가 각각 하나씩 오분류된다.

[표 7.2]는 학습표본에 대한 분류 결과를 나타내고 있다. 3번과 7번 객체를 제외한 7개 객체는 올바로 분류됨을 볼 수 있다.

표 7.2 [예 7.1]의 학습표본에 대한 분류 결과

실제 범주	객체 번호	X_1	X_2	Z	추정 범주
1	1	5	7	3.2524	1
1	5	3	6	4.7267	1
1	6	2	5	4.6929	1
1	7	6	6	0.2026	2
2	2	4	3	−1.4068	2
2	3	7	8	1.7781	1
2	4	8	6	−2.8135	2
2	8	9	6	−4.3215	2
2	9	5	4	−1.3730	2

피셔 판별함수 Z는 새로운 축에 투영된 새로운 변수값을 의미한다. 여기서 $\boldsymbol{w}$ 벡터를 크기 1로 바꾸면 다음과 같다.

$$Z = -0.6992X_1 + 0.7149X_2$$

이와 같은 관계를 이용하면,

$$Z = X_1\cos\theta + X_2\sin\theta$$

θ는 134.36°임을 알 수 있다. 즉, X_1축과 134.36°를 이루는 새로운 축을 고려하여 두 변수값을 이에 투영시킬 때, 두 범주의 분류가 가장 잘 이루어짐을 의미한다.

7.2 | 의사결정론에 의한 분류규칙

두 범주에 대해 우선 하나의 판별 변수 X가 있다고 하자. 범주 1과 2에 대한 X의 확률밀도함수를 각각 $f_1(x)$, $f_2(x)$라 하자. 아래 그림과 같이 각 확률밀도함수가 위치하여 x축값으로 관측이 이뤄질 때, 분류의 목적은 두 범주를 구분하는 x축상의 적절한 경계치(cutoff value) c를 구하는 것이다.

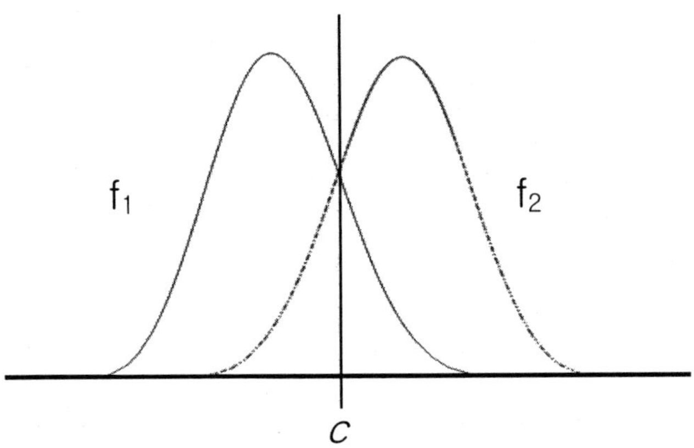

그림 7.3 X의 범주별 확률밀도함수 및 경계치

임의의 객체가 범주 1에 속할 사전확률(prior probability)을 π_1, 범주 2에 속할 사전확률을 π_2라 하자. 관측치가 c보다 왼쪽에 있으면 범주 1로 분류하며, c보다 오른쪽에 있으면 범주 2로 분류할 때, 범주 1로 오분류할 확률은 다음과 같다.

$$\begin{aligned} P\{\text{범주 1로 오분류}\} &= P\{\text{범주 1로 분류} \mid \text{범주 2}\}\ \pi_2 \\ &= \pi_2 \int_{-\infty}^{c} f_2(x)dx \end{aligned} \tag{7.19}$$

유사하게 범주 2로 오분류할 확률은 다음과 같다.

$$\begin{aligned} P\{\text{범주 2로 오분류}\} &= P\{\text{범주 2로 분류} \mid \text{범주 1}\}\ \pi_1 \\ &= \pi_1 \int_{c}^{\infty} f_1(x)dx \end{aligned} \tag{7.20}$$

따라서 오분류 총확률(total probability of misclassification; TPM)은 다음과 같다.

$$\begin{aligned}\text{TPM} &= P\{\text{범주 1로 오분류}\} + P\{\text{범주 2로 오분류}\} \\ &= \pi_2 \int_{-\infty}^{c} f_2(x)dx + \pi_1 \int_{c}^{\infty} f_1(x)dx \end{aligned} \tag{7.21}$$

위의 TPM을 최소로 하는 c를 c^*라 하면 다음식이 성립한다.

$$\pi_2 f_2(c^*) = \pi_1 f_1(c^*)$$

또는

$$\frac{\pi_2}{\pi_1} = \frac{f_1(c^*)}{f_2(c^*)}$$

그러므로, X의 관측치 x에 대해 분류규칙은 다음과 같다.

$$x \le c^* \text{ 이면 } x\text{를 범주 1에 분류}$$
$$x > c^* \text{ 이면 } x\text{를 범주 2에 분류}$$

이는 다시 다음과 같이 표현된다.

$$\frac{f_1(x)}{f_2(x)} \ge \frac{\pi_2}{\pi_1} \text{ 이면 } x\text{를 범주 1에 분류} \tag{7.22a}$$

$$\frac{f_1(x)}{f_2(x)} < \frac{\pi_2}{\pi_1} \text{ 이면 } x\text{를 범주 2에 분류} \tag{7.22b}$$

여기서 각 범주별 확률밀도함수의 모수는 학습표본으로부터 추정한다.

예 7.2

X가 범주 1에서는 평균 μ_1, 분산 σ^2을 갖는 정규분포를 따르고, 범주 2에서는 평균 μ_2, 분산 σ^2을 갖는 정규분포를 따른다고 하자. 이때

$$\frac{f_1(x)}{f_2(x)} = \frac{\exp(-\frac{(x-\mu_1)^2}{2\sigma^2})}{\exp(-\frac{(x-\mu_2)^2}{2\sigma^2})} = \exp(-\frac{(x-\mu_1)^2-(x-\mu_2)^2}{2\sigma^2})$$

이므로, 분류규칙은 식(7.22a)로부터 다음과 같다.

$$\ln\frac{f_1(x)}{f_2(x)} = -\frac{(x-\mu_1)^2-(x-\mu_2)^2}{2\sigma^2} \geq \ln\frac{\pi_2}{\pi_1} \text{ 이면 범주 1에 분류}$$

여기서 각 평균 및 분산은 관측데이터로부터 추정해야 한다. 참고로 피셔 방법과 비교해 보자. 위의 분류규칙은 다시 다음과 같이 표현된다.

$$\frac{(\mu_1-\mu_2)x}{\sigma^2} \geq \frac{1}{2}\left\{\frac{(\mu_1-\mu_2)\mu_1}{\sigma^2} + \frac{(\mu_1-\mu_2)\mu_2}{\sigma^2}\right\} + \ln\frac{\pi_2}{\pi_1} \text{ 이면 범주 1에 분류}$$

이때 피셔의 판별함수는 식(7.7)로부터 다음과 같으므로

$$Z = \frac{(\mu_1-\mu_2)x}{\sigma^2}$$

이며, 위의 규칙은 다음과 같다.

$$Z \geq \frac{\overline{Z_1}+\overline{Z_2}}{2} + \ln\frac{\pi_2}{\pi_1} \text{ 이면 범주 1에 분류}$$

따라서 $\pi_1 = \pi_2 = 0.5$인 경우에는 피셔 방법에 의한 규칙 (7.14)와 동일함을 알 수 있다.

p개의 변수로 이루어진 벡터 $\boldsymbol{x}$에 대해서도 식(7.22)의 분류규칙은 다음과 같이 일반화될 수 있다.

$$\frac{f_1(\boldsymbol{x})}{f_2(\boldsymbol{x})} \geq \frac{\pi_2}{\pi_1} \text{ 이면 범주 1에 분류} \tag{7.23a}$$

$$\frac{f_1(\boldsymbol{x})}{f_2(\boldsymbol{x})} < \frac{\pi_2}{\pi_1} \text{ 이면 범주 2에 분류} \tag{7.23b}$$

통상적으로 벡터 $\boldsymbol{x}$가 다변량 정규분포를 따르는 것으로 가정하는데 범주 1에서는 평균벡터 $\boldsymbol{\mu}_1$, 범주 2에서는 평균벡터 $\boldsymbol{\mu}_2$를 가지며 분산-공분산 행렬은 두 범주에서 동일하게 $\boldsymbol{\Sigma}$라 할 때 분류규칙은 다음과 같이 유도된다. 우선 각 범주에서의 확률밀도함수는

$$f_i(\boldsymbol{x}) = \frac{1}{(2\pi)^{p/2}|\boldsymbol{\Sigma}|^{1/2}} e^{-\frac{1}{2}(\boldsymbol{x}-\boldsymbol{\mu}_i)^T\boldsymbol{\Sigma}^{-1}(\boldsymbol{x}-\boldsymbol{\mu}_i)}, \quad i = 1,2 \tag{7.24}$$

이다. 따라서 식(7.23a)에 로그를 취한 다음이 성립할 때 $\boldsymbol{x}$를 범주 1에 분류하게 된다.

$$-\frac{1}{2}(\boldsymbol{x}-\boldsymbol{\mu}_1)^T\boldsymbol{\Sigma}^{-1}(\boldsymbol{x}-\boldsymbol{\mu}_1)+\frac{1}{2}(\boldsymbol{x}-\boldsymbol{\mu}_2)^T\boldsymbol{\Sigma}^{-1}(\boldsymbol{x}-\boldsymbol{\mu}_2) \geq \ln\left[\frac{\pi_2}{\pi_1}\right]$$

이를 정리하면 다음과 같다.

$$(\boldsymbol{\mu}_1-\boldsymbol{\mu}_2)^T\boldsymbol{\Sigma}^{-1}\boldsymbol{x} \geq \frac{1}{2}\boldsymbol{\mu}_1^T\boldsymbol{\Sigma}^{-1}\boldsymbol{\mu}_1-\frac{1}{2}\boldsymbol{\mu}_2^T\boldsymbol{\Sigma}^{-1}\boldsymbol{\mu}_2+\ln\left[\frac{\pi_2}{\pi_1}\right] \text{이면 범주 1에 분류} \tag{7.25}$$

여기서 $\boldsymbol{\mu}_1$, $\boldsymbol{\mu}_2$ 및 $\boldsymbol{\Sigma}$는 학습표본으로부터 식 (7.8), (7.9)와 같이 추정한다.

한편, 범주 1 및 범주 2에 대한 범주 판별함수(discriminant function for class)를 각각 정의하면 다음과 같다.

$$U_1 = \boldsymbol{\mu}_1^T\boldsymbol{\Sigma}^{-1}\boldsymbol{x} - \frac{1}{2}\boldsymbol{\mu}_1^T\boldsymbol{\Sigma}^{-1}\boldsymbol{\mu}_1 + \ln\pi_1 \tag{7.26a}$$

$$U_2 = \boldsymbol{\mu}_2^T\boldsymbol{\Sigma}^{-1}\boldsymbol{x} - \frac{1}{2}\boldsymbol{\mu}_2^T\boldsymbol{\Sigma}^{-1}\boldsymbol{\mu}_2 + \ln\pi_2 \tag{7.26b}$$

위의 각 판별함수는 $\boldsymbol{x}$에 대해 선형함수임을 볼 수 있으며 이에 근거한 판별분석을 선형판별분석(linear discriminant analysis; LDA)이라 한다. 식(7.25)의 분류규칙은 다음과 같다.

$$U_1 \geq U_2 \text{이면, } \boldsymbol{x}\text{를 범주 1에 분류} \tag{7.27}$$

위 분류규칙에서 사전확률이 동일한 경우($\pi_1 = \pi_2 = 0.5$)에는 식(7.26)의 $\ln\pi_1$과 $\ln\pi_2$가 소거됨을 확인할 수 있다.

예 7.3

[예 7.1]의 데이터에 대해 LDA를 적용하여 보자.

(a) 범주별 사전확률이 동일하다고 하면, 각 범주에 대한 판별함수는 다음과 같다.

$$U_1 =- 8.3459 - 0.5627X_1 + 2.9261X_2$$
$$U_2 =- 7.5502 + 0.9453X_1 + 1.3842X_2$$

(b) $\pi_1 = 0.4, \pi_2 = 0.6$인 경우 범주 판별함수는 다음과 같다.

$$U_1 =- 8.5690 - 0.5627X_1 + 2.9261X_2$$
$$U_2 =- 7.3679 + 0.9453X_1 + 1.3842X_2$$

여기서도 식(7.9)에 의한 합동 분산-공분산 행렬을 사용한 점에 유의하여야 한다. (b)의 경우에 대한 분류 결과는 [표 7.3]과 같으며, 객체 7과 3이 잘못 분류됨을 볼 수 있다.

표 7.3 [예 7.1] 데이터에 대한 LDA 적용 결과

실제 범주	객체 번호	X_1	X_2	U_1	U_2	추정 범주
1	1	5	7	9.100	7.048	1
1	5	3	6	7.300	3.773	1
1	6	2	5	4.936	1.444	1
1	7	6	6	5.611	6.609	2
2	2	4	3	-2.042	0.566	2
2	3	7	8	10.901	10.323	1
2	4	8	6	4.486	8.500	2
2	8	9	6	3.923	9.445	2
2	9	5	4	0.322	2.895	2

식(7.23)의 분류규칙은 사후확률을 바탕으로 하는 분류규칙과 동일함을 다음을 통해 알 수 있다. 임의의 벡터 $\boldsymbol{x}$ 의 객체가 범주 1 또는 2에 속할 사후확률(posterior probability)은 베이즈 정리에 의해 다음과 같다.

$$P(\text{범주}1|\boldsymbol{x}) = \frac{\pi_1 f_1(\boldsymbol{x})}{\pi_1 f_1(\boldsymbol{x}) + \pi_2 f_2(\boldsymbol{x})} \qquad (7.28a)$$

$$P(\text{범주}2|\boldsymbol{x}) = \frac{\pi_2 f_2(\boldsymbol{x})}{\pi_1 f_1(\boldsymbol{x}) + \pi_2 f_2(\boldsymbol{x})} \qquad (7.28b)$$

이때 분류규칙은 다음과 같다. 또한, 식(7.26)과 같이 범주별 판별함수를 정의하면 식(7.29)의 분류규칙은 (7.27)과 동일함을 알 수 있다.

$$P(\text{범주}1|\boldsymbol{x}) \geq P(\text{범주}2|\boldsymbol{x}) \text{ 이면, 객체 } \boldsymbol{x}\text{를 범주 1에 분류} \qquad (7.29)$$

즉, 이는 식(7.23a)와 동일함을 알 수 있다.

벡터 $\boldsymbol{x}$가 식(7.24)의 확률밀도함수를 갖는 다변량 정규분포를 따를 때 범주 j에 대한 사후확률은 다음과 같이 유도된다.

$$P(\text{범주}j|\boldsymbol{x}) \propto \pi_j f_j(\boldsymbol{x}) \propto \pi_j e^{-0.5(\boldsymbol{x}-\boldsymbol{\mu}_j)^T \boldsymbol{\Sigma}^{-1}(\boldsymbol{x}-\boldsymbol{\mu}_j)},\ j = 1,2 \qquad (7.30)$$

객체 $\boldsymbol{x}$와 평균벡터 $\boldsymbol{\mu}_j$와의 일반화된 제곱거리를 사용하면 위의 식은 다음과 같이 표현된다.

$$P(\text{범주}j|\boldsymbol{x}) = K\pi_j e^{-0.5d^2(\boldsymbol{x},\boldsymbol{\mu}_j)} \qquad (7.31)$$

여기서 상수 K는 두 사후확률의 합이 1임을 이용하여 다음과 같이 산출된다.

$$K = (\pi_1 e^{-0.5d^2(\boldsymbol{x},\boldsymbol{\mu}_1)} + \pi_2 e^{-0.5d^2(\boldsymbol{x},\boldsymbol{\mu}_2)})^{-1}$$

그러므로 각 범주별 사후확률은 다음과 같다.

$$P(\text{범주}j|\boldsymbol{x}) = \frac{\pi_j e^{-0.5d^2(\boldsymbol{x},\boldsymbol{\mu}_j)}}{\pi_1 e^{-0.5d^2(\boldsymbol{x},\boldsymbol{\mu}_1)} + \pi_2 e^{-0.5d^2(\boldsymbol{x},\boldsymbol{\mu}_2)}},\quad j = 1,2 \qquad (7.32)$$

한편, 식(7.7)의 피셔 판별함수를 사용하면 범주 1에 대한 사후확률을 다음과 같이 표현할 수 있다.

$$P(범주1|x) = \frac{1}{1+\frac{\pi_2}{\pi_1}e^{-Z+\pi_1\overline{Z_1}+\pi_2\overline{Z_2}}} = \frac{1}{1+\frac{\pi_2}{\pi_1}e^{\pi_1\overline{Z_1}+\pi_2\overline{Z_2}}e^{-Z}} \tag{7.33}$$

예 7.4

[예 7.1]의 데이터에 대하여 $\pi_1 = \pi_2 = 0.5$인 경우

$$\pi_1\overline{Z_1}+\pi_2\overline{Z_2}= 0.7957$$

이므로 범주 1에 대한 사후확률은 식(7.33)에 의하여 다음과 같이 산출될 수 있다.

$$P(범주1|\boldsymbol{x}) = \frac{1}{1+2.2159e^{-Z}}$$

따라서 사후확률에 근거한 각 객체의 범주를 추정하면 [표 7.4]와 같다.

표 7.4 사후확률에 의한 범주 추정

실제 범주	관측 번호	X_1	X_2	Z	$P(범주1\|\boldsymbol{x})$	$P(범주2\|\boldsymbol{x})$	추정 범주
1	1	5	7	3.2524	0.921	0.079	1
1	5	3	6	4.7267	0.981	0.019	1
1	6	2	5	4.6929	0.980	0.020	1
1	7	6	6	0.2026	0.356	0.644	2
2	2	4	3	−1.4068	0.100	0.900	2
2	3	7	8	1.7781	0.728	0.272	1
2	4	8	6	−2.8135	0.026	0.974	2
2	8	9	6	−4.3215	0.006	0.994	2
2	9	5	4	−1.3730	0.103	0.897	2

7.3 | 오분류비용을 고려한 분류규칙

오분류에 따르는 비용을 사전확률과 함께 고려해 보자. 우선 오분류와 관련하여 다음과 같은 두 종류의 비용이 있다.

$C(1|2)$ = 범주 2를 1로 잘못 분류 시 초래비용

$C(2|1)$ = 범주 1을 2로 잘못 분류 시 초래비용

이때 오분류에 따르는 총기대비용(total expected cost of misclassification; TCM)은 다음과 같다.

$$\begin{aligned} \text{TCM} &= C(1|2)\text{P}\{\text{범주 1로 오분류}\} + C(2|1)\text{P}\{\text{범주 2로 오분류}\} \\ &= C(1|2)\pi_2\int_{-\infty}^{c} f_2(\boldsymbol{x})d\boldsymbol{x} + C(2|1)\pi_1\int_{c}^{\infty} f_1(\boldsymbol{x})d\boldsymbol{x} \end{aligned} \tag{7.34}$$

따라서 7.2절에서와 유사한 방법으로 진행하면 분류규칙은 다음과 같다.

$$\frac{f_1(\boldsymbol{x})}{f_2(\boldsymbol{x})} \geq \frac{\pi_2}{\pi_1}\frac{C(1|2)}{C(2|1)} \text{ 이면 } \boldsymbol{x}\text{를 범주 1에 분류} \tag{7.35a}$$

$$\frac{f_1(\boldsymbol{x})}{f_2(\boldsymbol{x})} < \frac{\pi_2}{\pi_1}\frac{C(1|2)}{C(2|1)} \text{ 이면 } \boldsymbol{x}\text{를 범주 2에 분류} \tag{7.35b}$$

$C(1|2)=C(2|1)$ 일 때 위의 규칙은 사전확률만을 고려한 경우와 동일함을 알 수 있다.

예 7.5

하나의 판별변수 X가 범주 1에서는 (0, 4)에서 균일분포를 따르며, 범주 2에서는 (3, 7)에서 균일분포를 따른다고 하자. 각 범주에 속할 사전확률은 0.5로 동일하다 하고, $C(1|2)$=2, $C(2|1)$=1이라 하자. 분류규칙을 유도하라.

풀이

이 경우 우도비는 다음과 같다.

$$\frac{f_1(x)}{f_2(x)} = \begin{cases} \infty & 0 < x \le 3 \\ 1 & 3 < x \le 4 \\ 0 & 4 < x \le 7 \end{cases}$$

식(7.35)에 의하면 우도비가 2 이상일 때 범주 1로 분류하므로 $0 < x \le 3$ 일 때 범주 1에 분류하며, 기타 경우는 범주 2로 분류한다.

다변량 변수벡터 $\boldsymbol{x}$가 식(7.24)의 다변량 정규분포를 따를 때 분류규칙을 유도해 보자. 우선 식(7.35a)에 의하여 다음이 성립할 때 $\boldsymbol{x}$를 범주 1에 분류하게 된다.

$$-\frac{1}{2}(\boldsymbol{x}-\boldsymbol{\mu}_1)^T\boldsymbol{\Sigma}^{-1}(\boldsymbol{x}-\boldsymbol{\mu}_1)+\frac{1}{2}(\boldsymbol{x}-\boldsymbol{\mu}_2)^T\boldsymbol{\Sigma}^{-1}(\boldsymbol{x}-\boldsymbol{\mu}_2) \ge \ln\left[\frac{C(1|2)\pi_2}{C(2|1)\pi_1}\right]$$

그리고 식(7.26)의 범주 판별함수을 사용하면 식(7.35)의 분류규칙은 다음과 같이 바뀔 것이다.

$$U_1 - U_2 \ge \ln\left[\frac{C(1|2)}{C(2|1)}\right] \text{이면, } \boldsymbol{x}\text{를 범주 1에 분류} \tag{7.36a}$$

또는

$$U_1 - \ln C(1|2) \ge U_2 - \ln C(2|1) \text{이면, } \boldsymbol{x}\text{를 범주 1에 분류} \tag{7.36b}$$

여기서 범주별 오분류비용이 서로 같다고 하면 위의 분류 기준은 식(7.27)과 동일함을 알 수 있다.

7.4 이차 판별분석

이차 판별분석은 판별함수가 변수들에 대한 이차함수로 표현되는 경우인데, 각 범주에 대한 차원 p의 변수 벡터 $\boldsymbol{x}$가 서로 다른 분산–공분산 행렬을 갖는 다변량 정규분포를 따를 때 의사결정론에 의한 분류규칙으로부터 유도된다. 이를 보기 위해 우선 각 범주에 대한 확률밀도함수를 다음과 같다고 하자.

$$f_i(\boldsymbol{x}) = \frac{1}{(2\pi)^{p/2}|\boldsymbol{\Sigma}_i|^{1/2}} e^{-\frac{1}{2}(\boldsymbol{x}-\boldsymbol{\mu}_i)^T\boldsymbol{\Sigma}_i^{-1}(\boldsymbol{x}-\boldsymbol{\mu}_i)}, \quad i=1,2 \tag{7.37}$$

식(7.35)의 분류규칙에 적용하면, 다음이 성립할 때 $\boldsymbol{x}$를 범주 1에 분류하게 된다(이를 확인하라).

$$\begin{aligned} &-\frac{1}{2}\boldsymbol{x}^T(\boldsymbol{\Sigma}_1^{-1}-\boldsymbol{\Sigma}_2^{-1})\boldsymbol{x}+(\boldsymbol{\mu}_1^T\boldsymbol{\Sigma}_1^{-1}-\boldsymbol{\mu}_2^T\boldsymbol{\Sigma}_2^{-1})\boldsymbol{x} \\ &\qquad -\frac{1}{2}\ln\frac{|\boldsymbol{\Sigma}_1|}{|\boldsymbol{\Sigma}_2|}-\frac{1}{2}(\boldsymbol{\mu}_1^T\boldsymbol{\Sigma}_1^{-1}\boldsymbol{\mu}_1-\boldsymbol{\mu}_2^T\boldsymbol{\Sigma}_2^{-1}\boldsymbol{\mu}_2) \ge \ln\left[\frac{C(1|2)\pi_2}{C(2|1)\pi_1}\right] \end{aligned} \tag{7.38}$$

각 범주에 대한 판별함수를 다음과 같이 정의하자.

$$U_i = -\frac{1}{2}(\boldsymbol{x}-\boldsymbol{\mu}_i)^T\boldsymbol{\Sigma}_i^{-1}(\boldsymbol{x}-\boldsymbol{\mu}_i)-\frac{1}{2}\ln|\boldsymbol{\Sigma}_i|+\ln\pi_i, \quad i=1,2 \tag{7.39}$$

이때 식(7.38)의 분류 기준은 다음과 같이 표현된다.

$$U_1 - U_2 \ge \ln\left[\frac{C(1|2)}{C(2|1)}\right] \text{이면, 범주 1에 분류} \tag{7.40}$$

식(7.39)의 범주 판별함수는 $\boldsymbol{x}$에 대해 이차함수임을 알 수 있다. 따라서 분산–공분산 행렬이 범주별로 다른 경우는 이차판별분석(quadratic discriminant analysis; QDA)이라 한다. 특히, 오분류비용이 동일한 경우 분류 기준은 다음과 같다.

$$U_1 \ge U_2 \text{이면, 범주 1에 분류} \tag{7.41}$$

여기서 정규분포 파라미터는 다음과 같이 추정된다.

$$\widehat{\boldsymbol{\Sigma}}_1 = \boldsymbol{S}_1 \qquad \widehat{\boldsymbol{\Sigma}}_2 = \boldsymbol{S}_2$$

$$\widehat{\boldsymbol{\mu}}_1 = \overline{\boldsymbol{x}}^{(1)} \qquad \widehat{\boldsymbol{\mu}}_2 = \overline{\boldsymbol{x}}^{(2)}$$

예 7.6

[예 7.1]에 대해 분산-공분산 행렬이 두 범주에 따라 다르다고 가정하면, 각 범주별 분산-공분산 행렬과 그 역행렬 및 행렬식(determinant)은 다음과 같이 추정된다.

$$\widehat{\boldsymbol{\Sigma}}_1 = \begin{pmatrix} 3.333 & 1 \\ 1 & 0.6667 \end{pmatrix},\ \widehat{\boldsymbol{\Sigma}}_1^{-1} = \begin{pmatrix} 0.5455 & -0.8182 \\ -0.8182 & 2.7273 \end{pmatrix},\ |\widehat{\boldsymbol{\Sigma}}_1| = 1.2222$$

$$\widehat{\boldsymbol{\Sigma}}_2 = \begin{pmatrix} 4.3 & 2.95 \\ 2.95 & 3.8 \end{pmatrix},\ \widehat{\boldsymbol{\Sigma}}_2^{-1} = \begin{pmatrix} 0.4975 & -0.3863 \\ -0.3863 & 0.5630 \end{pmatrix},\ |\widehat{\boldsymbol{\Sigma}}_2| = 7.6375$$

범주별 사전확률이 서로 동일하며, 오분류비용 역시 동일하다고 하자. 이때 식(7.39)에 의한 범주 판별함수는 다음과 같다.

$$U_1 = -0.2727X_1^2 + 0.8182X_1X_2 - 1.3636X_2^2 - 2.7273X_1 + 13.0909X_2 - 34.6117$$

$$U_2 = -0.2488X_1^2 + 0.3863X_1X_2 - 0.2815X_2^2 + 1.198X_1 + 0.491X_2 - 6.9889$$

따라서 식(7.40)의 분류규칙에 따라 범주를 추정하면 [표 7.5]에서 보듯이 9개의 객체가 모두 올바로 분류되고 있다.

표 7.5 QDA에 의한 범주 추정

실제 범주	관측 번호	X_1	X_2	U_1	U_2	추정 범주
1	1	5	7	−1.6117	−4.0560	1
1	5	3	6	−1.0662	−5.8694	1
1	6	2	5	−1.6117	−6.3080	1
1	7	6	6	−1.8844	−2.0396	1
2	2	4	3	−13.0662	−2.6026	2
2	3	7	8	−3.7935	−3.2508	2
2	4	8	6	−5.1571	−1.9742	2
2	8	9	6	−7.6117	−2.6878	2
2	9	5	4	−8.1571	−2.0331	2

7.5 세 범주 이상의 분류

이상의 이론이 J개 범주가 있는 경우 아래와 같이 일반화된다. 우선, 필요한 기호를 다음과 같이 정의하자.

π_j = 범주 j에 속할 사전확률, j=1, ⋯, J

$C(k|j)$ = 실제 범주 j에 속하는데 범주 k로 분류할 때 소요 비용 (단, $C(j|j)=0$)

$f_j(\boldsymbol{x})$ = 범주 j에 속하는 $\boldsymbol{x}$의 확률밀도함수

R_k = 범주 k로 분류되는 $\boldsymbol{x}$의 집합

$P(k|j)$ = 실제 범주 j에 속하는데 범주 k로 분류할 확률

위의 확률 $P(k|j)$는 다음과 같이 표현된다.

$$P(k|j)=\int_{R_k} f_j(\boldsymbol{x})d\boldsymbol{x} \quad (k\neq j) \tag{7.42a}$$

$$P(j|j)=1-\sum_{k\neq j}P(k|j) \tag{7.42b}$$

이때 오분류에 따른 총 기대비용은 다음과 같다.

$$\begin{aligned} TCM &= \sum_{j=1}^{J} E[\text{오분류비용}|\text{범주}j]\pi_j \\ &= \sum_{j=1}^{J}\pi_j \sum_{k\neq j}P(k|j)C(k|j) \end{aligned} \tag{7.43}$$

따라서 J 범주를 갖는 분류 문제는 위의 TCM을 최소로 하는 서로 배타적인 분류 집합 $R_1, \ldots, R_J$를 찾는 것이다. 결국 분류규칙은 다음과 같다.

$$\sum_{j\neq k}\pi_j f_j(\boldsymbol{x})C(k|j) < \sum_{j\neq m}\pi_j f_j(\boldsymbol{x})C(m|j),\ m\neq k \text{ 일 때, } \boldsymbol{x}\text{를 범주 } k\text{로 분류} \tag{7.44}$$

특히, 오분류 비용이 모두 동일한 경우에는 분류규칙이 다음과 같이 단순하게 됨을 알

수 있다.

$$\pi_k f_k(\boldsymbol{x}) > \pi_j f_j(\boldsymbol{x}) \quad (j \neq k)\text{일 때, } \boldsymbol{x}\text{를 범주 } k\text{에 분류} \tag{7.45a}$$

또는

$$\ln \pi_k f_k(\boldsymbol{x}) = \max_j \ln \pi_j f_j(\boldsymbol{x})\text{일 때, } \boldsymbol{x}\text{를 범주 } k\text{에 분류} \tag{7.45b}$$

범주 j에 속하는 차원 p의 변수벡터 $\boldsymbol{x}$가 평균벡터 $\boldsymbol{\mu}_j$, 분산-공분산 행렬 $\boldsymbol{\Sigma}_j$를 갖는 다변량 정규분포를 따를 때 식(7.45b)의 좌변은 아래와 같다.

$$\ln \pi_k f_k(\boldsymbol{x}) = \ln \pi_k - \frac{p}{2}\ln(2\pi) - \frac{1}{2}\ln|\boldsymbol{\Sigma}_k| - \frac{1}{2}(\boldsymbol{x}-\boldsymbol{\mu}_k)^T \boldsymbol{\Sigma}_k^{-1}(\boldsymbol{x}-\boldsymbol{\mu}_k) \tag{7.46}$$

이 경우 범주 k에 대한 판별함수를 다음과 같이 정의하면,

$$U_k = \ln \pi_k - \frac{1}{2}\ln|\boldsymbol{\Sigma}_k| - \frac{1}{2}(\boldsymbol{x}-\boldsymbol{\mu}_k)^T \boldsymbol{\Sigma}_k^{-1}(\boldsymbol{x}-\boldsymbol{\mu}_k) \tag{7.47}$$

이는 이차 판별함수(quadratic discriminant function)가 되고, 식(7.45b)의 분류규칙은 다음과 같이 표현된다.

$$U_k = \max_j U_j \text{ 일 때, } \boldsymbol{x}\text{를 범주 } k\text{에 분류} \tag{7.48}$$

식(7.47)의 판별함수와 식(7.48)의 분류규칙은 두 범주 및 동일한 분산-공분산 행렬인 경우를 포함하는 일반식이 됨을 알 수 있다. 즉, 두 범주 경우 식(7.48)의 분류 기준은 식(7.41)과 동일하며, 분산-공분산 행렬이 범주별로 동일한 경우에는 식(7.47)의 이차항의 모든 범주에 대해 동일하며, 결국 선형 판별함수를 통해 분류됨을 볼 수 있다.

예 7.7

[연습문제 6.6]의 붓꽃(iris) 데이터에서 각 품종별(세 가지 품종: setosa, versicolor, virginica) 첫 30개 관측치(총 90개)를 학습표본으로 정하고 범주별 LDA판별함수를 유도해 보자. 범주별 사전확률과 오분류비용은 서로 동일하다고 가정한다. 우선 합동 분산-공분산 행렬은 다음과 같이 산출된다.

$$\hat{\Sigma}=\begin{pmatrix} 0.30372 & & & \\ 0.10411 & 0.11412 & & \\ 0.20118 & 0.05824 & 0.21282 & \\ 0.03890 & 0.03689 & 0.04693 & 0.04009 \end{pmatrix}$$

그리고 각 범주별 판별함수는 다음과 같다.

$$U_1 = -82.62 + 19.780X_1 + 26.062X_2 - 14.483X_3 - 20.062X_4$$

$$U_2 = -67.39 + 15.427X_1 + 5.811X_2 + 1.649X_3 + 11.511X_4$$

$$U_3 = -94.01 + 11.819X_1 + 1.836X_2 + 8.785X_3 + 26.611X_4$$

예를 들어, 학습표본 중 각 품종별 첫 관측치는 아래 표와 같이 제대로 분류됨을 볼 수 있다.

관측	X_1	X_2	X_3	X_4	실제 범주	U_1	U_2	U_3	추정 범주
1	5.1	3.5	1.4	0.2	1	85.18	36.24	-9.68	1
2	7.0	3.2	4.7	1.4	2	43.07	83.06	73.15	2
3	6.3	3.3	6.0	2.5	3	-9.06	87.65	105.75	3

R 코드

1. 예 7.4의 R 코드

```
# ch07_ex04_LDA.R
# ch7.2 Linear Discriminant Analysis

# load library
library(MASS) # for LDA
library(yardstick) # performance measurement

# read csv file
dat1 <- read.csv("data/ch7_dat1.csv")

# remove ID variable
dat1 <- dat1[, -1]

# define class(1,2) as a factor variable
dat1$class <- as.factor(dat1$class)

# ex7.4
# Linear Discriminant Analysis (LDA)
lda_fit <- lda(class ~ ., data = dat1, prior = c(1 / 2, 1 / 2))
lda_fit

# predict test data set:
# in this example, test data is the same to training data
pred <- predict(lda_fit, dat1)

# predicted posterior probabilities
pred$posterior

# predicted class
pred$class

# summary table
results <- cbind(dat1, posterior = pred$posterior, pred_class = pred$class)
results

# measuring performance of LDA
metrics_multi <- metric_set(accuracy, sens, spec, f_meas, roc_auc)
metrics_multi(results, truth = "class", estimate = "pred_class", posterior.1)
```

2. 예 7.6의 R 코드

```
# ch07_ex06_QDA.R
# ch7.4 Quadratic Discriminant Analysis

# load library
library(MASS) # QDA
library(yardstick) # measure performance

# read csv file# read csv file
dat1 <- read.csv("data/ch7_dat1.csv")

# remove ID variable
dat1 <- dat1[, -1]

# define class(1,2) as a factor variable
dat1$class <- as.factor(dat1$class)

# ex7.6
# Quadratic Discriminant Analysis (QDA)
qda_fit <- qda(class ~ ., data = dat1, prior = c(1 / 2, 1 / 2))
qda_fit

# predict test data set:
# in this example, test data is the same to training data
pred <- predict(qda_fit, dat1)

# predicted posterior probabilities
pred$posterior

# predicted class
pred$class

# summary table
results <- cbind(dat1, posterior = pred$posterior, pred_class = pred$class)
results

# measuring performance of QDA
metrics_multi <- metric_set(accuracy, sens, spec, f_meas, roc_auc)
metrics_multi(results, truth = "class", estimate = "pred_class", posterior.1)
```

3. 예 7.7의 R 코드 (iris 데이터)

```
# ch07_ex07_iris_LDA.R
# ch7.5 LDA with 3 types

# ex7-7

# load library
library(MASS) # for LDA
library(yardstick) # confusion matrix

# read csv file# read csv file
iris <- read.csv("data/iris.csv", stringsAsFactors = TRUE)
names(iris) <- c("x1", "x2", "x3", "x4", "class")

# train set: first 30 rows by class
tr_idx <- c(1:30, 51:80, 101:130)
train <- iris[tr_idx, ]

# Linear Discriminant Analysis (LDA)
iris_lda <- lda(class ~ ., data = train, prior = c(1 / 3, 1 / 3, 1 / 3))
iris_lda

# predict: first row by class
pred_idx <- c(1, 51, 101)
pred <- predict(iris_lda, newdata = iris[pred_idx, -5])
pred

# summary table
results <- cbind(iris[pred_idx, ], pred_class = pred$class)
results

# OPTIONAL: Predict on hold-out test data

# test set: all except training data
test <- iris[-tr_idx, ]
pred_test <- predict(iris_lda, newdata = iris[-tr_idx, -5])
results_test <- cbind(test, pred_class = pred_test$class)

# confusion matrix
cm <- conf_mat(results_test, truth = "class", estimate = "pred_class")
cm
```

참고문헌

7.1절의 피셔 방법은 참고문헌 [2]에 기반한 것이다. 7.5절에서 다룬 3개 이상 범주에 대한 분류 문제는 참고문헌 [1, p.225]를 참조할 수 있다.

[1] Anderson, T.W. (1984), *An Introduction to Multivariate Statistical Analysis*, second edition, Wiley, New York.

[2] Fisher, R.A. (1936), "The use of multiple measurements in taxonomic problems", *Annals of Eugenics*, 7, 179–188.

연습문제

7.1 두 변수 X_1, X_2를 갖는 252개 객체를 두 개 범주로 분류한 학습데이터가 있다. 다음은 각 범주별 변수별 통계치를 요약한 것이다(각 범주를 나타내는 첨자는 생략).

범주 1: n=151, $\overline{X_1}=3.0$, $\overline{X_2}=2.0$, $s_1^2=4.0$, $s_2^2=1.5$, $r_{12}=0.65$

범주 2: n=101, $\overline{X_1}=7.0$, $\overline{X_2}=6.0$, $s_1^2=5.0$, $s_2^2=2.5$, $r_{12}=0.50$

LDA를 이용하여 분류기를 만들고자 한다.

(a) 공통의 분산–공분산 행렬을 추정하라.

(b) 각 범주의 판별함수를 산출하라. (각 범주에 대한 사전확률은 동일로 간주)

(c) 분류 경계식을 도출하라. ($X_2 = a + bX_1$의 형태)

(d) $(X_1, X_2) = (2, 7)$인 새로운 객체의 범주를 추정하라.

7.2 두 변수 벡터 $\boldsymbol{x} = (X_1, X_2)^T$의 분포가 범주 1과 범주 2 내에서 각각 다음과 같다고 하자.

$$f_1(\boldsymbol{x}) \sim N(\boldsymbol{\mu}_1, \boldsymbol{I})$$
$$f_2(\boldsymbol{x}) \sim N(\boldsymbol{\mu}_2, \boldsymbol{I})$$

여기서 $\boldsymbol{I}$ 는 2x2 단위행렬을 나타내며, 평균벡터 $\boldsymbol{\mu}_1$ and $\boldsymbol{\mu}_2$ 는 모른다고 하자. 사전확률은 $\pi_1 = \pi_2$이고, 오분류비용은 각각 1로 가정한다. 아래와 같은 범주 1과 2에 대한 각각의 학습표본 D_1과 D_2가 있다고 한다.

Training set D_1 for class 1

X1	−0.4	−1.7	0.1	0.3	−1.1
X2	1.2	1.2	0.0	0.3	0.2

Training set D_2 for class 2

X1	0.8	1.7	0.4	2.2	0.9
X2	1.1	2.1	1.0	4.3	0.2

(a) 최우추정치 $\hat{\mu}_1$와 $\hat{\mu}_2$를 구하라.

(b) $\hat{\mu}_1$와 $\hat{\mu}_2$를 사용하여 각 범주의 판별함수를 유도하고 분류규칙을 기술하라.

(c) 하나의 그래프에 학습표본, $\hat{\mu}_1$와 $\hat{\mu}_2$, 그리고 분류 경계선을 표시하라.

(d) 새로운 테스트 데이터 $(1.0, 1.0)^T$ 가 있다고 할 때, 이는 어떤 범주에 분류되겠는가?

7.3 홈씨어터(home theater) 시스템을 생산하는 회사에서 판매를 촉진하기 위해 가구의 월소득 및 월간 비디오대여건수 자료에 따라 시스템의 구매 가능성 여부를 판별하고자 한다. 이를 위해, 본 시스템을 이미 보유하고 있는 10가구, 미보유 10가구에 대해 월소득 및 비디오대여건수를 조사하였다.

보유 가구		미보유 가구	
월소득(백만 원)	월 비디오대여수	월소득(백만 원)	월 비디오대여수
3.2	8	2.9	3
4.7	2	5.8	2
6.3	3	6.3	1
3.2	7	3.5	5
4.6	4	4.3	2
5.8	5	3.8	2
9.5	4	7.4	1
2.4	6	8.1	2
8.0	2	3.9	4
4.9	3	5.2	3

(a) 피셔 판별함수를 구하고, 위의 학습표본에 대해 범주를 추정하라.

(b) 선형판별분석을 이용하여 범주별 판별함수를 도출하고, 위의 학습표본에 대해 범주를 추정하라. (단, 범주별 사전확률은 동일하고 오분류비용은 고려하지 않음)

(c) 사후확률분포를 바탕으로 범주를 추정하라.

(d) 이차판별분석을 이용하여 범주별 판별함수를 도출하고, 위의 학습표본에 대해 범주를 추정하라.

7.4 [연습문제 6.6]의 붓꽃 데이터에 대해 다음을 분석하라.

(a) 각 품종별로 처음 30개의 객체들을 학습표본으로 선형판별분석을 수행한 후 학습표본에 대한 오분류율을 산출하라. 범주별 사전확률 및 오분류비용은 모두 동일하다고 가정한다.

(b) 물음 (a)에 답하되 이차판별분석을 사용하라.

(c) 선형판별함수 및 이차판별분석을 사용하여 학습표본이 아닌 나머지 데이터(품종별 20개, 총 60개 관측치)에 대한 범주를 각각 추정하고 오분류행렬을 작성하라.

7.5 [연습문제 6.1]의 '지방간' 데이터에 대해 다음과 같은 분류분석을 수행하라.

(a) 범주별 사전확률 및 오분류비용은 모두 동일하다고 가정하여 LDA를 수행하라. 각 범주에 대한 판별함수를 유도하고 오분류행렬을 구하라.

(b) 범주별 사전확률은 동일하다고 하고 오분류비용을 고려하지 않는 경우 각 객체가 지방간일 사후확률을 산출하라. 또한 이를 바탕으로 분류하고 결과를 (a)와 비교하라.

(c) 범주별 사전확률 및 오분류비용은 모두 동일하다고 가정하여 QDA를 수행하고 오분류행렬을 구하라.

(d) $\pi_0 = \pi_1 = 0.5$, $C(1|0) = 1$, $C(0|1) = 2$ 일 때 LDA를 수행하고 오분류행렬을 구하라.

7.6 [예 7.1]의 데이터에 대해 $C(1|2) = 1$, $C(2|1) = 2$일 때 식(7.32)에 의하여 분류하라.

7.7 [연습문제 2.17]의 '와인 아로마' 데이터에 대해 다음 물음에 답하라.

(a) 아로마 평점(aroma)을 다음 기준에 의거 3개의 등급으로 바꾸라. 즉, 3 이상 5 미만은 범주 1, 5 이상 6 미만은 범주 2로, 6 이상은 범주 3으로 하라.

(b) 처음 25개의 관측치에 대해 범주별 사전확률 및 오분류비용은 모두 동일하다고 가정하여 LDA를 수행하라. 각 범주에 대한 판별함수를 유도하고 오분류행렬을 구하라.

(c) 위의 결과를 바탕으로 나머지 관측치에 대한 범주를 예측하고 실제 범주와 비교하라.

7.8 아래 데이터는 38종 와인의 특성과 지역(region)을 나타낸 것이다.

Clarity	Clarity	Aroma	Body	Flavor	Oakiness	Quality	Region
1	1.0	3.3	2.8	3.1	4.1	9.8	1
2	1.0	4.4	4.9	3.5	3.9	12.6	1
3	1.0	3.9	5.3	4.8	4.7	11.9	1
4	1.0	3.9	2.6	3.1	3.6	11.1	1
5	1.0	5.6	5.1	5.5	5.1	13.3	1
6	1.0	4.6	4.7	5.0	4.1	12.8	1
7	1.0	4.8	4.8	4.8	3.3	12.8	1
8	1.0	5.3	4.5	4.3	5.2	12.0	1
9	1.0	4.3	4.3	3.9	2.9	13.6	3
10	1.0	4.3	3.9	4.7	3.9	13.9	1
11	1.0	5.1	4.3	4.5	3.6	14.4	3
12	0.5	3.3	5.4	4.3	3.6	12.3	2
13	0.8	5.9	5.7	7.0	4.1	16.1	3
14	0.7	7.7	6.6	6.7	3.7	16.1	3
15	1.0	7.1	4.4	5.8	4.1	15.5	3
16	0.9	5.5	5.6	5.6	4.4	15.5	3
17	1.0	6.3	5.4	4.8	4.6	13.8	3
18	1.0	5.0	5.5	5.5	4.1	13.8	3
19	1.0	4.6	4.1	4.3	3.1	11.3	1
20	0.9	3.4	5.0	3.4	3.4	7.9	2
21	0.9	6.4	5.4	6.6	4.8	15.1	3
22	1.0	5.5	5.3	5.3	3.8	13.5	3
23	0.7	4.7	4.1	5.0	3.7	10.8	2
24	0.7	4.1	4.0	4.1	4.0	9.5	2
25	1.0	6.0	5.4	5.7	4.7	12.7	3
26	1.0	4.3	4.6	4.7	4.9	11.6	2
27	1.0	3.9	4.0	5.1	5.1	11.7	1
28	1.0	5.1	4.9	5.0	5.1	11.9	2
29	1.0	3.9	4.4	5.0	4.4	10.8	2
30	1.0	4.5	3.7	2.9	3.9	8.5	2
31	1.0	5.2	4.3	5.0	6.0	10.7	2
32	0.8	4.2	3.8	3.0	4.7	9.1	1
33	1.0	3.3	3.5	4.3	4.5	12.1	1
34	1.0	6.8	5.0	6.0	5.2	14.9	3
35	0.8	5.0	5.7	5.5	4.8	13.5	1
36	0.8	3.5	4.7	4.2	3.3	12.2	1
37	0.8	4.3	5.5	3.5	5.8	10.3	1
38	0.8	5.2	4.8	5.7	3.5	13.2	1

(a) 범주별 사전확률 및 오분류비용은 모두 동일하다고 가정하여 LDA를 수행하라. 각 범주에 대한 판별함수를 유도하고 오분류행렬을 구하라.

(b) 범주별 사전확률 및 오분류비용은 모두 동일하다고 가정하여 QDA를 수행하고 오분류행렬을 구하라.

7.9 식(7.12) 또는 (7.13)을 비율을 최대화하는 피셔 판별계수가 식(7.11)과 같이 유도됨을 보여라.

7.10 식(7.17)의 마할라노비스 거리를 이용한 분류규칙이 식(7.14)와 동일함을 보여라.

7.11 판별변수 X가 범주 1 및 범주 2에서 다음과 같은 확률밀도함수를 갖는다.

$$f_1(x) = 0.5(1 - |x-1|),\ 0 \le x \le 2$$
$$f_2(x) = 0.5(1 - |x-1.5|),\ 0.5 \le x \le 2.5$$

(a) 사전확률 및 오분류비용이 동일한 경우 분류규칙을 유도하라.

(b) 사전확률이 동일하고 $C(1|2) = 1,\ C(2|1) = 2$ 일 때 분류규칙을 유도하라.

(c) $\pi_1 = 0.2,\ \pi_2 = 0.8$이고, 오분류비용이 동일한 경우 분류규칙을 유도하라.

(d) $\pi_1 = 0.2,\ \pi_2 = 0.8$이고, $C(1|2) = 1,\ C(2|1) = 2$ 일 때 분류규칙을 유도하라.

7.12 식(7.33)이 성립함을 확인하라.

7.13 식(7.32)를 확장하여 범주가 3개 이상인 경우 각 범주에 대한 사후확률분포를 구하라.

(a) 분산-공분산행렬이 범주와 관계없이 동일할 때

(b) 분산-공분산행렬이 범주별로 다를 때

7.14 식(7.38)이 성립함을 확인하라.

7.15 세 범주에 대해 각 범주 판별함수가 U_i로 주어질 때, 각 범주의 사후확률이 다음과 같음을 증명하라.

$$P(j|\boldsymbol{x}) = \frac{e^{U_j}}{e_1^U + e_2^U + e_3^U},\ J = 1,2,3.$$

8장

트리 기반 기법

8.1 CART 개요
8.2 트리의 형성
8.3 가지치기 및 최적트리 선정
8.4 기타 트리 기법
R 코드
연습문제

분류를 위한 새로운 방법으로 트리(tree)에 기반을 둔 기법들이 있는데, 대표적인 것으로 CART(Classification and Regression Trees), C4.5, CHAID(CHi-square Automatic Interaction Detection) 등이 있다. 본 장에서는 CART에 대하여 주로 설명하고자 한다. 트리 대신 의사결정나무(decision tree)라는 용어를 종종 사용하기도 하는데, 이 용어는 의사결정론에서 주로 사용되므로 혼동을 피하기 위해 여기서는 트리라고 칭한다.

8.1 | CART 개요

CART는 1984년 Breiman 등(참고문헌 [1])에 의하여 개발된 것인데, 각 (독립)변수를 이분화(binary split)하는 과정을 반복하여 트리 형태를 형성함으로써 분류(종속변수가 범주형일 때) 또는 회귀분석(종속변수가 연속형일 때)을 수행하는 것이다. 이때 독립변수들은 범주형 또는 연속형 모두에 적용될 수 있다. 본 장에서는 분류를 위한 목적만을 설명토록 한다.

예를 들어, 트리 형태는 [그림 8.1]과 같다. 본 예는 학습표본에 있는 총 75개 객체 중 50개가 범주 1로, 25개가 범주 2로 분류되어 있다고 할 때 트리 형태로 분지된 결과를 보이고 있다. 여기서는 편의상 분지 기준 변수는 생략되어 있다. 각 노드 안의 숫자를 '(x, y)'의 형태로 표시하였는데 x는 범주 1의 객체수, y는 범주 2의 객체수를 나타낸다. 추가로 분지가 되는 노드는 원으로, 더 이상 분지를 하지 않은 노드는 네모로 표시하였다.

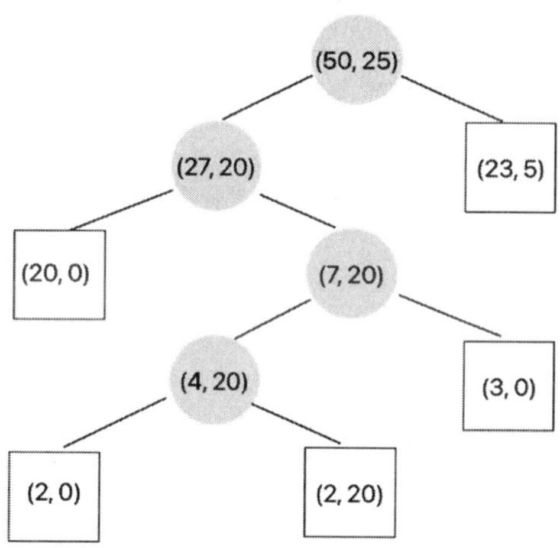

그림 8.1 트리 형태 예

[그림 8.1]의 트리에서 가장 위에 있는 초기 노드를 뿌리 노드(root node)라 한다. 어떤 노드의 바로 상위 노드를 그 노드의 부모 노드(parent node)라 하며, 부모 노드의 바로 하위 노드를 그 노드의 자식 노드(child node)라 한다. 또한, 어떤 트리에서 더 이상 분지하지 않은 마지막 노드를 최종 노드(terminal node)라 한다. [그림 8.1]의 트리의 최종노드는 5개이다.

CART는 다음 과정으로 진행된다.

1) 트리의 형성(growing the tree): 학습표본을 바탕으로 트리를 형성하는 과정으로 변수의 선정, 분지기준(splitting criterion) 등의 결정 이슈가 있다.

2) 가지치기(pruning): 트리가 너무 복잡하면 분류규칙 또한 복잡해지므로 형성된 트리 일부의 가지를 절단하여 단순한 트리를 만드는 과정이다.

3) 분류(classification): 최종적으로 완성된 트리를 바탕으로 분류규칙을 도출하고, 기존 또는 새로운 데이터에 대하여 분류를 시행하는 과정이다.

8.2 | 트리의 형성

각 노드에서 두 개의 가지로 분지하기 위하여 다음과 같은 형태의 물음을 던진다.

"변수 X가 집합 A에 속하는가?"

특히, 연속형 변수에 대하여서는 통상적으로 다음과 같은 질문을 한다.

"변수 X가 상수 c보다 작은가?"

이 질문에 대한 대답이 '예'인 경우에는 왼쪽으로, '아니오'인 경우에는 오른쪽으로 분지한다. 학습표본에 대하여서는 각 객체가 해당 분지로 보내지게 된다. 여기서 변수 X 및 상수 c를 정하는 방법이 필요한데 이를 분지기준(splitting criterion)이라 한다.

분지기준에 대한 기본 철학은 부모 노드보다 자식 노드의 순도가 더 높도록(purer)하는 것이다. 예를 들어, 어떤 부모 노드에 범주 1의 객체 40개, 범주 2의 객체 60개로 총 100개가 있다고 할 때, 왼쪽 자식 노드에 70개(범주 1이 28개, 범주 2가 42개), 오른쪽 자식 노드에 30개(범주 1이 12개, 범주 2가 18개)로 분지된다고 하면 순도에 있어 개선이 전혀 없다고 볼 수 있다. 왜냐하면, 부모 노드와 자식 노드 모두에서 범주 1과 범주 2의 객체 비율이 공히 4:6으로 동일하기 때문이다. 그러나 다른 분지기준에 의하여 왼쪽 자식 노드에 50개(범주

1이 40개, 범주 2가 10개), 오른쪽 자식 노드에 50개(범주 1이 0개, 범주 2가 50개)로 분지되었다면 이 경우에는 순도가 증가하였다고 하겠다.

따라서 분지기준을 설정하기 위해서 우선 순도(purity) 또는 불순도(impurity)에 대한 척도가 필요한데 통상적으로 불순도 함수를 사용한다. 이를 위해 다음과 같은 기호를 정의하자.

J: 범주 수

N: 학습표본의 총 객체수

N_j: 범주 j에 속한 객체수

$N(t)$: 노드 t에서의 객체수

$N_j(t)$: 노드 t에서 범주 j에 속한 객체수

$p(j,t)$: 임의의 객체가 범주 j와 노드 t에 속할 확률

$p(t)$: 임의의 객체가 노드 t에 속할 확률

$$p(t) = \sum_{j=1}^{J} p(j,t)$$

$p(j|t)$: 임의의 객체가 노드 t에 속할 때 범주 j에 속할 조건부 확률

$$p(j|t) = p(j,t)/p(t) \qquad \sum_{j=1}^{J} p(j|t) = 1$$

이때 위의 확률들은 학습표본에서 아래와 같이 추정된다.

$$p(j,t) = N_j(t)/N$$

$$p(t) = N(t)/N$$

$$p(j|t) = N_j(t)/N(t)$$

8.2.1 노드 및 트리의 불순도

정의 8.1 불순도 함수(impurity function)

총 J개의 범주별 객체 비율 $(p_1, \ldots, p_J)$에 대한 다음 성질을 만족하는 비음의 함수 ϕ를 불순도 함수라 한다.

1) $\phi(1,0,0,\ldots,0) = \phi(0,1,0,\ldots,0) = \ldots = \phi(0,0,0,\ldots,1) = 0$
2) $\phi(1/J, 1/J, \ldots, 1/J)$가 최댓값
3) ϕ는 $(p_1, \ldots, p_J)$에 대한 대칭함수(symmetric function)

예를 들어, ϕ가 다음과 같을 때 이는 위의 정의를 만족하므로 불순도 함수가 된다(이를 확인하라).

$$\phi(p_1, \ldots, p_J) = 1 - \max_j p_j$$

불순도 함수로는 지니 지수(Gini index)와 엔트로피 지수(Entropy index)가 널리 사용된다. CART에서는 지니 지수를 사용한다.

$$\text{지니 지수: } G(p_1, \ldots, p_J) = 1 - \sum_{j=1}^{J} p_j^2 = \sum_{j=1}^{J} p_j(1 - p_j) \tag{8.1}$$

$$\text{엔트로피 지수: } E(p_1, \ldots, p_J) = -\sum_{j=1}^{J} p_j \log_2 p_j \tag{8.2}$$

즉, 위의 지니 지수 또는 엔트로피 지수는 그 값이 작을수록 순도가 높다고 하겠다. 참고로 지니 지수의 최댓값은 $(J-1)/J$이다. 또한, 식(8.1)에서 $p_j(1-p_j)$는 확률 p_j를 갖는 베르누이 변수의 분산을 나타냄을 알 수 있다. 따라서 지니 지수의 감소는 분산의 감소를 의미한다고 하겠다. 한편, 엔트로피 지수는 주어진 범주확률로부터 랜덤하게 관측되는 범주에 대한 정보량을 의미한다. 특정 범주확률이 1(순도 1)인 경우에는 엔트로피 지수(정보량)가 0이 됨을 알 수 있다.

두 개의 범주를 갖는 경우를 생각해 보자. 이때 지니 지수 및 엔트로피 지수는 각각 다음과 같다.

$$G(p_1) = 2p_1(1-p_1)$$
$$E(p_1) = -p_1\log_2 p_1 - (1-p_1)\log_2(1-p_1)$$

여기서 지니지수의 최댓값은 0.5인 반면 엔트로피 지수의 최댓값은 1이므로 지니 지수에 2배를 하여 하나의 도표에 나타내면 [그림 8.2]와 같다. 즉, 지니 지수는 엔트로피 지수보다 항상 아래쪽에 있으므로 동일한 p_1에서 지니 지수가 불순도를 다소 낮게 평가한다고 하겠다.

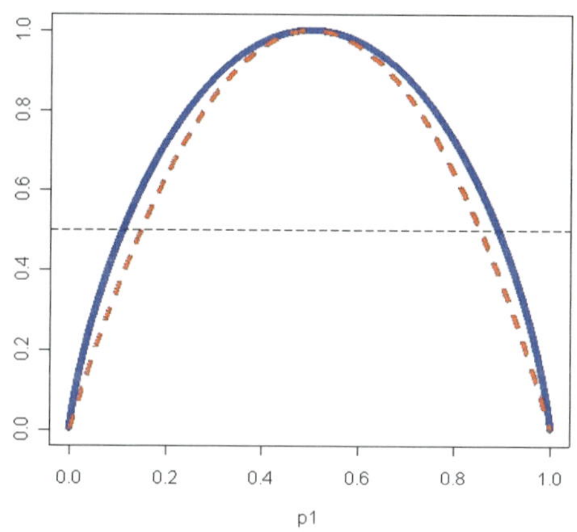

그림 8.2 엔트로피 지수와 지니 지수 비교(실선: 엔트로피, 점선: 지니)

노드 t에서의 불순도를 $i(t)$라 하면 다음과 같이 정의된다.

$$i(t) = \phi(p(1|t), \dots, p(J|t)) \tag{8.3}$$

지니 지수를 사용할 때 불순도는 다음과 같이 산출된다.

$$i(t) = 1 - \sum_{j=1}^{J} p^2(j|t) \tag{8.4}$$

한편, 트리를 형성하는 과정 중 임의의 시점에서 최종 노드(terminal node)의 집합 $A(T)$가 구성될 때 트리 T에 대한 불순도는 아래와 같이 정의된다.

$$I(T) = \sum_{t \in A(T)} i(t)p(t) \tag{8.5}$$

여기서

$$I(t) = i(t)p(t) \tag{8.6}$$

라 하면 다음이 성립한다.

$$I(T) = \sum_{t \in A(T)} I(t) \tag{8.7}$$

예 8.1

아래 그림과 같은 트리 T가 있다. 지니 지수를 사용할 경우 노드 t_1의 불순도 및 전체 트리의 불순도를 각각 구하라.

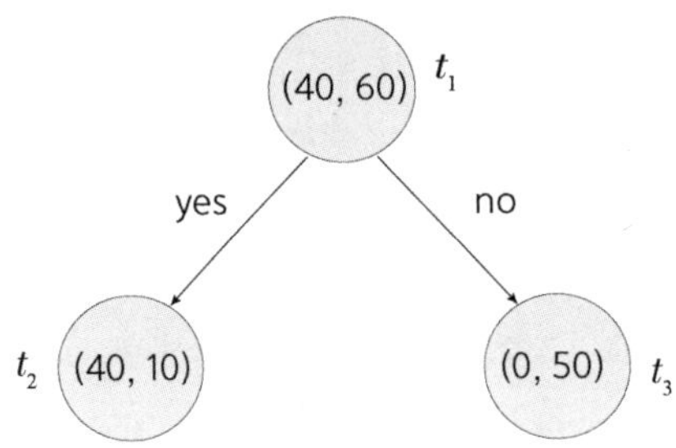

풀이

노드 t_1의 불순도의 다음과 같다.

$$i(t_1) = 1 - (0.4)^2 - (0.6)^2 = 0.48$$

트리 T의 불순도는 다음과 같다.

$$\begin{aligned} I(T) &= I(t_2) + I(t_3) = 0.5i(t_2) + 0 \\ &= 0.5(1 - 0.8^2 - 0.2^2) = 0.16 \end{aligned}$$

8.2.2 분지 기준

[예 8.1]의 트리에서 노드 t_1이 노드 t_2와 노드 t_3으로 갈라지는 것을 분지라 한다. 이때 분지기준이란 해당 변수 및 그 변수의 경계치를 정하는 것이다.

[그림 8.3]에서 보듯이 분지 s에 따라 왼쪽 자식 노드(t_L) 및 오른쪽 자식 노드(t_R)로 분지되는 객체수의 비율을 각각 p_L, p_R ($p_L + p_R = 1$)이라 할 때 불순도의 변화량(감소량)은 다음과 같이 나타낼 수 있다.

$$\Delta i(s,t) = i(t) - p_L i(t_L) - p_R i(t_R) \tag{8.8}$$

분지의 목적은 자식 노드의 불순도가 감소하도록 하는 것이기 때문에, 노드 t에서 위의 감소량이 최대가 되는 분지 s^*를 찾고자 한다.

$$\Delta i(s^*,t) = \max_s \Delta i(s,t) \tag{8.9}$$

즉, 최적 분지를 찾기 위해서는 모든 분지 후보에 대하여 불순도 감소량을 산출하고 이중 최대가 되는 분지를 선택해야 한다.

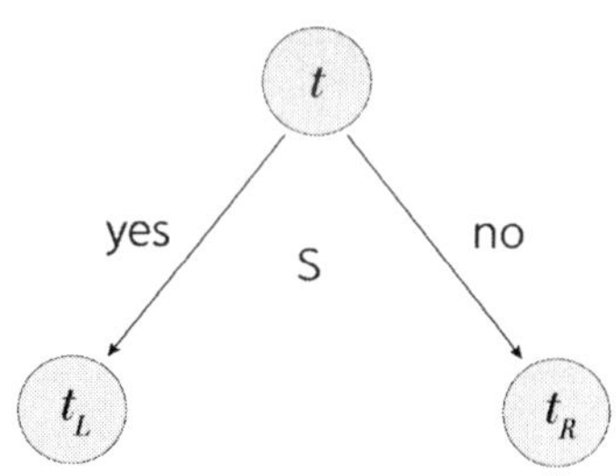

그림 8.3 분지 s에 의한 노드 t의 자식 노드

트리 T의 최종 노드 중 임의의 노드 t를 분지 s를 사용하여 자식 노드 t_L과 t_R로 분지할 때 새로운 트리 T'의 불순도는 다음과 같다.

$$I(T') = \left[\sum_{x \in A(T) - \{t\}} I(x) \right] + I(t_L) + I(t_R) \tag{8.10}$$

이때, 불순도의 감소량은 다음과 같다.

$$\Delta I(s,t) = I(T) - I(T') = I(t) - I(t_L) - I(t_R) \tag{8.11}$$
$$= i(t)p(t) - i(t_L)p(t_L) - i(t_R)p(t_R)$$

여기서

$$p_L = p(t_L)/p(t), \quad p_R = p(t_R)/p(t)$$

이므로 식(8.11)의 불순도 감소량은 아래와 같다.

$$\Delta I(s,t) = [i(t) - p_L i(t_L) - p_R i(t_R)]p(t) = \Delta i(s,t)p(t) \tag{8.12}$$

따라서 트리 T의 노드 t에서 분지 s를 선택하면 트리 T'가 형성된다고 할 때 최적의 분지 s^*는 다음과 같이 트리 불순도 감소량을 최대로 하는 분지 s가 된다.

$$s^* = \arg\max_s \Delta I(s,t) \tag{8.13}$$

또한, 노드 t에 속한 객체수 $N(t)$는 분지 s에 상관없이 정해져 있기 때문에, 분지 s를 정하는 시점에서 $p(t)$는 일정하며, 따라서 식(8.12)에 의하여 다음과 같음을 알 수 있다.

$$s^* = \arg\max_s \Delta i(s,t) \tag{8.14}$$

나아가 식(8.8)에 의하여 최적 분지는 자식 노드 불순도의 가중합(또는 가중불순도), 즉 $p_L i(t_L) + p_R i(t_R)$이 최소가 되는 것임을 알 수 있다.

예 8.2

다음과 같은 10개 객체에 대한 학습표본이 있다. 뿌리 노드에서 최적의 분지를 선택하고 트리를 만들어라.

표 8.1 [예 8.2]의 학습표본

객체 번호	X_1	X_2	범주
1	1	4	1
2	2	6	1

객체 번호	X_1	X_2	범주
3	2	5	1
4	2	4	2
5	2	3	2
6	3	6	1
7	4	6	1
8	4	5	2
9	4	4	2
10	5	4	2

풀이

[그림 8.5]에서 보듯이 뿌리 노드 t_1은 10개의 전체 객체로 이루어지고 범주 1이 5개, 범주 2가 5개이므로, (5, 5)로 표현되며, 이때 지니 지수에 의한 불순도는 식(8.4)에 의하여 다음과 같다.

$$i(t_1) = 1 - (0.5)^2 - (0.5)^2 = 0.5$$

노드 t_1에서 분지 후보를 쉽게 알아보기 위해 [표 8.1]의 학습표본을 이차원 평면에 나타내면 [그림 8.4]와 같다.

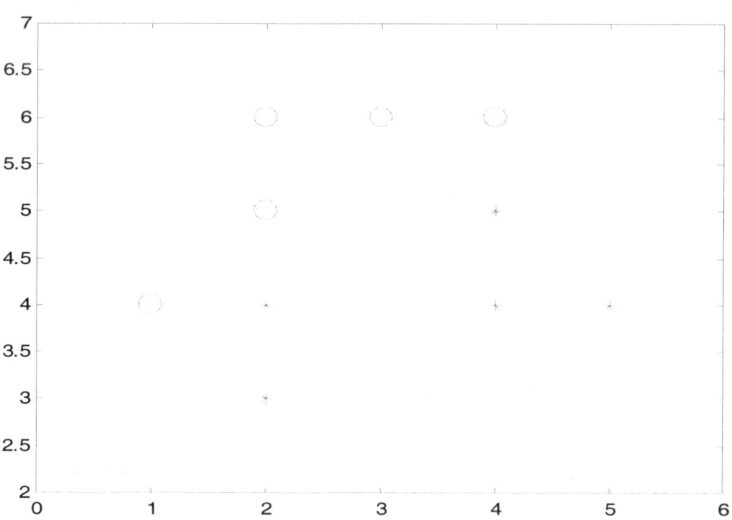

그림 8.4 [예 8.2]의 학습표본(범주 1: 동그라미; 범주 2: 점)

노드 t_1에서의 분지 후보는 아래와 같이 변수 X_1에 대하여 4가지, 변수 X_2에 대하여 3가지로 총 7가지가 됨을 알 수 있다.

s1: $X_1 < 1.5$, s2: $X_1 < 2.5$, s3: $X_1 < 3.5$, s4: $X_1 < 4.5$,
s5: $X_2 < 3.5$, s6: $X_2 < 4.5$, s7: $X_2 < 5.5$

위의 분지 후보 각각에 대하여 분지된 자식 노드의 가중불순도를 구한 후 최소가 되는 것이 최적의 분지로 선택된다. 이의 결과를 정리하면 다음 표와 같다.

후보 분지	왼쪽 노드 객체수 p_L $i(t_L)$	오른쪽 노드 객체수 p_R $i(t_R)$	가중불순도 $p_L i(t_L) + p_R i(t_R)$
s1: $X_1 < 1.5$	(1, 0) 1/10 0	(4, 5) 9/10 40/81	0.4444
s2: $X_1 < 2.5$	(3, 2) 5/10 12/25	(2, 3) 5/10 12/25	0.48
s3: $X_1 < 3.5$	(4, 2) 6/10 4/9	(1, 4) 4/10 8/25	0.3947
s4: $X_1 < 4.5$	(5, 4) 9/10 40/81	(0, 1) 1/10 0	0.4444
s5: $X_2 < 3.5$	(0, 1) 1/10 0	(5, 4) 9/10 40/81	0.4444
s6: $X_2 < 4.5$	(1, 4) 5/10 8/25	(4, 1) 5/10 8/25	0.32
s7: $X_2 < 5.5$	(2, 5) 7/10 20/49	(3, 0) 3/10 0	0.2857

이 중 s7의 기준으로 분지함이 불순도의 감소량이 최대가 됨을 확인할 수 있다. 이 기준으로 분지할 때 형성되는 자식 노드는 [그림 8.5]에서 보는 바와 같다.

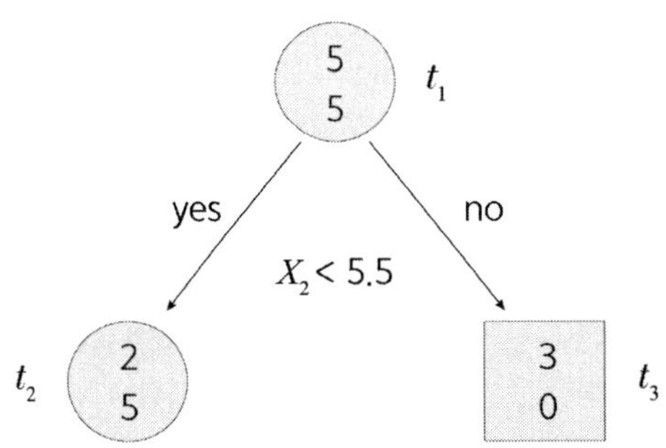

그림 8.5 뿌리 노드 분지에 의한 트리(트리 T)

분지기준 s7을 [그림 8.4]의 이차원 평면에 선으로 나타내면 아래 그림과 같다.

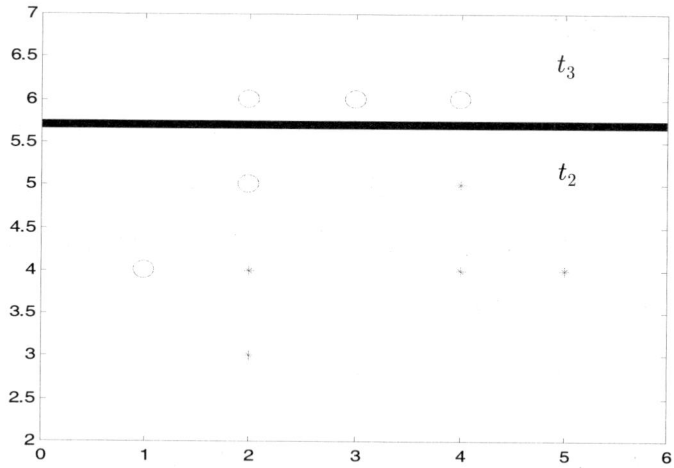

참고로 [그림 8.5]의 트리를 T라 할 때, 트리 T의 불순도는 아래와 같이 산출된다.

$$I(T) = I(t_2) + I(t_3) = 0.4081(0.7) + 0 = 0.2857$$

지금까지 각 변수가 연속형임을 가정하여 설명하였지만 이분형 변수 또는 명목형 변수의 경우에도 유사하게 분지기준을 결정할 수 있다. 이분형 변수의 경우(1 또는 0의 값을 가질 때)에는 1의 값은 왼쪽으로 0의 값은 오른쪽으로 분지될 것이다. 3개 이상의 범주를 갖는 범주형 변수의 경우에는 분지 후보가 여러 가지 존재한다. 예를 들어, 변수 X가 A, B, C의 세 범주를 갖는다고 하면, 후보 분지는 다음과 같다.

s1: 왼쪽 – {A}, 오른쪽 – {B, C}

s2: 왼쪽 – {A, B}, 오른쪽 – {C}

s3: 왼쪽 – {A, C}, 오른쪽 – {B}

그러나, 명목형 변수의 경우에도 불순도 산출은 연속형의 경우와 동일하므로 최적 분지기준의 결정도 동일한 방식으로 적용할 수 있다.

8.2.3 최대 트리 형성

트리 형성 과정에서 어떤 노드에 속한 객체들이 하나의 범주만을 가질 때는 더 이상 분지할 필요가 없으므로 자연적으로 최종노드로 간주될 것이다. 또한 인위적인 분지 정지규칙에 의해 최종 노드로 간주할 수 있다. 예를 들어, 양의 경계치 β에 대하여 노드 t가 다음을 만족할 때 이를 최종노드로 규정한다.

$$\max_{s \in S} \Delta I(s,t) < \beta \tag{8.15}$$

그러나 CART에서는 위와 같은 정지규칙을 사용하지 않고 대신 각 최종 노드가 하나의 범주만을 가질 때까지 분지하여 최대 트리(maximal tree)를 만든다. 이러한 최대 트리는 학습표본에만 적합한 과적합의 문제가 있을 수 있기 때문에 적절한 규칙에 의하여 가지치기를 하여 최종의 트리를 형성하는 방법을 사용하고 있다. 가지치기에 대해서는 다음 절에서 다룬다.

예 8.3

[예 8.2]의 학습표본을 바탕으로 최대 트리를 형성하라.

풀이

뿌리 노드에서 분지하여 만들어진 [그림 8.5]의 트리에서 노드 t_2를 대상으로 분지를 수행하여야 한다. 노드 t_2의 분지 기준의 후보로는 s1('$X_1 < 1.5$'), s2('$X_1 < 3$'), s3('$X_1 < 4.5$'), s4('$X_2 < 3.5$'), s5('$X_2 < 4.5$')가 있다. 최적 분지를 찾기 위해서는 이들 후보 각각에 대한 불순도 감소량을 산출하여 비교하여야 한다. 참고로 s3와 s4는 동일함을 쉽게 알 수 있다. 각 후보별 분지 후 자식 노드의 가중 불순도를 산출하면 아래와 같다. 따라서 가중 불순도가 최소가 되는 분지 s1이 최적이라 할 수 있다.

후보 분지	왼쪽 노드			오른쪽 노드			가중 불순도
	객체수	p_L	$i(t_L)$	객체수	p_R	$i(t_R)$	$p_L i(t_L) + p_R i(t_R)$
s1: $X_1 < 1.5$	(1,0)	1/7	0	(1,5)	6/7	10/36	0.2381
s2: $X_1 < 3$	(2,2)	4/7	2/4	(0,3)	3/7	0	0.2875

s3: $X_1 < 4.5$	(2,4)	6/7	16/36	(0,1)	1/7	0	0.3810
s5: $X_2 < 4.5$	(1,1)	2/7	1/2	(1,4)	5/7	8/25	0.3714

또한, 노드 t_2를 s1의 분지기준으로 이분할 때 하위 노드는 아래와 같으며, 형성된 트리 T′는 [그림 8.6]과 같다.

왼쪽 노드 : t_4(1, 0) $p_L = 1/7$ $p(t_4) = 1/10$ $i(t_4) = 0$

오른쪽 노드: t_5(1, 5) $p_R = 6/7$ $p(t_5) = 6/10$ $i(t_5) = 0.2778$

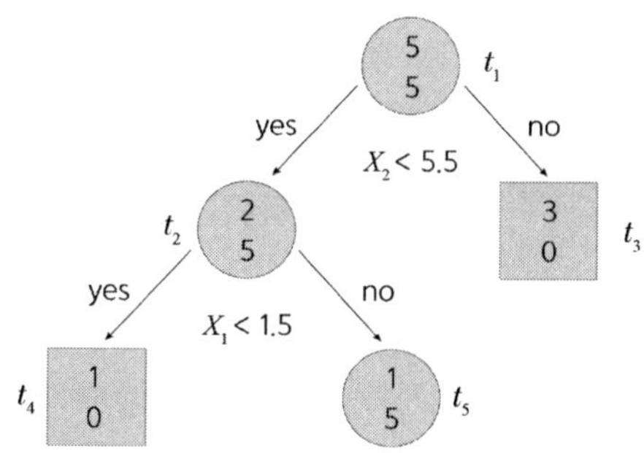

그림 8.6 트리 T′

여기서 다시 노드 t_5를 분지하면 최종적으로 [그림 8.7]과 같은 최대 트리가 생성된다. 또한, 이 분지 결과 및 최종 노드들을 [그림 8.4]의 이차원 평면에 직선으로 표시하면 [그림 8.8]과 같다.

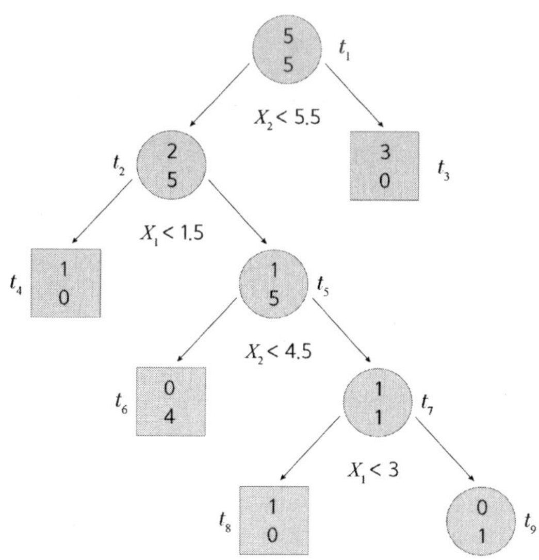

그림 8.7 [예 8.2]에 대한 최대 트리

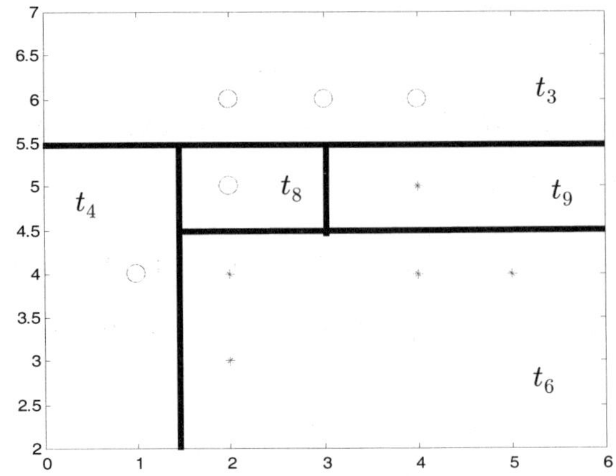

그림 8.8 [예 8.2]의 분지 결과 및 최종 노드

8.3 | 가지치기 및 최적트리 선정

CART에서는 초기에 트리를 키우는 단계에서 정지규칙을 적용하지 않고 최종 노드가 하나의 범주만을 가질 때까지 계속하여 최대 트리를 형성하기 때문에 이 트리로부터 분류 규칙을 도출하고 새로운 데이터에 대해 적용할 때 과적합(overfitting)의 문제가 발생한다. 따라서 CART에서는 이런 문제를 줄이기 위해 최대 트리를 적절하게 가지치기를 함으로써 보다 예측력이 좋은 분류규칙을 도출코자 한다. 가지치기의 결과로 바로 최종 트리를 얻는 것은 아니며, 우선 최종 트리의 후보가 되는 여러 가지친 트리를 얻는다. 그 후 후보 트리들에 대하여 분류오류율을 분석하여 가장 적합한 최적 트리를 선정하게 된다. 가지치기의 기준은 통상 오분류비용(misclassification cost)과 트리의 복잡도(complexity)를 동시에 고려하여 산정한다.

8.3.1 트리의 오분류 비용

우선 한 객체에 대한 오분류비용을 다음과 같이 정의한다.

$$C(i|j) = \text{범주 } j\text{에 속하는 객체를 범주 } i\text{로 분류할 때의 비용}$$

이때 $i = j$이면 상기 비용은 0이며, 그렇지 않으면 양의 값을 갖는다. 노드 t에 대하여 각 범주별 확률이 $p(j|t)$, $j = 1, \cdots, J$로 주어질 때 이 노드를 범주 i로 분류하면 오분류비용의 기대치는 다음과 같다.

$$\text{범주 } i\text{로 분류할 때 기대비용} = \sum_{j=1}^{J} C(i|j)p(j|t)$$

노드에 대한 자연스러운 범주 할당 규칙은 위의 기대비용을 최소로 하는 것이기 때문에 노드 t에 대한 오분류비용의 기대치 $r(t)$는 다음과 같다.

$$r(t) = \min_i \sum_{j=1}^{J} C(i|j)p(j|t) \tag{8.16}$$

참고로 오분류비용 구조가 다음과 같을 때,

$$C(i|j) = \begin{cases} 1 & \text{if } i \neq j \\ 0 & \text{if } i = j \end{cases} \tag{8.17}$$

노드 t에 대한 오분류비용의 기대치 $r(t)$는 아래와 같다(연습문제 참조). 이는 노드 t의 오분류율과 동일하다.

$$r(t) = 1 - \max_j p(j|t) \tag{8.18}$$

한편, 트리 T에 대한 오분류비용은 다음과 같다.

$$R(T) = \sum_{t \in A(T)} r(t)p(t) = \sum_{t \in A(T)} R(t) \tag{8.19}$$

위에서 $R(t)$는 객체비율을 고려한 노드 t의 비용으로 다음과 같다.

$$R(t) = r(t)p(t) \tag{8.20}$$

예 8.4

[예 8.2]에 대해 [그림 8.5]의 트리 T 및 [그림 8.6]의 T'를 각각 최종 트리라 할 때, 이들에 대한 오분류비용을 각각 구하라. 단, 비용함수는 식(8.17)을 사용한다.

풀이

우선, 트리 T에 대한 최종노드는 t_2 및 t_3이므로 식(8.18)에 의한 노드 오분류비용은 다음과 같다.

$$r(t_2) = 1 - 5/7 = 2/7 \qquad r(t_3) = 1 - 1 = 0$$

따라서 트리 T에 대한 오분류비용은 다음과 같이 산출된다.

$$R(T) = (2/7)(7/10) = 0.2$$

한편, 트리 T'에 대한 최종노드는 t_3, t_4, t_5인데, 노드 t_4, t_5의 오분류비용은 다음과 같다.

$$r(t_4) = 0 \qquad r(t_5) = 1 - 5/6 = 1/6$$

따라서 트리 T'에 대한 오분류비용은 다음과 같이 트리 T보다 작다.

$$R(T') = (1/6)(6/10) = 0.1$$

8.3.2 비용-복잡도 최소화에 의한 가지치기

트리가 성장함에 따라 불순도는 감소하므로 오분류비용은 작아지기 마련이다. 그러므로 오분류비용만으로는 가지치기의 시점을 정하기가 곤란할 수 있다. 이의 보완책으로 비용 이외에 트리의 복잡도를 동시에 고려하는 방안이 제시되고 있다. 트리의 복잡성은 그 트리의 최종 노드 개수로 나타내는데, 트리가 성장함에 따라 복잡도는 증가할 것이다.

오분류비용과 복잡도를 결합한 비용–복잡도 척도(cost–complexity measure)를 트리 T에 대해 다음과 같이 정의한다.

$$R_\alpha(T) = R(T) + \alpha|T| \tag{8.21}$$

여기서 α는 비음의 실수로서 복잡도 계수(complexity parameter)라 하는데 최종 노드의 개당 복잡도 비용을 나타내며, $|T|$는 트리 T의 최종 노드 개수를 의미한다. 즉, 위의 비용–복잡도 척도는 오분류비용과 복잡도 비용의 선형결합이라 할 수 있겠다.

$\widetilde{T}_t$를 노드 t를 포함한 하부 트리(subtree)라 하면 이 하부 트리에 대한 비용–복잡도 척도는 다음과 같다.

$$R_\alpha(\widetilde{T}_t) = R(\widetilde{T}_t) + \alpha|\widetilde{T}_t| \tag{8.22}$$

그리고 노드 t를 최종 노드로 간주하면 다음이 성립한다.

$$R_\alpha(t) = R(t) + \alpha \tag{8.23}$$

따라서 노드 t에서 다음이 성립하면

$$R(t) + \alpha \le R(\widetilde{T}_t) + \alpha|\widetilde{T}_t| \tag{8.24}$$

노드 t를 최종노드로 선언하는 것이 비용이 적으므로 하부트리 $\widetilde{T}_t$를 가지치기하는 편이 좋을 것이다. 다시 말해,

$$\alpha \ge \frac{R(t) - R(\widetilde{T}_t)}{|\widetilde{T}_t| - 1} \tag{8.25}$$

이면 하부트리 $\widetilde{T}_t$를 가지치기하여 최종 노드로 두는 것이 비용–복잡도 척도를 감소시킨다. 이때 식(8.25)를 등식으로 만드는 '알파'를 $\alpha(t)$라 정의하면 다음과 같다.

$$\alpha(t) = \frac{R(t) - R(\widetilde{T}_t)}{|\widetilde{T}_t| - 1} \tag{8.26}$$

이는 노드 t에서 가지치기할 때 감소하는 최종 노드 한 개당 증가하는 오분류비용을 나타낸다. 따라서 이 알파값이 최소가 되는 노드 t를 선정하여 가지치기를 한다.

이러한 가지치기는 여기서 그치는 것이 아니고 가지치기 후의 축소된 트리에 대해 다시 위의 과정을 적용하여 재차 가지치기를 반복한다. 이런 과정은 뿌리 노드만 남을 때까지 계속하여 여러 개의 가지친 트리(pruned tree)를 구성한다. 최적 트리는 이 가지친 트리 중 하나로 선정될 것이다. 최대 트리 T_1로부터 처음 형성되는 가지친 트리를 T_2, T_2로부터 다시 형성되는 가지친 트리를 T_3 등으로 표현하고 이에 대응하는 알파값을 α_1, α_2 등으로 나타내기로 한다. 최대 트리에 대응하는 알파값은 0 ($\alpha_1 = 0$)으로 한다.

예 8.5

[그림 8.7]의 최대트리의 노드 t_2, t_5, t_7에 대해 식(8.26)에 의한 알파값을 구해보자. 우선, 노드 t_2를 고려해 보자. [예 8.4]의 결과를 이용하면

$$R(t_2) = r(t_2)p(t_2) = 0.2$$

노드 t_2를 포함한 하부 트리 $\widetilde{T_2}$는 오분류가 없으므로

$$R(\widetilde{T_2}) = 0$$

이며, 따라서 다음과 같다.

$$\alpha(t_2) = \frac{R(t_2) - R(\widetilde{T_2})}{|\widetilde{T_2}| - 1} = \frac{0.2}{4-1} = 0.0667$$

위와 같이 각 노드에 대해 구하면 다음과 같다.

노드 t	$R(t)$	$R(\widetilde{T_t})$	$\lvert\widetilde{T_t}\rvert$	$\alpha(t)$
t_2	0.2	0	4	0.0667
t_5	0.1	0	3	0.05
t_7	0.1	0	2	0.1

$\alpha(t_5)$가 최솟값을 가지므로 노드 t_5에서 가지치기를 하고 이를 최종 노드로 간주한다. 이때 형성되는 가지친 트리는 [그림 8.6]과 같은 트리가 될 것이다.

예 8.6

[그림 8.7]의 최대 트리에 가지치기를 적용하여 형성되는 모든 가지친 트리를 구하라.

풀이

우선 첫 가지치기로 발생하는 가지친 트리는 [예 8.5]에서 설명한 것과 같이 [그림8.6]의 트리 T'이며, 이 트리에 다시 가지치기를 적용하면 아래 표를 얻는다.

노드 t	$R(t)$	$R(\widetilde{T}_t)$	$\lvert\widetilde{T}_t\rvert$	$\alpha(t)$
t_1	0.5	0.1	3	0.2
t_2	0.2	0.1	2	0.1

따라서 노드 t_2에서 가지치기를 하며 이에 따라 형성되는 가지친 트리는 [그림 8.5]와 같다. 이상을 정리하면 가지친 트리는 다음과 같다.

T_1: [그림 8.7]의 최대트리 $\alpha_1 = 0$

T_2: [그림 8.6]의 트리 T' $\alpha_2 = 0.05$

T_3: [그림 8.5]의 트리 T $\alpha_3 = 0.1$

8.3.3 최적 트리의 선정

위의 가지치기 과정에서 얻는 가지친 트리들 중에서 최적의 트리를 선정하게 된다. 여기서 최적이란 분류오류율이 가장 작음을 나타내며 따라서 이를 추정하는 방안으로 검증표본의 사용이 권장된다. 검증표본이란 트리를 형성한 학습표본과는 무관한 별도로 마련된 표본을 말한다.

최적 트리의 후보가 되는 각 가지친 트리에 대한 검증표본에 의한 분류오류율이 산출되면 이 중 오류율이 최소가 되는 가지친 트리를 최적 트리로 선정할 수 있으나, 보다 단순한 트리를 선택하기 위해서 다음과 같은 '1-SE 규칙(one-standard-error rule)'의 사용이 추천되고 있다. 우선 가지친 트리 중 검증표본에 의한 오류율의 최솟값을 선정하여 이를 R^{ts}라 하고 n_{test} 를 검증표본수라 할 때, 오류율의 표준오차(standard error)는 다음과 같이 산출한다.

$$SE = \sqrt{\frac{R^{ts}(1-R^{ts})}{n_{test}}}$$

이때 1-SE 규칙은 다음과 같다.

"오류율이 $R^{ts}+SE$보다 작은 가지친 트리 중 가장 단순한 것을 최적 트리로 선정한다."

위에서 단순한 트리란 최종 노드수가 적은 것을 의미하고 이는 분류규칙의 단순성의 추구에서 비롯된다고 하겠다. 학습표본과 별도의 검증표본이 가용하지 않을 경우에는 주로 교차검증을 사용한다.

예 8.7

[예 8.2]의 학습데이터 이외에 다음과 같은 6개의 테스트 데이터가 있다고 하자. [예 8.6]의 결과로 얻은 가지친 트리 T_2 와 T_3에 대하여 분류오류율 및 표준오차를 각각 산출하라. 그리고 1-SE 규칙에 의거하여 최적의 트리를 선정하라.

객체 번호	X1	X2	범주
11	1	5	1
12	0	5	1
13	3	4	2
14	4	3	2
15	2	7	1
16	1	4	2

풀이

트리 T_2에 의하면 객체 16이 잘못 분류되므로 분류오류율은 1/6(=0.1667)이고, 트리 T_3에 의하면 객체 11, 12가 잘못 분류되므로 분류오류율은 2/6(=0.3333)이다. 따라서 각 트리의 분류오류율 및 분류오류 표준오차는 다음과 같다.

$$R^{ts}(T_2) = 0.1667 \quad SE(T_2) = \sqrt{\frac{0.1667(0.8333)}{6}} = 0.152$$

$$R^{ts}(T_3) = 0.3333 \quad SE(T_3) = \sqrt{\frac{0.3333(0.6667)}{6}} = 0.192$$

이 경우 T_3의 분류오류율이 $R^{ts}(T_2) + SE(T_2) = 0.3187$보다 크므로 최적 트리는 조금 더 복잡하나 오류율이 작은 T_2가 된다.

8.3.4 범주 배정

최적 트리 또는 임의의 트리의 최종 노드에 대하여 하나의 범주를 배정하는데, 이의 방법은 단순하게 범주별 객체수를 산출한 후 가장 많은 객체를 갖는 범주를 해당 노드에 배정하는 것이다. 최종적으로 선정된 최적 트리에 대하여 분류규칙을 도출하게 되는데, 뿌리 노드에서 분지된 가지를 따라 최종 노드에 이르는 조합들이 조건이 되며 최종노드에 배정된 범주가 결과가 된다.

8.4 기타 트리 기법

트리기반 분류기법으로 CART 이외에 많은 것들이 개발되었는데 여기서는 C4.5와 CHAID에 대해서만 간략히 언급한다.

C4.5는 1993년 퀸란(J. Ross Quinlan)이 자신의 이전 알고리즘인 ID3(Iterative

Dichotomizer 3)를 발전시켜 개발한 것이다. 이는 CART와 같이 나무구조를 최대한 성장시킨 다음 가지치기를 하여 최적의 나무구조를 형성한다. CART와의 큰 차이는 다원분지(multiple splits)를 허용하며, 엔트로피에 기초하여 노드의 불순도를 측정하여 분류함수를 구하는 것이다. 이는 후에 Rulequest사에 의하여 C5.0으로 발전되었다. C5.0에서는 회귀분석은 제외하고 분류만을 목적으로 하고 있으며 계산속도를 대폭 향상시켰다.

CHAID(CHi-square Automatic Interaction Detection)는 1980년 카스(G. V. Kass)에 의하여 개발된 것인데, 원래 AID 알고리즘을 수정한 것이다. 이는 나무구조를 형성할 때 다원분류(multiway splits)를 하되 가지치기를 하지 않고 미리 정한 정지규칙에 따라 최종 나무구조를 완성한다. 범주형 변수만을 허용하므로 연속형 변수에 대해서는 사전에 범주형으로 변환하여야 한다. 본 알고리즘은 카이제곱 검정(Chi-square test)에 기초하여 분류함수를 정하는 것이다.

R 코드

1. 예 8.2~8.7의 R 코드

{rpart} 패키지는 prune() 함수를 사용하여 가지치기를 수행하는데, 이때 주어진 인자 cp를 사용하여 다음과 같이 크기가 조정된(scaled) 비용-복잡도 척도를 최소화하는 트리 T가 되도록 가지치기를 한다.

$$R(T) + \text{cp} \times R(T_R) \times |T|$$

여기서 T_R은 분지가 없이 뿌리 노드만 존재하는 트리를 나타낸다. 즉, 식(8.21)에서

$$\alpha = \text{cp} \times R(T_R)$$

이라 하고 α가 주어진 상태에서 비용-복잡도 척도를 최소화하는 트리 T를 찾는 과정이라고 볼 수 있다. cp값이 0일 때는 최대 트리, 1일 때는 뿌리 노드만 존재하는 트리를 얻는다. 따라서, cp값을 0에서 1 사이에 변화시키면서 검증표본에 대한 분류오류율을 최소화하는 트리를 최적 트리로 선정하는 과정을 고려해 볼 수 있다.

```
# ch08_ex02_tree.R
# ch8.2 Growing (splitting)
# ch8.3 Pruning

# load package
library(rpart)
library(yardstick)

# load data
df_train <- read.csv("data/ch8_dat1.csv")
df_train$class <- factor(df_train$class, levels = c(1, 2))

df_test <- read.csv("data/ch8_dat2.csv")
df_test$class <- factor(df_test$class, levels = c(1, 2))

# ex8.2
```

```
# one-level decision tree (sometimes called decision stump)
control_depth1 <- rpart.control(
  minsplit = 2, # attempt split when two or more observations are in a node
  cp = 0, # attempt split even if does not decrease misclassification cost
  xval = 0, # no cross-validation
  maxdepth = 1 # make only one split from root node
)

tree_depth1 <- rpart(
  class ~ x1 + x2,
  data = df_train,
  control = control_depth1
)

print(tree_depth1)


# ex8.3

# two-level decision tree
control_depth2 <- rpart.control(
  minsplit = 2, # attempt split when two or more observations are in a node
  cp = 0, # attempt split even if does not decrease misclassification cost
  xval = 0, # no cross-validation
  maxdepth = 2 # make only one split from root node
)

tree_depth2 <- rpart(
  class ~ x1 + x2,
  data = df_train,
  control = control_depth2
)

print(tree_depth2)

# maximal tree
# here, we are going to use {rpart}'s default value of `maxdepth`, which is 30
control_maximal <- rpart.control(
  minsplit = 2, # attempt split when two or more observations are in a node
  cp = 0, # attempt split even if does not decrease misclassification cost
  xval = 0 # no cross-validation
)
```

```
tree_maximal <- rpart(
  class ~ x1 + x2,
  data = df_train,
  control = control_maximal
)

print(tree_maximal)

# ex8.4
# "rel error" is R(T)/R(Root), where Root means a tree with no split
# "nsplit" means a number of splits made to produce tree T
printcp(tree_maximal)

# ex8.5 - ex8.6

# maximal tree
T1 <- tree_maximal
print(T1)

# the first pruning:
# node number 7 is corresponding to t5 in the book
T2 <- snip.rpart(T1, toss = 7)
print(T2)

# the second pruning:
# node number 3 is corresponding to t2 in the book
T3 <- snip.rpart(T2, toss = 3)
print(T3)

# ex8.7
# compute misclassification rate on test data for T1, T2, and T3
predict(T1, df_test, type = "class")
1 - accuracy_vec(df_test$class, predict(T1, df_test, type = "class"))

predict(T2, df_test, type = "class")
1 - accuracy_vec(df_test$class, predict(T2, df_test, type = "class"))

predict(T3, df_test, type = "class")
1 - accuracy_vec(df_test$class, predict(T3, df_test, type = "class"))

# OPTIONAL: pruning in {rpart} by using argument `cp`
#           that minimize scaled cost-complexity measure
#           R(T) + cp * |T| * R(Root)
```

```
#           where Root means a tree with no split.
#           In other words, the pruning minimizes R(T)/R(Root) + cp * |T|
#           where R(T)/R(Root) is "rel error" in `printcp()` output
#           and |T| is 1 + "nsplit" in `printcp()` output
prune(tree_maximal, cp = 0.15)
```

참고문헌

CART의 대부분 내용은 참고문헌 [1]을 참조하였다. CHAID 및 C4.5에 대한 자세한 내용을 위해서는 참고문헌 [2], [4]를 각각 참조할 수 있다. CHAID의 이전 알고리즘인 AID에 대한 이론은 참고문헌 [3]에 기술되어있다.

[1] Breiman, L., J. H. Friedman, R. A. Olshen, and C. J. Stone (1984), *Classification and Regression Trees*. Wadsworth, Inc., Monterey, Calif., U.S.A.

[2] Kass, G. V. (1980), An exploratory technique for investigating large quantities of categorical data. *Applied Statistics*, 29(2):119-127.

[3] Morgan, J. N., and J. A. Sonquist (1963),. Problems in the analysis of survey data, and a proposal. *Journal of American Statistical Association* 58:415-434.

[4] Quinlan, J. R. (1993), *C4.5: Programs for Machine Learning*. Morgan Kaufmann Publishers.

연습문제

8.1 다음 두 데이터 A, B에 대해 지수 함수 및 엔트로피 지수를 각각 산출하고 어떤 데이터의 불순도가 높은지 비교하라.

데이터 A: 20개의 객체 중 범주 1, 2, 3에 속하는 수가 각각 6, 6, 8

데이터 B: 20개의 객체 중 범주 1, 2, 3에 속하는 수가 각각 1, 5, 14

8.2 [예 8.3]에서 생략된 계산을 하여 최대트리가 [그림 8.7]과 같음을 확인하라.

8.3 [그림 8.6]의 트리에 대한 불순도를 산출하라.

8.4 [예 8.4]에서 다음과 같은 비용함수를 사용할 경우 트리 T 및 T'에 대한 오분류비용을 각각 구하라.

$$C(1|2)=3,\ C(2|1)=1,\ C(1|1)=C(2|2)=0$$

8.5 [예 8.2]에 대해 식(8.21)에서 $\alpha = 0.07$이고 식(8.17)의 비용함수를 사용할 때 최적의 가지친 트리가 [그림 8.6]과 같음을 확인하라.

8.6 [예 8.2]에 대해 식(8.21)에서 $\alpha = 0.07$이고 문제 8.4의 비용함수를 사용할 때 최적의 가지친 트리를 도출하라.

8.7 다음과 같은 2-범주 분류를 위한 학습표본이 있다.

객체#	1	2	3	4	5	6	7	8	9	10
X	1	2	3	4	6	7	8	9	10	11
class	0	0	0	0	1	1	1	0	1	1

CART를 이용하여 트리를 만들고자 한다.

(a) 단 한 번의 분지에 의한 트리(두 개의 최종 노드를 갖는)를 구성하라. (이를 DT_1이라 하자)

(b) 최대 트리를 구성하라. (이를 DT_2라 하자)

(c) DT_1의 뿌리 노드에서 지니 지수를 구하라. 또한, 두 최종 노드에서의 지니 지수를 각각 구하라.

(d) DT_1의 분류오차율을 구하라.

(e) DT_1 및 DT_2의 leave-one-out 분류오차율을 각각 구하고 비교하라.

8.8 다음은 8개 제품의 시리얼에 대한 taste rating 및 health rating을 나타내며 이를 바탕으로 overall rating (0 or 1)을 평가한 것이다. 본 데이터를 학습표본으로 하여 Overall rating을 기준으로 범주 0과 범주 1로 분류하고자 할 때 CART를 사용하여 최대트리를 만들라. 가지치기는 필요 없으며, 각 노드별로 범주를 분류하라.

Brand	Overall rating	Taste rating	Health rating
A	0	5	3
B	1	5	6
C	1	7	9
D	0	3	2
E	1	7	7
F	0	4	6
G	0	3	3
H	1	8	9

8.9 다음은 세 개의 지시변수에 대응하는 범주 Y에 대한 학습표본이다.

#	X_1	X_2	X_3	Y
1	0	0	0	0
2	0	0	1	0
3	0	0	1	0
4	0	1	1	0
5	0	1	0	0
6	1	0	0	0
7	1	1	1	0
8	0	1	1	1
9	1	0	1	1
10	1	1	0	1
11	1	1	0	1
12	1	1	1	1

(a) 뿌리 노드에서의 지니 지수를 산출하라.

(b) 뿌리 노드에서 분지기준이 될 변수는 어떤 것인가? 이유를 간단히 설명하라.

(c) (b)의 분지기준에 대한 불순도 감소량을 구하라.

(d) 최종노드가 4개가 될 때까지 트리를 형성하라.

(e) (d)에서 형성된 트리에 대한 오분류율을 구하라.

8.10 다음은 9명의 고객의 3개 속성과 고객범주를 구분한 데이터이다.

	X_1	X_2	X_3	고객 형태
1	yes	yes	1	1
2	yes	yes	6	1
3	yes	no	5	0
4	no	no	4	1
5	no	yes	7	0
6	no	yes	3	0
7	no	no	8	0
8	yes	no	7	1
9	no	yes	5	0

(a) 뿌리 노드에서 어떤 변수가 분지기준으로 선정되는가?

(b) (a)의 분지기준에 의한 불순도 감소량을 산출하라.

(c) 최대트리를 만들라.

(d) 가지치기를 하여 최종트리의 후보를 생성하라.

8.11 다음은 10가지 동물에 대한 학습표본이다. 범주를 나타내는 변수는 '포유류여부'이다.

동물	온혈/냉혈	태생여부	네다리	겨울잠	포유류여부
A1	온혈	예	예	예	예
A2	온혈	예	예	아니오	예
A3	온혈	예	아니오	예	예
A4	온혈	예	아니오	아니오	예
A5	냉혈	아니오	예	예	아니오
A6	냉혈	아니오	예	아니오	아니오
A7	냉혈	아니오	아니오	예	아니오
A8	냉혈	아니오	아니오	아니오	아니오
A9	온혈	아니오	아니오	아니오	아니오
A10	냉혈	예	아니오	아니오	아니오

(a) 뿌리 노드에서 어떤 변수가 분지기준으로 선정되는가?

(b) 최대트리를 만들라.

(c) 포유류로 분류하는 규칙을 기술하라.

8.12 아래 표는 가지치기한 여러 트리의 성능을 나타낸 것이다. 여기서 $|T_k|$는 최종노드수이며, R^{CV}는 V-fold cross validation의 오류율을 R^{ts}는 테스트 오류율을 나타낸다. R^{CV}의 표준오차(SE)는 k와 V값에 관계없이 0.02로 알려져 있다.

k	$\|T_k\|$	R^{CV}			R^{ts}
		$V=5$	$V=10$	$V=20$	
1	23	0.33	0.30	0.29	0.29
2	21	0.32	0.28	0.28	0.28
3	14	0.33	0.29	0.30	0.29
4	11	0.34	0.29	0.31	0.28
5	9	0.33	0.31	0.30	0.29

k	$\|T_k\|$	R^{CV}			R^{ts}
		$V=5$	$V=10$	$V=20$	
6	7	0.33	0.35	0.34	0.30
7	5	0.36	0.35	0.34	0.33
8	3	0.39	0.39	0.36	0.36
9	2	0.51	0.52	0.47	0.44

(a) 1−SE 규칙을 이용하여 최적의 트리를 선정하고자 한다. V값 각각에 대한 최적의 트리를 선정하라.

(b) R^{ts}값이 R^{CV} ±SE 내에 있으면 정확하다고 한다. 어떤 V값에서 가장 정확하다고 할 수 있는가?

(c) 종합할 때, 어떤 트리가 가장 최적이라고 할 수 있는가? 이유를 간단히 기술하라.

8.13 식(8.1)의 지니 지수가 $p_j = 1/J, j = 1, \ldots, J$일 때 최대가 됨을 보이라. 이때 최댓값이 $(J-1)/J$임을 보이라.

8.14 비용구조가 식(8.17)과 같을 때, 오분류비용의 기대치가 식(8.18)과 같음을 증명하라. 또한, 이 오분류율이 불순도함수임을 보이라.

9장

서포트 벡터 머신

9.1 선형 SVM - 분리 가능의 경우
9.2 선형 SVM - 분리 불가능 경우
9.3 비선형 SVM
부록 9.1 비선형계획 문제
R 코드
연습문제

서포트 벡터 머신(support vector machine; SVM)은 기본적으로 두 범주를 갖는 객체들을 분류하는 방법이다. 물론 세 범주 이상의 경우로 확장이 가능하다. SVM은 1979년 Vapnik에 의하여 발표된 바 있으나 1990년대 후반에 들어서야 그 성능이 인정되어 각광을 받게 되었다. SVM의 개념을 설명하기 위해 우선 9.1절에서 하나의 선형함수로 두 범주의 분리가 가능한 경우를 다루며, 9.2절에서는 오분류가 불가피한 경우를 다루고, 9.3절에서는 비선형 SVM을 설명한다.

9.1 | 선형 SVM - 분리 가능의 경우

학습표본에 두 개의 범주(편의상 1 또는 −1의 값을 갖는다고 가정)로 분류된 N개의 객체가(각 객체는 p개의 변수로 구성) 있다고 하자. 그리고 하나의 선형함수로 두 범주가 완벽하게 분리되는(separable) 경우를 고려하여 보자. p차원 공간에서의 선형함수를 하이퍼플레인(hyperplane)이라 하는데, 이 경우는 적절한 하이퍼플레인을 찾으면 오분류를 피할 수 있다. 이때 두 범주를 구분하는 하이퍼플레인은 [그림 9.1]에서 보듯이 무수히 많을 수 있는데 어떤 것이 가장 적절한 것인지를 결정하고자 한다. 이러한 개념은 새로운 객체들을 분류하거나 다음 절에서 설명할 오분류가 불가피한 경우를 다루기 위해서 유용하다.

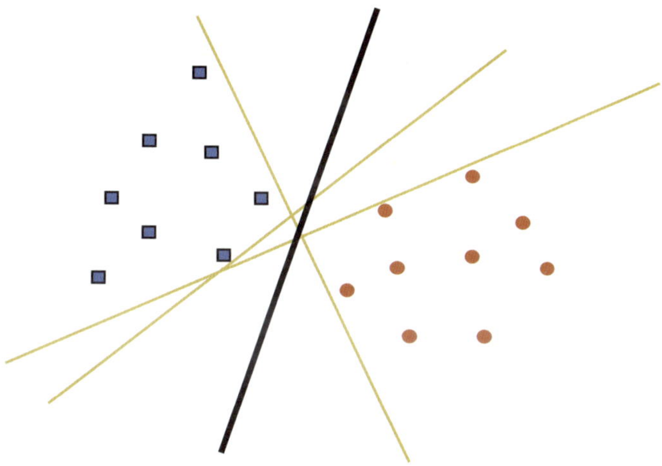

그림 9.1 두 범주를 구분하는 하이퍼플레인

다음과 같은 p차원 변수벡터 $\boldsymbol{x}$에 대한 하이퍼플레인 H를 고려하자.

$$H: \boldsymbol{w}^T\boldsymbol{x} + b = 0 \tag{9.1}$$

여기서 $\boldsymbol{w}$는 하이퍼플레인의 계수벡터이며 b는 상수이다. 이때 원점에서 이 하이퍼플레인과의 수직거리는 $|b|/\|\boldsymbol{w}\|$가 된다.

추가로 식(9.1)과 평행인 다음의 두 하이퍼플레인을 고려해 보자.

$$H_1 : \boldsymbol{w}^T\boldsymbol{x} + b = 1 \qquad (9.2a)$$

$$H_2 : \boldsymbol{w}^T\boldsymbol{x} + b = -1 \qquad (9.2b)$$

단, H_1과 H_2 사이에는 객체가 없어야 한다. 이때 식(9.2a)의 하이퍼플레인은 범주 1의 객체 중 식(9.1)의 분리 하이퍼플레인(separating hyperplane)에서 가장 가까운 객체를 지나며, 식(9.2b)의 하이퍼플레인은 분리 하이퍼플레인에서 범주 −1의 가장 가까운 객체를 지나게 된다 (그림 9.2). 따라서 H_1과 H_2 간의 거리(margin)는 $2/\|\boldsymbol{w}\|$이다.

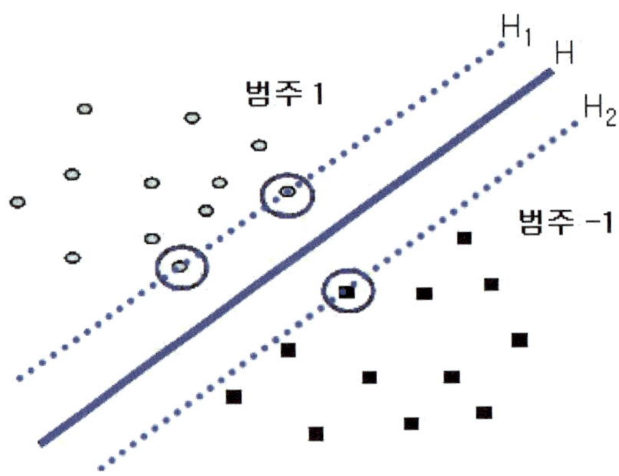

그림 9.2 분리 가능한 경우 하이퍼플레인

선형 SVM은 이 거리를 최대로 하는 분리 하이퍼플레인을 찾는 문제로 귀착된다. 학습표본이 N개의 객체로 이루어지며, i번째 객체를 p개의 변수로 이루어진 벡터 $\boldsymbol{x}_i$로 표기하며 이에 대응하는 기분류된 범주를 y_i로 표기하자. 즉, y_i는 1 또는 −1을 갖는다. 이때 분리 하이퍼플레인을 찾는 문제는 다음과 같은 최적화 문제가 된다.

$$\text{Max} \quad \frac{2}{\boldsymbol{w}^T\boldsymbol{w}} \qquad (9.3a)$$

Subject to

$$\boldsymbol{w}^T\boldsymbol{x}_i + b \geq 1 \text{ for } y_i = 1 \quad (i = 1, \ldots, N) \qquad (9.3b)$$

$$\boldsymbol{w}^T\boldsymbol{x}_i + b \leq -1 \text{ for } y_i = -1 \quad (i = 1, \ldots, N) \qquad (9.3c)$$

위에서 제약식 (9.3b)와 (9.3c)는 다음과 같이 하나의 식으로 표현된다.

$$y_i(\boldsymbol{w}^T\boldsymbol{x}_i+b)\geq 1$$

따라서 위의 최적화 문제는 다음과 같이 기술된다.

$$\text{Min } \frac{\boldsymbol{w}^T\boldsymbol{w}}{2} \tag{9.4a}$$

Subject to

$$y_i(\boldsymbol{w}^T\boldsymbol{x}_i+b)\geq 1 \quad (i=1,\ldots,N) \tag{9.4b}$$

제약조건 (9.4b)에 비음의 라그랑지 계수(Lagrange multiplier) α_i를 도입하여 라그랑지 함수를 유도하면 다음과 같은 최적화 문제가 된다(부록 참조). 이를 원문제(primal problem)라 하자.

$$\text{Min } L_P=\frac{1}{2}\boldsymbol{w}^T\boldsymbol{w}-\sum_{i=1}^{N}\alpha_i[y_i(\boldsymbol{w}^T\boldsymbol{x}_i+b)-1] \tag{9.5}$$

Subject to

$$\alpha_i\geq i=1,\ldots,N$$

식(9.5)의 원문제에 Karush-Kuhn-Tucker(KKT) 조건을 적용시키면 다음의 결과를 얻는다(부록 참조).

$$\frac{\partial L_P}{\partial \boldsymbol{w}}=\boldsymbol{w}-\sum_{i=1}^{N}\alpha_i y_i\boldsymbol{x}_i=0 \tag{9.6a}$$

$$\frac{\partial L_P}{\partial b}=-\sum_{i=1}^{N}\alpha_i y_i=0 \tag{9.6b}$$

$$\alpha_i[y_i(\boldsymbol{w}^T\boldsymbol{x}_i+b)-1]=0,\ i=1,\ldots,N \tag{9.6c}$$

$$y_i(\boldsymbol{w}^T\boldsymbol{x}_i+b)-1\geq 0,\ i=1,\ldots,N \tag{9.6d}$$

$$\alpha_i\ \geq 0,\ i=1,\ldots,N \tag{9.6e}$$

식(9.5)에서 보듯이 원문제의 목적함수는 convex이고 제약식 역시 convex이므로 식(9.6)의 KKT 조건은 원문제 해에 대한 필요충분조건을 제공한다. 식(9.6a)로부터 다음 관계를 얻는다.

$$\boldsymbol{w} = \sum_{i=1}^{N} \alpha_i y_i \boldsymbol{x}_i \tag{9.7}$$

따라서 α_i가 결정되면 분리 하이퍼플레인의 계수 $\boldsymbol{w}$를 산출할 수 있으며, $\alpha_i > 0$인 임의의 객체 i에 식(9.6c)를 적용하면 다음과 같이 b를 구할 수 있다.

$$b = \frac{1 - y_i \boldsymbol{w}^T \boldsymbol{x}_i}{y_i}, \ \alpha_i > 0 \tag{9.8}$$

식(9.8)에 의하면 객체별로 다른 b값이 도출될 수 있는데, 이 경우는 평균값을 취해 최종적으로 b값을 정하는 것이 수치적으로 안정적이라 알려져 있다. 위와 같이 분리 하이퍼플레인을 도출하는 것을 SVM을 학습시킨다고 말한다.

α_i값을 구하기 위해서 다음과 같이 식(9.5)의 원문제에 대한 울프쌍대문제(Wolfe dual problem)를 고려한다(부록 참조).

$$\text{Max} \quad L_P = \frac{1}{2}\boldsymbol{w}^T\boldsymbol{w} - \sum_{i=1}^{N} \alpha_i [y_i(\boldsymbol{w}^T\boldsymbol{x}_i + b) - 1] \tag{9.9a}$$

Subject to

$$\boldsymbol{w} = \sum_{i=1}^{N} \alpha_i y_i \boldsymbol{x}_i \tag{9.9b}$$

$$\sum_{i=1}^{N} \alpha_i y_i = 0 \tag{9.9c}$$

$$\alpha_i \geq 0, \ i = 1, \ldots, N \tag{9.9d}$$

식(9.9b)를 식(9.9a)의 목적식에 대입하면 위의 쌍대문제는 다음과 같다.

$$\text{Max} \quad L_p = \sum_{i=1}^{N} \alpha_i - \frac{1}{2} \sum_{i=1}^{N} \sum_{j=1}^{N} \alpha_i \alpha_j y_i y_j \boldsymbol{x}_i^T \boldsymbol{x}_j \tag{9.10a}$$

Subject to

$$\sum_{i=1}^{N} \alpha_i y_i = 0 \tag{9.10b}$$

$$\alpha_i \geq 0,\ i = 1, \ldots, N \tag{9.10c}$$

위의 문제는 목적함수가 α_i에 대해 이차이고 제약조건이 선형이므로 이차계획(quadratic programming)문제이며, 식(9.10)의 문제로부터 α_i를 구한 후 식(9.7)과 (9.8)을 이용하여 하이퍼플레인의 계수들을 결정할 수 있다.

최적해에서 $\alpha_i > 0$인 객체를 서포트 벡터(support vector)라 하는데, 이는 식(9.6c)로부터 하이퍼플레인 H_1 또는 H_2상에 놓이게 됨을 알 수 있다. 그리고 H_1 및 H_2상에 놓이지 않는 객체에서는 $\alpha_i = 0$이 된다. 따라서 어떤 객체가 서포트 벡터인지 미리 알 수만 있다면 이들만을 대상으로 식(9.10)의 문제를 풀어 분리 하이퍼플레인을 빨리 도출할 수 있겠지만, 식(9.10)을 풀기 전에 서포트 벡터 여부를 알기는 어렵다. 이상을 요약하면 분리 하이퍼플레인은 다음의 과정으로 도출된다.

1) 식(9.10)의 이차계획문제의 해로 α_i값들을 산출한다.
2) 식(9.7)로부터 계수벡터 $\boldsymbol{w}$를 구한다.
3) 식(9.8)로부터 상수 b를 구한다.

SVM을 학습시킨 후 새로운 객체 $\boldsymbol{x}$에 대한 분류규칙은 다음과 같다.

$$y = \boldsymbol{w}^T\boldsymbol{x} + b > 0 \text{ 이면, 범주 1로 분류} \tag{9.11a}$$

$$y = \boldsymbol{w}^T\boldsymbol{x} + b \leq 0 \text{ 이면, 범주 } -1\text{로 분류} \tag{9.11b}$$

예 9.1

분류를 위한 학습표본이 아래 [표 9.1]과 같이 9개의 객체로 구성되어 있다. 각 객체는 두 변수 X_1과 X_2로 이루어진다.

표 9.1 9개의 객체로 구성된 학습표본

객체	1	2	3	4	5	6	7	8	9
X_1	5	4	7	8	3	2	6	9	5
X_2	7	3	8	6	6	5	6	6	4
범주	1	−1	1	1	−1	−1	1	1	−1

여기서 한 예로 객체 1에 대해 $\boldsymbol{x}_1 = (5,7)^T$이며, $y_1 = 1$이다. 위 데이터에 대해 식(9.10)의 이차계획법의 최적해는 다음과 같다.

$$\alpha_1 = 0.1556,\ \alpha_5 = 0.1889,\ \alpha_7 = 0.2889,\ \alpha_9 = 0.2556$$

$$\alpha_2 = \alpha_3 = \alpha_4 = \alpha_6 = \alpha_8 = 0$$

이때 식(9.10a)의 목적함수값은 0.4444이다. 따라서 식(9.7) 및 (9.8)을 이용하여 계수를 산출하면 다음과 같다.

$$\boldsymbol{w} = \begin{pmatrix} 0.6667 \\ 0.6667 \end{pmatrix},\ b = -7$$

즉, 분리 하이퍼플레인은 다음과 같다.

$$\frac{2}{3}X_1 + \frac{2}{3}X_2 = 7$$

위의 하이퍼플레인을 학습표본과 함께 도표에 나타내면 [그림 9.3]과 같다.

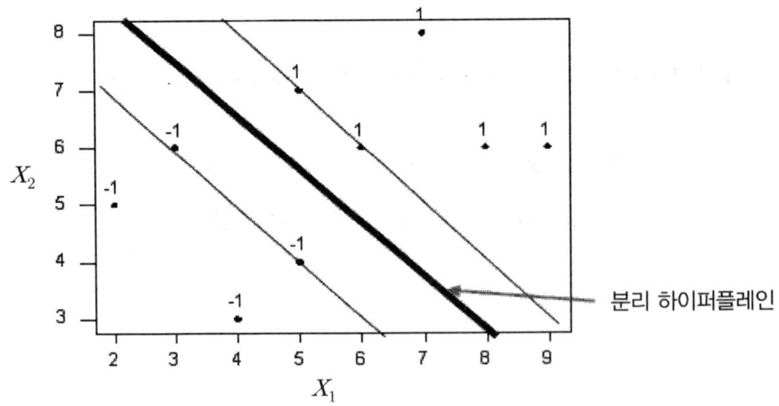

그림 9.3 [예 9.1]에 대한 분리 하이퍼플레인

9.2 | 선형 SVM - 분리 불가능 경우

학습표본이 선형 하이퍼플레인에 의해 두 개의 범주로 분리되지 않는 경우 식(9.4) 또는 식(9.10)의 이차계획문제는 가능해(feasible solution)가 존재하지 않는다. 이때는 오분류를 허용하는 것이 불가피한데, 이를 위한 최적화 문제는 식(9.4)에 여유변수(slack variable) ξ_i가 추가되어 다음과 같다.

$$\text{Min } \frac{\boldsymbol{w}^T\boldsymbol{w}}{2} + C\sum_{i=1}^{N}\xi_i \tag{9.12a}$$

Subject to

$$y_i(\boldsymbol{w}^T\boldsymbol{x}_i + b) \geq 1 - \xi_i,\ i = 1, \ldots, N \tag{9.12b}$$

$$\xi_i \geq 0\ \forall\ i \tag{9.12c}$$

즉, 식(9.3b)가 표현하는 영역의 바깥에 범주 1인 객체가 존재하거나 식(9.3c)가 표현하는 영역의 바깥에 범주 -1인 객체가 존재하는 것을 허용하되, 각각의 경우 하이퍼플레인에서 떨어진 거리(이를 여유변수 ξ_i로 표현)에 비례하여 패널티를 주는 것이며 C값이 패널티 단가에 해당한다. C는 식(9.12)를 풀기 전에 미리 결정해야 하는 상수이다. 예로서 [그림 9.4]에서 범주 1인 객체 $\boldsymbol{x}_i$는 범주 1에 해당하는 하이퍼플레인보다 아래쪽에 위치하며, 범주 -1인 객체 $\boldsymbol{x}_j$는 범주 -1에 해당하는 하이퍼플레인보다 위쪽에 위치하여, 각각 패널티가 부가된다. 이때 여유변수 값이 1보다 크면 해당 객체는 분리 하이퍼플레인 기준으로 범주의 반대편에 위치하여 오분류되는데, [그림 9.4]의 두 객체 $\boldsymbol{x}_i$와 $\boldsymbol{x}_j$는 이러한 오분류의 예를 보여준다. 9.1절의 분리 가능한 경우처럼 두 범주를 완벽히 분리하는 두 하이퍼플레인 사이의 거리를 하드 마진(hard margin)이라 부르는 반면, 본 절의 경우처럼 일부 오분류를 허용하는 두 하이퍼플레인 사이의 거리를 소프트 마진(soft margin)이라 하기도 한다. 또한 식(9.12a)의 목적식에서 ξ_i 대신 ξ_i^2을 사용하기도 하는데 전자의 경우를 1-norm, 후자를 2-norm이라 한다.

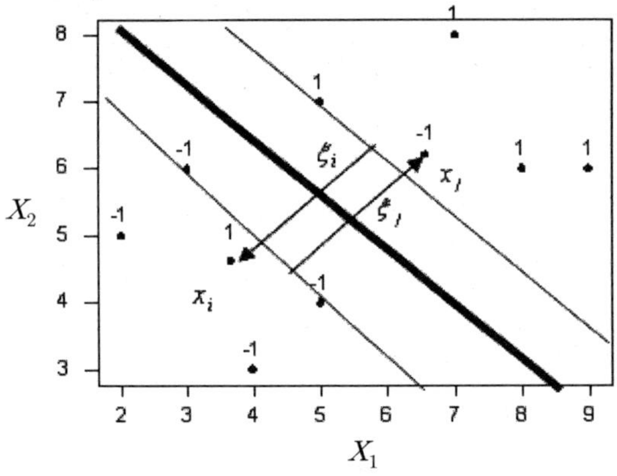

그림 9.4 분리 불가능한 경우의 여유변수

식(9.12)에 대한 울프쌍대문제는 라그랑지 변수를 도입할 때 아래와 같다.

$$\text{Max } L_P = \sum_{i=1}^{N} \alpha_i - \frac{1}{2}\sum_{i=1}^{N}\sum_{j=1}^{N} \alpha_i \alpha_j y_i y_j \boldsymbol{x}_i^T \boldsymbol{x}_j \tag{9.13a}$$

Subject to

$$\sum_{i=1}^{N} \alpha_i y_i = 0 \tag{9.13b}$$

$$0 \le \alpha_i \le C,\ i = 1, \ldots, N \tag{9.13c}$$

위 문제는 식(9.10)의 분리 가능한 경우와 비교할 때 식(9.13c)에서 보듯이 α_i의 상한값이 C라는 차이가 있을 뿐이다. 위의 문제에 대한 최적해에서 각 객체는 다음과 같이 위치하게 된다.

$\alpha_i = C$일 때, $\boldsymbol{x}_i$는 패널티 부과 영역에 위치($\xi_i > 0$)

$0 < \alpha_i < C$일 때, $\boldsymbol{x}_i$는 H_1(범주 1의 경우) 또는 H_2(범주 −1의 경우)에 위치

$\alpha_i = 0$일 때, $\boldsymbol{x}_i$는 그 외의 영역에 위치

여기서도 $\alpha_i > 0$인 객체를 서포트 벡터라 한다. 하이퍼플레인의 계수 $\boldsymbol{w}$는 분리 가능한 경우와 동일하게 식(9.7)에 의하여 구하거나 서포트 벡터만을 고려하여 다음과 같이 산출할 수 있다.

$$\boldsymbol{w} = \sum_{i:\alpha_i > 0} \alpha_i y_i \boldsymbol{x}_i \tag{9.14}$$

한편, 상수 b를 구하기 위해서는 식(9.12)의 원문제에 KKT 조건을 적용시킨 제약식을 검토한다. 이에 따르면 $0 < \alpha_i < C$일 때 $\xi_i = 0$이 되므로 이 조건을 만족시키는 임의의 객체에 대하여 b를 식(9.8)에 의하여 구할 수 있다. 물론 여기서도 계산상의 안정성을 위해 이 조건을 만족시키는 모든 객체에 대하여 b값을 구한 후 이들의 평균치를 사용한다.

참고로 식(9.12b)로부터 ξ_i는 아래와 같이 산출될 수 있음을 알 수 있다.

$$\xi_i = \max\{0, 1 - y_i(\boldsymbol{w}^T \boldsymbol{x}_i + b)\}$$

이때 $\xi_i > 1$인 객체 $\boldsymbol{x}_i$는 오분류된다. α_i 와 ξ_i의 값에 따라 각 객체는 [표 9.2]에 기술한 위치에 놓이게 된다.

표 9.2 라그랑지변수와 여유변수 값에 따른 객체의 위치

	$\alpha_i = 0$	$0 < \alpha_i < C$	$\alpha_i = C$
$\xi_i = 0$	기타 (맞는 분류)	H1/H2 (맞는 분류)	–
$0 < \xi_i \le 1$	–		패널티 영역 (맞는 분류)
$\xi_i > 1$	–	–	패널티 영역 (잘못 분류)

C값에 따라 하이퍼플레인이 다르므로 분류기준 또한 변하기 마련이나 크게 민감하지는 않은 것으로 알려져 있다. 적절한 C값을 찾기 위해서는 cross-validation을 활용할 수 있다. SVM의 학습 후 새로운 객체에 대한 분류기준은 식(9.11)과 동일하다.

예 9.2

[예 9.1]에 10번째 객체가 포함된 [표 9.3]의 학습표본을 고려하자.

표 9.3 10개 객체로 구성된 학습표본

객체	1	2	3	4	5	6	7	8	9	10
X_1	5	4	7	8	3	2	6	9	5	7
X_2	7	3	8	6	6	5	6	6	4	6
범주	1	−1	1	1	−1	−1	1	1	−1	−1

위 데이터에 대해 $C=1$일 때 식(9.13)의 이차계획법의 최적해는 다음과 같다.

$$\alpha_1 = 0.8,\ \alpha_5 = 0.8,\ \alpha_7 = 1,\ \alpha_{10} = 1,\ \alpha_2 = \alpha_3 = \alpha_4 = \alpha_6 = \alpha_8 = \alpha_9 = 0$$

이때 식(9.13a)의 목적함수값은 3.1이다. 따라서 식(9.14)과 위에서 언급한 방법을 이용하여 계수를 산출하면 식(9.1)의 분리 하이퍼플레인은 다음과 같다.

$$0.6\,X_1 + 0.8\,X_2 = 7.6$$

위의 하이퍼플레인을 학습표본과 함께 도표에 나타내면 [그림 9.5]와 같다. 이 그림을 [그림 9.3]과 비교할 때 오분류된 10번째 객체의 영향(비용이 수반된)으로 분리 하이퍼플레인의 기울기가 변동됨을 알 수 있다. C값이 클수록 분리 하이퍼플레인은 10번째 객체 방향으로 이동할 것으로 예상된다. 실제로 C값의 변화에 따라 하이퍼플레인을 유도하면 [표 9.4]와 같다. $C=1$인 경우 객체 7과 10에 대하여 여유변수값을 산출하면 $\xi_7 = 0.2$, $\xi_{10} = 2.4$인데 이로부터 객체 10이 오분류됨을 알 수 있다.

표 9.4 [예 9.2]에서 C값에 따른 하이퍼플레인의 계수

	w_1	w_2	b	서포트 벡터*	오분류객체
$C=1$	0.6	0.8	−7.6	1, 5, (7, 10)	10
$C=5$	0.4	1.2	−9.4	1, 4, 5, (7, 10)	10
$C=100$	0.4	1.2	−9.4	1, 4, 5, (7, 10)	10

* 괄호 내 숫자는 여유변수가 0보다 큰 객체의 번호임

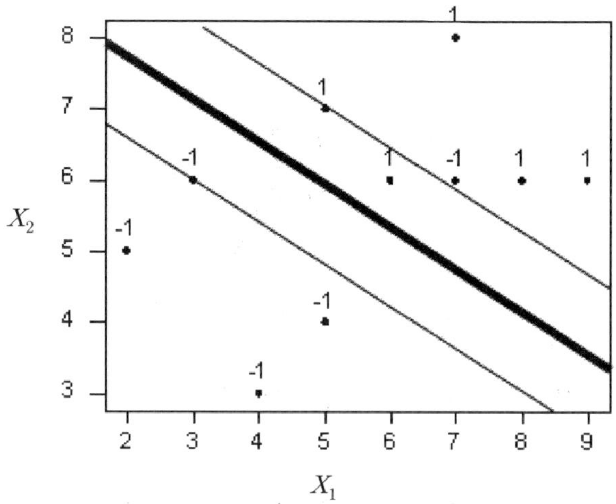

그림 9.5 [예 9.2]의 분리 하이퍼플레인($C=1$)

9.3 | 비선형 SVM

선형 SVM으로 두 범주를 효과적으로 분리하기 어려운 경우 [그림 9.6]에서 보는 바와 같이 비선형 분리함수를 이용할 수 있다면 보다 잘 분류할 수 있을 것이다. 식(9.1)을 보다 일반화한 다음과 같은 하이퍼플레인을 고려하자.

$$f(\boldsymbol{x}) = \boldsymbol{\Phi}(\boldsymbol{x})^T \boldsymbol{w} + b \tag{9.15}$$

여기서 벡터함수 $\boldsymbol{\Phi}(\boldsymbol{x})$는 $\boldsymbol{x}$에 대한 새로운 특징을 추출하는 변환함수라 할 수 있는데, 통상 p차원의 $\boldsymbol{x}$보다 높은 m차원 벡터로 변환하는 함수를 사용한다. 이를 $\boldsymbol{x}$의 기저함수(basis function)라 부른다. 이 기저함수를 고려함으로써 저차원의 $\boldsymbol{x}$-공간에서 분리하기 어려운 문제를 고차원의 $\boldsymbol{\Phi}$-공간에서는 보다 용이하게 분리할 수 있다.

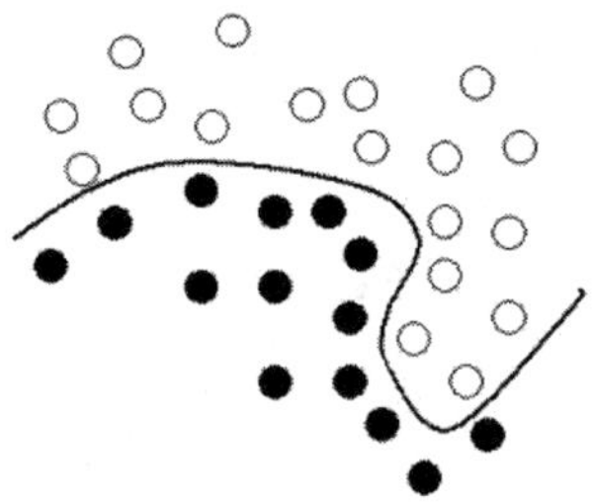

그림 9.6 비선형 분리 함수의 예

이때 식(9.13)에 대응되는 울프쌍대문제는 아래와 같이 변한다.

$$\text{Max}\quad L_D = \sum_{i=1}^{N}\alpha_i - \frac{1}{2}\sum_{i=1}^{N}\sum_{j=1}^{N}\alpha_i\alpha_j y_i y_j \boldsymbol{\Phi}(\boldsymbol{x}_i)^T\boldsymbol{\Phi}(\boldsymbol{x}_j) \tag{9.16a}$$

Subject to

$$\sum_{i=1}^{N}\alpha_i y_i = 0 \tag{9.16b}$$

$$0 \le \alpha_i \le C,\ i = 1, \ldots, N \tag{9.16c}$$

식(9.16a)에서 보듯이 필요한 정보는 $\boldsymbol{\Phi}$ 자체가 아닌 $\boldsymbol{\Phi}$들의 내적(inner product)으로 이를 커널함수(kernel function)라 한다. 즉, 커널함수는 다음과 같다.

$$K(\boldsymbol{x}_i, \boldsymbol{x}_j) = \boldsymbol{\Phi}(\boldsymbol{x}_i)^T\boldsymbol{\Phi}(\boldsymbol{x}_j) \tag{9.17}$$

두 객체 $\boldsymbol{x}_i$ 및 $\boldsymbol{x}_j$의 커널은 일종의 유사성 척도(similarity measure)로 해석될 수 있다. 기저함수를 정의하는 대신 커널함수를 정의하여 서포트 벡터를 찾는 방식이 비선형 SVM의 사용을 수월하게 하는데, 아래와 같이 가우시안 커널(radial basis function kernel), r차 다항 커널(r−th order polynomial kernel), 시그모이드 커널(sigmoid kernel) 등의 형태가 널리 사용된다.

$$\text{가우시안 커널: } K(\boldsymbol{x}_i, \boldsymbol{x}_j) = \exp\left(-\sigma\|\boldsymbol{x}_i - \boldsymbol{x}_j\|^2\right) \tag{9.18}$$

$$r\text{차 다항 커널: } K(\boldsymbol{x}_i, \boldsymbol{x}_j) = (\boldsymbol{x}_i^T\boldsymbol{x}_j + 1)^r \tag{9.19}$$

$$\text{시그모이드 커널: } K(\boldsymbol{x}_i, \boldsymbol{x}_j) = \tanh(\kappa\boldsymbol{x}_i^T\boldsymbol{x}_j - \delta) \tag{9.20}$$

각 형태의 함수는 지정하여야 할 모수들을 각각 포함하고 있다.

예 9.3

다음과 같은 세 개의 객체가 있다. 가우시안 커널($\sigma=1/2$), 2차 커널 및 시그모이드 커널(κ =1, δ=0)에 대한 커널 행렬을 구하라.

$$\boldsymbol{x}_1=\begin{pmatrix}1\\2\end{pmatrix},\ \boldsymbol{x}_2=\begin{pmatrix}2\\2\end{pmatrix},\ \boldsymbol{x}_3=\begin{pmatrix}2\\-1\end{pmatrix}$$

풀이

위의 각 커널에 의한 행렬 K_G, K_Q, K_S는 각각 아래와 같다.

$$K_G=\begin{pmatrix}1 & 0.6065 & 0.0067\\ & 1 & 0.0111\\ & & 1\end{pmatrix},\ K_Q=\begin{pmatrix}36 & 49 & 1\\ & 81 & 9\\ & & 36\end{pmatrix},\ K_S=\begin{pmatrix}0.9999 & 1 & 0\\ & 1 & 0.9640\\ & & 0.9999\end{pmatrix}$$

참고로 $\boldsymbol{x}$들의 내적으로 구성되는 행렬은 다음과 같다($\boldsymbol{x}_i^T\boldsymbol{x}_j$도 하나의 커널이라 할 수 있으며 선형커널이라 한다).

$$K_L=\begin{pmatrix}5 & 6 & 0\\ & 8 & 2\\ & & 5\end{pmatrix}$$

위에서 $\boldsymbol{x}_1$과 $\boldsymbol{x}_3$은 직교하는 벡터로 각 커널에서도 해당 값이 작음을 볼 수 있다.

예 9.4 2차 다항 커널

객체 $\boldsymbol{x}$가 두 개의 변수 X_1, X_2로 이루어질 때 식(9.19)에 의한 2차 커널은 다음과 같다. 즉, $\boldsymbol{x}_i=(X_{1i},X_{2i})^T$라 할 때

$$\begin{aligned}K(\boldsymbol{x}_i,\boldsymbol{x}_j)&=(\boldsymbol{x}_i^T\boldsymbol{x}_j+1)^2\\&=(1+X_{1i}X_{1j}+X_{2i}X_{2j})^2\\&=1+X_{1i}^2X_{1j}^2+X_{2i}^2X_{2j}^2+2X_{1i}X_{1j}+2X_{2i}X_{2j}+2X_{1i}X_{1j}X_{2i}X_{2j}\end{aligned}\qquad(9.21)$$

여기서

$$\boldsymbol{\Phi}(\boldsymbol{x}_i) = (1, X_{1i}^2, X_{2i}^2, \sqrt{2}X_{1i}, \sqrt{2}X_{2i}, \sqrt{2}X_{1i}X_{2i})^T \qquad (9.22)$$

라 하면,

$$K(\boldsymbol{x}_i, \boldsymbol{x}_j) = \boldsymbol{\Phi}(\boldsymbol{x}_i)^T \boldsymbol{\Phi}(\boldsymbol{x}_j)$$

가 성립하므로 $\boldsymbol{\Phi}(\boldsymbol{x})$는 $\boldsymbol{x}$의 기저함수가 됨을 알 수 있다.

식(9.16)의 문제는 역시 이차계획법이며 최적해가 구해지면 식(9.15)의 계수 $\boldsymbol{w}$는 다음과 같다(연습문제 9.7 참조).

$$\boldsymbol{w} = \sum_{i=1}^{N} \alpha_i y_i \boldsymbol{\Phi}(\boldsymbol{x}_i) \qquad (9.23)$$

즉, $\boldsymbol{\Phi}$를 모르면 계수벡터를 구할 수 없으나, 식(9.23)을 식(9.15)에 대입하면 비선형 분리 함수는 다음과 같다.

$$f(\boldsymbol{x}) = \sum_{i=1}^{N} \alpha_i y_i K(\boldsymbol{x}, \boldsymbol{x}_i) + b \qquad (9.24)$$

따라서 분리 함수를 도출하는 데 실제로 기저함수의 정보는 필요하지 않다. 여기서 b는 마진의 경계에 있는 서포트 벡터 $\boldsymbol{x}_j$ ($0 < \alpha_j < C$ 인 객체)에 대해

$$f(\boldsymbol{x}_j) = y_j$$

가 성립하여야 함을 이용하여 구할 수 있다. 즉,

$$b = y_j - \sum_{i=1}^{N} \alpha_i y_i K(\boldsymbol{x}_j, \boldsymbol{x}_i), \ 0 < \alpha_j < C \qquad (9.25)$$

이때 새로운 객체 $\boldsymbol{x}$에 대한 분류규칙은 다음과 같다.

$$f(\boldsymbol{x}) > 0 \text{ 이면 } \boldsymbol{x}\text{를 범주 1에 분류} \tag{9.26a}$$

$$f(\boldsymbol{x}) \leq 0 \text{ 이면 } \boldsymbol{x}\text{를 범주 -1에 분류} \tag{9.26b}$$

예 9.5 p차원 객체에 대한 2차 커널

객체 $\boldsymbol{x}$가 p개의 변수 $\boldsymbol{x} = (X_1, \ldots, X_p)^T$로 이루어질 때 식(9.19)에 의한 2차 커널은 다음과 같다. 즉, $\boldsymbol{x}_i = (X_{1i}, \ldots, X_{pi})^T$라 할 때

$$\begin{aligned} K(\boldsymbol{x}, \boldsymbol{x}_i) &= (\boldsymbol{x}^T \boldsymbol{x}_i + 1)^2 \\ &= (1 + X_1 X_{1i} + X_2 X_{2i} + \ldots + X_p X_{pi})^2 \\ &= 1 + X_1^2 X_{1i}^2 + \ldots + X_p^2 X_{pi}^2 + 2X_1 X_{1i} + \ldots + 2X_p X_{pi} + 2\sum_{k>j} X_j X_{ji} X_k X_{ki} \end{aligned}$$

참고로, 관련 기저함수는 다음과 같이 $\binom{p}{2} + 2p + 1$차원으로 변환하는 함수이다.

$$\boldsymbol{\Phi}(\boldsymbol{x}_i) = (1, X_{1i}^2, \ldots, X_{\pi}^2, \sqrt{2}X_{1i}, \ldots, \sqrt{2}X_{\pi}, \sqrt{2}X_{1i}X_{2i}, \ldots, \sqrt{2}X_{p-1}X_{\pi})^T \tag{9.27}$$

기저함수를 계산하지 않더라도, 위 커널함수를 사용할 때 분리 함수는 식(9.24)로부터 다음과 같이 구해진다.

$$\begin{aligned} f(\boldsymbol{x}) &= \sum_{i=1}^{N} \alpha_i y_i K(\boldsymbol{x}, \boldsymbol{x}_i) + b \\ &= b + 2X_1 \sum_{i=1}^{N} \alpha_i y_i X_{1i} + \ldots + 2X_p \sum_{i=1}^{N} \alpha_i y_i X_{pi} + X_1^2 \sum_{i=1}^{N} \alpha_i y_i X_{1i}^2 + \ldots + X_p^2 \sum_{i=1}^{N} \alpha_i y_i X_{pi}^2 \\ &\quad + 2\sum_{k>j} X_j X_k \sum_{i=1}^{N} \alpha_i y_i X_{ji} X_{ki} \end{aligned} \tag{9.28}$$

참고로 식(9.16)의 문제는

$$k_{ij} = K(\boldsymbol{x}_i, \boldsymbol{x}_j) \tag{9.29}$$

라 둘 때 다음과 같이 다시 표현된다.

$$\text{Max} \quad L_D = \sum_{i=1}^{N} \alpha_i - \frac{1}{2} \sum_{i=1}^{N} \sum_{j=1}^{N} \alpha_i \alpha_j y_i y_j k_{ij} \tag{9.30a}$$

Subject to

$$\sum_{i=1}^{N} \alpha_i y_i = 0 \tag{9.30b}$$

$$0 \le \alpha_i \le C, \ i = 1, \ldots, N \tag{9.30c}$$

위의 문제를 행렬-벡터로 표현하기 위해 다음과 같이 두 N-차원 벡터 $\boldsymbol{\alpha}$, $\boldsymbol{e}$와 두 $(N \times N)$행렬 $\boldsymbol{Y}$, $\boldsymbol{K}$를 정의하자.

$$\boldsymbol{\alpha} = \begin{pmatrix} \alpha_1 \\ \alpha_2 \\ \vdots \\ \alpha_N \end{pmatrix}, \ \boldsymbol{e} = \begin{pmatrix} 1 \\ 1 \\ \vdots \\ 1 \end{pmatrix}, \ \boldsymbol{Y} = \begin{pmatrix} y_1 & & & \\ & y_2 & & \\ & & \ddots & \\ & & & y_N \end{pmatrix}, \ \boldsymbol{K} = \begin{pmatrix} k_{11} & k_{12} & \cdots & k_{1N} \\ k_{21} & k_{22} & \cdots & k_{2N} \\ \vdots & \vdots & \ddots & \vdots \\ k_{N1} & k_{N2} & \cdots & k_{NN} \end{pmatrix}$$

이때 식(9.30)의 문제는 다음과 같이 표현된다.

$$\text{Max} \quad L_D = \boldsymbol{\alpha}^T \boldsymbol{e} - \frac{1}{2} \boldsymbol{\alpha}^T \boldsymbol{YKY\alpha} \tag{9.31a}$$

Subject to

$$\boldsymbol{\alpha}^T \boldsymbol{y} = 0 \tag{9.31b}$$

$$0 \le \boldsymbol{\alpha} \le C\boldsymbol{e} \tag{9.31c}$$

예 9.6 XOR 문제

[표 9.5] 및 [그림 9.7]에서와 같이 $X_1 - X_2$ 평면상에 4개의 점으로 구성된 학습표본을 고려하자. (네모가 범주 1, 동그라미는 범주 -1를 표시) 이 문제는 전기공학의 Exclusive OR Gate와 관련된 것으로 '1'을 'On', '-1'을 'Off'로 볼 때, 두 스위치 중 하나가 On이면 회로 상태가 On이나 두 스위치 모두 On 또는 Off이면 회로 상태가 Off임을 의미한다.

표 9.5 XOR 학습표본

객체	X_1	X_2	범주
1	−1	−1	−1
2	−1	1	1
3	1	−1	1
4	1	1	−1

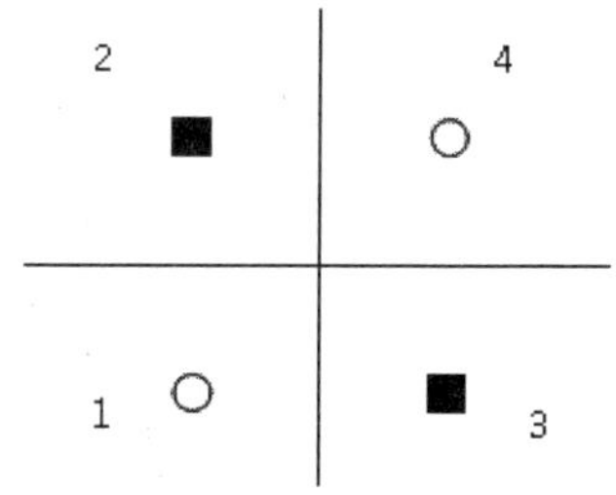

그림 9.7 XOR 학습표본 예

식(9.19)에 의한 2차 다항 커널을 사용할 때 식(9.26)의 계수는 다음 행렬과 같다.

$$\boldsymbol{K} = (k_{ij}) = \begin{bmatrix} 9\,1\,1\,1 \\ 1\,9\,1\,1 \\ 1\,1\,9\,1 \\ 1\,1\,1\,9 \end{bmatrix}$$

따라서 식(9.30a)의 목적함수는 다음과 같다.

$$\begin{aligned} L_D = &\ \alpha_1 + \alpha_2 + \alpha_3 + \alpha_4 \\ &- \frac{1}{2}(9\alpha_1^2 - 2\alpha_1\alpha_2 - 2\alpha_1\alpha_3 + 2\alpha_1\alpha_4 + 9\alpha_2^2 + 2\alpha_2\alpha_3 - 2\alpha_2\alpha_4 + 9\alpha_3^2 - 2\alpha_3\alpha_4 + 9\alpha_4^2) \end{aligned}$$

이때 C를 충분히 크다고 하면 식(9.30b), (9.30c)의 제약식을 항상 만족하므로 위의 목적함수를 최대로 하는 값들을 구하기 위하여 α_i $(i = 1,2,3,4)$로 각각 편미분하여 0으로 두면 다음의 연립방정식을 얻는다.

$$\begin{aligned} 9\alpha_1 - \alpha_2 - \alpha_3 + \alpha_4 &= 1 \\ -\alpha_1 + 9\alpha_2 + \alpha_3 - \alpha_4 &= 1 \\ -\alpha_1 + \alpha_2 + 9\alpha_3 - \alpha_4 &= 1 \\ \alpha_1 - \alpha_2 - \alpha_3 + 9\alpha_4 &= 1 \end{aligned}$$

따라서 최적해는 다음과 같다.

$$\alpha_1 = \alpha_2 = \alpha_3 = \alpha_4 = 1/8$$

즉, 4개의 객체 모두 서포트 벡터가 된다. 그러므로 식 (9.28)에 의하여 비선형 분리 함수는 다음과 같다.

$$
\begin{aligned}
f(\boldsymbol{x}) =& -\frac{1}{8}(1+X_1^2+X_2^2-2X_1-2X_2+2X_1X_2) \\
&+\frac{1}{8}(1+X_1^2+X_2^2-2X_1+2X_2-2X_1X_2) \\
&+\frac{1}{8}(1+X_1^2+X_2^2+2X_1-2X_2-2X_1X_2) \\
&-\frac{1}{8}(1+X_1^2+X_2^2+2X_1+2X_2+2X_1X_2)+b \\
=& -X_1X_2+b
\end{aligned}
$$

서포트 벡터 $\boldsymbol{x}_2$에서 $f(\boldsymbol{x}_2)=1$가 되어야 하므로 $b=0$이다. 즉, 최종적인 분리 함수는 다음과 같다.

$$f(\boldsymbol{x}) = -X_1X_2$$

따라서 식(9.26)의 규칙을 적용하면 4개의 객체가 모두 올바로 분류됨을 알 수 있다.

예 9.7

두 변수 X_1, X_2에 대해 아래의 [표 9.6]과 같이 9개의 객체와 사전에 분류된 범주가 있다고 하자.

표 9.6 [예 9.7]의 학습표본

관측번호	X_1	X_2	범주
1	5	7	1
2	4	3	−1
3	7	8	−1
4	8	6	−1
5	3	6	1
6	2	5	1
7	6	6	1
8	9	6	−1
9	5	4	−1

식(9.19)의 2차 커널을 사용할 때 분리 함수는 식(9.28)로부터 다음과 같이 쓸 수 있다.

$$f(\boldsymbol{x}) = b+\beta_1X_1+\beta_2X_2+\beta_{11}X_1^2+\beta_{22}X_2^2+\beta_{12}X_1X_2$$

C값의 변화에 따른 위의 함수식의 계수들을 산출한 결과는 다음과 같다. 즉, $C=1$인 경우에는 객체 7을 제외한 모든 객체가 제대로 분류되고 있으며, C값이 5 이상이면 모든 객체가 올바로 분류됨을 볼 수 있다.

표 9.7 2차 커널에 의한 분리 하이퍼플레인의 계수

c	b	β_1	β_2	β_{11}	β_{22}	β_{12}	오분류 객체
1	−3.4454	0.3892	1.1899	−0.1674	−0.0721	0.0539	7
5	−5.2715	0.1297	3.3860	−0.9460	−0.8234	1.3451	없음
100	−6.2803	0.1622	4.2330	−1.2444	−1.0915	1.8056	없음

예 9.8

699개의 세포 조직 샘플에 대해 유방암 검사가 수행되어, 이 중 241개의 샘플은 양성, 나머지 458개의 샘플은 음성으로 진단되었다고 하자. 이를 통해 아래와 같이 1개의 샘플 ID (X1), 9개의 세포 검사 값(X2~X10), 1개의 진단 결과(Y) 변수로 이루어진 데이터를 만들었다. 데이터는 UCI Machine Learning Repository(https://doi.org/10.24432/C5HP4Z)에서 다운로드받을 수 있다.

X1: 샘플 ID – 정수값을 지님
X2 ~ X10: 세포 검사 값(두께, 크기의 균일성, 모양의 균일성 등등), 각 변수는 1에서 10 사이의 정수값을 지님
Y: 진단 결과(2: 음성, 4: 양성)

이 데이터를 활용하여, 세포 검사 값이 주어졌을 때 유방암 진단을 자동화할 수 있을지 알아보기 위해 다음을 고려하여 가우시안 커널($\sigma=0.5$ 및 $\sigma=2$)을 사용한 SVM 분류분석을 수행해 보자.

1) 변수 X2~X10을 모두 설명변수로 사용하자. 이를 위해, X7값이 결측값(missing)인 16개 샘플을 분석에서 제외하고, 나머지 683개의 샘플만을 사용하자(양성 239개, 음성 444개).
2) 무작위 비복원 추출(random sampling)을 통해 데이터 중 2/3(455개)는 학습표본으로, 나머지 1/3(228개)은 검증표본으로 사용하자.
3) 패널티 단가 $C=10$을 사용하자.

풀이

가우시안 커널의 파라미터값이 $\sigma = 0.5$일 때, 학습표본에 대해 얻어지는 정오분류표는 아래와 같다.

```
          Truth
Prediction   2   4
         2 289   0
         4   0 166
```

즉, 학습표본으로 사용된 샘플이 모두 정확하게 분류되었다.

이를 검증표본에 적용하였을 때 얻어지는 정오분류표는 다음과 같다.

```
          Truth
Prediction   2   4
         2 148   1
         4   7  72
```

즉, 7개의 음성 샘플(Truth=2)이 양성으로 분류(Prediction=4)되고, 1개의 양성 샘플(Truth=4)이 음성으로 분류(Prediction=2)되는 오류가 발생하였다. 이는 위에서 학습시킨 SVM 모델이 학습표본에 다소 과적합(overfitting)된 결과로 생각할 수 있다.

가우시안 커널에서 $\sigma = 0.5$ 대신 $\sigma = 2$를 사용하여 다시 분석을 수행해 보면, 검증표본에 대해 아래와 같은 정오분류표가 얻어진다.

```
          Truth
Prediction   2   4
         2 143   0
         4  12  73
```

이때 총 12개의 샘플이 오분류되는데, 이는 모두 음성 샘플이 양성으로 잘못 분류된 경우다.

$\sigma = 0.5$을 사용한 경우 오분류된 객체수가 총 8개로, $\sigma = 2$를 사용한 경우보다 4개 적게 오분류되지만, 이를 통해 $\sigma = 0.5$을 사용하는 것이 더 좋다고 단순히 판단하는 것은 위험하다. 암 진단의 경우, 음성을 양성으로 오분류(거짓 양성; false positive)하는 경우에 발생하는 비용(추가 검사, 과잉진료 등)보다, 양성을 음성으로 오분류(거짓 음

성; false negative)하는 경우에 제때 치료하지 못해 발생하는 비용(암 전이 등)이 훨씬 더 크기 때문이다. 따라서, 이 예에서는 오분류된 객체가 4개 더 많더라도, 거짓 음성이 발생하지 않은 $\sigma = 2$의 경우가 진단에 활용하기 더 적합할 수 있다.

부록 9.1 | 비선형계획 문제

다음과 같은 n-차원 변수벡터 $\boldsymbol{x} = (x_1, \ldots, x_n)^T$에 대해 m개의 제약조건을 지닌 비선형 최적화 문제를 다음과 같이 정의하자.

$$\begin{aligned}&\min\ f(\boldsymbol{x})\\&\text{Subject to}\\&\quad g_j(\boldsymbol{x}) \le 0,\ j = 1, \ldots, m\end{aligned}$$

이때 라그랑지안 함수를 도입하면 다음과 같은 문제가 된다.

$$\begin{aligned}&\min\ L_P = f(\boldsymbol{x}) + \sum_{j=1}^{m} \lambda_j g_j(\boldsymbol{x})\\&\text{Subject to}\\&\quad \lambda_j \ge 0,\ j = 1, \ldots, m\end{aligned}$$

이에 대한 Karush-Kuhn-Tucker(KKT) 조건은 다음과 같다.

Gradient condition: $\dfrac{\partial L_P}{\partial x_i} = 0,\ i = 1, \ldots, n$

Orthogonality condition: $\lambda_j g_j(\boldsymbol{x}) = 0,\ j = 1, \ldots, m$

Feasibility condition: $g_j(\boldsymbol{x}) \le 0,\ j = 1, \ldots, m$

Nonnegativity: $\lambda_j \ge 0,\ j = 1, \ldots, m$

위의 라그랑지안 원문제에 대한 울프쌍대문제는 다음과 같다.

$$\text{Max } L_D = f(\boldsymbol{x}) + \sum_{j=1}^{m} \lambda_j g_j(\boldsymbol{x})$$

Subject to

$$\nabla f(\boldsymbol{x}) + \sum_{j=1}^{m} \lambda_j \nabla g_j(\boldsymbol{x}) = 0$$

$$\lambda_j \geq 0,\ j = 1, \ldots, m$$

위에서 ∇f, ∇g_j는 각각 f, g_j에 대한 gradient 벡터를 의미한다.

R 코드

1. 예 9.1의 R 코드

```
# ch09_ex01_linear_separable.R
# ch9.1 linear SVM - separable

# ex9.1
# load package
library(kernlab)

# load data
dat <- read.csv("data/ch9_dat1.csv")
dat$class <- factor(dat$class)

# SVM training
model <- ksvm(
  class ~ x1 + x2,
  data = dat,
  scaled = FALSE,
  kernel = "vanilladot",
  C = Inf # must be separable
)

# summary
print(model)

# support vectors
model@alphaindex[[1]]

# alpha values for support vectors
model@alpha[[1]]

# objective value
# note that we placed minus(-) sign
-model@obj

# hyperplane coefficient vector w
w <- model@coef[[1]] %*% model@xmatrix[[1]]
w
```

```
# hyperplane's intercept b
# Note that we placed minus(-) sign
-model@b
```

2. 예 9.2의 R 코드

다음 코드는 C값이 1인 경우만 구현하였다. ksvm() 함수의 C 인자의 값을 5와 100으로 변경하여 각각 수행해 보자.

```
# ch09_ex02_linear_inseparable.R
# ch9.2 linear SVM - inseparable

# ex9.2
# load package
library(kernlab)

# load data
dat <- read.csv("data/ch9_dat2.csv")
dat$class <- factor(dat$class)
dat

# SVM training
model <- ksvm(
  class ~ x1 + x2,
  data = dat,
  scaled = FALSE,
  kernel = "vanilladot",
  C = 1 # please also try 5 and 100
)

# summary result
print(model)

# misclassified objects
which(model@ymatrix != as.integer(model@fitted))
```

3. 예 9.3의 R 코드

```
# ch09_ex03_kernel.R
# ch9.3 nonlinear SVM

# ex9.3 kernel
# load package
library(kernlab)

# load data
dat <- matrix(c(1, 2, 2, 2, 2, -1), nrow = 3, byrow = TRUE)
dat

# Gaussian RBF kernel
kernelMatrix(rbfdot(sigma = 1 / 2), dat)

# Polynomial kernel: 2nd order
kernelMatrix(polydot(degree = 2), dat)

# Sigmoid kernel
kernelMatrix(tanhdot(offset = 0), dat)

# Linear kernel
kernelMatrix(vanilladot(), dat)
```

4. 예 9.7의 R 코드

다음 코드는 C값이 1인 경우만 구현하였다. ksvm() 함수의 C 인자의 값을 5와 100으로 변경하여 각각 수행해 보자.

```
# ch09_ex07_nonlinear.R
# ch9.3 nonlinear SVM

# ex9.7
# load package
library(kernlab)

# load data
```

```
dat <- read.csv("data/ch9_dat3.csv")
dat$class <- factor(dat$class)

# SVM with 2nd order polynomial kernel
model <- ksvm(
  class ~ x1 + x2,
  data = dat,
  scaled = FALSE,
  kernel = polydot(degree = 2),
  C = 1 # please also try 5 and 100
)

# summary result
print(model)

# support vectors
model@alphaindex[[1]]

# alpha values for support vectors
model@alpha[[1]]

# misclassified objects
which(model@ymatrix != as.integer(model@fitted))
```

5. 예 9.8의 R 코드

```
# ch09_ex08_breast_cancer.R
# ch9.3 nonlinear SVM

# ex9.8

# load package
library(kernlab)
library(yardstick)

# load data
dat <- read.csv("data/breast-cancer-wisconsin.csv")
dat$class <- factor(dat$class)

# remove ID column (X1)
```

```
dat <- dat[, -1]

# remove observations with missing value:
# there are 16 observations with missing values in X7
dat <- na.omit(dat)

# split train data and test data
set.seed(578925)
n <- nrow(dat)
train_idx <- sample(1:n, size = n * 2 / 3, replace = FALSE)
train_dat <- dat[train_idx, ]
test_dat <- dat[-train_idx, ]

# train SVM with Gaussian kernel with sigma = 0.5
model1 <- ksvm(
  class ~ .,
  data = train_dat,
  kernel = "rbfdot",
  kpar = list(sigma = 0.5),
  C = 10
)

print(model1)

# confusion matrix on train data
train_results1 <- data.frame(
  class = train_dat$class,
  pred_class = predict(model1, train_dat)
)
conf_mat(train_results1, truth = "class", estimate = "pred_class")

# confusion matrix on test data
test_results1 <- data.frame(
  class = test_dat$class,
  pred_class = predict(model1, test_dat)
)
conf_mat(test_results1, truth = "class", estimate = "pred_class")

# train SVM with Gaussian kernel with sigma = 2
model2 <- ksvm(
  class ~ .,
  data = train_dat,
  kernel = "rbfdot",
```

```
  kpar = list(sigma = 2),
  C = 10
)

print(model2)

# confusion matrix on train data
train_results2 <- data.frame(
  class = train_dat$class,
  pred_class = predict(model2, train_dat)
)
conf_mat(train_results2, truth = "class", estimate = "pred_class")

# confusion matrix on test data
test_results2 <- data.frame(
  class = test_dat$class,
  pred_class = predict(model2, test_dat)
)
conf_mat(test_results2, truth = "class", estimate = "pred_class")
```

참고문헌

SVM에 대한 보다 상세한 내용을 위해서는 참고문헌 [1], [2], [3] 등을 참조할 수 있다. Vapnik에 의한 초기 SVM에 대한 소개는 러시아어로 작성된 참고문헌 [4, 5]를 통해 이루어졌다. [예 9.8]의 유방암 데이터는 [6]에서 제공하는 데이터를 사용하였다.

[1] Burges, C.J.C. (1998), "A tutorial on support vector machines for pattern recognition", *Data Mining and Knowledge Discovery*, 2, 121–167.

[2] Vapnik, V. (1995), *The Nature of Statistical Learning Theory*, Springer–Verlag, NewYork.

[3] Vapnik, V. (1998), *Statistical Learning Theory*, Wiley, New York.

[4] Vapnik, V. and Chervonenkis, A. (1974), *Theory of Pattern Recognition* (in Russian), Nauka, Moscow.

[5] Vapnik, V. (1979), *Estimation of Dependences Based on Empirical Data* (in Russian), Nauka, Moscow.(English translation:1982, Springer Verlag, NewYork)

[6] Wolberg,WIlliam. (1992). *Breast Cancer Wisconsin (Original)*. UCI Machine Learning Repository. https://doi.org/10.24432/C5HP4Z.

연습문제

9.1 다음의 10개 객체에 대한 학습표본에 대하여 선형 SVM을 사용하여 분류하라. 단, C는 1을 사용하라. (아래 데이터는 [표 9.3]과 유사하나 객체 4와 10의 범주가 다름)

객체	1	2	3	4	5	6	7	8	9	10
X1	5	4	7	8	3	2	6	9	5	7
X2	7	3	8	6	6	5	6	6	4	6
범주	1	−1	1	−1	−1	−1	1	1	−1	1

9.2 [연습문제 9.1]의 첫 5개 객체 데이터에 대해 다음을 구하라.

(a) 식 (9.18)의 가우시안 커널에 대한 행렬을 구하라. 단, $\sigma^2 = 1$을 사용하라.

(b) 식 (9.19)의 2차 커널 $(r = 2)$에 대한 행렬을 구하라.

9.3 [연습문제 9.1]의 학습표본에 대해 비선형 SVM을 사용하여 분류하라. 단, 2차 커널을 사용하라. 학습표본을 2차 평면에 표시하고 분리 함수를 함께 도시하라.

9.4 식(9.2)의 두 하이퍼플레인 H1과 H2 간의 거리(margin)가 $2/\|w\|$임을 확인하라.

9.5 식(9.12)의 문제에 대한 라그랑지안 함수를 기술하고 KKT 조건을 유도하라.

9.6 선형 SVM의 분리 불가능 경우에서 2-norm을 가정하는 경우 원문제를 기술하라. 이 원문제의 여유변수에 대한 비음조건은 필요 없음을 설명하라. 또한 이 원문제에 대한 울프 쌍대문제를 유도하라.

9.7 비선형 SVM에서 식(9.23)이 성립함을 보이라.

9.8 N개 객체로 구성된 학습표본에 대해 가우시안 커널을 이용한 비선형 SVM 문제로부터 라그랑지 계수를 얻었다고 할 때, 분리 하이퍼플레인을 수식으로 표현하라.

10장

앙상블 기법

10.1 앙상블의 개요
10.2 부트스트래핑
10.3 랜덤 포레스트
10.4 아다부스트
10.5 그래디언트 부스팅
R 코드
연습문제

지금까지 분류를 위한 여러 기법을 소개하였다. 분류에 대해 예측할 때 해당 기법 한 가지만 적용하는 것보다 여러 가지 기법을 적용하면 더 정확한 결과를 줄 수 있다. 여러 기법의 결과를 결합하여 최종 예측을 할 수 있는데, 이를 앙상블 기법(emsemble methods)이라 한다. 마치 음악연주에서 여러 악기의 소리가 조화를 이루어 좋은 소리를 내는 것과 흡사하여 붙여진 이름이라 하겠다.

10.1 | 앙상블의 개요

앙상블 기법은 크게 배깅(bagging)과 부스팅(boosting)으로 구분할 수 있다. 배깅은 1994년 Breiman(참고문헌 [1])이 처음 개발한 것으로, 학습 데이터에 부트스트래핑(bootstrapping)을 통하여 여러 학습 데이터를 생성한 후 각각의 데이터에 특정 기법을 적용하여 분류규칙을 얻고 새로운 데이터를 여러 분류규칙에 대입하여 예측된 결과를 종합하여 최종 분류 결론을 얻는 방식이다. 이를 도식화한 것이 [그림 10.1]과 같다. 배깅의 대표적인 기법으로 1995년 Ho(참고문헌 [6])가 개발하고 이후 Breiman(참고문헌 [2])이 완성한 랜덤 포레스트(random forest)를 들 수 있겠는데 이에 대한 설명은 10.3절에서 하겠다. 배깅은 bootstrap aggregating의 약자이다.

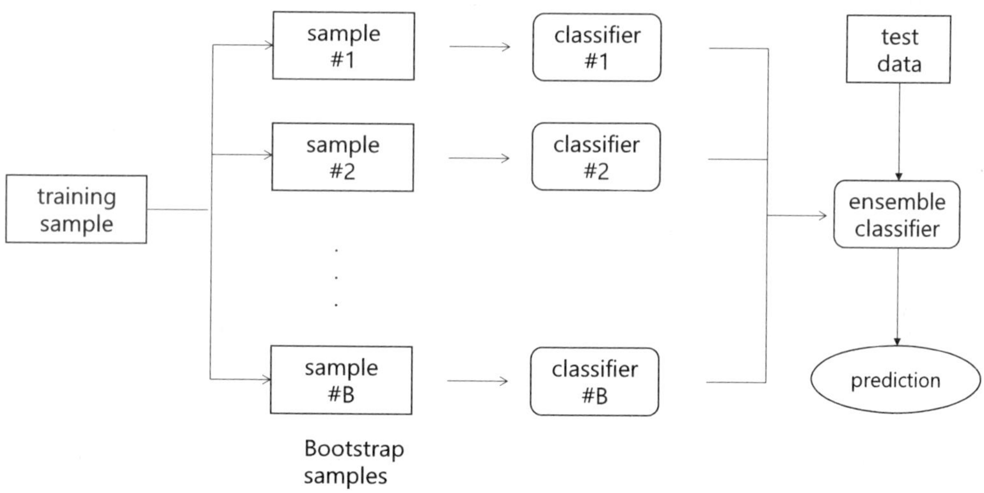

그림 10.1 배깅에 의한 학습 및 예측

부스팅은 1995년 Freund(참고문헌 [4])가 개발한 아다부스트(AdaBoost)에서 비롯되었다고 볼 수 있는데, 배깅과는 달리 한 번에 여러 학습표본을 미리 생성하지 않고 하나의 분류 결과를 얻은 후 특정 방법으로 관측치에 가중치를 바꾸면서 리샘플링(resampling)하여 다음 학습표본을 생성하는 등의 과정을 반복한다. 따라서 부스팅은 순차적(sequential)

기법이라 하겠다. 아다부스트는 adaptive boosting의 약자이며, 이러한 순차적 특성이 이름에 반영되었음을 알 수 있다.

배깅이나 부스팅을 사용하면 왜 예측의 정확도가 향상될 수 있는지를 다음의 예에서 살펴보자.

예 10.1

어떤 앙상블 기법을 사용하여 25개의 (이분) 분류규칙을 얻었다. 각 분류규칙의 오류율은 서로 독립적으로 35%라 한다. 이 앙상블을 사용할 때 예측을 잘못할 확률을 구하라.

풀이

25개의 분류규칙 중 13개 이상이 잘못 예측하면, 결국 예측이 잘못되므로 앙상블이 예측을 잘못할 확률은 다음과 같다.

$$\sum_{i=13}^{25} \binom{25}{i} (0.35)^i (1-0.35)^{25-i} \approx 0.06$$

즉, 하나의 분류규칙을 사용할 때 오류율은 35%지만 앙상블을 사용할 때 오류율은 6%로 떨어지게 된다. 물론 위에서 각 분류규칙이 서로 독립이라는 가정이 비현실적일 수 있지만, 본 예에서 앙상블이 왜 작동하는지를 엿볼 수 있다.

10.2 | 부트스트래핑

하나의 학습표본에 대해 여러 번의 표본추출을 하여 사용하는 것을 리샘플링(resampling)이라 하는데, 부트스트래핑에서는 학습 표본의 각 관측치에 동일한 확률을 배정하고 랜덤하게 관측치들을 복원추출(sampling with replacement)하는 기법이다. 이렇게 생성한 하나의 표본을 부트스트랩 표본(bootstrap sample)이라 한다. 즉, 총 n개의 관측치가 있으면 각 관측치가 선택될 확률이 각각 $1/n$이 되며 이렇게 선택된 관측치들이 하나의 부트스트랩 표본을 이루게 된다. 통상 부트스트랩 표본의 크기는 원래 관측수인 n이 된다. 이에 따라 어떤 부트스트랩 표본에는 특정 관측치가 여러 번 선택될 수도 있고 포함되지 않을 수도 있다. 즉, 부트스트랩 표본의 내용은 서로 다르게 된다. 부트스트랩 표본수가 얼마나 필요한가는 정해진 규칙이 없고 표본크기에 따라 다를 수 있겠다. 원하는 통계량의 분포를 얻을 수 있도록 많을수록 좋다고 할 수 있으며 수백에서 수천 정도의 표본수를 택하는 것이 보통이다.

일반적으로 리샘플링은 특정 통계량의 분포를 이론적으로 도출하기 어려울 때 활용한다. 예를 들어, 회귀분석에서 회귀계수 추정량의 분포는 오차항의 정규분포 가정하에서 이론적으로 도출될 수 있으나, 정규분포가 아닐 때는 추정량의 분포를 구하기 어려울 수 있다. 많은 부트스트랩 표본을 생성하면, 각 부트스트랩 표본으로부터 추정량을 산출하여 종합함으로써 추정량의 표본분포(sampling distribution)를 얻을 수 있다. 신뢰구간의 산출 및 통계적 검정 역시 이렇게 얻은 추정량의 표본 분포로부터 수행이 가능하다.

10.3 | 랜덤 포레스트

10.3.1 랜덤 포레스트의 개요

랜덤 포레스트에서는 여러 개의 부트스트랩 표본을 생성한 후 각 부트스트랩 표본에 트리 기법을 적용하여 분류규칙을 만들고 결과를 종합하여 범주를 예측한다. 간단히 말하여 배깅 기법을 사용하되 분류규칙은 트리로 만든다는 것이다. 다만 트리 기법을 적용할 때 데이터의 모든 변수를 다 사용하는 것이 아니라 일부 변수만을 랜덤으로 선택하여 각 부트스트랩 표본에서 사용한다. 총 변수가 k개 있을 때 각 분지 노드에서 보통 $m = \sqrt{k}$개의 변수를 랜덤으로 골라 트리 알고리즘에서 활용하고 최대 트리를 형성하여 분류규칙을 만든다. 유의할 점은 한 표본에 대해 m개의 변수를 랜덤하게 한 번만 선택하는 것이 아니고 분지하는 노드마다 m개의 변수를 랜덤하게 선택하고 그 중 최적 분지를 찾는 과정을 거친다는 것이다. 이렇게 변수를 랜덤하게 선택하는 이유는 만들어지는 트리들이 가급적 독립성을 유지토록 하기 위함이다. 간단한 예를 들어 설명해 보자.

예 10.2

5개의 관측치로 이루어진 학습표본이 다음과 같다. 해당 변수는 4개이며 범주 변수는 고혈압 여부(yes/no)이다.

번호	나이 (40 이상여부; X1)	성별 (X2)	흡연유무 (X3)	몸무게 (kg; X4)	고혈압유무 (Y)
1	yes	남	yes	72	yes
2	yes	여	no	73	no
3	no	남	no	70	no
4	no	남	no	75	yes
5	yes	여	yes	58	no

(a) 4개의 부트스트랩 표본을 생성하시오.

(b) 2개의 변수를 사용하는 랜덤포레스트 알고리즘을 적용하여 4개의 트리를 만드시오.

(c) 새로운 데이터 (X1=no, X2=여, X3=no, X4=63) 에 대한 고혈압 여부를 예측하시오.

풀이

(a) 첫 번째 부트스트랩 표본으로 관측 번호가 랜덤하게 3, 1, 4, 2, 4가 선택되었다. 따라서 첫 부트스트랩 표본 데이터는 아래와 같다.

번호	나이 (40 이상여부; X1)	성별 (X2)	흡연여부 (X3)	몸무게 (kg; X4)	고혈압여부 (Y)
3	no	남	no	70	no
1	yes	남	yes	72	yes
4	no	남	no	75	yes
2	yes	여	no	73	no
4	no	남	no	75	yes

두 번째 부트스트랩 표본에서 선택된 관측 번호: 2, 3, 1, 3, 2

세 번째 부트스트랩 표본에서 선택된 관측 번호: 4, 1, 4, 2, 1

네 번째 부트스트랩 표본에서 선택된 관측 번호: 4, 5, 3, 5, 3

(b) 첫 부트스트랩 표본에 대해 첫 노드에서 변수 X2와 X3이 선택되었다 하자. 이 중 변수 X2가 더 좋은 분지 변수가 되므로 첫 분지는 다음과 같다. 각 노드의 숫자는 Y값의 'yes'와 'no'의 빈도를 나타낸다.

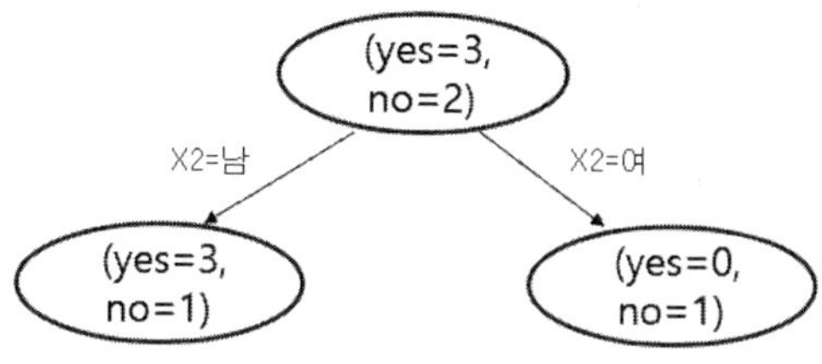

왼쪽 자식노드(관측 번호 3, 1, 4, 4)는 더 분지해야 하고, 다시 두 개 변수를 랜덤하게 선택하였더니 X3과 X4가 선택되었다 하자. 이 중 X4가 더 나은 분지 변수가 되어 첫 부트스트랩 표본에 대한 트리는 아래와 같다.

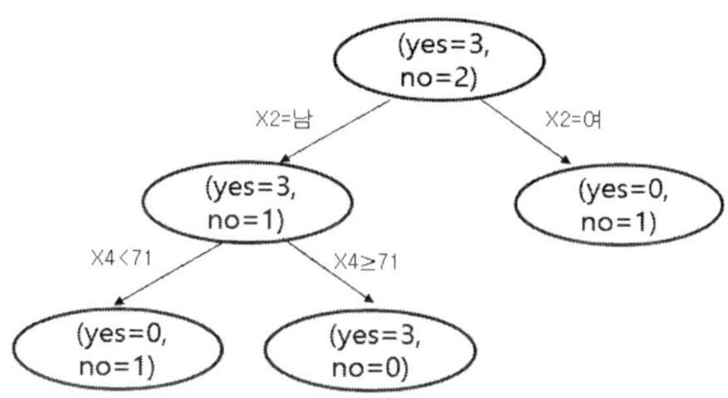

(첫 번째 샘플에 대한 트리)

두 번째 샘플(관측 번호 2, 3, 1, 3, 2)에 대해 첫 노드에서 두 개 변수 X1과 X2가 선택되었다. 이 두 변수의 분지 성능은 동일하므로 X1에 대해 분지하면 다음과 같다.

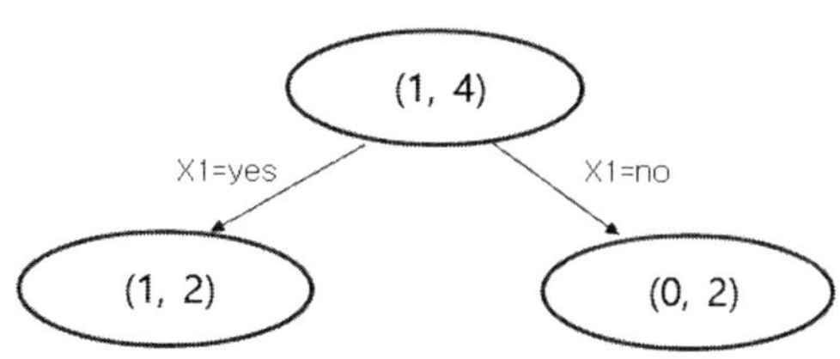

왼쪽 자식노드는 다시 분지가 필요한데 두 개 변수를 랜덤하게 뽑아 X3 과 X4가 선택되었다. 이 중 X3에 대해 분지하면 결국 다음과 같은 트리가 형성된다.

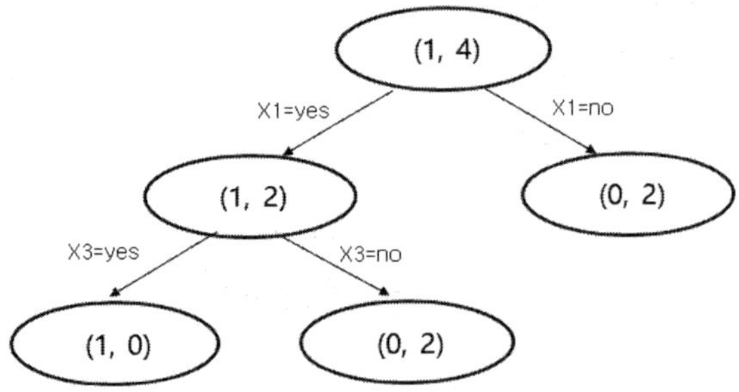

(두 번째 샘플에 대한 트리)

세 번째와 네 번째 샘플에 대해 이러한 과정을 거치면 아래 그림과 같은 트리가 형성된다.

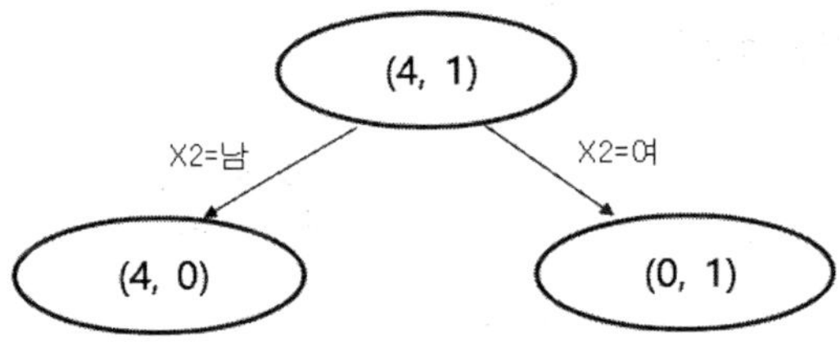

(세번째 샘플에 대한 트리)

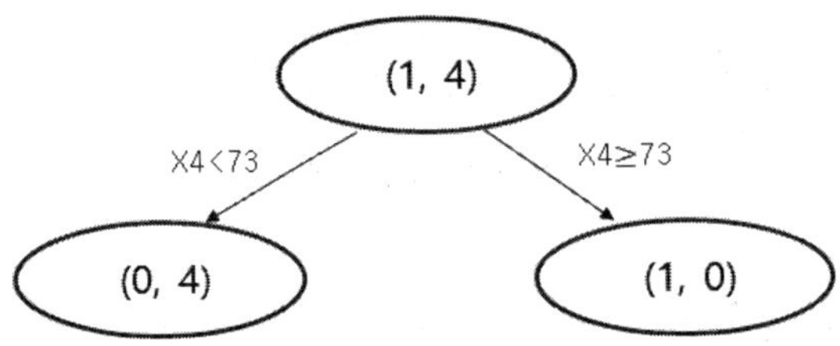

(네번째 샘플에 대한 트리)

(c) 새로운 데이터(X1=no, X2=여, X3=no, X4=63)를 형성된 4개의 트리에 대입하면 고혈압 여부의 예측 결과가 모두 'no'가 되므로 최종적으로 고혈압여부는 'no'로 예측된다.

10.3.2 랜덤 포레스트의 성능 및 out-of-bag

분류기법의 성능을 평가하기 위해 일반적으로 학습표본을 학습표본과 검증표본으로 분할한 후 학습표본에서 도출된 분류규칙을 검증표본에 적용하여 정확도 또는 오류율을 산출한다. 랜덤 포레스트의 경우에도 이러한 교차검증 방법을 사용할 수 있겠다. 그러나, 랜덤 포레스트와 같은 배깅 기법의 경우에는 out-of-bag(OOB) 오류율을 통상적으로 사용한다.

배깅의 경우 부트스트랩 표본을 사용하기 때문에 원래 학습표본에는 있으나 부트스트랩 표본에는 포함되지 않는 관측치들이 있게 되고 이들을 out-of-bag(OOB) 표본이라 한다. [예 10.2]에서 첫 번째 부트스트랩 표본의 경우 5번째 관측치가 포함되지 않으므로 이것이 첫 부트스트랩 표본의 OOB 표본이며, 두 번째 부트스트랩 표본의 경우 관측치 4, 5가 OOB 표본이 되겠다. 따라서 이러한 OOB 표본이 검증표본의 역할을 할 수 있고 이에 대한 오류율을 산출하여 배깅 또는 랜덤 포레스트 기법의 성능을 평가할 수 있다. 다음의 결과로부터 하나의 부트스트랩 표본에는 원래 학습표본의 약 1/3이 포함되지 않음을 알 수 있다.

정리 10.1 하나의 부트스트랩 표본에 대응하는 OOB 표본크기는 학습표본 전체 관측수의 약 36.8% 이다.

증명 학습표본의 전체 관측수를 n이라 할 때, 한 번의 랜덤 추출에서 특정 관측치가 포함되지 않을 확률은 $(1-1/n)$이다. 부트스트랩 표본을 형성하기 위해 n번을 랜덤 추출할 때 특정관측치가 포함되지 않을 확률은 $(1-1/n)^n$이 된다. 따라서 n이 매우 크다고 할 때 이 관측치가 OOB 표본에 포함될 확률은 다음과 같다.

$$\lim_{n\to\infty}(1-1/n)^n = 1/e \approx 0.368$$

예 10.3

[예 10.2]에 대해 OOB 오류율을 산출하라.

풀이

아래 표는 OOB 오류율을 산출하기 위해 각 관측치(객체)의 예측 범주를 나타낸 것이다. OOB 표본은 검증표본의 구실을 하는 것이기 때문에, 각 관측치가 학습에 사용되지 않은 경우, 즉 OOB 표본에 포함되었을 때 학습된 개별트리에 의해서만 예측되어야 한다. 예를 들어, 5번째 관측치는 첫 번째, 두 번째, 세 번째 부트스트랩 표본에 포함되지 않았기 때문에, 처음 세 개의 개별트리로 예측을 수행하고 최종 예측 범주를 결정한다. 본 예제의 크기가 작기 때문에 나머지 관측치들은 하나의 개별트리에 의해 최종 예측 범주가 결정되었다. 5개의 관측치 중 4개가 오분류되어 OOB 오류율은 80%가 된다. (주의: 오류율이 높은 이유는 데이터 크기가 작아서 OOB 객체에 대해 앙상블 효과를 볼 수 없었기 때문이다. 이는 처음 네 개의 관측치들로부터 확인할 수 있다.)

관측 번호	개별트리 예측 범주				최종 예측 범주	실제범주
	1	2	3	4		
1	–	–	–	no	no	yes
2	–	–	–	yes	yes	no
3	–	–	yes	–	yes	no
4	–	no	–	–	no	yes
5	no	yes	no	–	no	no

10.3.3 랜덤 포레스트의 알고리즘

랜덤 포레스트 알고리즘을 정리하면 다음과 같다.

단계 0: 학습데이터 L, 부트스트랩 표본 수 B, 랜덤으로 뽑을 변수 수 m을 설정한다.

단계 1: $b=1,\dots,B$에 대해 다음을 반복한다.

1-1. 부트스트랩 표본 L_b 를 생성한다. 또한 OOB 표본 $O_b = L - L_b$를 저장한다.

1-2. L_b에 대한 트리 T_b를 형성한다. 이때 분지가 필요한 매 노드마다 m개의 변수를 랜덤으로 선택한다.

1-3. O_b의 각 관측치를 T_b 에 대입하여 범주를 예측하고 저장한다.

단계 2: 다수결로 최종 범주를 예측한다.

2-1. (단계 1-3)에서 저장된 예측 범주들을 활용하여, 각 관측치에 대해 다수결로 최종 범주를 예측한다. 실제 범주와 비교하여 OOB 오류율을 계산한다.

2-2. 범주 예측을 위한 새로운 데이터를 $T_b, b = 1, \ldots, B$에 적용하여 다수결로 범주를 예측한다.

10.3.4 변수 중요도

10.3.2절에서 살펴본 바와 같이, OOB 표본은 각 개별트리 T_b에 대한 검증표본으로 활용될 수 있다. 이때 OOB 표본을 적절히 변형하여 각 변수가 예측에 미치는 영향인 변수 중요도(variable importance)를 다음과 같이 계산할 수 있다. 각 단계 b에서 개별트리 T_b를 생성한 후, OOB 표본 O_b를 T_b에 대입하여 예측한 후 예측 정확도 A_b를 계산한다. OOB 표본 O_b의 j번째 변수를 랜덤으로 생성한 값으로 대체한다. 이렇게 변형된 표본을 O_b^j라고 하자. 변형된 OOB 표본 O_b^j를 T_b에 대입하여 예측한 후 예측 정확도 A_b^j를 계산한다. 예측 정확도 감소인 $A_b - A_b^j$의 값이 클수록 j번째 변수가 예측에 미치는 영향이 크다고 해석할 수 있다. 이처럼 예측 정확도 감소 계산을 T_b를 생성하는 데 사용된 변수에 대해 수행하고, 동일한 계산을 모든 개별트리를 생성하는 과정에서 수행할 수 있다. 랜덤 포레스트 학습이 종료된 후, 각 변수에 대해 예측 정확도 감소를 평균하여 최종 변수 중요도를 산출한다. 만약 어떤 변수가 B개의 개별트리들을 생성하는 데 한 번도 사용되지 않았다면, 해당 변수에 대해서는 변수 중요도를 계산하지 않게 된다. 이 경우, 단순히 0(영향 없음)을 부여하면 된다. 예측 정확도 감소 대신에 예측 오류율 증가를 변수 중요도 척도로 활용할 수 있음을 주지하자. 예를 들어, 회귀 문제의 경우 예측 오류의 정도로서 평균제곱오차(mean squared error)를 활용할 수 있다.

10.4 | 아다부스트

10.4.1 아다부스트 알고리즘

아다부스트(AdaBoost)는 Freund(1995)에 의해 개발되었으며 이후 Freund and Schapire(1997)에 의해 완성된 것으로 최초의 부스팅 기법이라 할 수 있다. 부스팅에서는 배깅과 달리 학습표본에서 리샘플링으로 표본을 생성할 때 직전의 분류 결과에 따라 각 관측치가 뽑힐 확률이 달라진다. 즉, 각 관측치에 대한 가중치를 반복(iteration)별로 변화시키는데, 직전에서 잘못 분류된 관측치의 가중치는 커지고 올바르게 분류된 관측치의 가중치는 작아서 결국 다음에는 잘못 분류된 관측치가 표본에 선택될 가능성이 커지게 된다.

반복 i에서의 j번째 관측치의 가중치를 $w_j^{(i)}$라 할 때 이는 다음과 같이 변하게 된다. 학습표본의 총관측치수는 N이라 하고, 반복 별 생성되는 표본크기도 N이라 하자.

1) 초기에는 각 관측치에 대한 가중치가 서로 동일하다. 즉,

$$w_j^{(1)} = 1/N,\ j = 1, ..., N$$

2) 반복 i에서 분류기(분류규칙; 임의의 분류기법 사용 가능) C_i를 형성할 때, 이에 대한 오류율 ϵ_i를 산출한다.

$$\epsilon_i = \sum_{j=1}^{N} w_j \delta(C_i(x_j) \neq y_j)$$

여기서 $\delta(.)$는 괄호 안이 참이면 1, 거짓이면 0을 반환하는 함수이다. 그리고 x_j는 관측치 j를 분류하는 데 관여된 변수벡터이다. 위의 식을 보면 오류율 계산에도 가중치가 관여함을 볼 수 있다.

3) 분류기 C_i의 중요도를 아래와 같이 계산한다.

$$\alpha_i = \frac{1}{2}\ln\left(\frac{1-\epsilon_i}{\epsilon_i}\right) \tag{10.1}$$

위 중요도 함수의 모양을 보면 오류율이 0.5일 때 중요도는 0이 되고 오류율이 이보다 커지면 급격히 감소하며 0.5 보다 작아지면 급격히 커지는 형태이다. 이를 그림으로 나타내면 다음과 같다.

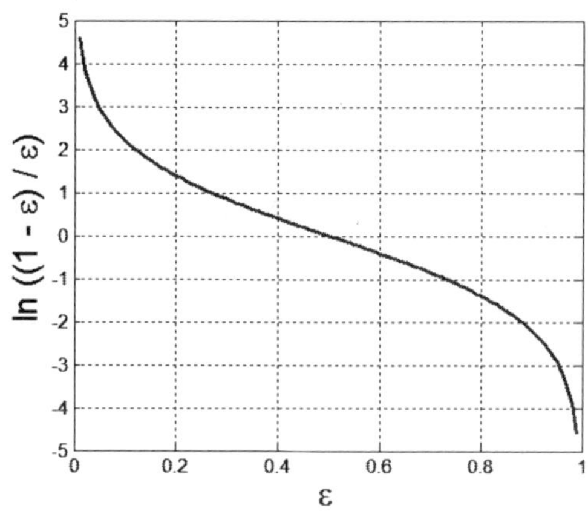

4) 반복 $(i+1)$에서 샘플링할 때 가중치를 다음과 같이 변화시킨다.

$$w_j^{(i+1)} = \frac{w_j^{(i)}}{Z_i}\begin{cases} e^{-\alpha_i} & \text{if } C_i(x_j) = y_j \\ e^{\alpha_i} & \text{if } C_i(x_j) \neq y_j \end{cases}$$

여기서 Z_i는 가중치의 합이 1이 되도록 하는 정규화 항이다. 위 식에서 보듯이 올바르게 분류된 관측치에 대한 가중치는 다음 단계에서 작아지고 잘못 분류된 관측치에 대한 가중치는 커지게 된다.

아다부스트의 알고리즘은 다음과 같다.

단계 0: 학습데이터 L, 부스팅 반복 수(리샘플링 표본 수) T, 사용할 분류기법을 정한다.

단계 1: 부스팅 반복 i에서 $(i=1,\ldots,T)$ 다음을 수행한다.

1-1. 부스팅 표본 L_i를 생성한다. 반복 i에서 j번째 관측치의 가중치는 $w_j^{(i)}$이며,

초기 가중치는 $w_j^{(1)} = 1/N,\ j = 1, ..., N$ 이다.

1-2. L_i에 대한 분류기 C_i를 형성한다.

1-3. 분류기 C_i에 대한 오류율 ϵ_i과 중요도 α_i를 산출한다.

1-4. 반복 $(i+1)$을 위한 관측치 별 가중치를 다음과 같이 수정한다.

$$w_j^{(i+1)} = \frac{w_j^{(i)}}{Z_i} \begin{cases} e^{-\alpha_i} & \text{if } C_i(x_j) = y_j \\ e^{\alpha_i} & \text{if } C_i(x_j) \neq y_j \end{cases}$$

단계 2: 예측을 위한 새로운 데이터 x_{test}에 대한 범주 예측을 다음과 같이 수행한다.

$$y(x_{test}) = \arg\max_y \sum_{i=1}^{T} \alpha_i \delta(C_i(x_{test}) = y)$$

예 10.4

앞에서 다룬 고혈압 데이터를 다시 아다부스트로 분석해 보자. 분류기로는 트리를 사용하되 뿌리노드만을 분지한 결과를 사용한다. 총반복수는 3으로 설정한다. 즉, $T=3$이다. 새로운 관측치(X1=no, X2=여, X3=no, X4=63)에 대한 고혈압 여부를 예측하라.

번호	나이 (40 이상여부; X1)	성별 (X2)	흡연여부 (X3)	몸무게 (kg; X4)	고혈압여부 (Y)
1	yes	남	yes	72	yes
2	yes	여	no	73	no
3	no	남	no	70	no
4	no	남	no	75	yes
5	yes	여	yes	58	no

풀이

(반복 1) L_1을 생성할 때 각 관측치가 뽑힐 확률은 동일하게 1/5이다. 생성된 L_1이 원래 데이터와 동일하다고 하자. C_1은 다음과 같다.

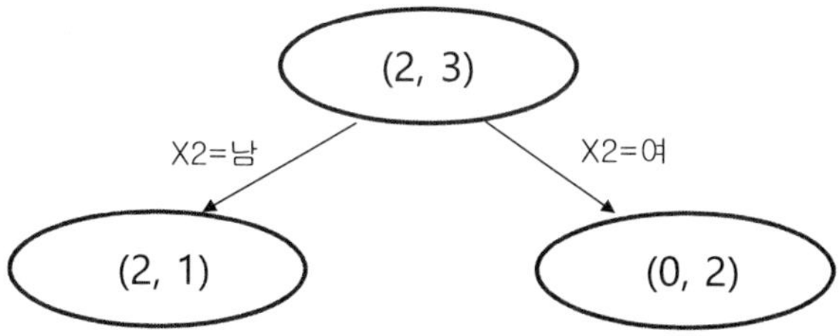

C_1은 왼쪽 자식노드에서 한 건의 오분류가 발생하므로 오류율과 중요도는 다음과 같다.

$$\epsilon_1 = 1/5,\quad \alpha_1 = \frac{1}{2}\ln\left(\frac{1-\epsilon_1}{\epsilon_1}\right) = 0.693$$

3번 관측치는 오분류되었으므로 이 관측치의 새로운 가중치는 다음과 같다.

$$w_3^{(2)} = 0.2e^{\alpha_1} = 0.4$$

다른 관측치에 대한 새로운 가중치는 다음과 같다.

$$w_1^{(2)} = w_2^{(2)} = w_4^{(2)} = w_5^{(2)} = 0.2e^{-\alpha_1} = 0.1$$

새로운 가중치의 합은 0.8이므로 정규화된 (반복 2)의 가중치는 위의 값을 0.8로 나눈 값이 된다. 즉,

$$w_1^{(2)} = w_2^{(2)} = w_4^{(2)} = w_5^{(2)} = 0.1/0.8 = 0.125$$
$$w_3^{(2)} = 0.4/0.8 = 0.5$$

(반복 2) L_2에서 관측치 1, 2, 3, 3, 5가 선택되었다 하자. 즉,

번호	나이 (40 이상여부; X1)	성별 (X2)	흡연여부 (X3)	몸무게 (kg; X4)	고혈압여부 (Y)
1	yes	남	yes	72	yes
2	yes	여	no	73	no
3	no	남	no	70	no
3	no	남	no	70	no
5	yes	여	yes	58	no

이때, C_2는 다음과 같이 형성된다.

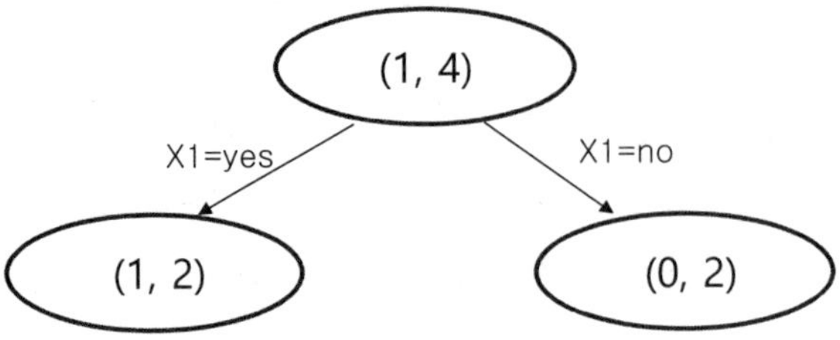

이 분류기에 의해 1번 관측치가 오분류되므로,

$$\epsilon_2 = 1/5, \quad \alpha_2 = \frac{1}{2}\ln\left(\frac{1-\epsilon_2}{\epsilon_2}\right) = 0.693$$

가 되어 새로운 가중치는 아래와 같이 산출된다.

$$w_1^{(3)} = w_1^{(2)} e^{\alpha_2} = 0.125 e^{0.693} = 0.25$$

새로운 가중치를 정리하면 다음과 같다.

관측 번호	$w_j^{(1)}$	$w_j^{(2)}$	$w_j^{(3)}$	조정된 $w_j^{(3)}$
1	0.2	0.125	0.25	0.363636
2	0.2	0.125	0.0625	0.090909
3	0.2	0.5	0.25	0.363636
4	0.2	0.125	0.0625	0.090909
5	0.2	0.125	0.0625	0.090909

(반복 3) 조정된 가중치 $w_j^{(3)}$에 의해 부스팅 표본이 선택되어 1, 1, 3, 3, 5를 얻었다 하자.

번호	나이 (40 이상여부; X1)	성별 (X2)	흡연여부 (X3)	몸무게 (kg; X4)	고혈압여부 (Y)
1	yes	남	yes	72	yes
1	yes	남	yes	72	yes
3	no	남	no	70	no
3	no	남	no	70	no
5	yes	여	yes	58	no

이로부터 다음의 트리 C_3을 얻었다. (이 경우 실제 X4로 분지할 때가 최적이나 오류율이 0이 되어 알파값이 무한대가 되므로 X3으로 분지하는 트리를 본 예에서 사용한다. 실제 관측수가 많은 경우에는 오류율이 0이 된다는 것은 현실적으로 가능성이 낮다. 만약 이러한 상황이 발생하면 임의로 매우 작은 오류율을 대입하여 중요도를 산출하기도 한다.)

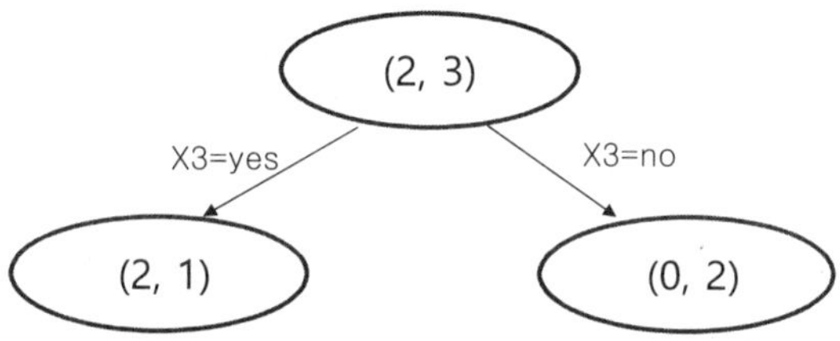

이때 오류율과 중요도는 다음과 같으며, $T=3$에 도달하여 아다부스트 학습이 끝나게 된다.

$$\epsilon_3 = 1/5\,,\quad \alpha_3 = \frac{1}{2}\ln\left(\frac{1-\epsilon_3}{\epsilon_3}\right) = 0.693$$

(예측) 새로운 데이터 (X1=no, X2=여, X3=no, X4=63)을 C_1, C_2, C_3에 적용하면 모두 Y='no'로 예측되므로 이 관측치의 고혈압 여부는 'no'로 예측된다. 아다부스트 알고리즘(단계 2)의 수식으로

$$(0.693\times 0 + 0.693\times 0 + 0.693\times 0)|_{yes} < (0.693\times 1 + 0.693\times 1 + 0.693\times 1)|_{no}$$

와 같이 계산되고 'no'로 예측하는 것이다.

10.4.2 학습표본에 대한 오류율 최소화

본 절에서는 개별 약분류기(weak learner)의 중요도 α_i와 개별 관측치 $w_j^{(i)}$의 업데이트가 최종 앙상블 모형인 강분류기(strong learner)의 학습표본에 대한 오류를 최소화하기 위해 고안된 것임을 살펴본다.

y는 -1 또는 1의 값을 가지는 이진 분류 문제에서, 아다부스트 알고리즘에 의해 학습되는

C_i들의 앙상블 모형인 강분류기 H는 아래와 같이 정의된다.

$$H(x) = sign\left(\sum_{i=1}^{T} \alpha_i C_i(x)\right) \tag{10.2}$$

학습표본 L에 대한 H의 오류율은 0-1 손실함수를 사용할 때,

$$E_{train} = \frac{1}{N}\sum_{j=1}^{N} \delta(H(x_j) \neq y_j) \tag{10.3}$$

와 같이 정의되며, 이는 지수손실함수(exponential loss function)를 활용하는 경우보다 항상 작거나 같으므로, H의 오류율은 아래와 같은 상한(upper bound)을 가진다.

$$E_{train} \leq \frac{1}{N}\sum_{j=1}^{N} \exp(-y_j H(x_j)) = \frac{1}{N}\sum_{j=1}^{N} \exp\left(-y_j \sum_{i=1}^{T} \alpha_i C_i(x_j)\right) \tag{10.4}$$

> **정리 10.2** 강분류기 H의 오류 상한은 정규화 항 Z_i들의 곱과 같다.

증명 (식 10.4)에 표현된 H의 오류 상한은 아래와 같다.

$$\frac{1}{N}\sum_{j=1}^{N} \exp\left(-y_j \sum_{i=1}^{T} \alpha_i C_i(x_j)\right) = \sum_{j=1}^{N} w_j^{(1)} \prod_{i=1}^{T} \exp(-y_j \alpha_i C_i(x_j))$$

(단계 1-4)의 가중치 수정규칙에 따라 $w_j^{(i+1)} = \dfrac{w_j^{(i)} \exp(-\alpha_i y_j C_i(x_j))}{Z_i}$이고, 정규화 항 $Z_i = \sum_{j=1}^{N} w_j^{(i)} \exp(-\alpha_i y_j C_i(x_j))$이다. 따라서 H의 오류 상한은 아래와 같이 정규화 항들의 곱임을 확인할 수 있다.

$$\sum_{j=1}^{N} w_j^{(1)} \prod_{i=1}^{T} \exp(-y_j \alpha_i C_i(x_j))$$

$$= \sum_{j=1}^{N} Z_1 w_j^{(2)} \frac{1}{\exp(-\alpha_1 y_j C_1(x_j))} \prod_{i=1}^{T} \exp(-y_j \alpha_i C_i(x_j))$$

$$= Z_1 \sum_{j=1}^{N} w_j^{(2)} \prod_{i=2}^{T} \exp(-y_j \alpha_i C_i(x_j))$$

$$= Z_1 Z_2 \sum_{j=1}^{N} w_j^{(3)} \prod_{i=3}^{T} \exp(-y_j \alpha_i C_i(x_j))$$

$$\vdots$$

$$= \prod_{i=1}^{T} Z_i \sum_{j=1}^{N} w_j^{(T+1)}$$

$$= \prod_{i=1}^{T} Z_i$$

정리 10.3 분류기 C_i의 중요도 α_i는 정규화 항 Z_i를 최소로 하는 최적해이다.

증명 Z_i는 α_i에 대해 미분가능하고, 하나의 극값을 가지는 볼록(convex)함수이다. 따라서 Z_i의 극솟값은 $\frac{\partial Z_i}{\partial \alpha_i} = 0$을 만족하는 α_i에서 존재하고, α_i는 다음과 같다.

$$\frac{\partial Z_i}{\partial \alpha_i} = \frac{\partial}{\partial \alpha_i} \sum_{j=1}^{N} w_j^{(i)} \exp(-\alpha_i y_j C_i(x_j)) = 0 \Rightarrow \alpha_i = \frac{1}{2} \log \left(\frac{\sum_{j|y_j = C_i(x_j)} w_j^{(i)}}{\sum_{j|y_j \neq C_i(x_j)} w_j^{(i)}} \right)$$

$\sum_j w_j^{(i)} = 1$이고, ϵ_i는 C_i에 의해 오분류된 객체들의 가중치의 합과 같으므로 $\alpha_i = \frac{1}{2} \ln \left(\frac{1 - \epsilon_i}{\epsilon_i} \right)$이다.

[정리 10.2]와 [정리 10.3]으로부터, 아다부스트는 매 반복 i에서 Z_i를 최소화하는 α_i를 선택함으로써, 정규화 항의 곱으로 정의되는 H의 오류 상한을 순차적으로 줄여가는 원리임을 알 수 있다. 강분류기의 성능척도로서 오류율 외의 다른 척도들도 사용할 수 있으므로,

그에 따라 적절한 상한을 정의하면 해당 성능척도를 향상시킬 수 있는 부스팅 알고리즘의 설계가 가능하다. 예를 들어, 6.1.5절에서 언급한 바와 같이 범주에 따라 다른 오분류 비용을 설정하면 총 오분류 비용을 최소화하는 강분류기의 학습이 가능하다. 이를 비용 민감 부스팅이라고 한다(참고문헌 [7]).

10.5 | 그래디언트 부스팅

10.5.1 그래디언트 부스팅 알고리즘

앞 절에서 확인한 바와 같이, 아다부스트는 이전 반복에서 학습 모델이 잘못 분류한 객체들에 대한 가중치를 조정하여, 이들을 다음 반복의 학습 모델이 더 잘 분류하도록 만드는 방식으로 모델을 순차적으로 학습한다. 마찬가지로, 그래디언트 부스팅(gradient boosting)도 이전 모델이 부족하게 수행한 부분을 보완하는 새로운 모델을 학습하여, 연속적으로 모델의 성능이 향상되도록 고안되었다. 반복 i에서 학습된 모델을 C_i 그리고 이 모델의 중요도를 α_i라고 할 때, 아다부스트와 마찬가지로 최종 모델은 $\sum_i \alpha_i C_i$로 정의된다. 또한, 랜덤포레스트 그리고 아다부스트의 경우와 마찬가지로 C_i를 학습하기 위해 통상 트리 방법을 사용한다. 그래디언트 부스팅은 분류와 회귀 모두에 적용될 수 있지만, 설명을 간소화하기 위해 본 절에서는 종속변수가 연속형인 회귀 문제를 대상으로 설명한다. 분류 문제에 대한 설명은 10.5.3절에서 다룬다.

예 10.5

[그림 10.2]에 나타난 바와 같이 독립변수(X)와 종속변수(Y)가 각각 하나인 단순회귀 문제를 고려하자. 그림의 데이터는 [표 10.1]에 주어져 있다. 그래디언트 부스팅을 적용해 보자.

표 10.1 단순회귀 예제

번호	X	Y
1	-5	0.030
2	-4.5	0.113
3	-4	0.066
4	-3.5	0.136
5	-3	0.108
6	-2.5	0.050
7	-2	0.076
8	-1.5	0.260
9	-1	0.216
10	-0.5	0.406

번호	X	Y
11	0.5	0.588
12	1	0.775
13	1.5	0.853
14	2	0.931
15	2.5	0.950
16	3	0.922
17	3.5	0.991
18	4	0.973
19	4.5	0.894
20	5	0.977

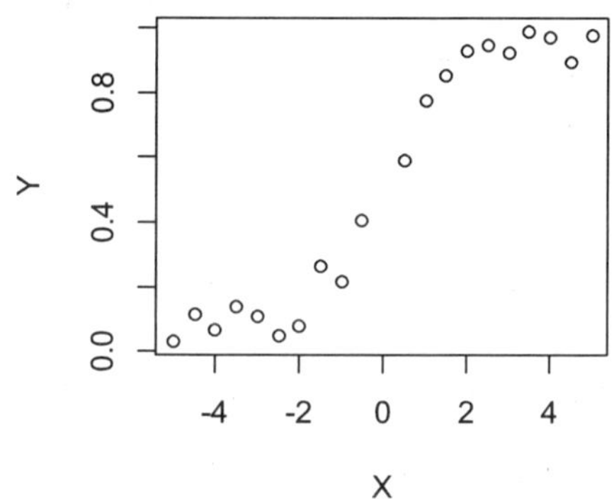

그림 10.2 [표 10.1] 데이터의 산점도

(반복 1) 통상 C_1은 종속변수의 평균으로 설정한다. 즉, 평균치 하나로만 예측하는 것이다. [표 10.1]의 데이터에 대해서 $C_1 = 0.516$이고, [그림 10.3(a)]에서 가운데 선이 (반복 1)에서의 예측 모형이다. C_1이 부족하게 수행하는 부분은 잔차(residual)로 표현할 수 있으며, [그림 10.3(b)]에 표현된 바와 같다. 두 그림을 통해 볼 때, 학습 모델 C_1이 데이터의 패턴을 전혀 반영하지 못하며, 이로 인해 잔차에 패턴이 그대로 남아 있는 것을 확인할 수 있다.

표 10.2 (반복 1)의 수행 결과

번호	X	Y	예측	잔차
1	-5	0.030	0.516	-0.486
2	-4.5	0.113	0.516	-0.403
3	-4	0.066	0.516	-0.450

번호	X	Y	예측	잔차
11	0.5	0.588	0.516	0.072
12	1	0.775	0.516	0.259
13	1.5	0.853	0.516	0.337

4	−3.5	0.136	0.516	−0.380
5	−3	0.108	0.516	−0.408
6	−2.5	0.050	0.516	−0.466
7	−2	0.076	0.516	−0.440
8	−1.5	0.260	0.516	−0.256
9	−1	0.216	0.516	−0.300
10	−0.5	0.406	0.516	−0.110
14	2	0.931	0.516	0.415
15	2.5	0.950	0.516	0.434
16	3	0.922	0.516	0.406
17	3.5	0.991	0.516	0.475
18	4	0.973	0.516	0.457
19	4.5	0.894	0.516	0.378
20	5	0.977	0.516	0.461

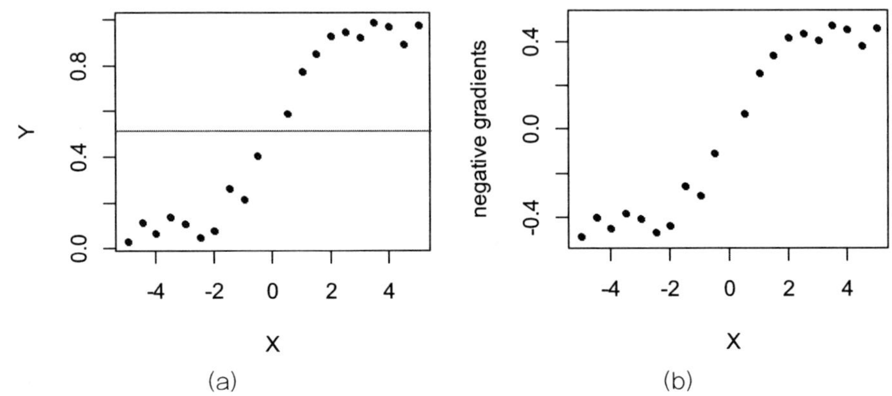

그림 10.3 C_1에 의한 예측(a)과 잔차(b)

(반복 2) C_1의 부족한 부분을 보완하기 위해 C_2를 학습한다. 주어진 데이터의 독립변수(X)가 (반복 1)에서 발생한 잔차를 예측할 수 있는 모델 C_2를 학습하고, C_1의 예측에 C_2의 예측을 더하면 C_1의 부족한 부분이 보완될 수 있다. 따라서, C_2의 학습 후 최종 예측은 $C_1 + C_2(x)$로 수행한다. 통상 잔차를 예측하는 모델은 뿌리노드만을 분지한 결과를 사용하며, 학습된 트리는 아래와 같다. 노드의 첫 번째 값은 데이터 수를, 두 번째 값은 잔차의 평균 즉, 예측값을 나타낸다.

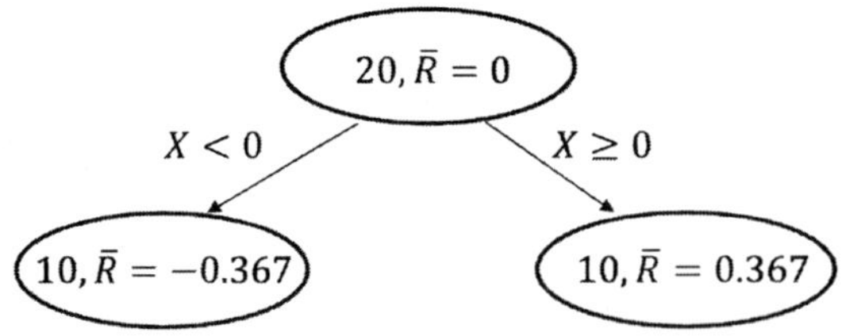

[그림 10.4(a)]에서 수평선들이 $C_1 + C_2(x)$의 예측값을 나타내는데, 상기 트리에 의해 단계함수로 표현됨을 확인할 수 있다. $C_1 + C_2(x)$가 부족하게 수행하는 부분은 마찬가지로

잔차로 표현할 수 있으며, [그림 10.4(b)]에 나타나 있다. 데이터의 패턴이 다소 사라진 것을 확인할 수 있다. (반복 2)에서의 예측과 잔차는 [표 10.3]에 수치로 정리하였다.

표 10.3 (반복 2) 수행 결과

번호	X	Y	예측	잔차	번호	X	Y	예측	잔차
1	−5	0.030	0.146	−0.1161	11	0.5	0.588	0.885	−0.2974
2	−4.5	0.113	0.146	−0.0331	12	1	0.775	0.885	−0.1104
3	−4	0.066	0.146	−0.0801	13	1.5	0.853	0.885	−0.0324
4	−3.5	0.136	0.146	−0.0101	14	2	0.931	0.885	0.0456
5	−3	0.108	0.146	−0.0381	15	2.5	0.950	0.885	0.0646
6	−2.5	0.050	0.146	−0.0961	16	3	0.922	0.885	0.0366
7	−2	0.076	0.146	−0.0701	17	3.5	0.991	0.885	0.1056
8	−1.5	0.260	0.146	0.1139	18	4	0.973	0.885	0.0876
9	−1	0.216	0.146	0.0699	19	4.5	0.894	0.885	0.0086
10	−0.5	0.406	0.146	0.2599	20	5	0.977	0.885	0.0916

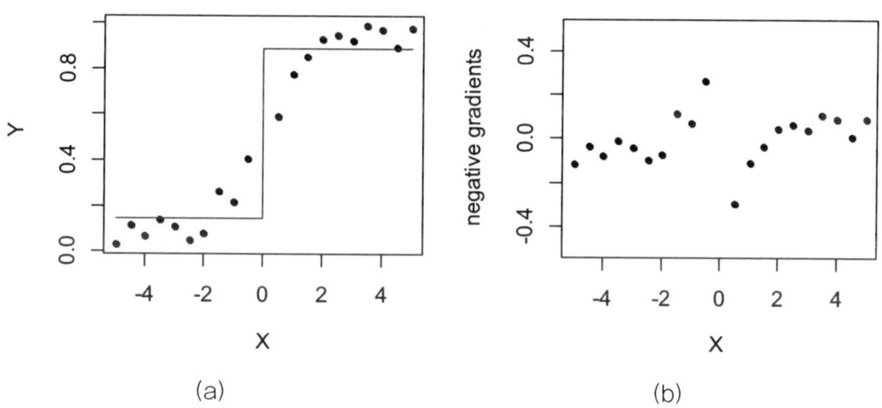

그림 10.4 $C_1 + C_2(x)$에 의한 예측(a)과 잔차(b)

상기 과정을 사전에 정한 T번 반복함으로써, 앞서 학습된 모델들의 부정확한 예측을 이후에 학습된 모델들이 보완하여 $C_1 + C_2(x) + C_3(x) + \cdots + C_T(x)$로 최종 예측을 수행하게 된다. [그림 10.5]는 두 번 더 반복한 이후의 예측을 나타낸 것이다. 이 예측 모형은 데이터에 더 잘 적합 되어 있고, 10번째와 11번째 관측치의 잔차를 제외하고, 나머지 관측치들의 잔차가 대체로 무작위 오류에 가까운 것으로 표현됨을 알 수 있다. [그림 10.5]에 해당하는 표는 편의상 생략한다.

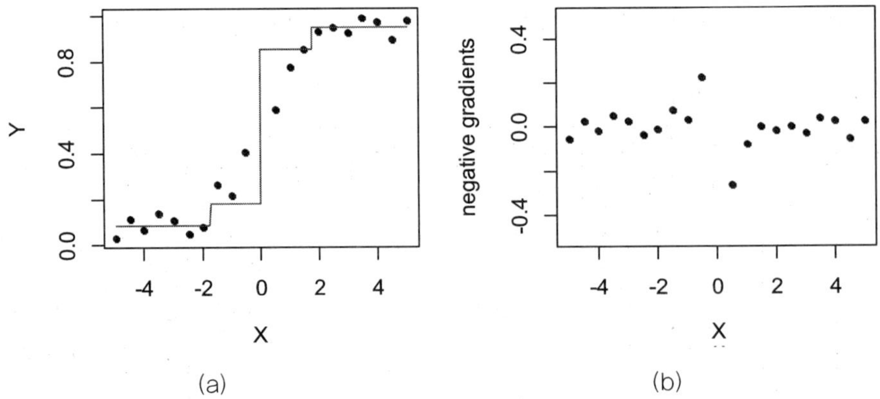

그림 10.5 $C_1 + C_2(x) + C_3(x) + C_4(x)$에 의한 예측(a)과 잔차(b)

그래디언트 부스팅 알고리즘을 정리하면 다음과 같다.

단계 0: 학습데이터 $\{(x_1, y_1), ..., (x_n, y_n)\}$를 준비하고, 반복수 T를 결정한다.

단계 1: 초기모델 $C_1 = \frac{1}{n}\sum_{j=1}^{n} y_j$을 학습한다. $F_1(x) = C_1$

단계 2: $l = 2, ..., T$에 대해 다음을 반복한다. (관측 번호는 생략함)

2-1. 실제값 y와 현재 모델의 예측값 $F_{l-1}(x)$ 사이의 차이, 즉 잔차를 계산한다.

2-2. 학습데이터의 독립변수로 (단계 2-1)에서 계산된 잔차를 예측하는 모델 C_l을 학습한다.

2-3. 예측값 수정: $F_l(x) = F_{l-1}(x) + C_l(x)$

단계 3: $F_T(x)$로 새로운 데이터에 대한 예측을 수행한다.

10.5.2 경사하강법과 그래디언트 부스팅

개별 모델의 합으로 정의되는 예측 모델을 $F(x)$라고 하자. 제곱오차(squared error)를 손실함수로 설정한다면 우리의 목표는 $L(y, F(x)) = \frac{1}{2}(y - F(x))^2$을 최소화하는 것이다. 즉, 현재 모델에 새로운 모델을 더해서 $F(x)$를 업데이트하고, 이로써 $\sum_{j=1}^{n} L(y_j, F(x_j))$를 더 줄이는 것을 목표로 한다. $F(x_j)$를 변수로 간주하고 손실함수의 일차 미분을 구하면 (식 10.5)와 같다.

$$\frac{\partial \sum_{j=1}^{n} L(y_j, F(x_j))}{\partial F(x_j)} = F(x_j) - y_j \tag{10.5}$$

상기 식으로부터 우리는 잔차 $y_j - F(x_j)$가 음의 그래디언트(negative gradient)로 해석될 수 있음을 알 수 있다. 현재의 $F(x_j)$에 잔차를 예측할 수 있는, 또는 이상적으로 정확히 잔차를 현재의 모델에 더해 업데이트하는 모양이, 경사하강법(gradient descent method)에서 다음 최적해를 찾기 위해 현재의 최적해에 음의 그래디언트를 더하는 것과 동일하여 그래디언트 부스팅이라는 이름이 붙여졌다. 예측 모델의 업데이트를 식으로 표현하면 (식 10.6)과 같다.

$$F(x_j) := F(x_j) - \alpha_l \frac{\partial L(y_j, F(x_j))}{\partial F(x_j)} \tag{10.6}$$

상기 식으로부터 경사하강법의 학습률(learning rate)이 그래디언트 부스팅에서는 개별 모델의 중요도에 대응됨을 확인할 수 있고, 10.5.1절의 알고리즘은 $\alpha_l = 1$로 동일하게 설정된 것이다. 간단한 최적화 문제를 해결함으로써 더 나은 모델 중요도를 설정할 수 있다. (단계 2-2)에서 C_l을 학습한 후, 아래 최적화 문제를 해결하여 α_l을 설정한다. (식 10.7)은 결정변수가 α_l로 하나인 최적화 문제임을 알 수 있다.

$$\arg\min_{\alpha_l} \sum_{j=1}^{n} L\left(y_j, \sum_{i=1}^{l-1} \alpha_i C_i(x_j) + \alpha_l C_l(x_j)\right) \tag{10.7}$$

일반적으로 예측 모형 학습을 위해 다양한 손실함수를 활용할 수 있듯이, 그래디언트 부스팅 알고리즘에서도 제곱오차 손실함수 대신, 절대오차손실(absolute error loss), 휴

버손실(Huber loss) 등 다양한 손실함수를 활용할 수 있다. 선택된 손실함수에 해당하는 음의 그래디언트를 계산함으로써, 10.5.1절의 알고리즘에서 잔차를 사용하는 대신 이 음의 그래디언트를 활용해 그래디언트 부스팅을 진행할 수 있다. 다음 절에서 설명할 분류 문제의 경우가 그러하다.

10.5.3 분류 문제 적용

그래디언트 부스팅은 손실함수에 대한 음의 그래디언트, 즉 잔차를 활용하는 방식으로 개발되었기 때문에 분류 문제에 적절한 손실함수의 정의와 음의 그래디언트 계산을 통해 분류를 위한 그래디언트 부스팅을 수행할 수 있다. 편의상 y가 0 또는 1의 값을 가지는 이진 분류 문제를 대상으로 설명을 진행하고, 이후 다중 범주 문제로 확장 적용될 수 있음은 연습문제를 통해 확인한다.

예 10.6

[예 8.2]에 주어진 데이터를 고려하자. 데이터는 [표 10.4]와 같으며, 본 절의 설명을 위해 범주를 1과 2 대신, 0과 1로 변환하였고, 같은 범주에 포함되는 객체들을 함께 표현하기 위해 4번 5번 객체와 6번 7번 객체의 순서를 변경하였다.

표 10.4 [예 8.2]의 2차원 데이터

객체 번호	X1	X2	범주
1	1	4	0
2	2	6	0
3	2	5	0
6	3	6	0
7	4	6	0
4	2	4	1
5	2	3	1
8	4	5	1
9	4	4	1
10	5	4	1

그래디언트 부스팅을 분류 문제에 적용하기 위해서 통상 손실함수로 쿨백-라이블러 발산(Kullback-Leibler Divergence)을 활용하는데, 줄여서 KL 발산이라고도 부르며, 두 분포의 차이를 하나의 수치로 표현할 때 주로 사용된다. 두 이산형 확률분포 $p(x)$와 $q(x)$에 대해 $p(x)$가 $q(x)$로부터 멀어진 정도를 표현하는 KL 발산은 (식 10.8)에 주어진 바와 같다. 참고로, KL 발산은 $D_{KL}(p(x)|q(x)) \neq D_{KL}(q(x)|p(x))$인 비대칭 척도이다.

$$D_{KL}(p(x)|q(x)) = \sum_x p(x)\ln\frac{p(x)}{q(x)} \tag{10.8}$$

KL 발산을 활용하여 분포의 차이로 손실함수를 정의하기 때문에, 각 범주는 분포로 표현되어야 한다. [표 10.5]에 나타난 바와 같이 범주 0의 객체들을 $(y_0, y_1) = (1,0)$, 범주 1의 객체들을 $(y_0, y_1) = (0,1)$와 같이 변환한다.

회귀 문제에 적용되는 그래디언트 부스팅에서 초기 예측을 데이터의 종속변수 값들의 평균으로 설정하는 것처럼, 분류 문제에서도 무작위 추측을 통해 초기 예측을 수행한다. 회귀든 분류든, 초기의 부정확한 예측을 반복적으로 개선해 나가는 기본 원칙은 동일하다. 각 범주에 속할 예측 확률을 $P^{(0)}$과 $P^{(1)}$이라고 할 때, [표 10.5]와 같이 단계 1에서의 예측으로 각 범주에 속할 확률을 같게 설정할 수 있다.

표 10.5 실제 확률분포와 초기 예측의 확률분포

객체 번호	X1	X2	범주	y_0	y_1	$P_1^{(0)}$	$P_1^{(1)}$
1	1	4	0	1	0	0.5	0.5
2	2	6	0	1	0	0.5	0.5
3	2	5	0	1	0	0.5	0.5
6	3	6	0	1	0	0.5	0.5
7	4	6	0	1	0	0.5	0.5
4	2	4	1	0	1	0.5	0.5
5	2	3	1	0	1	0.5	0.5
8	4	5	1	0	1	0.5	0.5
9	4	4	1	0	1	0.5	0.5
10	5	4	1	0	1	0.5	0.5

어떤 객체 x가 각 범주에 속할 스코어를 산출하는 함수를 $F^{(0)}(x)$와 $F^{(1)}(x)$라고 할 때, 각 범주에 속할 확률로 표현하기 위해 지수함수를 활용함으로써 통상 (식 10.9)와 같이 변환한다. 손실함수에 대한 음의 그래디언트를 예측하는 모형을 학습한 후, 업데이트하는 대상은 P가 아니라 F임을 밝힌다.

$$P^{(0)}(x) = \frac{\exp(F^{(0)}(x))}{\exp(F^{(0)}(x)) + \exp(F^{(1)}(x))},$$

$$P^{(1)}(x) = \frac{\exp(F^{(1)}(x))}{\exp(F^{(0)}(x)) + \exp(F^{(1)}(x))} \tag{10.9}$$

(식 10.8)을 활용하여 실제 분포와 예측 분포의 차이는 (식 10.10)과 같이 표현된다. 각 범주를 $(1,0)$과 $(0,1)$로 변환함에 따라, (식 10.10)은 크로스-엔트로피와 같음을 알 수 있다.

$$L(F^{(0)}(x), F^{(1)}(x)) = D_{KL}(y|P) = y_0 \ln \frac{y_0}{P^{(0)}(x)} + y_1 \ln \frac{y_1}{P^{(1)}(x)} \tag{10.10}$$

회귀 문제의 그래디언트 부스팅과 마찬가지로 $-\dfrac{\partial L}{\partial F^{(0)}(x)}$와 $-\dfrac{\partial L}{\partial F^{(1)}(x)}$을 계산하고, 학습데이터의 독립변수로 계산된 음의 그래디언트를 예측하는 모델을 학습하여, 스코어 함수 $F^{(0)}(x)$와 $F^{(1)}(x)$을 각각 업데이트 한다. 각 범주에 속할 확률은 (식 10.9)를 활용하여 업데이트할 수 있다.

[표 10.6]은 초기 예측에 대한 KL 발산과 범주별 음의 그래디언트를 포함하고 있다. 표에서 NG0는 $-\dfrac{\partial L}{\partial F^{(0)}(x)}$을 NG1은 $-\dfrac{\partial L}{\partial F^{(1)}(x)}$을 의미한다. (식 10.9)에 따라 $P_1^{(0)} = P_1^{(1)} = 0.5$를 설정할 수 있는, $F_1^{(0)} = F_1^{(1)} = a$를 만족하는 a는 어떠한 임의의 값도 가능함을 확인하라. 본 예제에서는 $a = 0.5$를 사용한다.

표 10.6 초기 예측에 대한 KL 발산과 음의 그래디언트

객체 번호	X1	X2	범주	y_0	y_1	$P_1^{(0)}$	$P_1^{(1)}$	KL 발산	NG0	NG1
1	1	4	0	1	0	0.5	0.5	0.6931	0.5	−0.5
2	2	6	0	1	0	0.5	0.5	0.6931	0.5	−0.5
3	2	5	0	1	0	0.5	0.5	0.6931	0.5	−0.5
6	3	6	0	1	0	0.5	0.5	0.6931	0.5	−0.5
7	4	6	0	1	0	0.5	0.5	0.6931	0.5	−0.5
4	2	4	1	0	1	0.5	0.5	0.6931	−0.5	0.5
5	2	3	1	0	1	0.5	0.5	0.6931	−0.5	0.5
8	4	5	1	0	1	0.5	0.5	0.6931	−0.5	0.5
9	4	4	1	0	1	0.5	0.5	0.6931	−0.5	0.5
10	5	4	1	0	1	0.5	0.5	0.6931	−0.5	0.5

다음 단계로, NG0와 NG1을 각 종속변수로 그리고 X1과 X2를 독립변수로 하는 트리를 학습한다. 회귀 문제와 마찬가지로, 음의 그래디언트를 예측하는 모델은 통상 뿌리노드만을 분지한 결과를 사용하며, 학습된 트리는 각각 아래와 같다. 왼쪽 그림은 NG0의 예측 모델, 오른쪽 그림은 NG1의 예측 모델이다. 노드의 첫 번째 값은 데이터 수를, 두 번째 값은 음의 그래디언트의 평균을 나타낸다.

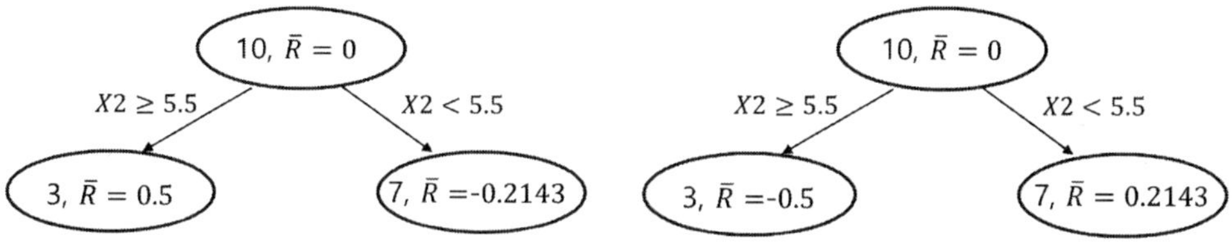

NG0 예측 모델(좌)과 NG1 예측 모델(우)

상기 예측 모델을 각각 $C_1^{(0)}$와 $C_1^{(1)}$이라고 할 때, 예측 스코어 함수는 (식 10.11)과 같이 업데이트되며, (식 10.9)를 활용하여 각 범주별 확률 $P_2^{(0)}$와 $P_2^{(1)}$를 산출할 수 있다.

$$F_2^{(0)} = F_1^{(0)} + C_1^{(0)},\ F_2^{(1)} = F_1^{(1)} + C_1^{(1)} \tag{10.11}$$

[표 10.7]은 예제 데이터에 대한 $C_1^{(0)}$, $C_1^{(1)}$, $F_2^{(0)}$, $F_2^{(1)}$, $P_2^{(0)}$, 그리고 $P_2^{(1)}$를 포함하고 있다. 표에서 확인할 수 있듯이, 범주 0의 객체들은 1번과 3번 객체를 제외하고 범주 0이 될 확률이 증가하였고, 범주 1의 객체들은 모두 범주 1이 될 확률이 증가하였다. 이 결과는 8장에서 동일 데이터에 대한 뿌리노드를 분지한 결과와 같음을 확인하라.

표 10.7 그래디언트 부스팅 (반복 2) 완료 결과

객체 번호	범주	$P_1^{(0)}$	$P_1^{(1)}$	KL 발산	NG0	NG1	$C_1^{(0)}$	$C_1^{(1)}$	$F_2^{(0)}$	$F_2^{(1)}$	$P_2^{(0)}$	$P_2^{(1)}$
1	0	0.5	0.5	0.6931	0.5	−0.5	−0.2143	0.2143	0.2857	0.7143	0.3945	0.6055
2	0	0.5	0.5	0.6931	0.5	−0.5	0.5000	−0.5000	1.0000	0.0000	0.7311	0.2689
3	0	0.5	0.5	0.6931	0.5	−0.5	−0.2143	0.2143	0.2857	0.7143	0.3945	0.6055
6	0	0.5	0.5	0.6931	0.5	−0.5	0.5000	−0.5000	1.0000	0.0000	0.7311	0.2689
7	0	0.5	0.5	0.6931	0.5	−0.5	0.5000	−0.5000	1.0000	0.0000	0.7311	0.2689
4	1	0.5	0.5	0.6931	−0.5	0.5	−0.2143	0.2143	0.2857	0.7143	0.3945	0.6055
5	1	0.5	0.5	0.6931	−0.5	0.5	−0.2143	0.2143	0.2857	0.7143	0.3945	0.6055
8	1	0.5	0.5	0.6931	−0.5	0.5	−0.2143	0.2143	0.2857	0.7143	0.3945	0.6055
9	1	0.5	0.5	0.6931	−0.5	0.5	−0.2143	0.2143	0.2857	0.7143	0.3945	0.6055
10	1	0.5	0.5	0.6931	−0.5	0.5	−0.2143	0.2143	0.2857	0.7143	0.3945	0.6055

업데이트된 확률 $P_2^{(0)}$과 $P_2^{(1)}$을 활용하여 새롭게 $-\dfrac{\partial L}{\partial F^{(0)}(x)}$와 $-\dfrac{\partial L}{\partial F^{(1)}(x)}$을 계산할 수 있다. 따라서 그래디언트 부스팅 (반복 3)을 이전과 동일한 방식으로 수행할 수 있다.

두 범주의 분류 문제에 대한 그래디언트 부스팅 알고리즘을 정리하면 다음과 같다.

단계 0: 학습데이터 $\{(x_1, y_1), \ldots, (x_n, y_n)\}$를 준비하고, 반복 수 T를 결정한다.

단계 1: 초기모형 $F_1^{(0)} = F_1^{(1)} = a$를 설정한다.

단계 2: $l = 2, \ldots, T$에 대해 다음을 반복한다.

2-1. 실제 분포와 예측 분포로 정의된 KL 발산 손실함수를 활용하여 $-\dfrac{\partial L}{\partial F^{(0)}(x)}$과 $-\dfrac{\partial L}{\partial F^{(1)}(x)}$을 계산한다.

2-2. 학습데이터의 독립변수로 (단계 2-1)에서 계산된 음의 그래디언트를 예측하는 모델 $C_{l-1}^{(0)}$와 $C_{l-1}^{(1)}$을 학습한다.

2-3. $F_l^{(0)} = F_{l-1}^{(0)} + C_{l-1}^{(0)}$과 $F_l^{(1)} = F_{l-1}^{(1)} + C_{l-1}^{(1)}$으로 예측 스코어 함수를 업데이트하고, 이를 활용하여 예측 확률 $P_l^{(0)}$과 $P_l^{(1)}$을 계산한다.

단계 3: $F_T^{(0)}(x)$와 $F_T^{(1)}(x)$로 새로운 데이터에 대한 예측 스코어를 산출하고, 예측 확률을 계산하여 분류를 수행한다.

R 코드

1. 예 10.2, 10.3의 R 코드

```
# ch10_ex02_rf.R
# ch10.2 Bootstrapping

# load packages
library(randomForestSRC)
library(yardstick)

# load data
dat <- read.csv("data/ch10_dat1.csv")
dat$X1 <- factor(dat$X1)
dat$X2 <- factor(dat$X2)
dat$X3 <- factor(dat$X3)
dat$Y <- factor(dat$Y)

# ex10.2

# try random forest with 4 trees, 2 candidate variables at each split
# results depend on random seed number
set.seed(5678)
rf <- rfsrc(
  Y ~ .,
  data = dat,
  ntree = 4, # 4 trees
  mtry = 2, # 2 candidate variables at each split
  samptype = "swr" # sampling with replacement
)

# observations used in training data
# results would be different from book example
# due to randomness in resampling
matrix(
  rf$forest$nativeArrayTNDS$tnRMBR,
  ncol = 4
)

# plot each tree
```

```
plot(get.tree(rf, 1))
plot(get.tree(rf, 2))
plot(get.tree(rf, 3))
plot(get.tree(rf, 4))

# ex10.3

# out-of-bag prediction: probability
rf$predicted.oob

# out-of-bag prediction: classification
rf$class.oob

# out-of-bag prediction performance
results <- cbind(dat, pred_class = rf$class.oob)
cm <- conf_mat(results, truth = "Y", estimate = "pred_class")
cm
summary(cm)
```

2. 예 10.4의 R 코드

```
# ch10_ex04_adaboost.R
# Ch10.4 AdaBoost

# load packages
library(JOUSBoost)
library(rpart)
library(rpart.plot)

# load data
dat <- read.csv("data/ch10_dat1.csv")
dat$X1 <- factor(dat$X1)
dat$X2 <- factor(dat$X2)
dat$X3 <- factor(dat$X3)
dat$Y <- factor(dat$Y)

# create training data
X <- model.matrix(Y ~ . - 1, dat) # create predictor variable matrix
y <- ifelse(dat$Y == "yes", 1, -1)
```

```
# estimate AdaBoost model
# with 3 trees
fit <- adaboost(X, y, tree_depth = 1, n_rounds = 3)

# plot each score tree
for (i in seq_along(fit$trees)) {
  rpart.plot(fit$trees[[i]], roundint = FALSE)
}

# values of alpha
fit$alphas

# predicted probability of y = 1 on training data
posterior1 <- predict(fit, X = X, type = "prob")
round(posterior1, 2)

# predicted class on training data
pred_class <- predict(fit, X = X, type = "response")
pred_class

# confusion matrix on training data
fit$confusion_matrix
```

3. 예 10.5의 R 코드

```
# ch10_ex05_gbm_regression.R
# Ch10.5 Gradient boosting

# ex10.5

# load package
library(gbm)
library(rpart)
library(rpart.plot)

# load data
dat <- read.csv("data/ch10_dat3.csv")

# use {gbm} package
gbm_fit <- gbm(
```

```
  Y ~ X,
  data = dat,
  distribution = "gaussian",
  n.trees = 5,
  interaction.depth = 1,
  n.minobsinnode = 1,
  shrinkage = 1, # step size = 1
  bag.fraction = 1 # no subsampling of training data
)

# prediction for new data
dat_p <- data.frame(
  X = seq(min(dat$X), max(dat$X), length = 1000)
)

plot(dat$X, dat$Y,
     pch = 16, xlab = "X", ylab = "Y",
     main = paste0("Observed vs Prediction: {gbm} package")
)
lines(dat_p$X, predict(gbm_fit, newdata = dat_p), col = "red")

# implement gradient boosting from scratch
# initial model
dat_m <- dat
dat_m$pred <- mean(dat$Y)
dat_p$pred <- mean(dat$Y)

iter <- 5

for (i in 1:iter) {
  # negative gradients
  dat_m$ngrad <- dat$Y - dat_m$pred

  # plot layout
  layout(matrix(c(1, 2, 3, 3), nrow = 2, byrow = TRUE))

  # plot observed point and prediction
  plot(dat$X, dat$Y,
    pch = 16, xlab = "X", ylab = "Y",
    main = paste0("Observed vs Prediction: Iteration ", i)
  )
  lines(dat_p$X, dat_p$pred, col = "red")
```

```
  # plot residuals
  plot(dat_m$X, dat_m$ngrad,
    pch = 16, xlab = "X", ylab = "Residual",
    main = paste0("Residual: Iteration ", i)
  )

  # fit C to negative gradients
  fit <- rpart(
    ngrad ~ X,
    data = dat_m,
    control = rpart.control(maxdepth = 1)
  )

  # plot tree
  rpart.plot(fit, main = paste0("Residual estimation: Iteration ", i))

  # update prediction
  dat_m$pred <- dat_m$pred + predict(fit, newdata = dat_m)
  dat_p$pred <- dat_p$pred + predict(fit, newdata = dat_p)
}

# plot final prediction
par(mfrow = c(1, 1))
plot(dat$X, dat$Y,
  pch = 16, xlab = "X", ylab = "Y",
  main = paste0("Observed vs Prediction: Final")
)
lines(dat_p$X, dat_p$pred, col = "red")
```

4. 예 10.6의 R 코드

다음 코드에서 사용한 {gbm}이라는 R 패키지는 10.5.3절에서 설명한 알고리즘보다 더 빠르게 수렴한다. 코드에서 result1을 [표 10.7]의 $P_2^{(1)}$값과 비교해 보자. 또한 [예 10.6]에서 반복 과정을 한 번 더 수행하여 $P_3^{(1)}$을 얻은 뒤, 다음 코드의 result2 결과와 비교해 보자.

```
# ch10_ex06_gbm_classification.R
# Ch10.5 Gradient boosting

# ex10.6
```

```
# load package
library(gbm)
library(yardstick)
library(ggplot2)

# load data
dat <- read.csv("data/ch8_dat1.csv")
dat$class <- dat$class - 1 # set class to be 0 or 1

# evaluate base model performance (i.e. p = 0.5)
# based on ROC AUC
result0 <- data.frame(
  class = factor(dat$class, levels = c(1, 0)),
  posterior1 = rep(0.5, nrow(dat))
)
roc_auc(result0, truth = "class", posterior1)
autoplot(roc_curve(result0, truth = "class", posterior1))

# estimate gradient boosting model
# with 1 tree
fit1 <- gbm(
  class ~ x1 + x2,
  data = dat,
  distribution = "bernoulli",
  n.trees = 1,
  interaction.depth = 1,
  n.minobsinnode = 1,
  shrinkage = 1, # step size = 1
  bag.fraction = 1 # no subsampling of training data
)

# evaluate classification performance
# based on ROC AUC
result1 <- data.frame(
  class = factor(dat$class, levels = c(1, 0)),
  posterior1 = predict(fit1, type = "response")
)
roc_auc(result1, truth = "class", posterior1)
autoplot(roc_curve(result1, truth = "class", posterior1))

# estimate gradient boosting model
# with 2 trees
fit2 <- gbm(
```

```
  class ~ x1 + x2,
  data = dat,
  distribution = "bernoulli",
  n.trees = 2,
  interaction.depth = 1,
  n.minobsinnode = 1,
  shrinkage = 1, # step size = 1
  bag.fraction = 1 # no subsampling of training data
)

# evaluate classification performance
# based on ROC AUC
result2 <- data.frame(
  class = factor(dat$class, levels = c(1, 0)),
  posterior1 = predict(fit2, type = "response")
)
roc_auc(result2, truth = "class", posterior1)
autoplot(roc_curve(result2, truth = "class", posterior1))
```

참고문헌

10.1절에서 언급한 참고문헌은 다음과 같다. 한편, 본 장에서 언급하지 않은 많은 부스팅 기법이 존재한다. 10.5절에서 언급한 Gradient Boosting(참고문헌 [5])을 발전시켜 2016년 Chen and Guestrin에 의하여 제안된 XGBoost(extreme gradient boosting; 참고문헌 [3])가 널리 사용되고 있다.

[1] Breiman, L. (1994). Bagging predictors, Technical Report, UC Berkeley, CA, USA

[2] Breiman, L. (2001), Random forests, Machine Learning, 45(1), 5–32.

[3] Chen, T. and C. Guestrin (2016), XGBoost: A scalable tree boosting system, KDD 2016, San Francisco, CA, USA.

[4] Freund, Y. (1995), Boosting a weak learning algorithm by majority, Information and Computation, 121(2), 256–285.

[5] Friedman, J.H. (2001), Greedy function approximation: a gradient boosting machine, Annals of Statistics, 29(5), 1189–1232.

[6] Ho, T.K. (1995), Random decision forests, Proceedings of the 3rd International Conference on Document Analysis and Recognition, Montreal, QC, 279–282.

[7] Fan, W., Stolfo, S. J., Zhang, J., & Chan, P. K. (1999). AdaCost: misclassification cost-sensitive boosting. In ICML (Vol. 99, pp. 97–105).

연습문제

10.1 랜덤포레스트 알고리즘의 (단계 1-2)를 고려하자. 매번의 분지마다 m개의 변수를 무작위로 선택하는 것이 최종 모델의 예측 성능을 높일 수 있음을 이론적으로 보이고자 한다. 분산이 σ^2로 동일한 N개의 id(identically distributed) 확률변수들의 평균을 M이라고 하자. M의 분산을 활용하여 (단계 1-2)가 최종 예측의 분산을 줄일 수 있음을 설명하시오.

10.2 랜덤포레스트에서 매번의 분지마다 무작위로 m개의 변수를 선택하여 트리를 형성하는 것과 아다부스트에서 객체의 가중치를 업데이트하여 약분류기를 학습하는 것에는 어떤 공통의 목적이 있는 것인지 설명하시오.

10.3 [예 10.4]를 활용하여 $T=2$일 때와 $T=3$일 때의 강분류기의 오류 상한을 계산하시오. 각 상한이 강분류기의 실제 오류율보다 크거나 같음을 확인하시오. $T=3$일 때의 오류 상한이 $T=2$일 때의 오류 상한보다 작음을 확인하시오.

10.4 식 (10.9)와 식 (10.10)을 활용하여, $-\dfrac{\partial L}{\partial F^{(0)}(x)}$와 $-\dfrac{\partial L}{\partial F^{(1)}(x)}$을 구하시오.

10.5 [예 10.6]의 데이터에 대해 $C_2^{(0)}$, $C_2^{(1)}$, $F_3^{(0)}$, $F_3^{(1)}$, $P_3^{(0)}$, $P_3^{(1)}$을 계산하시오.

10.6 [연습문제 10.5]의 결과를 활용하여, 새로운 데이터 (X1=3, X2=4)의 범주를 예측하시오.

10.7 분류 문제를 위한 그래디언트 부스팅을 J개의 범주에 대해 확장 적용할 때, 객체 x가 j번째 범주에 속할 확률은 다음과 같이 정의될 수 있다. 이때 $-\dfrac{\partial L}{\partial F^{(j)}(x)}$을 구하시오.

$$P^{(j)}(x) = \frac{\exp\left(F^{(j)}(x)\right)}{\sum_{j=1}^{J} \exp\left(F^{(j)}(x)\right)},\ j = 1, \ldots, J$$

10.8 분류 문제를 위한 그래디언트 부스팅을 J개의 범주에 대해 확장 적용할 때, 알고리즘을 기술하시오.

10.9 본 교재에서는 아다부스트 또는 그래디언트 부스팅을 위해 뿌리노드를 분지한 트리, 즉 깊이 1인 트리를 사용하였다. 만약 깊이가 2인 트리를 사용한다면 기대되는 효과는 무엇인지 기술하시오.

11장

군집분석 개요

11.1 군집방법
11.2 객체 간의 유사성 척도
11.3 범주형 속성을 포함한 객체의 유사성 척도
R 코드
연습문제

군집분석이란 유사한 속성들을 갖는 객체들을 묶어 전체의 객체들을 몇 개의 그룹 또는 군집(cluster)으로 나누는 것을 말한다. 하나의 객체(object)가 여러 속성(attribute)을 갖고 있을 때 여러 속성을 고려하여 데이터를 군집화하여 분석할 수 있다. 예를 들어, 고객들의 구매 행태를 반영하는 속성들에 대한 데이터가 수집된다고 할 때 유사한 구매 행태를 보이는 고객들을 서로 그룹화하는 것을 군집분석이라 한다. 이를 통해 각 군집별로 특성화된 마케팅 전략을 수립할 수 있다.

11.1 | 군집방법

군집분석을 수리적으로 표현하여 보자. 전체 n개의 객체가 있다고 하고 i번째 객체 (또는 객체 i)를 O_i로 나타내면 전체 객체 집합 S는 다음과 같다.

$$S = \{O_1, O_2, ..., O_n\}$$

군집분석이란 집합 S를 서로 배타적인 k개의 부분집합 $C_1, C_2, ..., C_k$로 나누는 것이다. 따라서 다음이 성립한다.

1) $C_i \cap C_j = \varnothing \ , \quad 1 \le i \ne j \le k$

2) $\bigcup_{i=1}^{k} C_i = S$

이때 C_j를 j번째 군집(또는 군집 j)이라 한다. 각 객체는 한 군집에만 속해야 하며, 한 군집에는 적어도 하나의 객체를 포함해야 한다. 군집들을 다음과 같이 모아놓은 것을 군집결과(clustering result) 또는 군집해(clustering solution)라 한다.

$$C = \{C_1, C_{2,...,} C_k\}$$

군집방법(clustering method)은 무수히 많으나 크게 계층적 방법(hierarchical method)과 비계층적 방법(non-hierarchical method)으로 구분된다. 12장에서 계층적 군집방법을 다루며, 13장에서 비계층적 군집방법을 소개한다.

계층적 방법은 사전에 군집수 k를 정하지 않고 단계적으로 서로 다른 군집결과를 제공하는 것인데, 이는 다시 병합법(agglomerative method)과 분리법(divisive method)으로 나뉜다. 병합법이란 각 객체를 하나의 군집으로 간주함을 시작으로 유사한 객체들을 묶어 군집으로 만들고 다시 유사한 군집들을 묶어 새로운 군집을 만들어나가는 과정을 전체의 객체가 하나의 군집이 되기까지 반복한 후, 어떤 규칙에 의하여 최종적인 군집결과를 제공하는 방법이다. 분리법은 병합법의 역순이라 할 수 있는데, 즉 전체의 객체를 하나의 군집으로 간주함을 시작으로 유사성이 떨어지는 객체들을 분리시켜 다른 군집으로 만들어나가는 과정을 각 객체가 하나의 군집이 될 때까지 반복한 후, 어떤 규칙에 의하여 최종적인 군집결과를 제공하는 것이다. 주로 병합법이 널리 사용되고 있다.

비계층적 방법은 사전에 군집수 k를 정한 후 각 객체를 k개 중의 한 군집에 배정하는 것이다. 이때 각 군집의 대표값 또는 대표객체를 고려한다. 배정은 한 번에 이루어지는 것은 아니고 배정 후 새로운 군집 대표값을 산출하고 각 객체에 대한 새로운 배정을 하는 과정을 군집결과가 수렴할 때까지 반복적으로 시행한다.

군집방법의 기본 아이디어는 한 군집 내의 객체 간의 유사성은 가능한 크게, 서로 다른 군집 간의 유사성은 가능한 작도록 군집들을 형성하는 것이다. 이를 위해서는 객체 간의 유사성 및 군집 간의 유사성 정의가 필요하다. 11.2절에서는 객체 간의 유사성 척도에 대하여 다루며, 군집 간의 유사성 척도는 12장에서 기술하고자 한다.

11.2 | 객체 간의 유사성 척도

11.2.1 거리관련 척도

객체 간의 유사성의 정도를 정량적으로 나타내기 위해서 척도가 필요하다. 가장 보편적으로 많이 사용되는 것이 거리(distance)인데 거리와 같이 클수록 유사성이 적어지는 척도는 보다 엄밀하게 비유사성 척도(dissimilarity measure)라 한다.

각 객체가 p개의 속성 또는 변수(variable)를 갖는다고 하고 j번째 변수 X_j의 객체 i에 대한 관측치를 $X_{ji}(j=1,\ldots,p; i=1,\ldots,n)$라 하면, 객체 i의 p차원 공간에서의 좌표는 다음과 같은 열벡터로 표현된다.

$$\boldsymbol{x}_i = (X_{1i}, X_{2i}, \ldots, X_{pi})^T \qquad i = 1, \ldots, n$$

이때 객체 i와 객체 j의 유클리드 거리(Euclidean distance)는 다음과 같이 정의된다.

$$d(\boldsymbol{x}_i, \boldsymbol{x}_j) = \sqrt{\sum_{a=1}^{p}(X_{ai} - X_{aj})^2} = \sqrt{(\boldsymbol{x}_i - \boldsymbol{x}_j)^T(\boldsymbol{x}_i - \boldsymbol{x}_j)} \tag{11.1}$$

이를 일반화시킨 것을 민코프스키 거리(Minkowski distance)라 하는데 이는 다음과 같이 정의된다.

$$d(\boldsymbol{x}_i, \boldsymbol{x}_j) = \left(\sum_{a=1}^{p} | X_{ai} - X_{aj} |^m\right)^{1/m} \tag{11.2}$$

여기서 $m=2$일 때 유클리드 거리를 나타내며, $m=1$일 때는 맨하탄 거리(Manhattan or rectilinear distance)를 나타낸다. 그러나 군집분석에서는 통상 유클리드 거리가 가장 많이 사용되며, 별도의 언급이 없는 한 '거리'라고 하면 유클리드 거리를 지칭한다.

위 거리의 정의에서 보듯이 변수 간의 단위 등이 다른 경우 큰 값을 갖는 변수가 거리의 값을 주도할 수 있다. 이러한 불합리를 해소하기 위하여 종종 표준화된 거리(standardized distance)를 사용하는데, 표준 유클리드 거리(standardized Euclidean distance)는 다음과 같다.

$$d(\boldsymbol{x}_i, \boldsymbol{x}_j) = \sqrt{\sum_{a=1}^{p}\left(\frac{X_{ai} - X_{aj}}{s_a}\right)^2} \tag{11.3}$$

위에서 s_a는 변수 X_a의 전체 객체 간의 표준편차를 의미하며 다음과 같이 산출된다.

$$s_a = \sqrt{\frac{\sum_{i=1}^{n}(X_{ai} - \overline{X_a})^2}{(n-1)}} \qquad \overline{X_a} = \frac{1}{n}\sum_{i=1}^{n}X_{ai}$$

참고로 표준화된 거리는 각 변수를 평균 0, 표준편차가 1이 되도록 표준화한 후 산출된 거리와 동일함을 알 수 있다(연습문제 11.3 참조). 한편, 다음과 같은 대각행렬(diagonal matrix)의 분산행렬을 고려할 때

$$\boldsymbol{S}_d = \begin{bmatrix} s_1^2 & 0 & \cdots & 0 \\ 0 & s_2^2 & & 0 \\ 0 & & \ddots & 0 \\ 0 & & & s_p^2 \end{bmatrix} \tag{11.4}$$

식(11.3)의 표준화된 거리는 다음과 같이 표현된다.

$$d(\boldsymbol{x}_i, \boldsymbol{x}_j) = \sqrt{(\boldsymbol{x}_i - \boldsymbol{x}_j)^T \boldsymbol{S}_d^{-1} (\boldsymbol{x}_i - \boldsymbol{x}_j)} \tag{11.5}$$

변수 간의 상관관계가 있는 경우 이를 고려하는 거리 척도로 마할라노비스 거리(Mahalanobis distance)가 있다. 이는 식(11.5)의 표준화된 거리를 일반화한 것으로 식(11.4)의 분산행렬 대신 다음의 분산-공분산 행렬(variance-covariance matrix)을 사용하는 것이다. 즉, 객체 i와 객체 j 간의 마할라노비스 거리는 다음과 같다.

$$d(\boldsymbol{x}_i, \boldsymbol{x}_j) = \sqrt{(\boldsymbol{x}_i - \boldsymbol{x}_j)^T \boldsymbol{S}^{-1} (\boldsymbol{x}_i - \boldsymbol{x}_j)} \tag{11.6}$$

여기서

$$\boldsymbol{S} = \begin{bmatrix} s_1^2 & s_{12} & \cdots & s_{1p} \\ s_{21} & s_2^2 & & s_{2p} \\ \vdots & & \ddots & \\ s_{p1} & & & s_p^2 \end{bmatrix} \qquad s_{ab} = \frac{\sum_i (X_{ai} - \overline{X_a})(X_{bi} - \overline{X_b})}{n-1} \tag{11.7}$$

객체가 두 변수(X_1과 X_2)로 구성되고 두 변수의 상관계수를 r이라 하면, 객체 i와 객체 j 간의 마할라노비스 거리는 다음과 같이 표현된다(연습문제 11.4 참조).

$$d(\boldsymbol{x}_i, \boldsymbol{x}_j) = \left[\frac{1}{1-r^2} \left\{ \frac{(X_{1i} - X_{1j})^2}{s_1^2} + \frac{(X_{2i} - X_{2j})^2}{s_2^2} - \frac{2r(X_{1i} - X_{1j})(X_{2i} - X_{2j})}{s_1 s_2} \right\} \right]^{1/2} \tag{11.8}$$

식(11.6)의 마할라노비스 거리는 유클리드 거리 및 표준 유클리드 거리를 포함하는 보다 일반적인 척도라 할 수 있다. 즉, 식(11.6)에서 각 변수의 분산이 1, 두 변수 간 공분산이 0이 될 때 유클리드 거리가 되며, 각 변수의 분산은 다르나 두 변수 간 공분산이 0이 될 때 표준 유클리드 거리가 된다.

그리고, 객체 간의 모든 쌍에 대한 거리를 다음과 같이 $(n \times n)$ 행렬 D로 나타낼 수 있다.

$$\boldsymbol{D} = \begin{bmatrix} 0 & d(\boldsymbol{x}_1, \boldsymbol{x}_2) & \cdots & d(\boldsymbol{x}_1, \boldsymbol{x}_n) \\ d(\boldsymbol{x}_2, \boldsymbol{x}_1) & 0 & \cdots & d(\boldsymbol{x}_2, \boldsymbol{x}_n) \\ \vdots & \vdots & \ddots & \vdots \\ d(\boldsymbol{x}_n, \boldsymbol{x}_1) & d(\boldsymbol{x}_n, \boldsymbol{x}_2) & \cdots & 0 \end{bmatrix} \tag{11.9}$$

위에서 보듯이 D의 대각 원소는 0이 되며 다음이 성립하므로 대칭행렬(symmetric matrix)이 된다.

$$d(\boldsymbol{x}_i, \boldsymbol{x}_j) = d(\boldsymbol{x}_j, \boldsymbol{x}_i)$$

예 11.1

다음은 가정에서 PC를 사용하는 10명에 대한 나이, PC 경험연수, 주당 사용시간을 나타낸 것이다.

표 11.1 PC 사용 데이터

	나이(X_1)	PC 경험연수(X_2)	주당 사용시간(X_3)
O_1	20	6	14
O_2	28	8	13
O_3	42	14	6
O_4	35	11	8
O_5	30	15	7
O_6	30	7	15
O_7	45	13	6
O_8	46	5	4
O_9	51	3	3
O_{10}	41	3	2

O_2−O_4 간의 거리 및 O_2−O_5 간의 거리를 비교하라.

풀이

우선 O_2−O_4 간의 거리는 다음과 같다.

$$d(\boldsymbol{x}_2, \boldsymbol{x}_4) = \sqrt{(28-35)^2 + (8-11)^2 + (13-8)^2} = 9.11$$

그리고 O_2-O_5 간의 거리는 다음과 같이 계산된다.

$$d(\boldsymbol{x}_2, \boldsymbol{x}_5) = \sqrt{(28-30)^2 + (8-15)^2 + (13-7)^2} = 9.43$$

따라서 객체 O_2를 기준으로 할 때 O_5가 O_4보다 멀리 떨어져 있다고 할 수 있다. 한편, 위의 객체 간의 거리를 표준화된 거리로 비교하기 위하여 우선 각 변수의 평균과 표준편차를 산출하면 다음과 같다.

$$\overline{X_1} = 36.8, \ \ s_1 = 9.7388$$

$$\overline{X_2} = 8.5, \ \ s_2 = 4.4783$$

$$\overline{X_3} = 7.8, \ \ s_3 = 4.6619$$

O_2-O_4 간의 표준화된 거리는 다음과 같다.

$$d(\boldsymbol{x}_2, \boldsymbol{x}_4) = \sqrt{\left(\frac{28-35}{9.7388}\right)^2 + \left(\frac{8-11}{4.4783}\right)^2 + \left(\frac{13-8}{4.6619}\right)^2} = 1.45$$

그리고 O_2-O_5 간의 표준화된 거리는

$$d(\boldsymbol{x}_2, \boldsymbol{x}_5) = \sqrt{\left(\frac{28-30}{9.7388}\right)^2 + \left(\frac{8-15}{4.4783}\right)^2 + \left(\frac{13-7}{4.6619}\right)^2} = 2.03$$

즉, 표준화된 거리도 O_5가 O_4보다 O_2에서 멀리 떨어짐을 알 수 있다. 다시 말하면, O_2-O_4보다 O_2-O_5의 유사성이 떨어진다고 할 수 있겠다.

유클리드 거리, 표준화 유클리드 거리 및 마할라노비스 거리를 기하학적으로 살펴보기 위해 원점에서 한 객체와의 거리를 고려해 보자. 우선 원점과 객체좌표 $\boldsymbol{x}_i$의 식(11.1)에 의한 유클리드 거리는 다음과 같다.

$$d(0, \boldsymbol{x}_i) = \sqrt{\boldsymbol{x}_i^T \boldsymbol{x}_i} = \sqrt{X_{1i}^2 + X_{2i}^2 + \ldots + X_{pi}^2}$$

위의 거리가 상수 c와 같다고 할 때 객체의 각 변수들은 다음 방정식을 만족하게 된다.

$$X_{1i}^2 + X_{2i}^2 + \ldots + X_{pi}^2 = c^2 \tag{11.10}$$

즉, 객체 i의 좌표는 반지름 c인 회전타원체(spheroid)상에 놓이게 되며, 각 변수가 동일하게 원점으로부터의 거리에 기여함을 볼 수 있다.

반면, 원점과 객체좌표 $\boldsymbol{x}_i$의 식(11.3)에 의한 표준 유클리드 거리는 다음과 같다.

$$d(\mathbf{0}, \boldsymbol{x}_i) = \sqrt{\left(\frac{X_{1i}}{s_1}\right)^2 + \left(\frac{X_{2i}}{s_2}\right)^2 + \ldots + \left(\frac{X_{pi}}{s_p}\right)^2}$$

따라서 위의 거리가 상수 c와 같다고 할 때 객체의 각 변수들은 다음과 같은 타원체(ellipsoid)의 방정식을 만족하게 된다.

$$\left(\frac{X_{1i}}{s_1}\right)^2 + \left(\frac{X_{2i}}{s_2}\right)^2 + \cdots + \left(\frac{X_{pi}}{s_p}\right)^2 = c^2 \tag{11.11}$$

전술한 바와 같이 거리는 비유사성 척도이므로 다음을 유사성 척도(similarity measure)로 사용하기도 한다. 유사성 척도는 당연히 유사성이 클수록 큰 값을 갖는다.

$$sim(\boldsymbol{x}_i, \boldsymbol{x}_j) = 1 - \frac{d(\boldsymbol{x}_i, \boldsymbol{x}_j)}{d_{\max}} \qquad d_{\max} = \max\{d(\boldsymbol{x}_i, \boldsymbol{x}_j)\} \tag{11.12}$$

위의 유사성 척도는 두 객체 간의 거리가 가장 큰 경우 0이며, 거리가 작은 값일수록 1에 가까운 값을 갖게 된다.

예 11.2

이차원의 어느 한 객체의 좌표가 $\boldsymbol{x} = (3, 4)^T$로 주어질 때 아래 척도에 의한 원점에서의 거리를 산출하라.

(a) 유클리드 거리를 산출하라.

(b) $s_1 = 1, s_2 = 2$일 때 표준 유클리드 거리를 산출하라.

(c) $s_1 = 1, s_2 = 0.5$일 때 표준 유클리드 거리를 산출하라.

(d) $s_1 = 1, s_2 = 2$이며, $r = 0.8$일 때 마할라노비스 거리를 구하라.

(e) $s_1 = 1, s_2 = 2$이며, $r = -0.8$일 때 마할라노비스 거리를 구하라.

풀이

(a) $d(\mathbf{0}, \boldsymbol{x}) = \sqrt{3^2 + 4^2} = 5$

(b) $d(\mathbf{0}, \boldsymbol{x}) = \sqrt{3^2 + (4/2)^2} = 3.606$

(c) $d(\mathbf{0}, \boldsymbol{x}) = \sqrt{3^2 + (4/0.5)^2} = 8.544$

(d) $d(\mathbf{0}, \boldsymbol{x}) = \sqrt{(1/0.36)\{3^2 + (4/2)^2 - 2(0.8)(3)(4/2)\}} = 3.073$

(e) $d(\mathbf{0}, \boldsymbol{x}) = \sqrt{(1/0.36)\{3^2 + (4/2)^2 + 2(0.8)(3)(4/2)\}} = 7.923$

(a)의 유클리드 거리를 기준으로 할 때, (d)의 경우가 가장 짧게 평가되며 (c)의 경우가 가장 길게 평가됨을 볼 수 있다.

11.2.2 상관계수 관련 척도

또 다른 유사성 척도로 다음과 같은 객체 간의 상관계수를 사용할 수 있다. 즉, 객체 i와 객체 j 간의 유사성 척도인 표본상관계수는 아래와 같이 정의된다.

$$sim(\boldsymbol{x}_i, \boldsymbol{x}_j) = r_{ij} = \frac{\sum_{a=1}^{p}(X_{ai} - m_i)(X_{aj} - m_j)}{\sqrt{\sum_{a=1}^{p}(X_{ai} - m_i)^2}\sqrt{\sum_{a=1}^{p}(X_{aj} - m_j)^2}} \tag{11.13}$$

여기서 m_i는 객체 i의 평균값으로 다음과 같다.

$$m_i = \frac{1}{p}\sum_{a=1}^{p} X_{ai} \tag{11.14}$$

식(11.13)의 상관계수는 −1에서 1 사이의 값을 가지며, 이 값이 클수록 두 객체의 유사성이 크다고 한다. 여기서도 데이터를 변수별로 표준화한 후 상관계수를 산출함을 추천한다.

예 11.3

[예 11.1]에 대하여 객체 O_1, O_6, O_8을 변수별로 그래프에 나타내면 아래와 같다. 여기서 O_1-O_6의 상관계수는 0.9674이며, O_1-O_8의 상관계수는 0.8099이다. 한편, 표준화된 데이터에 적용하면, O_1-O_6의 상관계수는 0.9721, O_1-O_8의 상관계수는 -0.8006이다. 즉, O_1-O_6의 유사성이 O_1-O_8의 유사성보다 큼을 알 수 있다. 또한, 표준화한 후 상관계수를 산출할 때 유사성의 차이가 더 명확함을 알 수 있다.

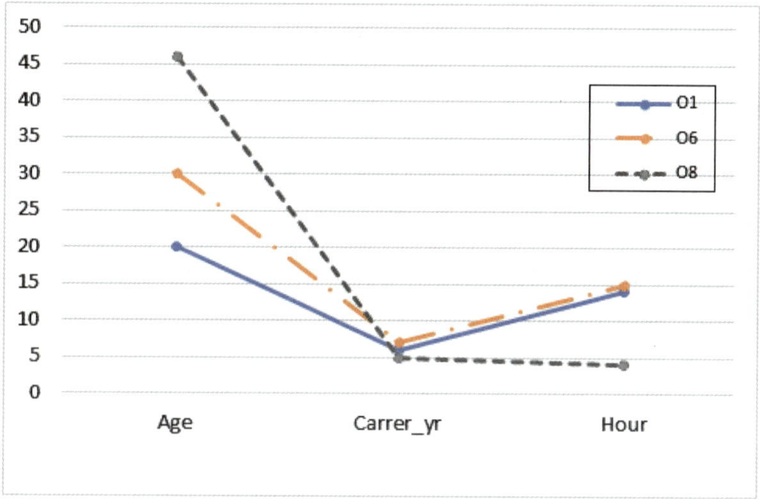

그림 11.1 [예 11.3]의 객체(1, 6, 8) 간 유사성 비교

상관계수를 아래와 같이 변환하면 0에서 1 사이의 값을 갖는 유사성 척도가 된다.

$$sim(\boldsymbol{x}_i, \boldsymbol{x}_j) = \frac{1 + r_{ij}}{2}$$

한편, 상관계수로부터 거리 개념의 비유사성 척도를 원하면 다음의 척도를 사용할 수 있다.

$$d(\boldsymbol{x}_i, \boldsymbol{x}_j) = \frac{1 - r_{ij}}{2}$$

당연히 위의 척도는 0에서 1의 값을 가지며, 0에 가까울수록 유사성이 커지며(비유사성이 작아지며), 1에 가까울수록 유사성이 작아진다(비유사성이 커진다).

11.3 | 범주형 속성을 포함한 객체의 유사성 척도

객체의 변수(속성) 중 일부 또는 전체가 범주형인 경우에는 유사성 척도를 다소 다르게 정의할 필요가 있다. 범주형 변수는 다시 이분형(binary), 서열형(ordinal), 명목형(nominal)으로 구분된다. 이분형은 서열형 또는 명목형에 속할 수도 있으나 통상적으로 별도로 구분하고 있다.

11.3.1 이분형 변수의 경우

이분형 변수란 변수가 취하는 값이 두 개인 것을 의미하며, 통상 0과 1을 부여한다. 이 경우 사용되는 유사성 척도는 다양하나 단순매칭(simple matching)과 자카드(Jaccard) 척도가 주로 사용된다.

객체 $\boldsymbol{x}_i$와 객체 $\boldsymbol{x}_j$에 대하여 k번째 변수가 이분형일 때, 단순매칭방법은 다음과 같이 두 변수의 값이 동일한 경우 1을, 다른 경우 0으로 평가하는 것이다.

$$sim(X_{ki}, X_{kj}) = \begin{cases} 1 & \text{if} \quad X_{ki} = X_{kj} \\ 0 & \text{if} \quad X_{ki} \neq X_{kj} \end{cases} \tag{11.15}$$

따라서 이 변수가 이미 0과 1로 치환되었다면 단순매칭에 의한 유사성은 아래와 같다.

$$sim(X_{ki}, X_{kj}) = 1 - |X_{ki} - X_{kj}| \tag{11.16}$$

한편, 자카드 척도에서는 변수값을 특정 속성이 나타나는(presence) 경우에 1, 나타나지 않는(absence) 경우 0으로 표현할 때, 두 객체에서 모두 나타나는 경우에만 유사한 것으로 평가한다. 결국, 이 척도에서는 두 객체에서 특정 속성이 0인 경우에는 전반적 유사성 척도 산출에 포함되지 않고 무시된다. 즉, 유사성은 다음과 같다고 할 수 있다.

$$sim(X_{ki}, X_{kj}) = \begin{cases} 1 & \text{if} \quad X_{ki} = X_{kj} = 1 \\ ignored & \text{if} \quad X_{ki} = X_{kj} = 0 \\ 0 & \text{if} \quad X_{ki} \neq X_{kj} \end{cases} \tag{11.17}$$

객체의 p개의 모든 변수가 이분형일 때 두 객체의 변수들을 비교하여 다음을 산출할 수 있다.

$a=$ 객체 $\boldsymbol{x}_i$와 $\boldsymbol{x}_j$에서 모두 1인 변수 수

$b=$ 객체 $\boldsymbol{x}_i$에서는 1이나 객체 $\boldsymbol{x}_j$에서는 0인 변수 수

$c=$ $\boldsymbol{x}_i$에서는 0이나 객체 $\boldsymbol{x}_j$에서는 1인 변수 수

$d=$ 객체 $\boldsymbol{x}_i$와 $\boldsymbol{x}_j$에서 모두 0인 변수 수

그리고 다음과 같은 분할표(contingency table)를 작성할 수 있다.

표 11.2 이분형 두 객체에 대한 분할표

	$\boldsymbol{x}_j$에서 1	$\boldsymbol{x}_j$에서 0	
$\boldsymbol{x}_i$에서 1	a	b	$a+b$
$\boldsymbol{x}_i$에서 0	c	d	$c+d$
	$a+c$	$b+d$	$a+b+c+d=p$

이때 단순매칭에 의한 유사성은 다음과 같다.

$$sim(\boldsymbol{x}_i, \boldsymbol{x}_j) = \frac{1}{p}\sum_{k=1}^{p} sim(X_{ki}, X_{kj}) = \frac{a+d}{a+b+c+d} \tag{11.18}$$

이는 제곱 유클리드 거리에 의해 산출된 유사성과 동일하다고 할 수 있다. 그러나 자카드 유사성은 다음과 같이 산출된다.

$$sim(\boldsymbol{x}_i, \boldsymbol{x}_j) = \frac{a}{a+b+c} \tag{11.19}$$

예 11.4

다음은 3명에 대한 건강 관련 문진에 대한 답을 나타낸 자료이다.

	운동여부	음주여부	흡연여부	가족력여부	고혈압여부
1	예	예	예	아니오	예
2	예	아니오	예	아니오	아니오
3	아니오	예	아니오	예	아니오

객체 1과 2의 단순매칭에 의한 유사성은 다음과 같다.

$$sim(1,2) = \frac{3}{5} = 0.6$$

한편, 자카드 유사성은 다음과 같다.

$$sim(1,2) = \frac{2}{4} = 0.5$$

11.3.2 서열형 변수의 경우

객체의 k번째 변수가 서열형이고 1, 2, ⋯, M_k 중 한 값을 갖는다고 할 때 유사성 또는 비유사성 척도를 산출하는 방법도 다양하게 있으나 주로 다음과 같은 방법을 사용한다. 거리 척도를 산출할 때 우선 아래와 같은 직접적 방법이 있다.

$$d(X_{ki}, X_{kj}) = \frac{|X_{ki} - X_{kj}|}{M_k - 1} \tag{11.20}$$

위에서 분모는 해당 변수가 취할 수 있는 범위(range)를 나타내며, 따라서 위의 값은 0에서 1 사이 값을 갖는다. 이 방법을 사용할 경우 객체의 모든 변수가 서열형이면 두 객체의 거리는 다음과 같다.

$$d(\boldsymbol{x}_i, \boldsymbol{x}_j) = \sum_{k=1}^{p} d(X_{ik}, X_{jk}) = \sum_{k=1}^{p} \frac{|X_{ik} - X_{jk}|}{M_k - 1} \tag{11.21}$$

또 다른 방법은 우선 각 변수를 0에서 1 사이 값으로 변환한 후 연속형 변수의 경우와 같이 거리 척도를 산출하는 것이다. 이 경우에는 객체 i의 k번째 변수를 다음과 같이 변환한 후

$$X_{ki}' = \frac{X_{ki} - 1}{M_k - 1}$$

11.2.1절에서 설명한 여러 척도에 따라 두 객체의 비유사성 또는 유사성을 산출한다. 예로서 유클리드 거리를 사용한다면 두 객체의 거리는 다음과 같다.

$$d(\boldsymbol{x}_i, \boldsymbol{x}_j) = \sqrt{\sum_{k=1}^{p} (X_{ki}^{'} - X_{kj}^{'})^2} = \sqrt{\sum_{k=1}^{p} \left(\frac{X_{ki} - X_{kj}}{M_k - 1} \right)^2} \tag{11.22}$$

위에서는 거리 척도에 대하여 언급하였으나 유사성 척도를 원하면 다음과 같이 산출할 수 있다.

$$sim(X_{ki}, X_{kj}) = 1 - d(X_{ki}, X_{kj})$$

11.3.3 명목형 변수의 경우

두 객체에 대한 k번째 변수가 명목형인 경우 유사성은 이분형 변수의 경우와 같이 두 변수가 일치하면 1, 그렇지 않으면 0으로 평가한다. 즉,

$$sim(X_{ki}, X_{kj}) = \begin{cases} 1 & \text{if} \quad X_{ki} = X_{kj} \\ 0 & \text{if} \quad X_{ki} \neq X_{kj} \end{cases} \tag{11.23}$$

p개의 모든 변수가 명목형인 경우 두 객체에 대하여 m개의 변수가 서로 일치하면 유사성은 다음과 같다.

$$sim(\boldsymbol{x}_i, \boldsymbol{x}_j) = \frac{m}{p} \tag{11.24}$$

11.3.4 혼합형의 경우

두 객체의 유사성 또는 비유사성을 산출하는데 각 변수의 형태가 연속형, 이분형, 서열형, 명목형 등으로 다른 경우에는 각 변수의 형태에 따라 위에서 언급한 바와 같이 각기 다른 방법으로 유사성 또는 비유사성을 평가한 후, 최종적으로 합 또는 평균으로 도출하게

된다. 따라서 편의상 각 변수에 대하여 0에서 1 사이의 값을 갖는 척도를 사용하고 있다. 위에서 언급한 이분형, 서열형, 명목형인 경우에는 이미 0에서 1 사이의 유사성 척도가 제시되었다.

연속형의 경우 0에서 1 사이의 값을 갖는 거리(비유사성)의 척도로는 아래와 같이 각 변수의 범위를 활용하는 방법을 사용한다.

$$d(X_{ki}, X_{kj}) = \frac{|X_{ki} - X_{kj}|}{R_k} \tag{11.25}$$

여기서 R_k는 k번째 변수의 범위(=최댓값−최솟값)를 의미한다. 유사성 척도를 원할 경우에는 다음과 같이 산출할 수 있다.

$$sim(X_{ik}, X_{jk}) = 1 - d(X_{ik}, X_{jk}) \tag{11.26}$$

결국, 여러 형태의 변수가 혼합되어 있는 경우 각 변수에 대한 유사성 척도가 산출되어 있을 때 두 객체의 유사성은 다음과 같이 계산한다.

$$sim(\boldsymbol{x}_i, \boldsymbol{x}_j) = \frac{1}{p}\sum_{k=1}^{p} sim(X_{ki}, X_{kj}) \tag{11.27}$$

또는 각 변수의 거리가 산출된 경우 두 객체의 거리는 다음과 같다.

$$d(\boldsymbol{x}_i, \boldsymbol{x}_j) = \frac{1}{p}\sum_{k=1}^{p} d(X_{ki}, X_{kj}) \tag{11.28}$$

예 11.5

다음과 같이 각 객체가 5개의 변수로 표현되는 데이터를 고려하자. 편의상 처음 3명에 대한 데이터를 나타내고 있다.

표 11.3 혼합형 객체 데이터 예

	성별(X_1)	나이(X_2)	직업(X_3)	월통신요금(X_4)	통신서비스만족도(X_5)
1	남	46	공무원	35,000	2
2	여	28	은행원	51,000	3
3	여	32	주부	46,000	4

위에서 '통신서비스 만족도'는 5점 스케일(1: 매우 만족, 2:만족, 3:보통, 4: 불만족, 5: 매우 불만족)의 설문조사 결과로서 서열형으로 간주한다고 하자. 나머지 변수 중 성별은 이분형, 나이와 월통신요금은 연속형, 그리고 직업은 명목형으로 간주할 수 있다.

객체 1과 3의 유사성, 그리고 객체 2와 3의 유사성을 각각 산출하여 보자. 여기서 전체 데이터에 대한 나이의 범위는 45, 월통신요금의 범위는 150,000원이라 하자. 우선, 객체 1과 3의 거리는 식(11.28)에 의거 다음의 합으로 산출된다.

$$\begin{aligned} d(\boldsymbol{x}_1, \boldsymbol{x}_3) &= \frac{1}{5}\left\{1 + \frac{46-32}{45} + 1 + \frac{46000-35000}{150000} + \frac{4-2}{5-1}\right\} \\ &= \frac{1}{5}\{1 + 0.311 + 1 + 0.073 + 0.5\} = 0.5768 \end{aligned}$$

한편, 객체 2와 3의 거리는 다음과 같다.

$$\begin{aligned} d(\boldsymbol{x}_2, \boldsymbol{x}_3) &= \frac{1}{5}\left\{0 + \frac{32-28}{45} + 1 + \frac{51000-46000}{150000} + \frac{4-3}{5-1}\right\} \\ &= \frac{1}{5}\{0 + 0.667 + 1 + 0.033 + 0.25\} = 0.39 \end{aligned}$$

R 코드

1. 예 11.1, 11.3의 R 코드

```
# ch11_ex01_distance_similarity.R
# ch11.2 similarity/distance metrics

# read csv file
dat1 <- read.csv("data/ch11_dat1.csv")
dat2 <- dat1[, -1]

# ex11.1
# compute Euclidean distance
D1 <- dist(dat2)
round(D1, 2)

# ex11.3
# correlation measure between samples
row_cor <- cor(t(dat2))
round(row_cor, 4)

# scaled data : correlation measure between samples
std_dat2<-scale(dat2)
std_row_cor <- cor(t(std_dat2))
round(std_row_cor, 4)

# OPTIONAL: standardized Minkowski distance with p = 3
std_D2 <- dist(std_dat2, method = "minkowski", p = 3)
round(std_D2, 2)
```

2. 예 11.4의 R 코드

```
# ch11_ex04_jaccard.R
# ch11.3 similarity metrics on discrete variables

# load data
```

```
df <- read.csv("data/ch11_dat2.csv")

# pairwise Jaccard similarity
jaccard_sim <- 1 - dist(df, method = "binary")
jaccard_sim
jaccard_sim_mat <- as.matrix(jaccard_sim)

# similarity between the first and the second rows
jaccard_sim_mat[1, 2]
```

참고문헌

11.2절의 내용은 참고문헌 [1]에서 발췌하였다.

[1] Bratchell, N. (1989), "Cluster analysis", *Chemometrics and Intelligent Laboratory Systems*, 6, 105–125.

연습문제

11.1 다음은 10가지 식품에 대한 포함된 성분을 나타낸 것이다.

	calory	water	protein	fat	sugar
O1	351	15.5	6.2	0.8	76.6
O2	471	4	19.5	24	46.2
O3	249	40	4.5	0.4	54.5
O4	366	11.5	11.5	1.4	74.5
O5	270	35	8	1.5	54.3
O6	414	4.5	7.2	8.2	79.1
O7	325	22.7	6.7	3.7	66.2
O8	116	72	2.6	0.3	24.8
O9	377	6	9	1	80.2
O10	167	60.2	24.2	4.2	6.6

(a) 유클리드 거리의 관점에서 가장 가까운 두 객체는 무엇이며, 가장 먼 두 객체는 무엇인가?

(b) 표준 유클리드 거리를 사용할 때 질문 (a)에 대해 답하라.

(c) 위 데이터에 대한 분산–공분산행렬을 구하라.

(d) 마할라노비스 거리를 바탕으로 한 거리행렬을 산출하라.

11.2 다음은 20명에 대한 건강검진 관련 데이터이다.

ID	나이	성별	음주	흡연	콜레스테롤	TG
1	30대	여	안 마심	금연	192	79
2	40대	남	가끔	금연	186	89
3	70대	남	안 마심	흡연	143	93

ID	나이	성별	음주	흡연	콜레스테롤	TG
4	50대	남	가끔	금연	212	37
5	40대	남	자주	흡연	123	216
6	60대	여	안 마심	금연	223	159
7	30대	여	안 마심	금연	193	60
8	40대	여	안 마심	금연	162	102
9	40대	남	가끔	금연	180	231
10	40대	여	가끔	금연	181	79
11	20대	남	자주	흡연	176	78
12	40대	남	자주	흡연	209	60
13	50대	남	가끔	금연	177	141
14	40대	남	안 마심	금연	238	91
15	40대	남	가끔	금연	155	166
16	50대	여	자주	흡연	203	164
17	40대	여	안 마심	흡연	241	139
18	40대	여	안 마심	금연	227	143
19	40대	여	가끔	금연	121	192
20	40대	여	가끔	금연	230	88

(a) 각 변수를 어떤 성격으로 볼 수 있는가? 이분형, 서열형, 명목형, 연속형 중 택일하라.

(b) 첫 5명에 대한 유사성 척도를 산출하고 행렬로 나타내라.

11.3 객체의 각 변수를 평균이 0, 표준편차가 1이 되도록 표준화한 후, 객체 간의 유클리드 거리를 산출하는 것과 식(11.3)과 같이 직접 객체 간의 표준화된 유클리드 거리를 구하는 것과 동일함을 설명하라.

11.4 이차원의 객체에 대하여 식(11.8)이 성립함을 보여라.

12장

계층적 군집 방법

12.1 군집 간 거리척도 및 연결법
12.2 연결법의 군집 알고리즘
12.3 워드 방법
12.4 분리적 방법 - 다이아나
12.5 군집 수의 결정
R 코드
연습문제

계층적 군집 방법(hierarchical clustering)에는 병합법과 분리법이 있으나 주로 병합법이 사용된다. 병합법으로는 12.1~12.3절에서 설명하는 다양한 연결법이 있다. 12.4절에서는 분리법의 대표적인 기법인 다이아나(DIANA)를 소개한다.

12.1 | 군집 간 거리척도 및 연결법

계층적 군집 방법에서는 유사한 객체들을 군집으로 묶고 다시 유사한 군집을 새로운 군집으로 묶는 등 단계적 절차를 사용한다. 객체 간의 유사성 척도는 11장에서 설명하였으나 계층적 군집 방법에는 추가로 군집 간의 유사성 척도가 필요하다. 본 절에서는 다양한 군집 방법에 따른 군집 간 유사성 척도에 대하여 설명하고자 한다. 실제로 본 절에서는 거리와 관련된 비유사성 척도 위주로 기술하고 있다. 필요한 기호는 다음과 같이 정의한다.

C_i: i번째 군집 (군집 i)

$|C_i|$: 군집 i의 객체 수

$d(u,v) = d(\boldsymbol{x}_u, \boldsymbol{x}_v)$: 객체 u와 객체 v의 거리(또는 비유사성 척도)

$D(C_i, C_j)$: 군집 C_i와 군집 C_j의 거리(또는 비유사성 척도)

군집과 군집 간의 거리척도를 평가하는 방법에 따라 다양한 연결법(linkage method)이 존재한다. 아래에 대표적인 연결법과 군집 간 거리척도를 소개한다.

12.1.1 단일연결법

단일연결법(single linkage method)에서는 군집 i와 군집 j의 비유사성 척도로 두 군집의 모든 객체 쌍의 거리 중 가장 가까운 거리를 사용한다.

$$D(C_i, C_j) = \min_{u \in C_i, v \in C_j} d(u,v) \tag{12.1}$$

즉, 단일연결법에서는 두 군집 간 가장 짧은 거리가 작을수록 두 군집이 더 유사하다고 평가한다. 이를 최단거리법(nearest neighbor method)이라고도 한다.

12.1.2 완전연결법

완전연결법(complete linkage method)에서는 군집 i와 군집 j의 비유사성 척도로 두 군집의 모든 객체 쌍의 거리 중 가장 먼 거리를 사용한다.

$$D(C_i, C_j) = \max_{u \in C_i, v \in C_j} d(u,v) \tag{12.2}$$

즉, 완전연결법에서는 가장 먼 거리가 작을수록 두 군집이 더 유사하다고 평가한다. 이는 Sorensen(1948)(참고문헌[5])에서 비롯된 것으로 최장거리법(farthest neighbor method)이라고도 한다.

12.1.3 평균연결법

평균연결법(average linkage method)은 Sokal and Michener(1958)(참고문헌 [4])에 의하여 비롯된 것으로, 군집 i와 군집 j의 비유사성 척도로 두 군집의 모든 객체 쌍의 평균 거리를 사용한다. 즉, 다음과 같다.

$$D(C_i, C_j) = \frac{1}{|C_i||C_j|} \sum_{u \in C_i, v \in C_j} d(u,v) \tag{12.3}$$

12.1.4 중심연결법

군집을 이루는 객체들의 무게중심에 해당되는 좌표를 그 군집의 중심좌표(centroid)라 하는데, 군집 i의 중심좌표는 다음과 같이 정의된다.

$$\boldsymbol{c}_i = \left(\overline{X_1}^{(i)}, \overline{X_2}^{(i)}, \ldots, \overline{X_p}^{(i)}\right) \qquad \overline{X_a}^{(i)} = \frac{1}{|C_i|} \sum_{j \in C_i} X_{aj} \quad a = 1, \ldots, p$$

중심연결법(centroid linkage method) 역시 Sokal and Michener(1958)(참고문헌[4])

에 의하여 비롯된 것으로, 군집 i와 군집 j의 비유사성 척도로 다음과 같이 두 군집의 중심 간 거리를 사용한다.

$$D(C_i, C_j) = d(\boldsymbol{c}_i, \boldsymbol{c}_j) \tag{12.4}$$

12.2 | 연결법의 군집 알고리즘

위 네 가지 군집 방법은 군집 간 유사성 척도 평가 방법이 다를 뿐 군집화를 위한 알고리즘은 동일하게 아래와 같이 진행된다. 객체 간의 거리는 주로 유클리드 거리로 산출한다.

연결법 군집 알고리즘

단계 0:

0-1. 연결법을 선정한다.

0-2. 각 객체를 하나의 군집으로 간주한다.

0-3. $k \leftarrow n$

단계 1:

1-1. 현재의 군집 결과에 있는 모든 군집 간의 쌍에 대하여 $D(C_i, C_j), 1 \le i \ne j \le k$, 를 산출하며, 이 중 최소가 되는 군집 i와 군집 j를 묶어 하나의 군집으로 만든 후 군집 결과를 수정한다.

1-2. $k \leftarrow k-1$

단계 2: $k=1$이면 Stop, 그렇지 않으면 단계 1을 반복한다.

위의 연결법 중 단일연결법, 완전연결법 및 평균연결법은 실제 객체 속성에 대한 데이터가 없더라도 객체 간의 거리행렬만 주어지면 군집 간 유사성척도를 산출할 수 있기 때문에 이들 방법의 적용이 가능함을 알 수 있다(연습문제 12.3 참조).

이상과 같이 연결법에 의한 계층적 군집 방법은 각 객체를 하나의 군집으로 시작하여 군집들을 묶어가는 과정을 반복하여 결국 모든 객체가 하나의 군집이 되도록 하는 것이다. 따라서 적절한 군집수를 결정하는 문제가 중요하게 되는데, 통상적으로 단계별 군집 결과를 시각화한 트리 형태의 덴드로그램(dendrogram)을 그린 후에 정성적으로 판단한다. 덴드로그램의 예는 다음 예제에서 볼 수 있다. 또한, 부수적으로 군집 수를 결정할 때 몇 가지 통계량을 사용하는데 이는 12.5절에서 다룬다.

예 12.1

10명의 사람(객체)에 대한 PC 사용경력과 주당 사용시간은 [표 12.1]과 같다. 각 객체가 두 변수로 이루어져 있으므로 [그림 12.1]과 같이 2차원 도표로 나타내면 군집 형태를 쉽게 알 수 있다. 여기서는 평균연결을 이용한 군집화 과정을 살펴보기로 하자.

표 12.1 PC 사용자 데이터

ID	O1	O2	O3	O4	O5	O6	O7	O8	O9	O10
PC경력(년)	6	8	14	11	15	7	13	5	3	3
사용시간	14	13	6	8	7	15	6	4	3	2

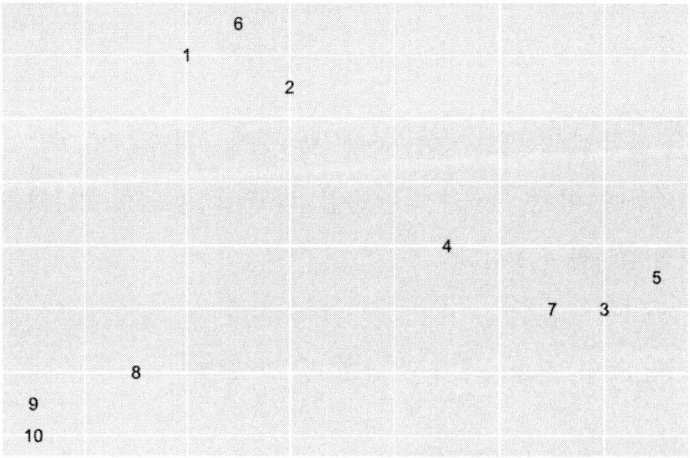

그림 12.1 [예 12.1]의 객체 데이터

Iteration 0

각 객체 $j(j=1,2,\cdots,10)$를 하나의 군집으로 간주한다.

$$\begin{aligned}\text{군집 결과}: \; & C_1=\{1\},\ C_2=\{2\},\ C_3=\{3\},\ C_4=\{4\},\ C_5=\{5\},\\ & C_6=\{6\},\ C_7=\{7\},\ C_8=\{8\},\ C_9=\{9\},\ C_{10}=\{10\}\end{aligned}$$

$$k(\text{군집의 수})=10$$

Iteration 1

현재의 군집 결과에 있는 모든 군집 간의 쌍에 대하여 군집 간 유사성 척도인 $D(C_i, C_j)$를 산출해 보면 다음 표와 같다(객체 간의 거리행렬과 동일). 이 중 거리가 최소인 두 군집 C_9와 C_{10}을 묶어 하나의 군집으로 만든 후 군집 결과를 수정한다. 이를 새로운 군집 C_9라 하자(C_3와 C_7의 거리도 1이므로 그것을 먼저 묶어도 상관없다).

	C_1	C_2	C_3	C_4	C_5	C_6	C_7	C_8	C_9
C_2	2.24								
C_3	11.31	9.22							
C_4	7.81	5.83	3.61						
C_5	11.40	9.22	1.41	4.12					
C_6	1.41	2.24	11.40	8.06	11.31				
C_7	10.63	8.60	1.00	2.83	2.24	10.82			
C_8	10.05	9.49	9.22	7.21	10.44	11.18	8.25		
C_9	11.40	11.18	11.40	9.43	12.65	12.65	10.44	2.24	
C_{10}	12.37	12.08	11.70	10.00	13.00	13.60	10.77	2.83	1.00

$$\begin{aligned}k=9: \; & C_1=\{1\},\ C_2=\{2\},\ C_3=\{3\},\ C_4=\{4\},\ C_5=\{5\},\\ & C_6=\{6\},\ C_7=\{7\},\ C_8=\{8\},\ C_9=\{9,10\}\end{aligned}$$

Iteration 2

새로운 군집들에 대한 $D(C_i, C_j)$를 산출해 보면 다음 표와 같다. 실제로 $D(C_i, C_9)$, $i=1,\cdots,8$만 새로 계산하면 된다. 한 예로 $D(C_8, C_9)$는 아래와 같다.

$$D(C_8, C_9)=\frac{1}{2}(2.24+2.83)=2.53$$

	C_1	C_2	C_3	C_4	C_5	C_6	C_7	C_8
C_2	2.24							
C_3	11.31	9.22						
C_4	7.81	5.83	3.61					
C_5	11.40	9.22	1.41	4.12				
C_6	1.41	2.24	11.40	8.06	11.31			
C_7	10.63	8.60	1.00	2.83	2.24	10.82		
C_8	10.05	9.49	9.22	7.21	10.44	11.18	8.25	
C_9	11.89	11.63	11.55	9.72	12.82	13.13	10.61	2.53

군집 사이의 거리가 최소인 두 군집, C_3과 C_7이 묶여서 새로운 군집 C_3이 된다.

$$k=8: \ C_1=\{1\},\ C_2=\{2\},\ C_3=\{3,7\},\ C_4=\{4\},\ C_5=\{5\},$$
$$C_6=\{6\},\ C_7=\{8\},\ C_8=\{9,10\}$$

Iteration 3

새로운 군집들에 대한 $D(C_i, C_j)$를 산출해 보면 다음 표와 같다. 그러므로 군집 사이의 거리가 최소인 두 군집, C_1과 C_6이 묶여서 새로운 군집 C_1이 된다.

$$k=7: \ C_1=\{1,6\},\ C_2=\{2\},\ C_3=\{3,7\},\ C_4=\{4\},\ C_5=\{5\},$$
$$C_6=\{8\},\ C_7=\{9,10\}$$

	C_1	C_2	C_3	C_4	C_5	C_6	C_7
C_2	2.24						
C_3	11.31	9.22					
C_4	7.81	5.83	3.22				
C_5	11.40	9.22	1.83	4.12			
C_6	1.41	2.24	11.11	8.06	11.31		
C_7	10.05	9.49	8.73	7.21	10.44	10.82	
C_8	11.89	11.63	11.08	9.72	12.82	13.13	2.53

이상과 같이 진행할 때 각 iteration별 군집 결과는 다음과 같다.

Iteration 4

$$k=6: \ C_1=\{1,6\},\ C_2=\{2\},\ C_3=\{3,5,7\},\ C_4=\{4\},\ C_5=\{8\},\ C_6=\{9,10\}$$

Iteration 5

$$k=5:\ C_1=\{1,2,6\},\ C_2=\{3,5,7\},\ C_3=\{4\},\ C_4=\{8\},\ C_5=\{9,10\}$$

Iteration 6

$$k=4:\ C_1=\{1,2,6\},\ C_2=\{3,5,7\},\ C_3=\{4\},\ C_4=\{8,9,10\}$$

Iteration 7

$$k=3:\ C_1=\{1,2,6\},\ C_2=\{3,4,5,7\},\ C_3=\{8,9,10\}$$

Iteration 8

$$k=2:\ C_1=\{1,2,3,4,5,6,7\},\ C_2=\{8,9,10\}$$

Iteration 9

$$k=1:\ C_1=\{1,2,3,4,5,6,7,8,9,10\}$$

위와 같은 군집화 과정은 [그림 12.2]의 덴드로그램을 보면 잘 알 수 있다. 여기서 세로선의 높이는 묶이는 군집 간의 거리를 나타낸다. 본 그림을 보면 3개의 군집이 형성될 때까지 에서는 거리가 비교적 짧은 반면, 2개의 군집으로 묶는 과정에서는 군집 간 거리가 현격히 증가함을 볼 수 있다. 따라서 iteration 7에서 얻어진 3개의 군집이 적절한 군집해라고 판단할 수 있겠다.

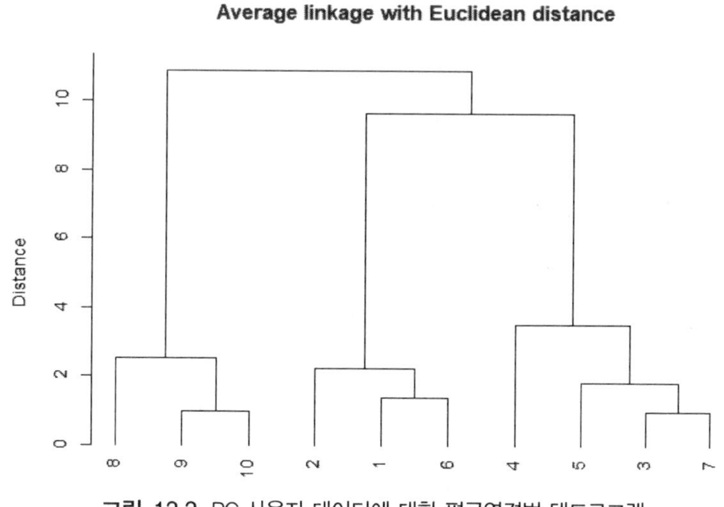

그림 12.2 PC 사용자 데이터에 대한 평균연결법 덴드로그램

12.3 | 워드 방법

워드 방법(Ward's method) 역시 각 객체를 하나의 군집으로 간주함을 시작으로 군집들을 묶어 단계적으로 그 수를 하나가 될 때까지 줄여나가는 것인데 군집의 제곱합을 활용한다. 군집 결과가 $C = \{C_1, C_{2,\dots,} C_k\}$일 때, 군집 C_i내의 제곱합(within sum of squares)은 다음과 같이 산출된다.

$$SS(C_i) = \sum_{u \in C_i} (\boldsymbol{x}_u - \boldsymbol{c}_i)^T (\boldsymbol{x}_u - \boldsymbol{c}_i) \tag{12.5}$$

이때 전체 군집 내 제곱합을 SSW라 할 때 이는 다음과 같다.

$$SSW = \sum_{i=1}^{k} SS(C_i) \tag{12.6}$$

현 군집 결과에서 군집수를 하나 줄이기 위해서는, 현 군집의 각 쌍을 묶을 경우 각각에 대해 새로운 SSW를 산출한 후 이 값이 가장 작게 되는 군집 쌍을 묶는다.

워드 방법에서도 각 객체 간의 거리정보만을 사용할 수 있다. 이는 다음과 같이 각 군집의 제곱합이 제곱 유클리드 거리로 표현되기 때문이다. 군집 C_i에 대한 제곱합은 다음과 같이 표현된다.

$$SS(C_i) = \frac{1}{2|C_i|} \sum_{u,v \in C_i} d^2(\boldsymbol{x}_u, \boldsymbol{x}_v) \tag{12.7}$$

위에서 거리합을 산출할 때 군집 객체의 모든 쌍을 두 번씩 고려해야 한다. 한 번씩 고려하여 합을 구하는 경우 $2|C_i|$가 아닌 $|C_i|$로 나누어야 한다. 한편, 두 군집 C_i와 C_j를 통합하는 경우 새로운 제곱합과 개별 제곱합과의 관계는 다음과 같다.

$$(|C_i| + |C_j|) SS(C_i \cup C_j) = |C_i| SS(C_i) + |C_j| SS(C_j) + \sum_{u \in C_i, v \in C_j} d^2(\boldsymbol{x}_u, \boldsymbol{x}_v) \tag{12.8}$$

위에서 한 객체를 포함하는 군집의 제곱합은 0이다. 따라서 워드 알고리즘도 연결법의 일종이라 볼 수 있으며, 다음과 같이 진행된다.

워드 군집 알고리즘

단계 0:

0-1. 각 객체를 하나의 군집으로 간주한다.

0-2. $k \leftarrow n$

단계 1:

1-1. 현재의 군집 결과에 있는 모든 군집 간의 쌍에 대하여 묶을 경우 전체제곱합(SSW)을 산출하고, 이 중 최소가 되는 군집 i와 군집 j를 묶어 하나의 군집으로 만든 후 군집 결과를 수정한다.

1-2. $k \leftarrow k-1$

단계 2: $k=1$이면 Stop, 그렇지 않으면 (단계 1)을 반복한다.

예 12.2

다음은 8명의 운전자에 대한 운전경력과 교통위반 횟수를 나타낸 것이다.

표 12.2 운전경력에 따른 교통위반 횟수

ID	O1	O2	O3	O4	O5	O6	O7	O8
운전경력(X1)	4	20	3	19	17	8	19	18
교통위반 횟수(X2)	15	13	13	4	17	11	12	6

각 객체의 제곱 유클리드 거리를 구하면 다음과 같다.

	O1	O2	O3	O4	O5	O6	O7	O8
O1	0	260	5	346	173	32	234	277
O2		0	289	82	25	148	2	53
O3			0	337	212	29	257	274
O4				0	173	170	64	5
O5					0	117	29	122
O6						0	122	125
O7							0	37

워드 방법에 의한 군집화 과정을 iteration별로 나타내면 다음과 같다.

Iteration 0

각 객체가 하나의 군집을 형성하므로 초기의 군집 결과는 다음과 같다.

$$k=8: C_1=\{1\}, C_2=\{2\}, C_3=\{3\}, C_4=\{4\}, C_5=\{5\}, C_6=\{6\}, C_7=\{7\}, C_8=\{8\}$$

Iteration 1

두 개의 군집씩을 통합할 때 산출되는 전체제곱합(SSW)은 다음과 같다.

	C_1	C_2	C_3	C_4	C_5	C_6	C_7
C_2	130.0	·					
C_3	2.5	144.5	·				
C_4	173.0	41.0	168.5	·			
C_5	86.5	12.5	106	86.5	·		
C_6	16.0	74.0	14.5	85	58.5	·	
C_7	117.0	1.0	128.5	32	14.5	61	·
C_8	138.5	26.5	137	2.5	61	62.5	18.5

한 예로 C_1과 C_2를 묶을 경우 SSW는 식(12.8)에 의해 아래와 같다.

$$SSW = SS(C_1 \cup C_2) = \frac{1}{2}d^2(1,2) = 130.0$$

따라서 C_2와 C_7가 하나의 군집으로 될 때 SSW가 최소이므로, 이를 새로운 C_2라 하면, 새로운 군집 결과는 다음과 같다.

$$k=7: C_1=\{1\}, C_2=\{2,7\}, C_3=\{3\}, C_4=\{4\}, C_5=\{5\}, C_6=\{6\}, C_7=\{8\}$$

Iteration 2

현재의 군집해에서 다시 두 군집씩 통합할 때 SSW는 아래와 같다.

	C_1	C_2	C_3	C_4	C_5	C_6
C_2	165.33	·				
C_3	3.50	182.66	·			
C_4	174.00	49.33	169.50	·		
C_5	87.50	18.67	107.00	87.50	·	
C_6	17.00	90.67	15.50	86.00	59.50	·
C_7	139.50	30.67	138.00	3.50	62.00	63.50

한 예로 C_2와 C_3을 묶는 경우 SSW는 다음과 같다.

$$SSW = SS(C_2 \cup C_3) = \frac{1}{3}\{2SS(C_2) + d^2(2,3) + d^2(7,3)\} = 182.66$$

C_4와 C_7이 하나의 군집으로 될 경우(새로운 C_4) SSW가 최소이므로 새로운 군집 결과는 아래와 같다.

$$k = 6 : C_1 = \{1\},\ C_2 = \{2,7\},\ C_3 = \{3\},\ C_4 = \{4,8\},\ C_5 = \{5\},\ C_6 = \{6\}$$

Iteration 3

동일한 방법으로 SSW는 다음과 같다.

	C_1	C_2	C_3	C_4	C_5
C_2	167.83	·			
C_3	6.00	185.16	·		
C_4	210.33	60.75	206.33	·	
C_5	90.00	21.17	109.50	101.00	·
C_6	19.50	93.17	18.00	101.00	62.00

C_1과 C_3이 하나의 군집(새로운 C_1)이 될 때 SSW가 최소이므로 군집 결과는 다음과 같다.

$$k = 5 : C_1 = \{1,3\},\ C_2 = \{2,7\},\ C_3 = \{4,8\},\ C_4 = \{5\},\ C_5 = \{6\}$$

이상과 같이 진행할 때 iteration별 군집 결과는 다음과 같다.

Iteration 4

$$k = 4 : C_1 = \{1,3\},\ C_2 = \{2,5,7\},\ C_3 = \{4,8\},\ C_4 = \{6\}$$

Iteration 5

$$k = 3 : C_1 = \{1,3,6\},\ C_2 = \{2,5,7\},\ C_3 = \{4,8\}$$

Iteration 6

$$k = 2 : C_1 = \{1,3,6\},\ C_2 = \{2,4,5,7,8\}$$

Iteration 7

$$k = 1 : C_1 = \{1,2,3,4,5,6,7,8\}$$

이상의 결과를 덴드로그램으로 나타내면 [그림 12.3]과 같다.

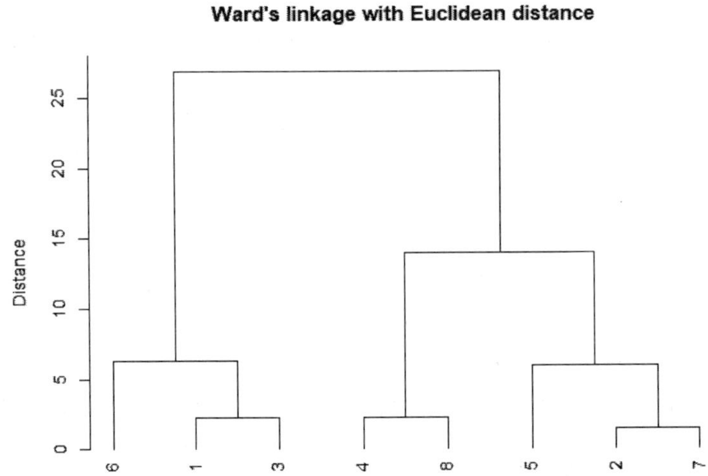

그림 12.3 운전자 데이터에 대한 워드 방법 덴드로그램

참고로 Lance-Williams 공식을 소개한다(참고문헌 [3]). 군집 A, B, C가 있으며 군집 간 거리 $D(A, B), D(A, C), D(B, C)$를 안다고 하자. A와 B가 통합되어 새로운 군집 $A \cup B$가 된다고 할 때 군집 $A \cup B$와 C와의 거리는 다음과 같이 산출된다.

$$D(A \cup B, C) = \alpha_A D(A, C) + \alpha_B D(B, C) + \beta D(A, B) + \gamma |D(A, C) - D(B, C)| \quad (12.9)$$

식(12.9)의 계수들은 연결법에 따라 [표 12.3]과 같다. 여기서 n_A 등은 해당 군집의 객체 수를 의미한다.

표 12.3 연결법에 따른 Lance-Williams 공식에서의 계수

	α_A	α_B	β	γ
단일연결법	1/2	1/2	0	−1/2
완전연결법	1/2	1/2	0	1/2
평균연결법	$\frac{n_A}{n_A+n_B}$	$\frac{n_B}{n_A+n_B}$	0	0
중심연결법	$\frac{n_A}{n_A+n_B}$	$\frac{n_B}{n_A+n_B}$	$-\frac{n_A n_B}{(n_A+n_B)^2}$	0
워드 방법	$\frac{n_A+n_C}{n_A+n_B+n_C}$	$\frac{n_B+n_C}{n_A+n_B+n_C}$	$-\frac{n_C}{n_A+n_B+n_C}$	0

12.4 | 분리적 방법 - 다이아나

다이아나(DIANA)는 분리법의 하나로 Kaufman & Rousseeuw(1990)(참고문헌 [2])에 의해 제안된 것이다. 이는 전체의 객체를 하나의 군집으로 시작하여 매번 이분화하는 등 모든 군집이 단독객체로 구성될 때까지 진행하는 방법이다. 이때 비유사성척도로는 평균거리를 사용한다. 가장 처음 이분화가 이루어질 때 우선 타 객체와의 평균거리가 가장 큰 객체가 분파되어 새로운 군집을 형성한다. 그리고 다른 각 객체에 대해 군집에 남아있을 때 평균거리와 새로운 군집으로 분리될 때 평균거리를 산출하여 현 군집에 잔류 또는 새로운 군집으로의 합류를 결정한다.

여기서 객체 i와 군집 C 간의 평균거리는 다음과 같이 산출된다.

$$\bar{d}(i, C) = \begin{cases} \dfrac{1}{|C|-1} \sum_{j \in C} d(i,j) & i \in C \\ \dfrac{1}{|C|} \sum_{j \in C} d(i,j) & i \notin C \end{cases} \tag{12.10}$$

본 방법의 알고리즘은 다음과 같다.

다이아나 알고리즘

단계 0: n개의 객체를 하나의 군집으로 간주한다($k=1$).

단계 1: 객체 간 거리가 가장 큰 두 객체를 포함한 군집을 이분화 대상으로 선정한다. (이를 A라 하고, $B \leftarrow \varnothing$로 둔다.)

단계 2: 다음 과정을 통해 군집 A를 이분화한다.

2-1. A 내에서 평균거리 $\bar{d}(i, A)$가 가장 큰 객체 i를 찾는다.

2-2. $A \leftarrow A - \{i\}$

$B \leftarrow B \cup \{i\}$

2-3. 군집 B에 합류할 객체를 다음과 같이 찾는다. 즉,

$e(i) = \bar{d}(i, A) - \bar{d}(i, B) > 0$이면, 가장 큰 값을 갖는 i를 선정하고 (단계 2-2)로,

$e(i) \le 0$이면 이분화를 마치고 (단계 3)으로.

단계 3: $k \leftarrow k+1$로 두고, $k < n$이면 다시 단계 1로, $k = n$이면 Stop.

예 12.3

두 변수 X1, X2로 이루어진 7개의 객체 데이터가 다음과 같다.

표 12.4 [예 12.3]의 객체 데이터

	O1	O2	O3	O4	O5	O6	O7
X1	30	45	25	40	50	20	42
X2	15	22	12	24	25	10	9

DIANA 방법에 의하면 군집화 과정은 다음과 같다.

Iteration 0

모든 객체를 하나의 군집으로 묶으면 다음과 같다.

$$k = 1 : C_1 = \{1,2,3,4,5,6,7\}$$

Iteration 1

단계 1: 첫 iteration이므로 당연히 $A = \{1,2,3,4,5,6,7\}$이며, $B = \{\ \}$ 로 둔다.

단계 2: 군집 A와 각 객체 간의 평균거리를 구해보면 다음과 같다.

	1	2	3	4	5	6	7
$d(i,A)$	13.799	15.200	16.371	14.607	19.642	20.712	16.511

군집 A와 평균거리가 가장 먼 객체 6을 A에서 빼내어 B에 넣도록 한다. 즉,

$$A = \{1,2,3,4,5,7\}, B = \{6\}$$

A에 있는 객체에 대해 군집 A와 B에 대해서 거리와 차이를 구한 결과가 다음과 같다.

	1	2	3	4	5	7
$d(i,A)$	14.323	12.694	18.568	12.646	16.862	15.408
$d(i,B)$	11.180	27.731	5.385	24.413	33.541	22.023
$e(i)$	3.143	−15.037	13.183	−11.767	−16.679	−6.615

$e(i)$가 가장 큰 객체 3을 A에서 빼내어 B에 넣도록 한다. 즉,

$$A = \{1,2,4,5,7\}, B = \{3,6\}$$

다시 군집 A의 각 객체의 $d(i,A), d(i,B), e(i)$를 구해보면 다음과 같다.

	1	2	4	5	7
$d(i,A)$	16.446	10.278	11.005	14.033	14.945
$d(i,B)$	8.506	25.046	21.811	30.860	19.643
$e(i)$	7.940	−14.768	−10.806	−16.827	−4.698

$e(i)$가 가장 큰 객체 1을 A에서 빼내어 B에 넣도록 한다. 그 결과는 다음과 같다.

$$A = \{2,4,5,7\}, B = \{1,3,6\}$$

군집 A의 모든 객체들의 $d(i,A), d(i,B), e(i)$를 구해보면 다음과 같다.

	2	4	5	7
$d(i,A)$	8.186	10.189	11.257	15.454
$d(i,B)$	22.215	19.025	28.027	17.567
$e(i)$	−14.029	−8.836	−16.770	−2.113

결과를 보면 군집 A의 모든 객체에 대해 $e(i) < 0$이므로 이분화를 마친다. 이분화 결과는 다음과 같다.

$$k = 2 : C_1 = \{1,3,6\}, C_2 = \{2,4,5,7\}$$

Iteration 2

단계 1: 군집 C_1과 C_2 각각에 대해 객체 간의 거리 $d(i,j)$를 구해보면 다음과 같다.

C_1

$d(i,j)$	1	3
3	5.831	0
6	11.180	5.385

C_2

$d(i,j)$	2	4	5
4	5.385	0	
5	5.831	10.050	0
7	13.342	15.133	17.889

객체 간의 거리가 가장 먼 객체 5와 7을 포함하는 군집 C_2를 이분화 대상으로 삼는다. 즉,

$$A = \{2,4,5,7\}, B = \{\ \}$$

단계 2: 군집 A와 각 객체 간의 평균거리를 구해보면 다음과 같다.

	2	4	5	7
$d(i,A)$	8.186	10.189	11.256	15.454

군집 A와 평균거리가 가장 먼 객체 7을 A에서 빼내어 B에 넣도록 한다. 즉,

$$A = \{2,4,5\}, B = \{7\}$$

군집 A의 각 객체에 대해서 $d(i,A), d(i,B), e(i)$를 구해보면 다음과 같다.

	2	4	5
$d(i,A)$	5.608	7.718	7.941
$d(i,B)$	13.342	15.133	17.889
$e(i)$	−7.734	−7.415	−9.948

군집 A의 모든 객체에 대해 $e(i) < 0$이므로 이분화를 마친다. 현 군집 결과는 다음과 같다.

$$k = 3, C_1 = \{1,3,6\}, C_2 = \{2,4,5\}, C_3 = \{7\}$$

Iteration 3

단계 1: 이제 군집 C_1, C_2 각각에 대해서 객체 간의 거리를 구해보면 다음과 같다.

C_1

	1	3
3	5.831	0
6	11.180	5.385

C_2

$d(i,j)$	2	4
4	5.385	0
5	5.831	10.050

객체 간의 거리가 가장 먼 객체 1과 6을 포함하는 군집 C_1을 이분화 대상으로 삼는다. 즉,

$$A = \{1,3,6\}, B = \{\ \}$$

단계 2: 군집 A와 각 객체 간의 평균거리를 구해보면 다음과 같다.

	1	3	6
$d(i,A)$	8.506	5.608	8.283

군집 A와 평균거리가 가장 먼 객체 1을 A에서 빼내어 B에 넣도록 한다. 즉,

$$A = \{3,6\}, B = \{1\}$$

군집 A의 각 객체에 대해 $d(i,A), d(i,B), e(i)$를 구해보면 다음과 같다.

	3	6
$d(i,A)$	5.385	5.385
$d(i,B)$	5.831	11.180
$e(i)$	-0.446	-5.795

A의 모든 객체에 대해 $e(i) < 0$이므로 이분화를 마친다. 지금까지 군집 결과는 다음과 같다.

$$k = 4 : C_1 = \{1\}, C_2 = \{2,4,5\}, C_3 = \{3,6\}, C_4 = \{7\}$$

Iteration 4

이상과 같이 진행하면 군집 결과는 다음과 같다.

$$k = 5 : C_1 = \{1\}, C_2 = \{2,4\}, C_3 = \{3,6\}, C_4 = \{5\}, C_5 = \{7\}$$

Iteration 5

객체를 2개씩 가진 군집 C_2와 C_3를 이분화하면 최종적으로 아래와 같다.

$$k = 7 : C_1 = \{1\}, C_2 = \{2\}, C_3 = \{3\}, C_4 = \{4\}, C_5 = \{5\}, C_6 = \{6\}, C_7 = \{7\}$$

이상의 과정을 그림으로 나타내면 [그림 12.4]와 같다.

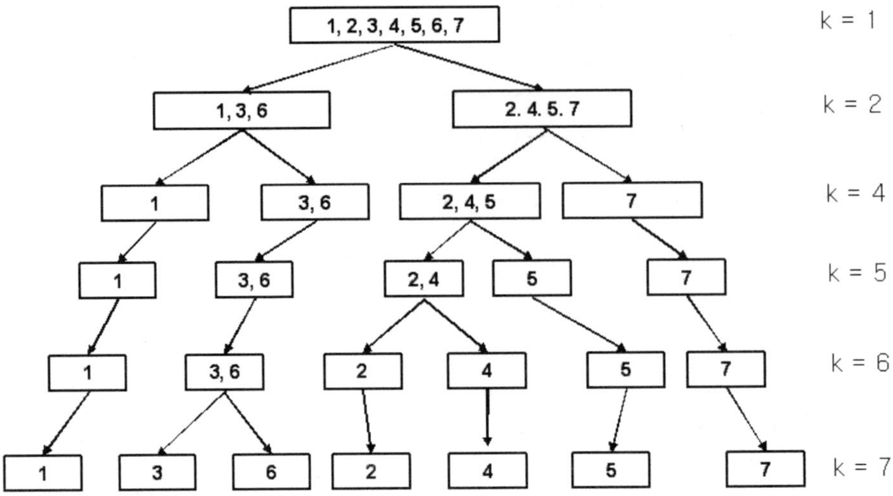

그림 12.4 다이아나 방법에 의한 군집분해 결과

12.5 | 군집 수의 결정

최적의 군집 수를 결정하는 객관적인 방법은 존재하지 않는다. 계층적 군집 방법에서는 덴드로그램을 참조하여 군집 간의 거리가 급격히 증가하는 계층에서 수평선으로 절단하여 그 이하의 그룹들을 하나의 군집으로 형성하는 방안을 널리 사용하고 있다. 또한, 부수적으로 군집수를 결정하는 데 사용되는 몇 가지 통계량을 소개한다. 계층적 군집 방법으로 군집 수를 축소하는 과정에서 매번 이와 같은 통계량을 산출하여 전후의 추이를 보면서 정지할 시점을 결정할 수 있다.

12.5.1 새 군집의 RMS 표준편차

새 군집의 RMS 표준편차(root-mean-square standard deviation of the new cluster; RMSSTD)는 두 개의 군집을 하나로 묶은 새로운 군집에 대한 합동 표준편차를

의미한다. 군집 C_i와 C_j를 하나의 군집으로 형성할 때 RMSSTD는 다음과 같이 산출된다.

$$RMSSTD(C_i, C_j) = \sqrt{\frac{SS(C_i \cup C_j)}{p(|C_i| + |C_j| - 1)}} \tag{12.11}$$

군집의 목적이 균질성을 추구하므로 작은 값일수록 새로운 군집의 균질성이 높다고 하겠다. 군집화가 진행될 때 후반의 새로운 군집에 대한 RMSSTD가 이전보다 커지기 마련이다. 그러나 급격한 증가가 있다면 이 시점에서 군집화를 마치는 것이 타당할 수 있다.

12.5.2 Semipartial R-squared(SPR)

두 개의 군집을 합하여 하나의 군집으로 만들 때 새로운 군집의 제곱합은 증가하기 마련이다. 이때 군집의 통합 전후의 제곱합 차이를 동질성 손실(loss of homogeneity)이라 한다. 이 동질성 손실이 작을수록 통합 후의 군집의 동질성이 크다고 할 수 있다. SPR은 다음과 같이 동질성 손실을 전체 제곱합으로 나눈 비율로 정의한다.

$$SPR(C_i, C_j) = \frac{SS(C_i \cup C_j) - (SS(C_i) + SS(C_j))}{SST} \tag{12.12}$$

12.5.3 군집 간 거리

통합될 두 군집 간의 거리로서 통합될 군집의 동질성을 판단할 수 있겠다. 거리가 가까울수록 동질하다고 할 것이다. 이는 12.1절의 연결 방법에 따라 다르게 산출될 수 있다. 즉, C_i와 C_j를 통합할 때 군집 간 거리는 $D(C_i, C_j)$이다.

12.5.4 R-squared(R^2)

군집 결과 C에 대해 객체 간의 총변동인 전체 제곱합(SST)은 다음과 같이 군집 내 제곱합(SSW)과 군집 간 제곱합(SSB)으로 분해된다.

$$SST = SSB + SSW \tag{12.13}$$

여기서

$$SST = \sum_{i=1}^{n}\sum_{j=1}^{p}(X_{ji} - \overline{X_j})^2$$

$$SSW = \sum_{i=1}^{k} SS(C_i), \quad SSB = SST - SSW$$

이때 R-square는 다음과 같이 정의한다.

$$R^2 = \frac{SSB}{SST} = 1 - \frac{SSW}{SST} \tag{12.14}$$

따라서 R^2는 객체들의 총변동 중 군집 간 변동이 설명하는 비율이라 할 수 있다. R^2가 크다는 것은 군집 간의 이질성이 높음, 즉 군집 내의 동질성이 높음을 나타낸다. 군집화 과정에서 SSW가 커지므로 R^2는 계속 감소하기 마련이다. 그러나 급격한 감소가 있다면 그 시점에서 군집을 중지할 수 있을 것이다.

예 12.4

[예 12.2]에 대해 워드 방법의 단계별로 위의 통계량을 산출하고 적절한 군집수를 결정하고자 한다. 우선 단계별로 위의 통계량을 산출하면 다음과 같다.

표 12.5 군집 과정에 따른 여러 통계량

	통합 대상 군집	통합 후 군집	RMSSTD	SPR	R^2
0	-	$C_1=\{1\}, C_2=\{2\}, C_3=\{3\}, C_4=\{4\}, C_5=\{5\}, C_6=\{6\}, C_7=\{7\}, C_8=\{8\}$	-	-	1.00
1	C_2, C_7	$C_1=\{1\}, C_2=\{2,7\}, C_3=\{3\}, C_4=\{4\}, C_5=\{5\}, C_6=\{6\}, C_7=\{8\}$	0.71	.002	.998
2	C_4, C_7	$C_1=\{1\}, C_2=\{2,7\}, C_3=\{3\}, C_4=\{4,8\}, C_5=\{5\}, C_6=\{6\}$	1.12	.005	.993
3	C_1, C_3	$C_1=\{1,3\}, C_2=\{2,7\}, C_3=\{4,8\}, C_4=\{5\}, C_5=\{6\}$	1.12	.005	.988
4	C_2, C_4	$C_1=\{1,3\}, C_2=\{2,5,7\}, C_3=\{4,8\}, C_4=\{6\}$	2.16	.035	.953

5	C_1, C_4	$C_1 = \{1,3,6\}$, $C_2 = \{2,5,7\}$, $C_3 = \{4,8\}$	2.35	.039	.914
6	C_2, C_3	$C_1 = \{1,3,6\}$, $C_2 = \{2,4,5,7,8\}$	3.85	.195	.719
7	C_1, C_2	$C_1 = \{1,2,3,4,5,6,7,8\}$	5.98	.719	.000

Iteration별로 RMS 표준편차, R^2, SPR의 값을 [그림 12.5]에 그래프로 나타내었다.

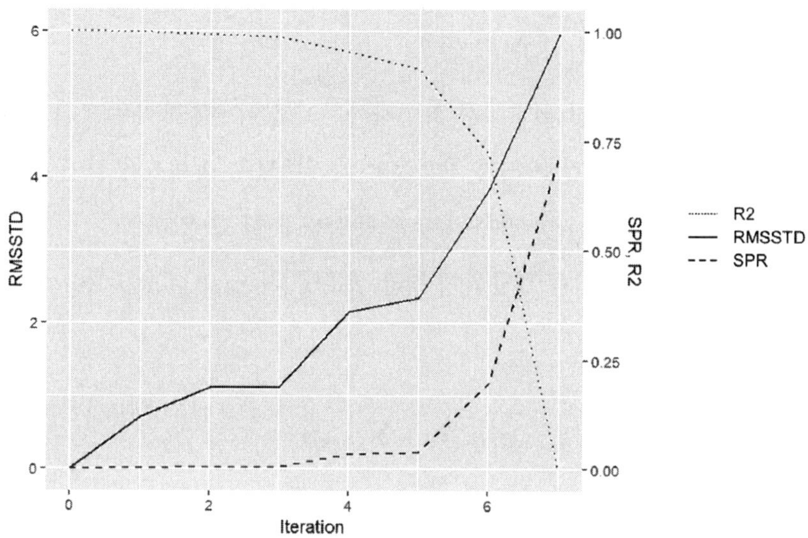

그림 12.5 군집 과정에 따른 통계량 추이

[그림 12.5]에서 보듯이 Iteration 6부터 3가지 통계량 모두 급격하게 변화하는 것을 알 수 있다. 따라서 군집 수는 Iteration 5까지 3개가 가장 적당하다고 하겠다. 이 3개의 군집은 [그림 12.3]에서 잘 볼 수 있다.

12.5.5 평균 실루엣(average silhouette)

Kaufman and Rousseeuw(1990)(참고문헌 [2])는 실루엣(silhouettes)이라는 평가지수를 제안하였다. 군집 C_i에 속하는 객체 u에 대해 아래와 같은 두 척도를 구한다.

$$a(u) = \frac{1}{|C_i| - 1} \sum_{v \in C_i, v \neq u} d(u,v)$$

$$b(u) = \min_{j \neq i} \frac{1}{|C_j|} \sum_{v \in C_j} d(u,v)$$

여기서 $a(u)$는 객체 u와 동일한 군집에 속한 다른 객체들과의 평균거리를 나타내며, $b(u)$는 객체 u와 다른 군집 각각에 속한 모든 객체와의 평균거리 중 최솟값을 나타낸다. 이때 객체 u의 실루엣은 다음과 같이 정의된다.

$$s(u) = \begin{cases} \dfrac{b(u) - a(u)}{\max[a(u), b(u)]}, & |C_i| > 1 \\ 0, & |C_i| = 1 \end{cases} \tag{12.15}$$

$s(u)$는 −1과 1 사이의 값을 갖는데(이를 확인하라), 이 값이 1에 가까우면 다른 군집과의 거리보다 동일 군집 내 객체 간 거리가 가까움을 나타내므로 객체 u가 잘 군집화된 것을 의미하며, 반대로 −1에 가까우면 잘못된 것을 뜻한다고 할 수 있다.

모든 객체에 대한 실루엣 값을 평균하여 평균 실루엣(average silhouette width; ASW)을 다음과 같이 구한다.

$$ASW = \frac{1}{n} \sum_{u=1}^{n} s(u) \tag{12.16}$$

이 평균 실루엣이 최대가 되도록 하는 최적 군집 수를 선택한다. 여기에서 n은 전체 객체의 수를 뜻한다.

예 12.5

[예 12.2]에 대해 워드 방법의 단계별로 평균 실루엣을 산출하고 적절한 군집수를 결정하고자 한다. 단계별로 평균 실루엣을 산출하면 다음과 같다.

표 12.6 군집 과정에 따른 평균 실루엣

	통합 대상 군집	통합 후 군집	평균 실루엣
0	–	$C_1=\{1\}, C_2=\{2\}, C_3=\{3\}, C_4=\{4\}, C_5=\{5\}, C_6=\{6\}, C_7=\{7\}, C_8=\{8\}$	0
1	C_2, C_7	$C_1=\{1\}, C_2=\{2,7\}, C_3=\{3\}, C_4=\{4\}, C_5=\{5\}, C_6=\{6\}, C_7=\{8\}$	0.18
2	C_4, C_7	$C_1=\{1\}, C_2=\{2,7\}, C_3=\{3\}, C_4=\{4,8\}, C_5=\{5\}, C_6=\{6\}$	0.33
3	C_1, C_3	$C_1=\{1,3\}, C_2=\{2,7\}, C_3=\{4,8\}, C_4=\{5\}, C_5=\{6\}$	0.51

4	C_2, C_4	$C_1=\{1,3\}, C_2=\{2,5,7\}, C_3=\{4,8\}, C_4=\{6\}$	0.54
5	C_1, C_4	$C_1=\{1,3,6\}, C_2=\{2,5,7\}, C_3=\{4,8\}$	0.65
6	C_2, C_3	$C_1=\{1,3,6\}, C_2=\{2,4,5,7,8\}$	0.59
7	C_1, C_2	$C_1=\{1,2,3,4,5,6,7,8\}$	0

Iteration별로 평균 실루엣의 값을 [그림 12.6]에 그래프로 나타내면 다음과 같다.

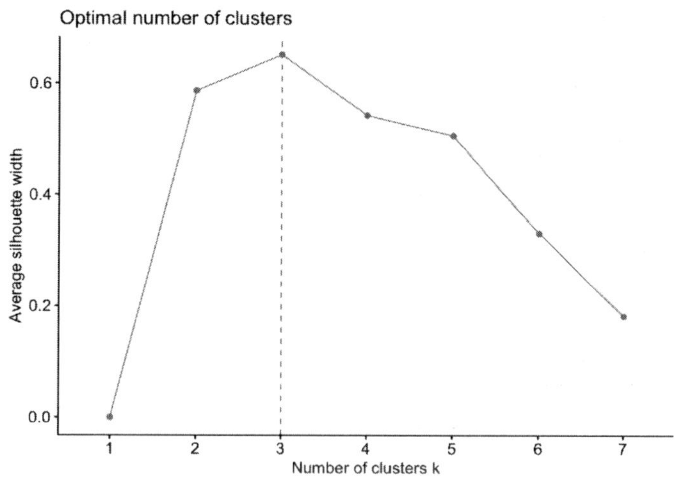

그림 12.6 군집 과정에 따른 평균 실루엣 추이

[그림 12.6]에서 보듯이 군집수는 평균 실루엣이 최대가 되는 3개가 가장 적당하다고 할 수 있다.

R 코드

1. 예 12.1의 R 코드

```
# ch12_ex01_average_linkage.R
# ch12.1 cluster distance metrics and linkage methods
# ch12.2 algorithm of linkage methods

# ex12.1
# read csv file
dat1 <- read.csv("data/ch12_dat1.csv")
dat2 <- dat1[, -1]

# Euclidean distance
D1 <- dist(dat2)
round(D1, 2)
# Average linkage method
# check how different from linkage method
hc_c <- hclust(D1, method = "average")
plot(hc_c,
     hang = -1, cex = 0.7, main = "Average linkage with Euclidean distance",
     ylab = "Distance", xlab = "observation" )
```

2. 예 12.2의 R 코드

```
# ch12_ex02_ward.R
# ch12.3 Ward's method

# ex12.2
# read csv file
dat1 <- read.csv("data/ch12_dat2.csv")
dat2 <- dat1[, -1]

# Squared Euclidean distance
D1 <- dist(dat2)
D1^2
# Ward's linkage method
```

```
# check how different from linkage method
hc_c <- hclust(D1, method = "ward.D2")
plot(hc_c,
     hang = -1, cex = 1, main = "Ward's linkage with Euclidean distance",
     ylab = "Distance", xlab = "observation" )
```

3. 예 12.3의 R 코드

```
# ch12_ex03_diana.R
# ch12.4 Diana

# ex12.3
# load packages
library(cluster)

# read csv file
dat1 <- read.csv("data/ch12_dat3.csv")
dat2 <- dat1[, -1]

# DIANA clustering
clus_diana <- diana(dat2)

# Plot dendrogram
plot(clus_diana, which.plots = 2, main = "Dendrogram of Diana")
```

4. 예 12.5의 R 코드

```
# ch12_ex05_choose_k.R
# Ch12.5 How to choose k

# load packages
library(factoextra)
# read csv file
dat1 <- read.csv("data/ch12_dat2.csv")
dat2 <- dat1[, -1]

# ex12.5
# choose the optimal k based on average silhouette width
fviz_nbclust(dat2, hcut, method = "silhouette", k.max = 7)
```

참고문헌

계층적 군집 방법의 역사는 상당히 오래되었으며 분류학(taxonomy)에서 주로 비롯되었다. 참고문헌 [2]에는 다이아나를 비롯한 다양한 군집 방법이 소개되고 있다.

[1] Fisher, R.A. (1936), "The Use of Multiple Measurements in Taxonomic Problems", *Annals of Eugenics*, 7, 179 –188.

[2] Kaufman, L. and Rousseeuw, P.J. (1990) *Finding Groups in Data: An Introduction to Cluster Analysis*. Wiley, New York.

[3] Lance, G.N. and Williams, W.T. (1967), "A General Theory of Classificatory Sorting Strategies. 1: Hierarchical Systems", *The Computer Journal*, 9, 373–380.

[4] Sokal, R.R. and Michener, C.D. (1958), "A Statistical Method for Evaluating Systematic Relationships", *University of Kansas Science Bulletin*, 38, 1409 –1438.

[5] Sorensen, T. (1948), "A Method of Establishing Groups of Equal Amplitude in Plant Sociology Based on Similarity of Species Content and Its Application to Analyses of the Vegetation on Danish Commons", *Biologiske Skrifter*, 5, 1–34.

연습문제

12.1 다음은 12개 cereal 제품에 대한 5가지 영양변수, 즉 단백질(Protein, gm), 탄수화물(Carbohydrates, gm), 지방(fat, gm), 열량(Calories per oz), 비타민 A(Vitamin A, % daily allowance)의 자료들을 포함한다. 이 자료에 대해 단일연결법, 중심연결법, 워드 방법에 의한 결과를 덴드로그램으로 나타내고 적절한 군집수를 결정하라. 단, 객체 간의 거리는 표준화된 유클리드 거리를 사용하라.

Cereal	단백질	탄수화물	지방	열량	비타민 A
Life	6	19	1	110	0
Grape Nuts	3	23	0	100	25
Super Sugar Crisp	2	26	0	110	25
Special K	6	21	0	110	25
Rice Krispies	2	25	0	110	25
Raisin Bran	3	28	1	120	25
Product 19	2	24	0	110	100
Wheaties	3	23	1	110	25
Total	3	23	1	110	100
Puffed Rice	1	13	0	50	0
Sugar Corn Pops	1	26	0	110	25
Sugar Smacks	2	25	0	110	25

12.2 다음은 13개 시중은행에 대한 편리, 신속, 친절, 능률, 쾌적, 자동화 등의 점수를 나타낸다. 이 자료에 대해 완전연결법, 평균연결법, 워드 방법을 통해 덴드로그램을 그려 군집분석하고 결과를 비교하라. 단, 객체 간의 거리는 유클리드 거리를 사용하라.

은행명	편리	신속	친절	능률	쾌적성	자동화
Bank 1	70.5	59.4	63.7	54.3	66.9	62.6
Bank 2	64.8	70.3	68.6	55.2	68.0	64.1
Bank 3	67.1	79.6	78.5	62.4	79.8	62.4
Bank 4	61.1	65.0	65.6	54.4	64.5	63.9
Bank 5	63.4	66.5	67.9	56.0	59.7	62.0
Bank 6	72.3	69.1	74.2	60.0	70.1	68.2
Bank 7	64.2	72.0	71.4	56.9	72.8	57.8
Bank 8	68.4	67.5	67.3	51.3	71.3	65.8
Bank 9	66.1	66.5	67.3	50.7	63.4	63.3
Bank 10	63.5	65.7	64.3	53.9	61.7	62.7
Bank 11	69.0	74.3	80.5	63.6	75.7	55.9
Bank 12	63.2	65.5	68.3	49.8	64.6	59.1
Bank 13	64.1	64.8	67.8	59.7	65.7	61.8

12.3 각 객체의 속성데이터 대신 객체 간 비유사성 척도(거리) 행렬만 주어진 경우 단일연결법, 완전연결법에 의한 계층적 군집이 가능한 이유를 설명하라.

12.4 다음은 5개 객체 간의 거리를 나타낸 것이다. 단일연결법, 완전연결법 및 평균연결법에 의한 덴드로그램을 작성하고 비교하라.

	O1	O2	O3	O4	O5
O1	0	2	14	10	5
O2		0	17	16	1
O3			0	3	15
O4				0	18
O5					0

12.5 다음과 같은 두 변수(X, Y)로 표현되는 8개의 객체가 있다.

객체#	1	2	3	4	5	6	7	8
X	1	2	1	4	5	8	9	10
Y	1	1	2	5	6	7	9	12

연결법에 의거 군집을 수행하며 객체 간의 거리는 Manhattan(Rectilinear)를 사용한다. 계층적 군집 과정의 현재 단계에서 군집 결과는 다음과 같다: (1, 2, 3); (4, 5); (6, 7, 8)

(a) single linkage를 사용하는 경우 군집 간의 거리를 구하라. 다음 단계의 군집 결과는 어떻게 되는가?

(b) complete linkage를 사용하는 경우 군집 간의 거리를 구하라. 다음 단계의 군집 결과는 어떻게 되는가?

12.6 다음은 10개 객체 간의 비유사성 척도를 나타낸 것이다. 단일연결법, 완전연결법, 평균연결법에 의하여 각각 군집분석을 수행하라. 또한, 각 단계별로 RMSSTD, SPR, R2를 구하고 이를 바탕으로 적절한 군집수를 결정하라.

	O1	O2	O3	O4	O5	O6	O7	O8	O9	O10
O1	0									
O2	587	0								
O3	1212	920	0							
O4	701	940	879	0						
O5	1936	1745	831	1374	0					
O6	604	1188	1726	968	2339	0				
O7	748	713	1631	1420	2451	1092	0			
O8	2139	1858	949	1645	347	2594	2571	0		
O9	2182	1737	1021	1891	959	2734	2408	678	0	
O10	543	597	1494	1220	2300	923	205	2442	2329	0

12.7 다음은 식품에 따른 100g 중에 포함된 주요 성분을 나타낸다.

객체번호	식품명	칼로리	수분	단백질	지방	당분
O1	쌀	351	15.5	6.2	0.8	76.6
O2	라면	471	4.0	19.5	24.0	46.2
O3	떡	249	40.0	4.5	0.4	54.5
O4	스파게티	366	11.5	11.5	1.4	74.5
O5	식빵	270	35.0	8.0	1.5	54.3
O6	비스켓	414	4.5	7.2	8.2	79.1
O7	카스텔라	325	22.7	6.7	3.7	66.2
O8	면류	116	72.0	2.6	0.3	24.8
O9	콘프레이크	377	6.0	9.0	1.0	80.2
O10	쇠고기	167	60.2	24.2	4.2	6.6
O11	돼지고기	354	52.5	14.1	32.5	0.1
O12	닭고기	135	72.8	21.0	5.0	0.0
O13	햄	280	56.7	18.6	22.2	0.0
O14	베이컨	648	22.6	5.5	69.2	0.0
O15	감자	77	79.5	1.9	0.1	17.3
O16	양파	40	89.1	1.2	0.2	8.3
O17	토마토	33	90.5	1.3	0.3	6.9
O18	당근	51	85.3	1.3	0.2	10.9
O19	피망	28	91.9	1.3	0.4	4.0
O20	버터	721	15.5	0.6	81.6	0.2
O21	마가린	719	15.5	0.6	81.1	0.2
O22	치즈	400	35.3	27.9	31.5	0.9
O23	초콜렛	512	7.0	6.8	30.8	59.3

단순연결법, 완전연결법, 평균연결법, 중심연결법, 워드 방법에 의하여 적절한 군집수를 결정하고 군집 결과를 비교하라.

12.8 각 객체가 5개의 변수($X_1, \dots, X_5$)로 이루어졌으며 모든 변수가 이분형(0 또는 1)이다. 다음과 같은 6개의 객체에 대한 군집분석을 하고자 한다.

	X_1	X_2	X_3	X_4	X_5
O1	1	1	0	1	1
O2	0	1	1	0	0
O3	1	0	0	1	1
O4	0	0	1	0	0
O5	0	0	0	1	1
O6	1	0	1	0	1

(a) 두 객체 간 유사성 척도로 Jaccard measure를 사용하고자 한다(9.3절 참조). 예를 들어, O1과 O3 간의 Jaccard measure값은 5개 쌍 중 (0,0)이 있는 1개를 제외한 4개 변수 중 (1,1)이 3쌍 있으므로 3/4이다. 각 객체 간 Jaccard measure를 산출하라.

(b) 위의 데이터에 단순연결법의 알고리즘을 적용하되 4개의 군집이 되기까지 결과를 전개하라.

12.9 [연습문제 11.2]에 있는 데이터에 대하여 군집분석을 수행하라. 단, 11.3.4절의 혼합형에 대한 거리척도를 사용하고 완전연결법을 사용하라.

12.10 식(12.7)을 증명하라.

12.11 식(12.8)이 성립함을 증명하라.

12.12 식(12.15)의 실루엣 값이 −1에서 1 사이의 값을 가짐을 보여라.

13장

비계층적 군집 방법

13.1 K-means 알고리즘
13.2 K-medoids 군집 방법
13.3 퍼지 K-means 알고리즘
13.4 모형기반 군집 방법
13.5 밀도기반 군집 방법 - 디비스캔(DBSCAN)
R 코드
연습문제

비계층적 군집 방법(nonhierarchical clustering)은 분할 방법(partitioning method)이라고도 하는데, 군집의 수 K를 사전에 지정하고 대상 객체들을 적절한 군집에 배정하는 방법이다. 즉, 이 방법은 n개의 객체를 K개의 군집에 할당하는 최적화 문제로 간주할 수 있다. 본 장에서는 분할 방법의 대표적인 K-means 알고리즘, K-medoids 군집 방법, 퍼지 K-means 알고리즘, 모형기반 군집 방법, 그리고 밀도기반 군집 방법 DBSCAN에 대해 알아본다.

13.1 | K-means 알고리즘

K-means 알고리즘은 비계층적 군집 방법 중 가장 널리 사용되는 것으로 K개 군집의 중심좌표를 고려하여 각 객체를 가까운 군집에 배정하는 반복적 알고리즘이다. 구체적 절차는 다음과 같다.

단계 0: (초기 객체 선정) 어떤 규칙에 의해 선택된 K개의 객체의 좌표를 초기 군집의 중심좌표(centroid)로 선정한다.

단계 1: (객체의 군집 배정) 각 객체에 대해 K개의 군집 중심좌표와의 거리(주로 유클리드 거리 사용)를 산출한 후 가장 가까운 군집에 그 객체를 배정한다.

단계 2: (군집 중심좌표의 산출) 새로운 군집에 대한 중심좌표를 산출한다.

단계 3: (수렴 조건 점검) 새로 산출된 중심좌표값과 이전 좌표값을 비교하여 수렴조건 내에 들면 마치고, 그렇지 않으면 단계 1을 반복한다.

위에서 초기 K개의 객체를 선택하는 방법으로 다음과 같은 규칙이 사용된다.

무작위 방법: 대상 객체 중 무작위로 K개를 선택한다.
외각 객체 선정: 전체 객체의 중심좌표에서 가장 멀리 위치하는 K개의 객체를 선택한다.

위에서 군집의 중심좌표란 해당 군집에 속한 객체들의 속성들의 평균치로 이루어진 값을 의미한다. 즉, j번째 군집의 중심좌표 $\boldsymbol{c}_j$는 다음과 같다.

$$\boldsymbol{c}_j = (\overline{X_1}^{(j)}, \overline{X_2}^{(j)}, \ldots, \overline{X_p}^{(j)})^T,\ j = 1, \cdots, K$$

이상과 같이 K-means 알고리즘에서는 객체들의 군집이 결정되면 중심좌표가 산출되며 중심좌표가 정해지면 이와 관련된 새로운 군집이 형성된다. 결국, n개의 객체를 K개의 군집으로 나눌 때 각 객체를 어떤 군집에 배정하는 것이 전체 거리를 최소로 하는가 하는 최적화 문제를 고려할 수 있다.

다음과 같은 변수를 정의하면,

$$a_{ij} = \begin{cases} 1 & \text{객체 } i\text{가 군집 } j\text{에 배정될 때} \\ 0 & \text{그 밖의 경우} \end{cases} \tag{13.1}$$

K-means 알고리즘은 다음과 같은 최적화 문제로 정식화될 수 있다.

$$\text{Min } Z = \sum_{i=1}^{n}\sum_{j=1}^{K} d(\boldsymbol{x}_i, \boldsymbol{c}_j)a_{ij} \tag{13.2a}$$

Subject to

$$\boldsymbol{c}_j = \frac{\sum_{i=1}^{n} \boldsymbol{x}_i a_{ij}}{\sum_{i=1}^{n} a_{ij}}, \qquad j = 1, \ldots, K \tag{13.2b}$$

$$\sum_{j=1}^{K} a_{ij} = 1, \quad i = 1, \ldots, n \tag{13.2c}$$

$$\sum_{i=1}^{n} a_{ij} \geq 1, \quad j = 1, \ldots, K \tag{13.2d}$$

$$a_{ij} = 1 \text{ or } 0, \quad i = 1, \ldots, n;\ j = 1, \ldots, K \tag{13.2e}$$

식(13.2a)의 목적함수는 객체와 해당 군집의 중심좌표와의 거리합을 나타낸 것이며, 식(13.2b)는 중심좌표를 나타낸 식이다. 식(13.2c)는 각 객체가 K개 군집 중 하나에 속해야 함을 의미하고, 식(13.2d)는 한 군집이 하나 이상의 객체를 포함해야 함을 의미한다.

본 최적화 문제에서 결정변수는 a_{ij}인데, 중심좌표 $\boldsymbol{c}_j$가 결정변수의 비선형 조합이며, 이에 따라 식(13.2a)의 목적함수가 결정변수에 대해 매우 비선형적(highly nonlinear)인 조합 최적화(combinatorial optimization) 문제이므로, 정확한 최적의 해를 찾는 데 시간이 오래 걸리는 문제다. K-means 알고리즘은 위의 최적화 문제에 대해 빠른 시간 안에 최적에 가까운 해를 찾는 하나의 발견적 해법(heuristic method)이라 할 수 있다. 군집별 중심좌표가 정해지면 (단계 1)에서는 식(13.2a)를 최소로 하는 새로운 a_{ij}를 정하고 (단계 2)에서는 식(13.2b)를 사용하여 새로운 중심좌표를 구하는 것이다. K-means 알고리즘은 계산 효율이 대체로 양호하나 이상치(outliers)가 존재할 때 군집 최적해와는 크게 다를 수 있는 것으로 알려져 있다.

예 13.1

10명에 대한 PC의 사용경력(X1)과 주당 사용시간(X2)이 다음과 같다.

	O1	O2	O3	O4	O5	O6	O7	O8	O9	O10
사용경력(X1)	6	8	14	11	15	7	13	5	3	3
사용시간(X2)	14	13	6	8	7	15	6	4	3	2

K-means에서 군집수는 [그림 13.1]의 실루엣(silhouette) 척도를 기준으로 $K=3$으로 정하였다.

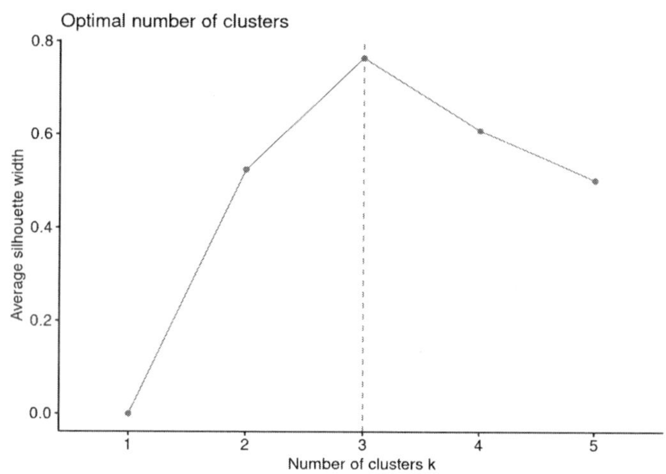

그림 13.1 K 선정을 위한 실루엣 결과

군집수가 $K=3$에서 K-means 알고리즘을 단계적으로 적용하면 다음과 같다.

단계 0: 무작위 방법을 이용하여, 3개의 객체 O4, O5, O6 이 초기 군집 중심 좌표로 선정되었다고 하자. 즉,

초기 군집 중심 좌표

	X1	X2
c_1	11.00	8.00
c_2	15.00	7.00
c_3	7.00	15.00

Iteration 1

단계 1: 각 객체에 대해 3개의 군집 중심 좌표와의 거리를 산출해 보면 다음과 같다.

	c_1	c_2	c_3
O1	7.81	11.40	1.41
O2	5.83	9.22	2.24
O3	3.61	1.41	11.40
O4	0.00	4.12	8.06
O5	4.12	0.00	11.31
O6	8.06	11.31	0.00
O7	2.83	2.24	10.82
O8	7.21	10.44	11.18
O9	9.43	12.65	12.65
O10	10.00	13.00	13.60

이때 각 객체들에 대해 거리가 가장 가까운 군집에 그 객체를 배정한다. 따라서 초기 군집 결과는 $C_1 = \{4,8,9,10\}, C_2 = \{3,5,7\}, C_3 = \{1,2,6\}$이 된다.

단계 2: 새로운 군집에 대한 군집 중심 좌표를 산출해 보면 다음과 같다.

	X1	X2
c_1	5.50	4.25
c_2	14.00	6.33
c_3	7.00	14.00

단계 3: 새로운 군집 중심 좌표가 이전과 다르므로 다음 iteration을 진행한다.

Iteration 2

단계 1: 새로운 군집 중심 좌표와 각 각체 간의 거리는 다음과 같다.

	c_1	c_2	c_3
O1	9.76	11.08	1.00
O2	9.10	8.97	1.41
O3	8.68	0.33	10.63
O4	6.66	3.43	7.21
O5	9.89	1.20	10.63
O6	10.85	11.14	1.00
O7	7.70	1.05	10.00
O8	0.56	9.30	10.20
O9	2.80	11.49	11.70
O10	3.36	11.82	12.65

이때 각 객체들을 거리가 가장 가까운 군집에 그 객체를 배정해 보면 $C_1 = \{8,9,10\}$, $C_2 = \{3,4,5,7\}, C_3 = \{1,2,6\}$와 같다.

단계 2: 위에서 구한 군집 결과를 바탕으로 하여 새로운 군집 중심 좌표를 산출해 보면 다음과 같다.

	X1	X2
c_1	3.67	3.00
c_2	13.25	6.75
c_3	7.00	14.00

단계 3: 중심좌표가 이전과 다르므로 다음 iteration을 진행한다.

Iteration 3

단계 1: 새로운 군집 중심 좌표와 객체 간의 거리는 다음과 같다.

	c_1	c_2	c_3
O1	11.24	10.25	1.00
O2	10.90	8.16	1.41
O3	10.76	1.06	10.63
O4	8.88	2.57	7.21

O5	12.02	1.77	10.63
O6	12.45	10.35	1.00
O7	9.80	0.79	10.00
O8	1.67	8.70	10.20
O9	0.67	10.91	11.70
O10	1.20	11.30	12.65

이때 각 객체들을 거리가 가장 가까운 군집에 그 객체를 배정해 보면 $C_1 = \{8,9,10\}$, $C_2 = \{3,4,5,7\}, C_3 = \{1,2,6\}$이 나오는데, 이는 이전의 군집 결과와 변화가 없으므로 본 해가 [그림 13.2]와 같이 최종 군집해가 된다.

```
K-means clustering 3 clusters of sizes
4, 3, 3

Cluster means:
         X1    X2
1 13.250000  6.75
2  3.666667  3.00
3  7.000000 14.00

Clustering vector:
 [1] 3 3 1 1 1 3 1 2 2 2

Within cluster sum of squares by
cluster:
[1] 11.500000  4.666667  4.000000
 (between_SS / total_SS =  94.6 %)
```

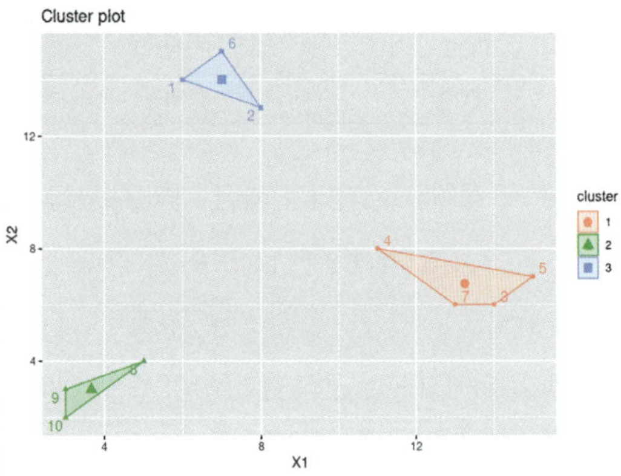

그림 13.2 K-means 결과와 군집의 중심좌표

13.2 | K-medoids 군집 방법

K-means 알고리즘이 각 군집의 중심좌표(centroid)를 고려하는 반면, K-medoids 군집 방법은 각 군집의 대표객체(medoid)를 고려하는 기법이다. 군집의 중심좌표는 데이터에 이상치가 있는 경우 그 군집을 대표하기 적절하지 않으며, 이를 보완하기 위해 대표객체

를 사용한다. 군집의 대표객체란, 그 군집에 속하는 객체 중 다른 객체들과의 평균(또는 전체) 거리가 최소가 되는 객체를 말한다. 군집 C의 대표 객체 좌표를 $\boldsymbol{x}_m$이라 하면 다음이 성립한다.

$$\sum_{j\in C} d(\boldsymbol{x}_m, \boldsymbol{x}_j) = \min_{k\in C}\left\{\sum_{j\in C} d(\boldsymbol{x}_k, \boldsymbol{x}_j)\right\} \tag{13.3}$$

K-medoids 군집 방법은 K-means 알고리즘과 마찬가지로 각 객체를 K개의 군집 중 하나에 배정하며, 이때 객체와 해당 군집의 대표객체와의 거리합이 최소가 되도록 하는 군집해를 찾는 방법이다.

예 13.2

다음과 같은 5개의 객체로 구성된 하나의 군집에 대한 대표객체를 구하라.

	O1	O2	O3	O4	O5
X1	3	5	11	13	14
X2	3	4	8	6	6

풀이

5개 객체에 대한 거리행렬(유클리드 거리 사용)은 다음과 같다.

	O1	O2	O3	O4	O5	합
O1	0	2.2361	9.434	10.4403	11.4018	33.51
O2	2.2361	0	7.2111	8.2462	9.2195	26.91
O3	9.434	7.2111	0	2.8284	3.6056	23.08
O4	10.4403	8.2462	2.8284	0	1	22.51
O5	11.4018	9.2195	3.6056	1	0	25.23

만약 첫 번째 객체가 대표객체라면 총거리는 위 행렬의 첫 행의 합이 된다. 따라서 대표객체를 구하기 위해 각 행의 합을 구한 후 가장 작은 값을 갖는 행을 택하면 될 것이다. 즉, 대표객체는 O4이다.

K-medoids 군집 방법은 다음과 같이 두 가지 지시변수를 정의할 때,

$$a_{ij} = \begin{cases} 1 & \text{객체 } j\text{를 객체 } i\text{가 대표객체인 군집에 배정할 때} \\ 0 & \text{그 밖의 경우} \end{cases}$$

$$b_i = \begin{cases} 1 & i\text{번 객체가 대표객체일 때} \\ 0 & \text{다른 경우} \end{cases} \tag{13.4}$$

다음과 같은 최적화 문제로 정식화될 수 있다.

$$Min\,Z = \sum_{i=1}^{n}\sum_{j=1}^{n} d(\boldsymbol{x}_i, \boldsymbol{x}_j)a_{ij} \tag{13.5a}$$

subject to

$$\sum_{i=1}^{n} a_{ij} = 1, \quad j = 1,...,n \tag{13.5b}$$

$$a_{ij} \leq b_i, \qquad i,j = 1,...,n \tag{13.5c}$$

$$\sum_{i=1}^{n} b_i = K \tag{13.5d}$$

$$a_{ij} = 1 \;\text{ or }\; 0, \qquad i = 1,...,n;\; j = 1,...,n \tag{13.5e}$$

$$b_i = 1 \;\text{ or }\; 0, \qquad i = 1,...,n \tag{13.5f}$$

식(13.5b)는 각 객체가 하나의 군집에 포함되어야 함을 나타내며, 식(13.5c)는 i번째 객체가 대표객체로 선정되면 a_{ij}가 0 또는 1의 값을 갖고, 대표객체로 선정되지 않으면 0의 값을 갖는다는 의미이다. 객체 $i_1, i_2, ..., i_K$를 K개의 대표객체라 하면 임의의 객체 v는 다음이 성립할 때 대표객체 i_j에 해당하는 군집에 배정(즉, $a_{v,i_j} = 1$)된다.

$$i_j = \arg\min_i \; d(x_i, x_v)$$

그러나 위의 최적화 문제는 a_{ij}와 b_i가 서로 종속적이므로 최적해를 구하기는 어렵다. 이에 따라 발견적 해법을 사용한다. K-medoids 군집 방법의 알고리즘으로 잘 알려진 것에는 다음과 같은 것이 있다.

PAM(Partitioning Around Medoids)

CLARA(Clustering LARge Applications)

CLARANS(Clustering Large Applications based on RANdomized Search)

13.2.1 PAM 알고리즘

PAM 알고리즘은 1990년 Kaufman and Rousseeuw(참고문헌 [3] 참조)에 의해 발표된 것으로, 초기 대표객체를 설정하는 방법인 BUILD와 초기 군집 결과로부터 더 나은 군집해를 찾아나가는 과정인 SWAP의 두 부분으로 구성되어 있다.

BUILD

BUILD는 다음 절차들을 거쳐서 K개의 초기 대표객체를 구하는 과정이다.

단계 0: 우선 각 객체별로 다른 객체 간의 거리를 구한 후, 그 합이 가장 작은 객체 하나를 대표객체로 선정한다. 선정된 대표객체집합을 M이라 하자.

단계 1: 대표객체로 선정되지 않은 객체 j에 대해, 객체 j와 대표객체로 선정된 객체들과의 거리 중 가장 작은 D_j를 구한다. 즉,

$$D_j = \min_{k \in M} d(j,k),\ \ j \notin M$$

그리고 대표 객체로 선정되지 않은 두 객체 i, j에 대해 다음을 산출한다.

$$C_{ji} = \max(D_j - d(j,i), 0)\ \ i, j \notin M$$

이는 객체 i가 추가로 대표객체가 된다고 할 때, 객체 j의 입장에서 거리 감소량이다.

단계 2: 다음과 같이 거리 감소량이 가장 큰 객체 m을 대표객체에 포함시키고,

$$m = \arg\max_{i \notin M} \sum_{j \notin M} C_{ji}$$

대표객체집합을 수정한다($M \leftarrow M \cup \{m\}$).

단계 3: K개의 대표객체가 선정되었으면 종료하고, 그렇지 않은 경우에는 (단계 1)로 되돌아간다.

SWAP

SWAP은 대표객체로 선정되어 있는 객체 i와 선정되지 않은 객체 h를 교환할 때 목적함수의 변화량을 산출해 더 나은 목적함수 값을 찾아가는 과정이다.

단계 1: 객체 i와 객체 h를 교환할 때 목적함수의 변화량을 산출하기 위해 우선, 대표객체로 선정되지 않은 임의의 객체 j(단, $j \neq h$)에서의 변화량을 다음과 같이 산출한다.

$$C_{jih} = (i\text{와 } h\text{를 교환 후 객체 } j\text{와 대표객체와의 거리})$$
$$-(\text{교환 전 객체 } j\text{와 대표객체와의 거리})$$
$$(j \notin M, i \in M, h \notin M)$$

위의 변화량은 다음의 4가지 경우에 따라 다르게 산출된다.

a) 객체 j로부터 i와 h까지의 거리가 대표객체 중 어느 하나와의 거리보다 더 먼 경우(교환 전 j의 대표객체는 i가 아니며, 교환 후에도 변화 없음)

$$C_{jih} = 0$$

b) 객체 j로부터 i까지의 거리가 j로부터 다른 어떠한 대표객체들과의 거리보다 짧은 경우 2가지로 더 세분된다(이 경우 j의 교환 전 대표객체는 i이므로 $d(j,i) = D_j$).

b-1. 객체 j로부터 h까지의 거리가 j에서 두 번째로 가까운 대표객체까지의 거리보다 더 짧은 경우(j의 새로운 대표객체는 h)

$$C_{jih} = d(j,h) - d(j,i)$$

b-2. 객체 j로부터 h까지의 거리가 j에서 두 번째로 가까운 대표객체까지의 거리(E_j)보다 더 먼 경우(두 번째로 가까운 대표객체가 j의 새로운 대표객체가 됨)

$$C_{jih} = E_j - d(j,i) \quad (\geq 0)$$

c) 객체 j로부터 i까지의 거리가 j로부터 적어도 어느 하나의 대표객체까지의 거리보다는 길고, 객체 j에서 h까지의 거리가 j로부터 다른 어떤 대표객체들과의 거리보다 짧은 경우(j의 새로운 대표객체는 h; $D_j \neq d(j,i)$)

$$C_{jih} = d(j,h) - D_j \quad (< 0)$$

단계 2: 대표객체 i를 h로 교환하는 경우 총변화량은 다음과 같다.

$$T_{ih} = \sum_j C_{jih}$$

이때 $\min_{i,h} T_{ih}$에 대응하는 객체 i^*와 h^*를 찾아 $T_{i^*h^*} < 0$이면 교환한 후에 다시 (단계 1)로 돌아가고, $T_{i^*h^*} \geq 0$이면 교환하지 않고 종료한다.

예 13.3

다음과 같은 6명에 대한 PC 사용경력과 사용시간의 데이터를 이용하여 2개의 군집으로 묶어 보시오. 단, K-medoids의 PAM 알고리즘을 사용하시오.

	O1	O2	O3	O4	O5	O6
사용경력	3	5	11	13	14	15
사용시간	3	4	8	6	6	7

풀이

BUILD와 SWAP의 iteration별 결과는 다음과 같다.

BUILD

Iteration 1

단계 0: 객체별로 다른 객체 간의 거리 합을 구해보면 다음과 같다.

	O1	O2	O3	O4	O5	O6	거리의 합
O1	0.00	2.24	9.43	10.44	11.40	12.65	46.16
O2	2.24	0.00	7.21	8.25	9.22	10.44	37.35
O3	9.43	7.21	0.00	2.83	3.61	4.12	27.20
O4	10.44	8.25	2.83	0.00	1.00	2.24	24.75
O5	11.40	9.22	3.61	1.00	0.00	1.41	26.64
O6	12.65	10.44	4.12	2.24	1.41	0.00	30.86

각 객체와의 거리의 합이 가장 작은 O4를 초기 대표객체 중 하나로 선정한다. 즉, $M=\{4\}$.

단계 1: 대표객체로 선정되지 않은 객체(1,2,3,5,6) 각각이 추가 대표객체 후보라 할 때 거리 감소량을 구하면 다음 표와 같다.

i (후보)	j	D_j	$d(i,j)$	$D_j-d(j,i)$	C_{ji}
1	1	10.44	0.00	10.44	10.44
1	2	8.25	2.24	6.01	6.01
1	3	2.83	9.43	−6.61	0.00
1	5	1.00	11.40	−10.40	0.00
1	6	2.24	12.65	−10.41	0.00
	합				16.45
2	1	10.44	2.24	8.20	8.20
2	2	8.25	0.00	8.25	8.25
2	3	2.83	7.21	−4.38	0.00
2	5	1.00	9.22	−8.22	0.00
2	6	2.24	10.44	−8.20	0.00
	합				16.45
3	1	10.44	9.43	1.01	1.01
3	2	8.25	7.21	1.04	1.04
3	3	2.83	0.00	2.83	2.83
3	5	1.00	3.61	−2.61	0.00
3	6	2.24	4.12	−1.89	0.00

i (후보)	j	D_j	$d(i,j)$	$D_j - d(j,i)$	C_{ji}
	합				4.87
5	1	10.44	11.40	−0.96	0.00
5	2	8.25	9.22	−0.97	0.00
5	3	2.83	3.61	−0.78	0.00
5	5	1.00	0.00	1.00	1.00
5	6	2.24	1.41	0.82	0.82
	합				1.82
6	1	10.44	12.65	−2.21	0.00
6	2	8.25	10.44	−2.19	0.00
6	3	2.83	4.12	−1.29	0.00
6	5	1.00	1.41	−0.41	0.00
6	6	2.24	0.00	2.24	2.24
	합				2.24

단계 2: $\sum_j C_{ji}$의 값 중 최댓값을 갖는 객체 i를 대표객체로 선정한다. 여기에서는 $i=$ 1,2일 때 모두 $\sum_j C_{ji} = 16.45$로 최댓값을 가지므로, 편의상 O1을 대표객체로 선정한다. 이때, 새로운 대표객체집합은 $M = \{1,4\}$이다.

단계 3: $K(=2)$개의 대표객체(1과 4)가 선정되었으므로, BUILD를 종료한다.

SWAP

Iteration 1

단계 1: 객체 i와 객체 h를 교환할 때 목적함수의 변화량을 산출하기 위해 우선, 선정되지 않은 임의의 객체 j의 관점에서의 변화량 C_{jih}를 각각의 경우에 대해 구해보면 다음 표와 같다.

i (대표객체)	h (교환후보)	j	$d(j,i)$	$d(j,h)$	D_j	E_j	경우	C_{jih}
1	2	3	9.43	7.21	2.83	9.43	(1)	0.00
		5	11.40	9.22	1.00	11.40	(1)	0.00
		6	12.65	10.44	2.24	12.65	(1)	0.00
							$T_{ih} =$	0.00
	3	2	2.24	7.21	2.24	8.25	(2−1)	4.98

i (대표 객체)	h (교환 후보)	j	$d(j,i)$	$d(j,h)$	D_j	E_j	경우	C_{jih}
		5	11.40	3.61	1.00	11.40	(1)	0.00
		6	12.65	4.12	2.24	12.65	(1)	0.00
							$T_{ih} =$	4.98
	5	2	2.24	9.22	2.24	8.25	(2-2)	6.01
		3	9.43	3.61	2.83	9.43	(1)	0.00
		6	12.65	1.41	2.24	12.65	(3)	-0.82
							$T_{ih} =$	5.19
	6	2	2.24	10.44	2.24	8.25	(2-2)	6.01
		3	9.43	4.12	2.83	9.43	(1)	0.00
		5	11.40	1.41	1.00	11.40	(1)	0.00
							$T_{ih} =$	6.01
4	2	3	2.83	7.21	2.83	9.43	(2-1)	4.38
		5	1.00	9.22	1.00	11.40	(2-1)	8.22
		6	2.24	10.44	2.24	12.65	(2-1)	8.20
							$T_{ih} =$	20.81
	3	2	8.25	7.21	2.24	8.25	(1)	0.00
		5	1.00	3.61	1.00	11.40	(2-1)	2.61
		6	2.24	4.12	2.24	12.65	(2-2)	10.41
							$T_{ih} =$	13.02
	5	2	8.25	9.22	2.24	8.25	(1)	0.00
		3	2.83	3.61	2.83	9.43	(2-1)	0.78
		6	2.24	1.41	2.24	12.65	(3)	-0.82
							$T_{ih} =$	-0.04
	6	2	8.25	10.44	2.24	8.25	(1)	0.00
		3	2.83	4.12	2.83	9.43	(2-1)	1.29
		5	1.00	1.41	1.00	11.40	(2-1)	0.41
							$T_{ih} =$	1.71

단계 2: $T_{ih} = \sum_j C_{jih}$의 값 중 $T_{45} = -0.04$로 최솟값을 갖는다. 따라서 $T_{45} < 0$이므로 객체 4 대신 객체 5가 새로운 대표객체로 swap이 실행되고, 다시 (단계 1)로 넘어간다. 새로운 대표객체집합은 다음과 같다.

$$M = \{1,5\}$$

Iteration 2

단계 1: 객체 i와 객체 j를 교환할 때 목적함수의 변화량을 산출하기 위해 우선, 선정되지 않은 임의의 객체 j의 관점에서의 변화량 C_{jih}를 각각의 경우에 대해 구해보면 다음 표와 같다.

i (대표 객체)	h (교환 후보)	j	$d(j,i)$	$d(j,h)$	D_j	E_j	경우	C_{jih}
1	2	3	9.43	7.21	3.61	9.43	(1)	0.00
		4	10.44	8.25	1.00	10.44	(1)	0.00
		6	12.65	10.44	1.41	12.65	(1)	0.00
							$T_{ih}=$	0.00
	3	2	2.24	7.21	2.24	9.22	(2−1)	4.98
		4	10.44	2.83	1.00	10.44	(1)	0.00
		6	12.65	4.12	1.41	12.65	(1)	0.00
							$T_{ih}=$	4.98
	4	2	2.24	8.25	2.24	9.22	(2−1)	6.01
		3	9.43	2.83	3.61	9.43	(3)	−0.78
		6	12.65	2.24	1.41	12.65	(1)	0.00
							$T_{ih}=$	5.23
	6	2	2.24	10.44	2.24	9.22	(2−2)	6.98
		3	9.43	4.12	3.61	9.43	(1)	0.00
		4	10.44	2.24	1.00	10.44	(1)	0.00
							$T_{ih}=$	6.98
5	2	3	3.61	7.21	3.61	9.43	(2−1)	3.61
		4	1.00	8.25	1.00	10.44	(2−1)	7.25
		6	1.41	10.44	1.41	12.65	(2−1)	9.03
							$T_{ih}=$	19.88
	3	2	9.22	7.21	2.24	9.22	(1)	0.00
		4	1.00	2.83	1.00	10.44	(2−1)	1.83
		6	1.41	4.12	1.41	12.65	(2−1)	2.71
							$T_{ih}=$	4.54
	4	2	9.22	8.25	2.24	9.22	(1)	0.00
		3	3.61	2.83	3.61	9.43	(3)	−0.78
		6	1.41	2.24	1.41	12.65	(2−1)	0.82
							$T_{ih}=$	0.04

i (대표 객체)	h (교환 후보)	j	$d(j,i)$	$d(j,h)$	D_j	E_j	경우	C_{jih}
	6	2	9.22	10.44	2.24	9.22	(1)	0.00
		3	3.61	4.12	3.61	9.43	(2-1)	0.52
		4	1.00	2.24	1.00	10.44	(2-1)	1.24
							$T_{ih} =$	1.75

단계 2: $T_{ih} = \sum_j C_{jih}$의 값 $T_{12} = 0.00$이 최솟값이다. $T_{12} \geq 0$이므로 swap이 실행되지 않고, 알고리즘이 종료된다.

최종 $M = \{1,5\}$가 결정되었으므로 최종 군집해는 대표객체에 가까운 객체들을 그 군집에 할당하면 된다. 따라서 $C_1 = \{1,2\}$, $C_2 = \{3,4,5,6\}$이 된다.

```
Medoids:
     ID experience hours
[1,] 2           5     4
[2,] 5          14     6
Clustering vector:
[1] 1 1 2 2 2 2
Objective function:
   build     swap
1.383427 1.375972
```

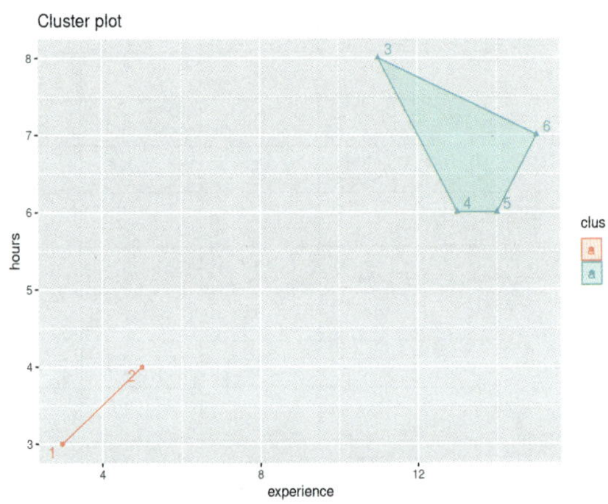

그림 13.3 PAM 결과와 군집의 대표객체

13.2.2 CLARA 알고리즘

PAM 알고리즘은 SWAP 부분에서 모든 가능한 경우를 고려하기 때문에 전체 객체수가 많은 경우 계산 시간이 매우 길다는 단점이 있다. 이를 보완하기 위해 CLARA는 적절한 수의 객체를 샘플링한 후, 이들에 대해 PAM 알고리즘을 적용하여 대표객체를 선정하는 방법이다. 이러한 샘플링을 여러 번 한 후 이 중 가장 좋은 결과를 택하는 것인데, 반복수는 5번으로 충분한 것으로 분석되고 있다. 그리고 한 번 반복(iteration)에서 객체의 표본수는 $40+2K$가 적절한 것으로 발표되었다. CLARA 역시 1990년 Kaufman and Rousseeuw (참고문헌 [3] 참조)에 의해 제안된 것이다.

한 번 반복에서 다음과 같은 과정이 진행된다.

단계 1: 전체의 객체들로부터 일부 객체를 표본으로 추출한 후 PAM 알고리즘을 적용하여 K개의 대표객체를 구한다.

단계 2: 전체의 객체들을 대상으로 각 객체를 K개의 군집에 할당한다.

단계 3: 현 군집 결과에 대한 목적함수 값을 산출한다. 이 값이 이전의 목적함수값보다 작으면 현재의 대표객체들을 택하고, 그렇지 않으면 이전 것을 유지한다.

참고로, 두 번째 객체 샘플링부터는 현재 선정된 K개의 대표객체를 표본에 포함시키고 나머지 $40+K$개만 추출하는 것을 추천하고 있다.

13.2.3 CLARANS 알고리즘

이는 1994년 Ng and Han(참고문헌 [3] 참조)에 의해 제안된 것인데, 초기의 대표객체집합에 대한 인근집합을 찾은 후 이 중에서 새로운 대표객체를 탐색하는 방법이다.

k개의 객체를 포함하는 두 개의 대표객체 집합

$$M_1=\{O_{i_1},O_{i_2},\dots,O_{i_k}\}$$

$$M_2=\{O_{j_1},O_{j_2},\dots,O_{j_k}\}$$

가 있을 때, 두 집합의 원소 중 오직 한 객체만 다를 때 서로 인근 집합(neighbor)이라 한다. 즉, 다음이 성립할 때 M_1과 M_2는 서로 인근에 있다고 한다.

$$|M_1\cap M_2|=k-1$$

예를 들어, 10개의 객체, $O_1, O_2, \ldots, O_{10}$이 있을 때, $M_1 = \{O_1, O_2, O_3\}$이라 하면, 이의 인근집합은 $\{O_1, O_2, O_4\}$, $\{O_1, O_2, O_5\}$ 등 총 $3(10-3) = 21$개이다.

CLARANS 알고리즘은 초기에 선정된 대표객체 집합에서 출발하여 임의의 인근집합을 고려하여 목적함수값을 개선하면 대표객체 후보집합을 교체하며, 그렇지 않으면 다른 임의의 인근집합을 고려하는 등의 과정을 반복하는 것이다. 집합 M_1과 M_2가 서로 인근집합이고 다른 객체가 $O_i \in M_1$, $O_h \in M_2$라 할 때, 두 객체를 교환한 후 목적함수의 차이는 T_{ih}가 된다. 이 알고리즘은 두 개의 관련 파라미터가 있는데 하나는 고려하는 초기집합의 수($numlocal$)이며 다른 하나는 고려하는 인근집합의 수($maxneighbor$)이다. Ng and Han(1994)에 따르면, $numlocal = 2$, $maxneighbor = 0.0125 \times K(n-K)$가 적절한 것으로 보고되고 있다.

단계 1: (초기화) $i \leftarrow 1$, $mincost \leftarrow \infty$

단계 2: 임의의 대표객체 집합을 선정하여 M이라 한다. 또한 M의 인근집합을 구한다.

단계 3: $j \leftarrow 1$

단계 4:

4-1. M의 임의의 인근집합에 대해 목적함수 변화량(및 목적함수값)을 산출한다.

4-2. 변화량이 0보다 작으면, 인근집합을 M으로 두고 (단계 3)으로 간다.

4-3. 변화량이 0보다 크거나 같으면, (단계 5)로 간다.

단계 5:

5-1. $j \leftarrow j+1$

5-2. $j \leq maxneighbor$이면, (단계 4) 반복

5-3. $j > maxneighbor$일 때, 현 목적함수값이 $mincost$보다 작으면, $mincost \leftarrow$ 현 목적함수값

단계 6:

6-1. $i \leftarrow i+1$

6-2. $i \leq numlocal$이면, (단계 2) 반복

6-3. $i > numlocal$이면, 종료한다. 현재의 M이 최종해이다.

13.2.4 K-means-like 알고리즘

본 알고리즘은 PAM 알고리즘의 단점을 보완하고자 대표객체를 반복적으로 수정하는데 K-means 알고리즘의 작동 원리를 모방한 K-medoids 군집 방법이다. 따라서 간단하며 계산 시간이 빠른 것이 장점이라 하겠다. 이는 2009년 Park and Jun(참고문헌 [6])에 발표되었다. 이 알고리즘은 다음과 같이 세 단계로 구성된다.

단계 1: (초기 대표객체 선정) K개의 초기 대표객체를 선정하며, 각 객체를 가장 가까운 대표객체에 배정하여 초기 군집해를 얻는다. 초기 대표객체의 선정 방법으로 무작위 선정 등을 사용할 수 있으나, 다음과 같은 방법의 사용이 추천된다.

1–1: 객체 간의 거리($d(i,j),\ i,j=1,...,n$)를 구한다.

1–2: 객체 j에 대해 다음을 산출한다.

$$v_j = \sum_{i=1}^{n} \frac{d(i,j)}{\sum_{k=1}^{n} d(i,k)},\quad j=1,...,n$$

1–3: v_j 값들을 오름차순으로 정렬하여 가장 작은 K개의 값을 초기 대표객체로 선정한다.

단계 2: (대표객체의 수정) 현재의 군집에 배정된 객체들의 대표객체를 구하여 새로운 대표객체로 삼는다.

단계 3: (객체의 배정)

3–1. 각 객체를 가장 가까운 대표객체에 배정하여 군집해를 얻는다.

3–2. 대표객체들(또는 군집해)이 이전과 동일하면 종료하고, 그렇지 않으면 (단계 2)를 반복한다.

예 13.4

K-means-like 알고리즘을 이용하여 [예 13.3]의 6개 객체를 2개의 군집으로 나눠보자.

풀이

거리행렬은 [예 13.3]의 풀이에 있는 바와 같다. 위의 알고리즘을 적용하면 다음과 같다.

단계 1: 초기 대표객체 선정을 위해 v_1은 다음과 같이 산출된다.

$$v_1 = \frac{2.24}{37.35} + \frac{9.43}{27.20} + \frac{10.44}{24.75} + \frac{11.40}{26.64} + \frac{12.65}{30.86} = 1.666$$

위와 같이 진행하면 다른 v_j 값들은 다음과 같다.

$$v_2 = 1.331,\ v_3 = 0.781,\ v_4 = 0.661,\ v_5 = 0.713,\ v_6 = 0.849$$

따라서 객체 O4와 O5가 초기 대표객체로 선정되며 초기 군집해는 다음과 같다.

$$C_1 = \{1,2,3,4\}, C_2 = \{5,6\}$$

<u>iteration 1</u>

단계 2: C_1의 새로운 대표객체는 O2이며, C_2의 대표객체는 O5로 변동 없다.

단계 3: 새로운 군집해는 $C_1 = \{1,2\}$, $C_2 = \{3,4,5,6\}$이다.

<u>iteration 2</u>

단계 2: C_1의 대표객체는 O2, C_2의 대표객체는 O5이다. 이는 이전과 동일하므로 여기서 종료한다. 최종 군집해는 $C_1 = \{1,2\}$, $C_2 = \{3,4,5,6\}$이다.

13.3 | 퍼지 K-means 알고리즘

이 방법은 K-means 알고리즘과 유사하나 하나의 객체가 여러 군집에 속할 가능성을 허용하는 퍼지(fuzzy) 개념을 도입한 것이다. P_{ij}를 객체 i가 군집 j에 속할 확률이라 할 때 다음과 같은 P_{ij}를 구하는 최적화 문제로 정식화된다.

$$\text{Min } Z = \sum_{i=1}^{n}\sum_{j=1}^{K} P_{ij}^{m} d(\boldsymbol{x}_i, \boldsymbol{c}_j) \tag{13.6a}$$

Subject to

$$\sum_{j=1}^{K} P_{ij} = 1, \quad i = 1,\ldots,n \tag{13.6b}$$

$$\sum_{i=1}^{n} P_{ij} > 0, \quad j = 1,\ldots,K \tag{13.6c}$$

$$P_{ij} \in [0,1], \quad i = 1,\ldots,n;\ j = 1,\ldots,K \tag{13.6d}$$

위에서 m은 퍼지상수(fuzziness index)로 불리는 1보다 큰 상수로서 퍼지 정도를 나타낸다. m이 1에 가까울수록 확정적(crisp) 군집 알고리즘인 K-means에 가깝게 되며, 반대로 큰 값을 가질수록 각 객체가 비슷한 확률로 군집에 배정되게 된다. 통상 $m=2$가 사용되고 있다. 한편, $\boldsymbol{c}_j$는 군집 j의 중심좌표를 나타내는데 다음과 같이 K-means의 경우와 약간 달리 P_{ij}^{m}을 가중치로 사용하여 산출된다.

$$\boldsymbol{c}_j = \frac{\sum_{i=1}^{n} P_{ij}^{m} \boldsymbol{x}_i}{\sum_{i=1}^{n} P_{ij}^{m}} \tag{13.7}$$

라그랑지 방법(Lagrange method)을 이용하여 제약식 (13.6b)를 목적식에 포함시키면 다음과 같다.

$$J_m = \sum_{i=1}^{n}\sum_{j=1}^{K} P_{ij}^{m} d(\boldsymbol{x}_i, \boldsymbol{c}_j) - \sum_{i=1}^{n} \lambda_i \left(\sum_{j=1}^{K} P_{ij} - 1 \right) \tag{13.8}$$

필요조건을 유도하기 위해 위의 식을 P_{ij}에 대해 편미분하여 0으로 둔다. 즉,

$$\frac{\partial J_m}{\partial P_{ij}} = m P_{ij}^{m-1} d(\boldsymbol{x}_i, \boldsymbol{c}_j) - \lambda_i = 0$$

이다. 따라서

$$P_{ij} = \left[\frac{\lambda_i}{md(\boldsymbol{x}_i, \boldsymbol{c}_j)} \right]^{1/(m-1)}$$

이며, 제약조건 (13.6b)를 이용하면,

$$\sum_{j=1}^{K} P_{ij} = \sum_{j=1}^{K} \left[\frac{\lambda_i}{md(\boldsymbol{x}_i, \boldsymbol{c}_j)} \right]^{1/(m-1)} = 1$$

이므로 λ_i는 다음과 같다.

$$\lambda_i = \left(\frac{1}{\sum_{a=1}^{K} \left[\frac{1}{md(\boldsymbol{x}_i, \boldsymbol{c}_a)} \right]^{1/(m-1)}} \right)^{m-1} \tag{13.9}$$

결국,

$$P_{ij} = \frac{1}{\sum_{a=1}^{k} \left(\frac{d(\boldsymbol{x}_i, \boldsymbol{c}_j)}{d(\boldsymbol{x}_i, \boldsymbol{c}_a)} \right)^{1/(m-1)}} = \frac{\left[d(\boldsymbol{x}_i, \boldsymbol{c}_j) \right]^{-1/(m-1)}}{\sum_{a=1}^{k} \left[d(\boldsymbol{x}_i, \boldsymbol{c}_a) \right]^{-1/(m-1)}} \tag{13.10}$$

따라서 Fuzzy K-means(또는 Fuzzy c-means) 알고리즘은 다음과 같이 진행된다.

단계 0: K, m, 수렴조건을 정하고, 초기 K개의 군집을 임의로 정한다.

$$P_{ij} = \begin{cases} 1 & \text{객체 } i\text{가 군집 } j\text{에 속하면} \\ 0 & \text{아니면} \end{cases}$$

단계 1: 각 군집의 중심좌표를 식(13.7)에 의거 산출한다.

단계 2: 객체 i가 군집 j에 속할 확률 P_{ij}을 식(13.10)에 의거 산출한다.

단계 3: 객체 i를 P_{ij}가 가장 큰 군집 j에 배정하여 군집 결과를 얻는다.

이전의 군집 결과와 비교하여 동일하면 종료하고, 그렇지 않으면 (단계 1)로 간다.

예 13.5

다음은 [예 13.1]의 데이터이다.

	O1	O2	O3	O4	O5	O6	O7	O8	O9	O10
사용경력(X)	6	8	14	11	15	7	13	5	3	3
사용시간(Y)	14	13	6	8	7	15	6	4	3	2

퍼지 K-means 방법을 이용하여 3개의 군집으로 나눠보자.

Iteration 1

단계 0: $K=3$(cluster의 수), $m=2$라 하자. 수렴조건은 새로 구한 군집 결과가 이전의 군집 결과와 동일하면 종료하는 것으로 한다.

초기 K개의 군집을 임의로 $C_1=\{4,8,9,10\}$, $C_2=\{3,5,7\}$, $C_3=\{1,2,6\}$으로 정하고 P_{ij}를 객체 i가 군집 j에 속하면 1, 그렇지 않으면 0으로 할당하였다.

	P_{i1}	P_{i2}	P_{i3}	합
O1	0.00	0.00	1.00	1.00
O2	0.00	0.00	1.00	1.00
O3	0.00	1.00	0.00	1.00
O4	1.00	0.00	0.00	1.00
O5	0.00	1.00	0.00	1.00
O6	0.00	0.00	1.00	1.00
O7	0.00	1.00	0.00	1.00
O8	1.00	0.00	0.00	1.00
O9	1.00	0.00	0.00	1.00
O10	1.00	0.00	0.00	1.00

단계 1: 각 군집의 군집 중심 좌표를 산출하는데, 이를 위해서 위에서 구한 P_{ij}를 이용해 P_{ij}의 제곱을 구하고, 그것과 X, Y 좌표들과의 곱을 구해보면 다음의 표와 같다.

	C_1			C_2			C_3		
	P_{i1}^2	$P_{i1}^2 X_i$	$P_{i1}^2 Y_i$	P_{i2}^2	$P_{i2}^2 X_i$	$P_{i2}^2 Y_i$	P_{i3}^2	$P_{i3}^2 X_i$	$P_{i3}^2 Y_i$
O1	0.00	0.00	0.00	0.00	0.00	0.00	1.00	6.00	14.00
O2	0.00	0.00	0.00	0.00	0.00	0.00	1.00	8.00	13.00
O3	0.00	0.00	0.00	1.00	14.00	6.00	0.00	0.00	0.00
O4	1.00	11.00	8.00	0.00	0.00	0.00	0.00	0.00	0.00
O5	0.00	0.00	0.00	1.00	15.00	7.00	0.00	0.00	0.00
O6	0.00	0.00	0.00	0.00	0.00	0.00	1.00	7.00	15.00
O7	0.00	0.00	0.00	1.00	13.00	6.00	0.00	0.00	0.00
O8	1.00	5.00	4.00	0.00	0.00	0.00	0.00	0.00	0.00
O9	1.00	3.00	3.00	0.00	0.00	0.00	0.00	0.00	0.00
O10	1.00	3.00	2.00	0.00	0.00	0.00	0.00	0.00	0.00
합	4.00	22.00	17.00	3.00	42.00	19.00	3.00	21.00	42.00

이를 이용하여 새로운 군집 중심 좌표를 산출해 보면 다음과 같다.

	X	Y
c_1	5.50	4.25
c_2	14.00	6.33
c_3	7.00	14.00

단계 2: 각 객체와 군집 중심 좌표 사이의 거리를 제곱한 값과 그 역수를 구해보면 다음과 같다.

	(c_1 과의 거리)	역수	(c_2 와의 거리)	역수	(c_3 와의 거리)	역수	역수들의 합
O1	95.31	0.01	122.78	0.01	1.00	1.00	1.02
O2	82.81	0.01	80.44	0.01	2.00	0.50	0.52
O3	75.31	0.01	0.11	9.00	113.00	0.01	9.02
O4	44.31	0.02	11.78	0.08	52.00	0.02	0.13
O5	97.81	0.01	1.44	0.69	113.00	0.01	0.71
O6	117.81	0.01	124.11	0.01	1.00	1.00	1.02
O7	59.31	0.02	1.11	0.90	100.00	0.01	0.93
O8	0.31	3.20	86.44	0.01	104.00	0.01	3.22
O9	7.81	0.13	132.11	0.01	137.00	0.01	0.14
O10	11.31	0.09	139.78	0.01	160.00	0.01	0.10

그리고 이 값을 이용해 P_{ij}를 구해보면 다음의 표와 같다.

	P_{i1}	P_{i2}	P_{i3}	합
O1	0.01	0.01	0.98	1.00
O2	0.02	0.02	0.95	1.00
O3	0.00	1.00	0.00	1.00
O4	0.18	0.67	0.15	1.00
O5	0.01	0.97	0.01	1.00
O6	0.01	0.01	0.98	1.00
O7	0.02	0.97	0.01	1.00
O8	0.99	0.00	0.00	1.00
O9	0.90	0.05	0.05	1.00
O10	0.87	0.07	0.06	1.00

단계 3: 이제 이 값들을 이용해 객체 i를 P_{ij}가 가장 큰 군집 j에 배정하여 군집 결과를 얻으면, 새로운 군집 결과는 $C_1 = \{8,9,10\}$, $C_2 = \{3,4,5,7\}$, $C_3 = \{1,2,6\}$이 된다. 그런데 이 군집 결과는 이전에 구한 군집 결과와 다르기 때문에 (단계 1)을 반복한다.

Iteration 2

단계 1: 새로운 군집 중심 좌표를 산출해 보면 다음과 같다.

	X	Y
c_1	3.87	3.16
c_2	13.57	6.55
c_3	7.00	13.95

단계 2: 새로운 P_{ij}값을 구해보면 아래 표와 같다.

	P_{i1}	P_{i2}	P_{i3}	합
O1	0.01	0.01	0.98	1.00
O2	0.02	0.02	0.96	1.00
O3	0.00	0.99	0.00	1.00
O4	0.09	0.78	0.13	1.00
O5	0.02	0.97	0.02	1.00
O6	0.01	0.01	0.98	1.00
O7	0.01	0.99	0.01	1.00
O8	0.96	0.02	0.02	1.00
O9	0.99	0.01	0.01	1.00
O10	0.97	0.02	0.01	1.00

단계 3: 이제 이 값들을 이용해 객체 i를 P_{ij}가 가장 큰 군집 j에 배정하여 군집 결과를 얻으면, 새로운 군집 결과는 $C_1 = \{8,9,10\}$, $C_2 = \{3,4,5,7\}$, $C_3 = \{1,2,6\}$이 된다. 그런데 이 군집 결과는 이전에 구한 군집 결과와 변화가 없으므로, Iteration 2의 해가 최종 군집해가 된다.

13.4 | 모형기반 군집 방법

모형기반 군집 방법(model-based clustering)에서는 각 객체가 혼합분포(mixture distribution)를 따른다고 가정하여 객체의 군집배정변수를 통계적으로 추정하는 것이다. 필요한 기호를 다음과 같이 정의하자.

$f_k(\boldsymbol{x}|\theta_k)$=군집 k에 속하는 객체 $\boldsymbol{x}$의 확률밀도함수 (θ_k는 관련 파라미터)

τ_k=임의의 객체가 군집 k에 속할 확률

$$(\tau_k \geq 0; \sum_{k=1}^{K} \tau_k = 1)$$

이때 임의의 객체 $\boldsymbol{x}$는 다음과 같은 혼합 확률밀도함수를 갖는다.

$$f(\boldsymbol{x}|\theta,\tau) = \sum_{k=1}^{K} \tau_k f_k(\boldsymbol{x}|\theta_k) \tag{13.11}$$

그리고 혼합분포의 우도함수는 다음과 같다.

$$L(\theta_1,\dots,\theta_K ;\tau_1,\dots,\tau_K;\ \boldsymbol{x}_1,\dots,\boldsymbol{x}_n) = \prod_{i=1}^{n} \sum_{k=1}^{K} \tau_k f_k(\boldsymbol{x}_i|\theta_k) \tag{13.12}$$

$f_k(\boldsymbol{x}|\theta_k)$의 형태로는 주로 다변량 정규분포를 가정한다. 즉,

$$f_k(\boldsymbol{x}_i|\boldsymbol{\mu}_k, \Sigma_k) = \frac{1}{(2\pi)^{p/2}|\Sigma_k|^{1/2}} e^{-\frac{1}{2}(\boldsymbol{x}_i - \boldsymbol{\mu}_k)^T \Sigma_k^{-1}(\boldsymbol{x}_i - \boldsymbol{\mu}_k)} \tag{13.13}$$

위 혼합분포로부터 군집해를 도출하기 위해 다음과 같은 변수를 추가로 고려한다.

$$z_{ik} = \begin{cases} 1 & \text{객체 } \boldsymbol{x}_i \text{가 군집 } k\text{에 속할 때} \\ 0 & \text{그 밖의 경우} \end{cases} \tag{13.14}$$

물론 $\boldsymbol{z}_i = (z_{i1}, \dots, z_{iK})$를 관측할 수 있으면 군집 문제가 바로 해결되나 이는 관측할 수 없는 값이다. 대신 다음을 추정할 수 있다면 군집 문제를 해결할 수 있을 것이다.

$$P\{z_{ik} = 1\} = E[z_{ik}]$$

이를 위해 다음과 같은 추가의 가정이 필요하다. 즉, $\boldsymbol{z}_i = (z_{i1}, \dots, z_{iK})$가 주어질 때 $\boldsymbol{x}_i$의 확률밀도함수는 다음과 같다.

$$f(\boldsymbol{x}_i|\boldsymbol{z}_i, \theta) = \prod_{k=1}^{K} [f_k(\boldsymbol{x}_i|\theta_k)]^{z_{ik}} \tag{13.15}$$

그리고 $\boldsymbol{z}_i$는 다음과 같이 K항의 다항분포를 갖는다.

$$f(\boldsymbol{z}_i|\boldsymbol{\tau}) = \frac{1}{z_{i1}! \cdots z_{iK}!} \tau_1^{z_{i1}} \cdots \tau_K^{z_{iK}} = \prod_{k=1}^{K} \tau_k^{z_{ik}} \tag{13.16}$$

따라서 $(\boldsymbol{x}_i, \boldsymbol{z}_i)$의 결합 확률밀도함수는 다음과 같다.

$$f(\boldsymbol{x}_i, \boldsymbol{z}_i|\theta, \boldsymbol{\tau}) = f(\boldsymbol{x}_i|\boldsymbol{z}_i, \theta) f(\boldsymbol{z}_i|\boldsymbol{\tau}) = \prod_{k=1}^{K} [\tau_k f_k(\boldsymbol{x}_i|\theta_k)]^{z_{ik}} \tag{13.17}$$

이에 대한 로그 우도함수는 다음과 같다.

$$l(\theta, \boldsymbol{\tau}, \boldsymbol{z}_1, \dots, \boldsymbol{z}_n|\boldsymbol{x}_1, \dots, \boldsymbol{x}_n) = \sum_{i=1}^{n} \sum_{k=1}^{K} z_{ik} \log[\tau_k f_k(\boldsymbol{x}_i|\theta_k)] \tag{13.18}$$

이때 z_{ik}는 전술한 바와 같이 실제로 관측할 수 없는 결측치인데, 이렇게 결측치가 포함된 불완전 데이터(incomplete data)와 관련된 우도함수의 최대화를 위해서는 EM (Expectation-Maximization) 알고리즘이 널리 사용되고 있다. EM 알고리즘은 E-step과 M-step을 반복적으로 수행하는데, E-step에서는 관측 데이터 $\boldsymbol{x}_i$와 파라미터 추정치 $\hat{\theta}, \hat{\tau}$가 주어질 때 다음과 같은 조건부 기대치로 z_{ik}를 추정하며,

$$\hat{z}_{ik} = E[z_{ik}|\boldsymbol{x}_i, \hat{\theta}, \hat{\tau}] \tag{13.19}$$

M-step에서는 식(13.18)의 우도함수에서 z_{ik} 대신 위의 추정치를 대입한 후 최대가 되는 파라미터를 추정한다.

이상을 종합한 EM 알고리즘은 다음과 같다.

단계 0: $\hat{z}_{ik}$를 초기화한다.

단계 1: (M-step) $\hat{z}_{ik}$를 바탕으로 파라미터를 다음과 같이 추정한다.

$$n_k \leftarrow \sum_{i=1}^{n} \hat{z}_{ik}$$

$$\hat{\tau}_k \leftarrow n_k / n$$

$$\widehat{\boldsymbol{\mu}}_k \leftarrow \sum_{i=1}^{n} \hat{z}_{ik} \boldsymbol{x}_i / n_k$$

$\widehat{\boldsymbol{\Sigma}}_k$은 다양한 방법으로 추정되는데 아래에서 설명한다.

단계 2: (E-step) M-step에서의 파라미터 추정치를 바탕으로 $\hat{z}_{ik}$ 산출한다.

$$\hat{z}_{ik} \leftarrow \frac{\hat{\tau}_k f_k(\boldsymbol{x}_i|\widehat{\boldsymbol{\mu}}_k, \widehat{\boldsymbol{\Sigma}}_k)}{\sum_{k=1}^{K} \hat{\tau}_k f_k(\boldsymbol{x}_i|\widehat{\boldsymbol{\mu}}_k, \widehat{\boldsymbol{\Sigma}}_k)}$$

단계 3: 수렴조건을 만족하면 종료하고, 그렇지 않으면 (단계 1)을 반복한다.

위의 (단계 1)의 분산-공분산 행렬은 다양한 방법으로 추정할 수 있다. 우선 4장의 분광

분해의 결과로서 분산-공분산 행렬이 다음과 같이 고유치행렬 및 고유벡터행렬이 곱으로 분해됨을 알 수 있다.

$$\boldsymbol{\Sigma}_k = \boldsymbol{P}_k \boldsymbol{\Lambda}_k \boldsymbol{P}_k^T = \lambda_k \boldsymbol{P}_k \boldsymbol{D}_k \boldsymbol{P}_k^T \tag{13.20}$$

여기서 마지막 항은 고유치행렬 $\boldsymbol{\Lambda}_k$를 표준화된 고유치행렬 $\boldsymbol{D}_k(\det(\boldsymbol{D}_k)=1)$로 표현한 것이다. Celeux and Govaert(1995)(참고문헌 [1])는 특히 다음의 3가지 방안을 추천하고 있다.

1) Case 1 (각 변수가 동일한 분산을 갖고 변수 간 상관성이 없다고 가정):

$$\boldsymbol{\Sigma}_k = \lambda_k \boldsymbol{I}$$

2) Case 2 (각 변수가 다른 분산을 갖고 변수 간 상관성은 없다고 가정):

$$\boldsymbol{\Sigma}_k = \lambda_k \boldsymbol{B} \ (\boldsymbol{B} \text{ 는 대각행렬})$$

3) Case 3 (각 변수가 다른 분산을 갖고 변수 간 상관성이 있다고 가정):

$$\boldsymbol{\Sigma}_k = \lambda_k \boldsymbol{C} \ (\boldsymbol{C}\text{는 정방행렬})$$

이를 추정하는 방법을 설명하기 위해 우선 군집 k의 산포행렬과 군집 내 산포행렬(within-cluster scattering matrix)을 각각 다음과 같이 정의하자.

$$\boldsymbol{W}_k = \sum_{i=1}^{n} z_{ik}(\boldsymbol{x}_i - \hat{\boldsymbol{\mu}}_k)(\boldsymbol{x}_i - \hat{\boldsymbol{\mu}}_k)^T \tag{13.21}$$

$$\boldsymbol{W} = \sum_{k=1}^{K} \boldsymbol{W}_k \tag{13.22}$$

이때 위의 각 case별 추정 방안은 다음과 같다.

1) Case 1: $\boldsymbol{\Sigma}_k = \lambda_k \boldsymbol{I}$

군집 k에서 변수의 공통적인 분산(또는 고유치)은 다음과 같이 추정된다.

$$\lambda_k = \frac{tr(\boldsymbol{W}_k)}{pn_k}$$

2) Case 2: $\boldsymbol{\Sigma}_k = \lambda_k \boldsymbol{B}$

여기서 군집별로 고유치는 다르나, 공통의 대각행렬 $\boldsymbol{B}$가 있다고 가정한 것이다. 우선 $\boldsymbol{B}$는 다음과 같이 산출한다.

$$\boldsymbol{B} = \frac{diag(\sum_{k=1}^{K} \boldsymbol{W}_k / \lambda_k)}{\left| diag(\sum_{k=1}^{K} \boldsymbol{W}_k / \lambda_k) \right|^{1/p}}$$

이때 고유치 λ_k의 초기치가 필요하며, 새로운 λ_k는 다음과 같이 산출한다.

$$\lambda_k = \frac{tr(\boldsymbol{W}_k \boldsymbol{B}^{-1})}{pn_k}$$

3) Case 3: $\boldsymbol{\Sigma}_k = \lambda_k \boldsymbol{C}$

이는 Case 2와 유사하나 $\boldsymbol{C}$는 일반적인 정방행렬이므로 다음과 같이 산출한다.

$$\boldsymbol{C} = \frac{\sum_{k=1}^{K} \boldsymbol{W}_k / \lambda_k}{\left| \sum_{k=1}^{K} \boldsymbol{W}_k / \lambda_k \right|^{1/p}}$$

그리고 새로운 고유치 λ_k는 다음과 같이 산출한다.

$$\lambda_k = \frac{tr(\boldsymbol{W}_k \boldsymbol{C}^{-1})}{pn_k}$$

예 13.6

다음과 같이 7개의 객체를 두 개의 군집에 배정하고자 한다. 모형기반 방법을 사용하여 군집화하라. 단, 두 변수의 분산은 동일하며 공분산은 0이라 가정한다.

객체	X1	X2
O1	4	12
O2	6	13
O3	6	15
O4	10	4
O5	11	3
O6	12	2
O7	12	5

(초기화) $\lambda_1 = \lambda_2 = 1$

z_{1k}를 0에서 1 사이로부터 랜덤하게 추출하여 다음을 얻는다.

그리고 $z_{2k} = 1 - z_{1k}$로 산출한다.

객체	z_{i1}	z_{i2}
O1	0.4936	0.5064
O2	0.7077	0.2923
O3	0.4084	0.5916
O4	0.5443	0.4557
O5	0.4326	0.5674
O6	0.8399	0.1601
O7	0.7873	0.2127

Iteration 1

M-step 및 E-step의 결과는 다음과 같다.

$$n_1 = 4.21,\ n_2 = 2.79,\ \tau_1 = 0.60,\ \tau_2 = 0.40$$

$$\hat{\boldsymbol{\mu}}_1 = (9.11, 7.20)^T,\ \hat{\boldsymbol{\mu}}_2 = (8.11, 8.49)^T$$

$$\boldsymbol{W}_1 = \begin{pmatrix} 39.25 & -57.39 \\ -57.39 & 99.75 \end{pmatrix},\ \boldsymbol{W}_2 = \begin{pmatrix} 24.50 & -38.01 \\ -38.01 & 72.88 \end{pmatrix}$$

$$\lambda_1 = 16.49,\ \lambda_2 = 17.47$$

$$\widehat{\boldsymbol{\Sigma}_1} = \begin{pmatrix} 16.49 & 0 \\ 0 & 16.49 \end{pmatrix},\ \widehat{\boldsymbol{\Sigma}_2} = \begin{pmatrix} 17.47 & 0 \\ 0 & 17.47 \end{pmatrix}$$

객체	z_{i1}	z_{i2}
O1	0.4543	0.5457
O2	0.4668	0.5332
O3	0.4190	0.5810
O4	0.6935	0.3065
O5	0.7171	0.2829
O6	0.7383	0.2617
O7	0.7013	0.2987

Iteration 2

M-step 및 E-step의 결과는 다음과 같다.

$$n_1 = 4.19,\ n_2 = 2.81,\ \tau_1 = 0.60,\ \tau_2 = 0.40$$

$$\widehat{\boldsymbol{\mu}}_1 = (9.36, 6.61)^T,\ \widehat{\boldsymbol{\mu}}_2 = (7.75, 9.36)^T$$

$$\boldsymbol{W}_1 = \begin{pmatrix} 35.30 & -52.33 \\ -52.33 & 93.33 \end{pmatrix},\ \boldsymbol{W}_2 = \begin{pmatrix} 25.75 & -37.80 \\ -37.80 & 69.45 \end{pmatrix}$$

$$\lambda_1 = 15.35,\ \lambda_2 = 16.94$$

$$\widehat{\boldsymbol{\Sigma}}_1 = \begin{pmatrix} 15.35 & 0 \\ 0 & 15.35 \end{pmatrix},\ \widehat{\boldsymbol{\Sigma}}_2 = \begin{pmatrix} 16.94 & 0 \\ 0 & 16.94 \end{pmatrix}$$

객체	z_{i1}	z_{i2}
O1	0.3181	0.6819
O2	0.3282	0.6718
O3	0.2440	0.7560
O4	0.7789	0.2211
O5	0.8161	0.1839
O6	0.8467	0.1533
O7	0.7825	0.2175

이와 같이 진행하면 **Iteration 5**의 결과는 다음과 같다.

Iteration 5

$$n_1 = 4.00, n_2 = 3.00, \tau_1 = 0.57, \tau_2 = 0.43$$

$$\widehat{\mu_1} = (11.25, 3.50)^T,\ \widehat{\mu_2} = (5.33, 13.33)^T$$

$$\boldsymbol{W}_1 = \begin{pmatrix} 2.75 & -0.50 \\ -0.50 & 5.00 \end{pmatrix},\ \boldsymbol{W}_2 = \begin{pmatrix} 2.68 & 2.65 \\ 2.65 & 4.70 \end{pmatrix}$$

$$\lambda_1 = 0.97, \lambda_2 = 1.23$$

$$\widehat{\boldsymbol{\Sigma}_1} = \begin{pmatrix} 0.97 & 0 \\ 0 & 0.97 \end{pmatrix},\ \widehat{\boldsymbol{\Sigma}_2} = \begin{pmatrix} 1.23 & 0 \\ 0 & 1.23 \end{pmatrix}$$

객체	z_{i1}	z_{i2}
O1	0.0000	1.0000
O2	0.0000	1.0000
O3	0.0000	1.0000
O4	1.0000	0.0000
O5	1.0000	0.0000
O6	1.0000	0.0000
O7	1.0000	0.0000

따라서 군집해는 다음과 같다.

$$C_1 = \{1, 2, 3\},\ C_2 = \{4, 5, 6, 7\}$$

13.5 | 밀도기반 군집 방법 - 디비스캔(DBSCAN)

지금까지 다룬 군집 방법은 거리 기반인데 다른 군집 방법으로 밀도기반(density-based) 군집 방법이 있다. 이 중 대표적인 방법은 1996년 Ester 등이 발표한 디비스캔(DBSCAN; density-based spatial clustering of applications with noise)이다(참고문헌 [2] 참조). 이 방법은 밀집되어 있는(밀도가 높은) 객체들을 하나의 군집으로 묶자는 아이디어가 반영된 것이다. 예를 들어, S자 모양으로 객체들이 밀집되어 군집을 이루는 경우와 같이, 거리 기반 기법인 K-means 나 K-medoids 기법으로는 찾기 어려운 모양의 군집이 존재할 때 유용한 방법이다. 또한 사전에 군집수를 정할 필요가 없다는 장점도 있다.

13.5.1 밀도의 정의

밀도가 높다 또는 낮다를 정의하기 위해서 우선 객체의 이웃집합(neighborhood)의 정의가 필요하다. 객체 p와 객체 q 간의 거리를 $d(p,q)$라 할 때, 객체 p를 중심으로 거리가 반경 ϵ 내에 들어오는 모든 객체의 집합을 ϵ-이웃집합 $N_\epsilon(p)$라 하고 다음과 같이 정의한다.

$$N_\epsilon(p) = \{q; d(p,q) \le \epsilon\} \tag{13.23}$$

여기서 거리는 통상적으로 유클리드 거리를 사용한다. 그리고 어떤 객체의 밀도가 높은지 낮은지를 판단하는 것은 이웃집합에 있는 객체수를 바탕으로 하는데 기준점 $MinPts$라는 또 다른 모수가 필요하다.

정의 13.1 객체 p의 ϵ-이웃집합에 포함된 객체수가 $MinPts$ 이상이면 객체 p의 밀도가 높다고 한다. 그렇지 않으면 객체 p의 밀도가 낮다고 한다.

예 13.7

아래 그림과 같이 4개의 객체들이 있는 상황에서 $MinPts = 4$라고 하자. 이때 객체 p의 $N_\epsilon(p)$ 객체수는 4이므로 밀도가 높다고 할 수 있다. 그러나 객체 q의 $N_\epsilon(q)$ 객체수는 3이므로 밀도가 낮다고 한다.

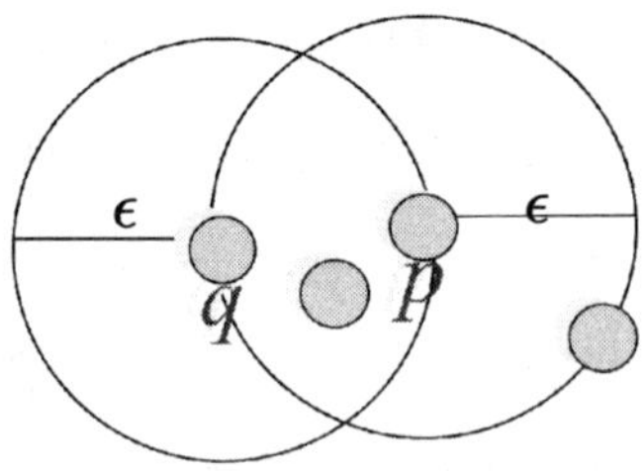

그림 13.4 반경(ϵ)과 이웃집합($MinPts$)

13.5.2 객체의 분류

앞에서 정의한 밀도를 바탕으로 각 객체를 3가지, 즉 핵심(core), 경계(border), 노이즈(noise) 객체로 분류한다.

정의 13.2

(a) 어떤 객체의 밀도가 높을 때 이 객체를 핵심 객체라 한다.

(b) 어떤 객체의 밀도가 낮으나 핵심 객체의 이웃집합에 포함되면 경계 객체라 한다.

(c) 어떤 객체가 핵심 또는 경계 객체가 아닐 때 노이즈 객체라 한다.

결국 핵심 객체들과 경계 객체들은 하나의 군집에 속할 수 있으나 노이즈 객체들은 군집에 포함되지 않는다. 앞에서 다룬 거리기반 군집 방법에서는 데이터에 있는 모든 객체들을 어떤 한 군집에 포함시키지만, 디비스캔에서는 어떠한 군집에도 속하지 않는 이러한 노이즈 객체가 존재하게 된다. 이 점 또한 디비스캔의 장점이라고 할 수 있다.

13.5.3 디비스캔 알고리즘

군집을 형성하는 과정을 위해서는 밀도 접근성(density reachability)의 개념이 필요하다. 우선 직접 밀도 접근성을 다음과 같이 정의한다.

정의 13.3 객체 p가 핵심 객체이고 객체 q가 $N_\epsilon(p)$에 속할 때, 객체 q는 객체 p로부터 직접 밀도 접근가능하다(directly density reachable)고 한다.

정의 13.4 객체 q가 객체 p로부터 직접 밀도 접근가능하지 않더라도 객체 r로부터 직접 밀도 접근가능하고, 객체 r은 객체 p로부터 직접 밀도가능할 때, 객체 q가 객체 p로부터 밀도 접근가능하다(density reachable)고 한다.

결국 밀도 접근가능한 객체들은 체인처럼 서로 연결되어 하나의 군집을 형성하게 된다. 디비스캔 알고리즘을 정리하면 다음과 같다.

단계 0: 디비스캔의 파라미터인 ϵ과 $MinPts$를 설정한다.

단계 1: 모든 객체를 핵심 객체, 경계 객체와 노이즈 객체로 분류한다.

단계 2: 임의의 핵심 객체 p를 선택하여 다음 과정을 수행한다

2-1. 객체 p로부터 밀도 접근가능한 객체를 찾아 하나의 군집으로 형성한다.

2-2. 군집을 마치면 아직 군집에 포함되지 않은 다른 핵심 객체에 대해 (단계 2)를 반복한다.

예 13.8

다음과 같은 10개의 객체로 구성된 데이터에 대해 디비스캔을 적용하여 군집하라. 단, $\epsilon = 2.5$, $MinPts = 3$을 사용하라.

ID	1	2	3	4	5	6	7	8	9	10
X1	6	8	14	11	15	7	13	5	3	3
X2	14	13	6	8	7	15	6	4	3	2

풀이

우선 객체를 분류하기 위하여 이웃 객체집합을 구하면 다음과 같다. 거리는 유클리드 거리를 바탕으로 한다.

객체 p	$N_\epsilon(p)$	밀도	객체 분류
1	{1, 2, 6}	높다	핵심
2	{1, 2, 6}	높다	핵심
3	{3, 5, 7}	높다	핵심
4	{4}	낮다	노이즈
5	{3, 5, 7}	높다	핵심
6	{1, 2, 6}	높다	핵심
7	{3, 5, 7}	높다	핵심
8	{8, 9}	낮다	경계 (객체9의 이웃)
9	{8, 9, 10}	높다	핵심
10	{9, 10}	낮다	경계 (객체10의 이웃)

디비스캔 알고리즘을 적용하면 다음과 같다.

Iteration 1

핵심 객체 2가 선정되었다고 하자. 객체 1과 6이 밀도 접근가능하므로 이들을 묶어 하나의 군집으로 형성한다. 즉, {1, 2, 6}이 첫 군집이다.

Iteration 2

다음으로 핵심 객체 9가 선정되었다고 하자. 이로부터 객체 8과 10이 밀도 접근가능하므로 하나의 군집으로 형성한다. 즉, 두 번째 군집은 {8, 9, 10}이 된다.

Iteration 3

다음으로 핵심 객체 7이 선정되었다고 하자. 이때 객체 3과 5가 밀도 접근가능하므로 군집을 형성한다. 즉, 세 번째 군집은 {3, 5, 7}이 되며, 더 이상 남은 핵심 객체가 없으므로 알고리즘을 종료한다.

본 예의 디비스캔에 의한 군집 결과는 {1, 2, 6}, {8, 9, 10}, {3, 5, 7}이 되며 객체 4는 노이즈로 분류되어 어느 군집에도 포함되지 않는다.

```
dbscan Pts=10 MinPts=3 eps=2.5
       0 1 2 3
border 1 0 0 2  클러스터의 border 갯수
seed   0 3 3 1  클러스터에 포함된 seed 갯수
total  1 3 3 3  클러스터에 포함된 객체 갯수
```

군집 결과

```
db$cluster

[1] 1 1 2 0 2 1 2 3 3 3  4번째 객체는 군집에서 제외됨
```

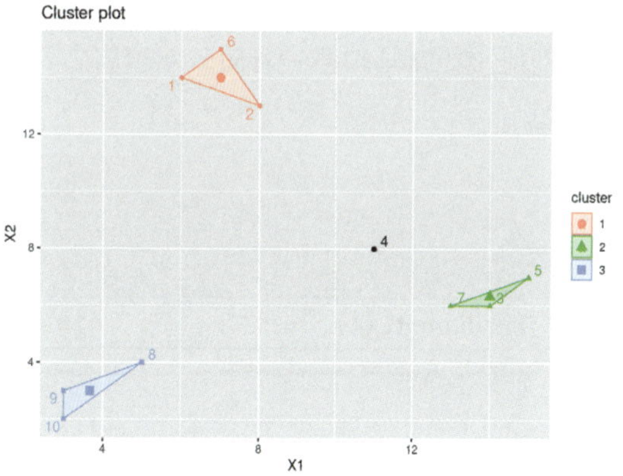

그림 13.5 디비스캔 결과(ϵ=2.5, $MinPts$=3)와 시각화 도표

13.5.4 파라미터의 결정

디비스캔의 파라미터인 ϵ과 $MinPts$를 설정해야 하는데, 특정한 규칙은 없으나 객체 데이터의 밀도 등을 살펴보고 결정해야 한다. 여러 파라미터 값으로 군집이 형성되는 결과를 보고 최종적으로 결정할 필요가 있겠다.

파라미터 결정에 도움이 되는 $k-$거리의 개념에 대해 설명하고자 한다.

정의 13.5 ($k-$거리) 객체 p에서 k번째 인근 객체까지의 거리를 $k-$거리라 하고 함수 $k-distance(p)$라 한다.

예 13.9

[예 13.8]에서 객체 1에 대한 $k-$거리를 구하라.

풀이

객체 1에 대해 다른 객체와의 유클리드 거리를 산출한 후 $k-$거리를 구하면 다음과 같다.

k	1	2	3	4	5
$k-distance(1)$	0	1.414	2.236	7.810	10.050

모든 객체에 대해 이와 같은 $k-$거리를 구하여 정렬한 후, 객체수 별 $k-$거리를 그래프로 나타내면(이를 $k-$거리 그래프라 함) 파라미터 결정에 도움을 얻을 수 있다. 즉, $k-$거리 그래프에서 급하게 변하는 지점의 거리를 ϵ로, 이에 대응하는 객체수를 $MinPts$로 결정할 수 있다.

13.5.5 디비스캔의 장단점

디비스캔은 다음과 같은 장점이 있다.

1) 임의의 모양이나 크기의 군집을 형성할 수 있다.
2) 군집의 수가 자동으로 결정된다(군집의 수를 사전에 정할 필요 없다.)
3) 노이즈(이상치)를 어떤 군집에 포함시키지 않고 분리할 수 있다.

반면, 다음과 같은 단점을 갖기도 한다.

1) 군집 파라미터인 ϵ과 $MinPts$를 설정하기 어려우며 군집 결과가 이에 민감할 수 있다.
2) 밀도가 다양한 객체들이 분포되어 있는 경우 군집이 어려울 수 있다.

R 코드

1. 예 13.1의 R 코드

```
# ch13_ex01_kmeans.R
# ch13.1 k-means : Non-hierarchical clustering

# ex13.1

# load packages
library(factoextra)

# read csv file
dat1 <- read.csv("data/ch12_dat1.csv")
dat2 <- dat1[, -1]

# step1: to choose the optimal k

# may use scale data or raw data for the optimal k
s_dat2 <- scale(dat2)

fviz_nbclust(s_dat2, kmeans, method = "silhouette", k.max = 5)

# step2 : k-means
set.seed(123)
km <- kmeans(dat2, 3)
km

# visualize
fviz_cluster(km,
             data = dat2,
             ellipse.type = "convex",
             stand = FALSE,
             repel = TRUE, cex = 3)
```

2. 예 13.3의 R 코드

```
# ch13_ex03_pam.R
# ch13.2 K-medoids (13.2.1 PAM: Partitioning Around Medoids)

# ex13.3

# load packages
library(cluster)
library(factoextra)

# read csv file
dat1 <- read.csv("data/ch13_pam.csv")
dat2 <- dat1[, -1]

# PAM
pam_out <- pam(dat2, 2)
pam_out

# freq of each cluster
table(pam_out$clustering)

# visualize
fviz_cluster(pam_out,
             data = dat2,
             ellipse.type = "convex",
             stand = FALSE,
             repel = TRUE)
```

3. 예 13.8의 R 코드

```
# ch13_ex08_dbscan.R
# ch13.5 DBSCAN

# ex13.8

# load packages
library(fpc)
library(factoextra)
```

```
# read csv file
dat1 <- read.csv("data/ch12_dat1.csv")
dat2 <- dat1[, -1]

# DBSCAN
db <- dbscan(dat2, eps = 2.5, MinPts = 3)

# The result of clustering
db
db$cluster

# visualization
fviz_cluster(db,
             data = dat2,
             ellipse.type = "convex",
             stand = FALSE,
             repel = TRUE)
```

참고문헌

K-means 알고리즘은 참고문헌 [4]에서 처음 발표되었다. K-medoids 문제를 식(13.5)와 같이 정식화한 것은 참고문헌 [7]에서 처음 발표되었으며 참고문헌 [6]에서도 볼 수 있다. 13.4절의 모형기반 군집 방법에서 분산-공분산 행렬의 다양한 추정 방법은 참고문헌 [1]에서 찾을 수 있다. 디비스캔은 참고문헌 [2]에서 처음 발표되었다.

[1] Celeux, G. and G. Govaert (1995), "Gaussian parsimonious clustering models", *Pattern Recognition*, 28(5), 781-793.

[2] Ester, M., H.-P. Kriegel, J. Sander, and X. Xu (1996), A density-based algorithm for discovering clusters in large spatial databases with noise, Proceedings of 2nd International Conference on Knowledge Discovery and Data Mining (KDD-96), 226-231.

[3] Kaufman, L. and P.J. Rousseeuw (1990), *Finding Groups in Data: An Introduction to Cluster Analysis*. Wiley, New York.

[4] MacQueen, J. (1967), "Some methods for classification and analysis of multivariate observations", *Proceedings of the 5th Berkeley Symposium on Mathematical Statistics and Probability*, 281–297, University of California Press.

[5] Ng, R. T. and J. Han (1994), "Efficient and effective clustering methods for spatial data mining", P*roceedings of the 20th VLDB Conference*, Santiago, Chile, September 1994, 144–155.

[6] Park, H.-S. and C.-H. Jun (2009), "A simple and fast algorithm for K-medoids clustering", *Expert Systems With Applications*, 36(2), 3336–3341.

[7] Vinod, H. (1969), "Integer programming and the theory of grouping", *Journal of the American Statistical Association*, 64, 506–517.

연습문제

13.1 다음과 같은 하나의 변수를 갖는 7개의 객체가 있다. 이를 두 개의 군집으로 나누고자 한다.

	O1	O2	O3	O4	O5	O6	O7
X	2	2.5	5.5	6	9	1	12

(a) K-means 방법을 사용한 군집해를 구하라.

(b) K-medoids 방법의 K-means-like 알고리즘에 의한 군집해를 도출하고, 두 대표객체를 구하라.

13.2 [연습문제 12.2]의 은행 데이터를 이용하여 13개 은행을 3개의 군집으로 그룹핑하고자 한다. K-means 방법과 퍼지 K-means 방법을 사용한 결과를 각각 제시하고 비교하라.

13.3 [예 13.1]의 데이터를 바탕으로 PAM 알고리즘을 적용하여 3개의 군집을 형성하라.

13.4 [예 13.1]의 데이터를 바탕으로 K-medoids 군집 방법으로 3개의 군집을 만들되 K-means-like 알고리즘을 사용하라.

13.5 [예 13.3]의 데이터를 바탕으로 모형기반 군집 방법을 이용하여 3개의 군집을 형성하라. 단, 군집별 분산-공분산 행렬은 Case 1로 추정하라.

13.6 [예 13.6]의 데이터를 모형기반 군집 방법으로 군집화하라. 3개의 군집을 형성하고 군집별 분산-공분산 행렬은 Case 2로 추정하라.

13.7 [연습문제 12.7]의 데이터에 대해 군집분석을 수행하라. K-means 방법 및 퍼지 K-means 방법, K-means-like, K-medoids 방법을 각각 적용하되 $K=3$으로 하라.

13.8 하나의 변수로 이루어진 n개의 관측치 $x_1,\ldots,x_n$이 있다(즉, 수직선상에 n개의 점이 있다고 하자). 이를 두 개의 군집(예를 들어, 신호와 잡음)으로 나누고자 한다. K-means를 사용한다고 할 때 다음 물음에 답하라.

(a) 초기 중심좌표의 선택과 관계없이 최종 결과가 수식선상의 어떤 값을 경계로(클 때와 작을 때) 두 군집으로 나뉘는지를 간단히 설명하라.

(b) 최종 결과에 대한 목적함수식을 표현하라. (필요한 기호는 정의해도 되나, 지시변수는 사용하면 안 됨)

(c) 각 군집의 중심좌표에서 가장 가까운 관측치가 그 군집의 대표객체가 된다고 할 수 있는가? 간단히 설명하라.

13.9 [연습문제 6.6]의 Iris 데이터에 대해 디비스캔을 적용하라. 단, 세 가지 품종의 범주는 무시하고 총 150개의 객체를 대상으로 하라.

(a) 여러 k값에 대해 $k-$거리를 구하고 $k-$거리 그래프를 구하라.

(b) 위의 $k-$거리 그래프를 바탕으로 적절한 디비스캔 파라미터 epsilon(ϵ)과 $MinPts$를 결정하라.

(c) 위의 파라미터를 사용하여 디비스캔을 적용하고 군집을 도출하라. 노이즈 또한 나타내라.

14장

군집해의 평가 및 해석

14.1 군집해의 평가
14.2 군집해의 해석
R 코드
연습문제

군집분석 수행 시에는 분류분석과 달리 각 객체가 속하는 군집에 대해 알려진 학습 표본이 없기 때문에 어떤 군집해의 정확도를 평가하기는 곤란하며, 얻어진 군집이 미리 명확하게 정의되지 않은 경우가 일반적이다. 따라서 군집분석으로 얻어진 군집해의 타당성을 정량적으로 평가하거나 군집의 특성을 정량적으로 파악하고 해석하는 노력이 중요하다.

14.1 | 군집해의 평가

각 객체가 이차원 또는 삼차원의 변수로 이루어진 경우에는 각 객체를 좌표축에 나타내어 도식화함으로써 어느 정도 군집해의 타당성을 정성적으로 평가할 수 있다. 하지만 이보다 높은 차원의 경우에는 도식화가 어렵기 때문에 보다 정량적인 평가 방법이 필요하다. 군집해의 정량적인 평가척도에 대한 연구는 지속적으로 이루어지고 있으며, 크게 외부평가지수(external index)와 내부평가지수(internal index)로 구분되고 있다.

14.1.1 외부평가지수

어떤 군집문제에 대한 잘 알려진 군집해가 있다고 하자. 여기에 새로운 군집해가 제안된다고 할 때 제안된 해를 기존의 알려진 해와 비교하고자 한다. 이와 같은 비교를 위해 어떤 척도가 적절할 것인가?

예를 들어, {1,2,⋯,7}의 7개 객체에 대해 군집해로 {(1,2), (3,4,5), (6,7)}이 알려져 있다고 하자. 새로 제안된 해가 {(1,2,6), (3,5), (4,7)}이라 할 때 제안된 해를 기존의 군집해와 어떻게 비교 평가할 것인가에 관심을 갖게 된다. 이러한 비교는 군집분석을 위한 알고리즘의 평가에 종종 사용된다. 특히, 인위적으로 군집을 구성하고 각 군집에 해당되는 객체를 생성하는 시뮬레이션에서는 군집에 대한 '해답'이 있으므로 여러 알고리즘에 의한 군집해를 서로 비교할 수 있다.

이상과 같이 알려진 외부 군집해와 비교하는 평가척도를 외부평가지수라 하며, 이의 대표적인 척도로 1971년 Rand가 제안한 랜드지수(Rand Index)가 흔히 사용된다(참고문헌 [7] 참조). 랜드지수는 비교 대상인 두 군집해에 일치되는 객체 쌍의 비율로 산출된다. n개의 객체에 대해 알려진 기준 군집해를 다음과 같다고 하자.

$$\boldsymbol{u} = \{U_1, U_2, \dots, U_r\}$$

즉, 기준 군집해 $\boldsymbol{u}$는 r개의 군집으로 구성되며 i번째 군집을 U_i로 나타낸다. 유사하게 비교 대상의 군집해를 다음과 같이 s개의 군집으로 구성된 $\boldsymbol{v}$로 나타내자.

$$\boldsymbol{v} = \{V_1, V_2, \ldots, V_s\}$$

랜드지수를 산출하기 위해 우선 다음과 같은 네 가지 값을 정의한다.

a: $\boldsymbol{u}$의 군집별 객체 쌍에 대해 $\boldsymbol{v}$의 어떤 군집에 같이 존재하는 객체 쌍의 수
b: $\boldsymbol{u}$의 군집별 객체 쌍에 대해 $\boldsymbol{v}$의 어느 군집에도 존재하지 않는 객체 쌍의 수
c: $\boldsymbol{v}$의 군집별 객체 쌍에 대해 $\boldsymbol{u}$의 어느 군집에도 존재하지 않는 객체 쌍의 수
d: $\boldsymbol{u}$와 $\boldsymbol{v}$의 어느 군집에도 같이 존재하지 않는 객체 쌍의 수

이때 랜드지수는 다음과 같이 정의된다.

$$RI = \frac{a+d}{a+b+c+d} \tag{14.1}$$

여기서 $a+b+c+d$는 객체 쌍의 전체수를 의미하므로 다음과 같다.

$$a+b+c+d = \binom{n}{2} \tag{14.2}$$

식(14.1)의 랜드지수는 0에서 1 사이의 값을 갖게 되며, 0에 가까울수록 두 군집해가 일치하지 않음을 1에 가까울수록 두 군집해가 일치함을 나타낸다. 식(14.1)을 보면, $b=c=0$일 때 $RI=1$이 되며, $a=d=0$일 때 $RI=0$이 된다.

예 14.1

7개의 객체에 대한 알려진 기준 군집해가 다음과 같다.

$$\boldsymbol{u} = \{(1,2),(3,4,5),(6,7)\}$$

아래의 군집해를 기준 군집해와 비교하고자 한다.

$$\boldsymbol{v} = \{(1,2,6),(3,5),(4,7)\}$$

여기서 $U_1 = (1,2), U_2 = (3,4,5), U_3 = (6,7)$이며, $V_1 = (1,2,6), V_2 = (3,5)$, $V_3 = (4,7)$라 둘 수 있다. U_1의 객체 쌍 (1,2)는 V_1에 속하고, U_2의 객체 쌍 (3,5)만이 V_2에 속하므로 $a = 2$임을 알 수 있다. 그리고, U_2의 객체 쌍 (3,4) 및 (4,5)와 U_3의 (6,7)은 $\boldsymbol{v}$의 어느 군집에도 속하지 않으므로 $b = 3$이라 할 수 있다. 또한, V_1의 (1,6)과 (2,6), V_3의 (4,7)은 $\boldsymbol{u}$의 어느 군집에도 속하지 않으므로 $c = 3$이다. 그리고 식(14.2)에 의해 $d = 21 - (2+3+3) = 13$이다. 따라서 이 경우 랜드지수는 다음과 같다.

$$RI = \frac{2+13}{21} = \frac{15}{21} = 0.714$$

일반적으로 a, b, c, d를 산출하기 위해 다음과 같은 분할표(contingency table)를 작성하는 것이 편리하다. n_{ij}를 $\boldsymbol{u}$의 군집 U_i에 속한 객체 중 $\boldsymbol{v}$의 군집 V_j에 속하는 객체수라 정의하면, 분할표는 [표 14.1]과 같다.

표 14.1 두 군집해 비교를 위한 분할표

	V_1	V_2	…	V_s	**합**
U_1	n_{11}	n_{12}		n_{1s}	$n_{1.}$
U_2	n_{21}	n_{22}		n_{2s}	$n_{2.}$
…					
U_r	n_{r1}	n_{r2}		n_{rs}	$n_{r.}$
합	$n_{.1}$	$n_{.2}$		$n_{.s}$	n

[표 14.1]에서 $n_{i.}$는 i번째 행의 합, $n_{.j}$는 j번째 열의 합을 나타낸다. 이때 a, b, c, d는 다음과 같이 산출된다.

$$a = \sum_{i,j} \binom{n_{ij}}{2} \tag{14.3a}$$

$$b = \sum_{i} \binom{n_{i.}}{2} - \sum_{i,j} \binom{n_{ij}}{2} \tag{14.3b}$$

$$c = \sum_{j} \binom{n_{.j}}{2} - \sum_{i,j} \binom{n_{ij}}{2} \tag{14.3c}$$

$$d = \binom{n}{2} - (a+b+c) \tag{14.3d}$$

예 14.2

[예 14.1]에 대한 분할표를 작성하면 다음과 같다.

	V_1	V_2	V_3	합
U_1	2	0	0	2
U_2	0	2	1	3
U_3	1	0	1	2
합	3	2	2	7

따라서 식(14.3)을 이용하여 a, b, c, d를 얻은 후 랜드지수를 구하면, [예 14.1]에서와 동일함을 알 수 있다.

식(14.1)의 랜드지수는 0에서 1 사이의 값을 가지므로 기대치가 0보다 큼을 알 수 있다. 1985년 Hubert 와 Arabie(참고문헌 [4] 참조)는 랜드지수를 수정하여 최댓값은 1을 갖되 기대치는 0이 되도록 하여 더 넓은 범위의 값을 갖는 지수를 제안하였는데, 이를 수정 랜드지수(adjusted Rand index)라 하고 이는 다음과 같이 산출된다.

$$RI_{adj} = \frac{\sum_{i,j}\binom{n_{ij}}{2} - \left[\sum_i \binom{n_{i.}}{2}\sum_j \binom{n_{.j}}{2}\right] / \binom{n}{2}}{\frac{1}{2}\left[\sum_i \binom{n_{i.}}{2} + \sum_j \binom{n_{.j}}{2}\right] - \left[\sum_i \binom{n_{i.}}{2}\sum_j \binom{n_{.j}}{2}\right] / \binom{n}{2}} \tag{14.4}$$

식(14.3)의 관계를 이용하여 식(14.4)를 다시 표현하면 다음과 같다.

$$\begin{aligned} RI_{adj} &= \frac{a - \dfrac{(a+b)(a+c)}{a+b+c+d}}{\dfrac{1}{2}(a+b+a+c) - \dfrac{(a+b)(a+c)}{a+b+c+d}} \\ &= \frac{2(ad-bc)}{(a+b)(b+d)+(a+c)(c+d)} \end{aligned} \tag{14.5}$$

식(14.5)를 보면 $b=c=0$일 때 RI와 같이 RI_{adj}도 최댓값인 1을 갖고, $ad=bc$일 때 $RI_{adj}=0$이 되며, $ad<bc$일 때 $RI_{adj}<0$가 됨을 알 수 있다. 랜덤한 군집해의 경우 수정

랜드지수는 0에 가까운 값을 갖는다. 수정 랜드지수가 음수라면 비교 군집해가 랜덤한 해보다 유사하지 않음을 의미한다고 하겠다.

예 14.3

[예 14.1]에 대해 수정 랜드지수를 구해보면, $a=2$, $b=3$, $c=3$, $d=13$이므로 식(14.5)에 의해 다음과 같다.

$$RI_{adj}=34/160=0.2125$$

예 14.4

다음의 두 군집해에 대해 랜드지수와 수정 랜드지수를 구하고 비교하라.

$$u=\{(1,2,3,4),(5,6,7),(8,9,10)\}$$
$$v=\{(1,2,5,8),(3,6,9),(4,7,10)\}$$

풀이

우선 분할표를 작성하면 다음과 같다.

	V_1	V_2	V_3	**합**
U_1	2	1	1	4
U_2	1	1	1	3
U_3	1	1	1	3
합	4	3	3	10

그리고 a, b, c, d를 구하면 다음과 같다.

$$a=1,\ b=11,\ c=11,\ d=22$$

따라서 랜드지수 및 수정랜드지수는 각각 다음과 같이 산출된다.

$$RI=23/45=0.511,\ RI_{adj}=-1/4=-0.25$$

두 군집해 $\boldsymbol{u}$와 $\boldsymbol{v}$를 육안으로 비교할 때 그다지 유사하지 않음을 볼 수 있는데, 랜드지수는 상당히 높게 산출된 반면, 수정랜드지수는 그렇지 않음을 확인할 수 있다.

14.1.2 내부평가지수

군집해에 대한 내부평가지수는 외부 정보의 도움 없이 입력 데이터만으로 군집해를 평가하는 척도로서 주로 밀집성(compactness), 연결성(connectedness), 분리성(spatial separation) 등 세 가지 관점에서 평가한다. 밀집성이란 한 군집 내 객체들의 균질성을 나타내며, 연결성은 인접한 객체를 그룹핑하는 능력이라 할 수 있으며, 분리성은 다른 군집 간의 이질성을 나타낸다고 하겠다. 아래에 몇 가지의 내부평가지수를 소개하고자 한다. K개의 군집으로 이루어진 군집해가 다음과 같다고 하자.

$$\{C_1, ..., C_K\}$$

Dunn(1973)(참고문헌 [3] 참조)은 다음과 같은 지수를 제안하였다.

$$DI = \frac{\min_{\boldsymbol{x} \in C_i,\, \boldsymbol{y} \in C_j (1 \le i \ne j \le K)} d(\boldsymbol{x}, \boldsymbol{y})}{\max_{\boldsymbol{x}_1, \boldsymbol{x}_2 \in C_i (1 \le i \le K)} d(\boldsymbol{x}_1, \boldsymbol{x}_2)} \tag{14.6}$$

이때 $d(\boldsymbol{x}, \boldsymbol{y})$는 두 객체(혹은 좌표) $\boldsymbol{x}$와 $\boldsymbol{y}$ 사이의 거리를 뜻한다. 여기서 분자는 군집 간의 분리성(클수록 분리성이 큼)을 분모는 군집의 밀집성(작을수록 밀집성이 높음)을 반영하는 것이라 볼 수 있다. 따라서 분리성과 밀집성이 높을 때 Dunn 지수는 큰 값을 갖게 되며 해당 군집해가 상대적으로 좋게 평가된다.

Calinski와 Harabasz(1974)(참고문헌 [2] 참조)는 다음과 같은 CH 지수를 제안하였다.

$$CH = \frac{\frac{1}{K-1} \sum_{k=1}^{K} n_k d(\boldsymbol{c}_k, \boldsymbol{c})}{\frac{1}{n-K} \sum_{k=1}^{K} \sum_{\boldsymbol{x} \in C_k} d(\boldsymbol{x}, \boldsymbol{c}_k)} \tag{14.7}$$

위에서 $\boldsymbol{c}_k$는 군집 k의 중심좌표(centroid)이며, n_k는 군집 k의 객체수이고 $\boldsymbol{c}$는 전체 객체

들의 중심좌표를 나타낸다. CH 지수 역시 분자는 분리성을 분모는 밀집성을 평가하고 있으며 클수록 좋은 군집해임을 시사한다.

Brock 등(2008)(참고문헌 [1] 참조)은 연결성을 반영한 다음과 같은 지수(BI)를 제시하고 있다. $z(i,j)$를 객체 $\boldsymbol{x}_i$의 j번째 인접객체(nearest neighbor)라 하고, 다음과 같은 변수를 정의하자.

$$v(i,j)=\begin{cases}0 & \text{객체 } \boldsymbol{x}_i\text{와 } z(i,j)\text{가 동일군집에 있을 때} \\ 1/j & \text{그 밖의 경우}\end{cases} \tag{14.8}$$

그리고 객체별 인접객체는 L개까지 고려한다고 하자. 이때, BI 지수는 다음과 같다.

$$BI=\sum_{i=1}^{n}\sum_{j=1}^{L}v(i,j) \tag{14.9}$$

위의 $v(i,j)$는 객체 $\boldsymbol{x}_i$와 인접객체가 동일군집에 있지 않을 때 부여하는 벌점이므로, BI지수는 군집해에 대한 총벌점으로 간주할 수 있고, 따라서 작은 값일수록 좋은 군집해로 평가될 수 있다.

12장에서 설명한 평균 실루엣(average silhouettes width; ASW) 또한 널리 활용되는 내부평가지수이다. 평균 실루엣은 모든 객체에 대한 실루엣을 평균한 값인데, 실루엣이 1에 가까울수록 동일 군집 내 객체 간 거리가 다른 군집과의 거리보다 가까움을 나타내므로 잘 그룹핑되었다는 것을 뜻하며, 반대로 −1에 가까울수록 잘못된 것을 뜻한다.

예 14.5

다음은 승용차 운전자 8명에 대한 운전경력(X1)에 따른 교통위반횟수(X2)를 조사한 표이다.

	O1	O2	O3	O4	O5	O6	O7	O8
운전경력 (X1)	4	20	3	19	17	8	19	18
위반횟수 (X2)	15	13	13	4	17	11	12	6

군집 알고리즘 A와 B를 사용하여 각각 다음과 같은 군집해 1, 군집해 2를 얻었다고 하자.

군집해 1: C_1={1,3,6}, C_2={2,5,7}, C_3={4,8}

군집해 2: C_1={1,3,6}, C_2=(2,4,5,7,8}

위에서 설명한 내부평가지수를 산출하여 두 군집해를 비교하라. 단, 모든 거리는 유클리드 거리를 사용하고, BI 지수 산출 시 인접객체수로는 $L=1$을 사용한다.

풀이

두 군집해에 대해 4가지 내부평가지수를 계산하면 아래 표와 같다.

	DI	CH	BI	ASW
군집해 1	1.075	26.450	0	0.651
군집해 2	0.822	15.362	0	0.586

위 결과를 볼 때, DI, CH, ASW 관점에서는 군집해 1이 군집해 2보다 좋다고 평가된다. 참고로 군집해 1에 대한 객체별 실루엣은 다음과 같다.

	O1	O2	O3	O4	O5	O6	O7	O8
s(i)	0.734	0.607	0.760	0.778	0.571	0.513	0.517	0.725

14.2 | 군집해의 해석

군집분석의 주목적을 달성하기 위해서는 군집해를 얻은 후 이에 대한 해석이 가능해야 할 것이다. 즉, 각 군집의 특성을 파악할 수 있어야 실제 문제에 적용할 수 있을 것이다. 이를 위해서는 특정 응용 분야의 전문가 지식을 요하는 경우가 많다. 그러나 첫 출발은 각 군집의 중심좌표, 즉 군집별 변수별 평균치를 산출하는 것이다. 대부분의 경우 변수별 평균치로 군집들을 비교함으로써 군집의 특성을 파악할 수 있다. 다변량을 처리할 수 있는 그래프 역시 도움이 되며, 특히 다변량인 경우 요인분석(factor analysis)을 활용하기도 한다. 최종적으로 각 군집에 대한 특성이 파악되면 명명(naming)하는 것이 추천된다.

예 14.6

[예 14.5]의 데이터에 대해 어떤 군집 알고리즘을 사용하여 다음과 같은 군집해를 얻었다고 하자.

$$C_1=\{1,3,6\},\ C_2=\{2,5,7\},\ C_3=\{4,8\}$$

군집별로 중심좌표를 산출하면 다음 표와 같다.

	C_1	C_2	C_3	전체
운전경력(X1)	5	18.67	18.5	13.5
위반횟수(X2)	13	14	5	11.38

위의 표를 볼 때 군집 C_1은 경력이 적고 위반횟수가 많은 그룹이며, 군집 C_2는 경력은 많으나 위반횟수가 많은 그룹이며, 군집 C_3는 경력이 많고 위반횟수는 적은 그룹을 나타낸다고 하겠다. 따라서 C_1은 "경력부족 운전자" 그룹, C_2는 "부주의 운전자" 그룹, C_3는 "신중 운전자" 그룹이라 명명할 수 있겠다.

예 14.7

연습문제 12.7의 데이터에 대해 완전연결법(유클리드 거리 사용)으로 군집분석을 수행한 결과 다음의 3개 군집을 얻었다고 하자.

C_1={1, 3, 4, 5, 6, 7, 9, 11, 13, 22}, C_2={8, 10, 12, 15, 16, 17, 18, 19},

C_3={2, 14, 20, 21, 23}

위의 결과를 해석하기 위해 우선 각 군집의 변수별 중심좌표를 구해보면 다음과 같다.

군집	칼로리	수분	단백질	지방	당분
C_1	338.6	28.0	11.4	10.3	48.6
C_2	614.2	12.9	6.6	57.3	21.2
C_3	80.9	80.2	6.9	1.3	9.9
전체	308.9	42.9	8.8	17.4	29.2

따라서 C_1은 당분과 단백질이 높은 식품군, C_2는 지방은 높으나 수분이 낮은 식품군, 그리고 C_3는 지방과 당분이 낮은(칼로리가 낮은) 식품군이라 해석할 수 있겠다.

R 코드

1. 예 14.1, 14.3의 R 코드

```
# ch14_ex01_rand.R
# ch14.1 cluster solution evaluation (14.1.1 external index)

# load package
library(clv)

# load data
sol_1 <- as.integer(c(1, 1, 2, 2, 2, 3, 3))
sol_2 <- as.integer(c(1, 1, 2, 3, 2, 1, 3))

# count pairs
# SS: same cluster in both solutions
# SD: same cluster in solution 1, but different cluster in solution 2
# DS: different cluster in solution 1, but same cluster in solution 2
# DD: different cluster in both solutions
std <- std.ext(sol_1, sol_2)
std

# ex14.1
# compute rand index
clv.Rand(std)

# ex14.3
# compute adjusted rand index
clv.Phi(std)
```

2. 예 14.4의 R 코드

```
# ch14_ex04_rand.R
# ch14.1 cluster solution evaluation (14.1.1 external index)

# load package
library(clv)
```

```
# load data
sol_1 <- as.integer(c(1, 1, 1, 1, 2, 2, 2, 3, 3, 3))
sol_2 <- as.integer(c(1, 1, 2, 3, 1, 2, 3, 1, 2, 3))

# count pairs
# SS: same cluster in both solutions
# SD: same cluster in solution 1, but different cluster in solution 2
# DS: different cluster in solution 1, but same cluster in solution 2
# DD: different cluster in both solutions
std <- std.ext(sol_1, sol_2)
std

# ex14.4
# compute rand index
clv.Rand(std)

# compute adjusted rand index
clv.Phi(std)
```

3. 예 14.5의 R 코드

```
# ch14_ex05_internal.R
# ch14.1 cluster solution evaluation (14.1.2 internal index)

# ex14.5

# load package
library(clv) # Dunn, connectivity, silhouette
library(fpc) # Calinski-Harabasz(CH)

# load data
df <- read.csv("data/ch14_dat1.csv", colClasses = "numeric")
mat <- as.matrix(df)
D <- dist(mat)

# cluster solution
sol_1 <- as.integer(c(1, 2, 1, 3, 2, 1, 2, 3))
sol_2 <- as.integer(c(1, 2, 1, 2, 2, 1, 2, 2))

# cluster summary
```

```
clust_1 <- cls.scatt.data(df, sol_1)
clust_2 <- cls.scatt.data(df, sol_2)

# see cluster summary, including cluster center, size,
# and various inter/intra-cluster distance metrics
print(clust_1)
print(clust_2)

# Dunn index
clv.Dunn(clust_1, intracls = "complete", intercls = "single")
clv.Dunn(clust_2, intracls = "complete", intercls = "single")

# Calinski-Harabasz index
calinhara(df, sol_1)
calinhara(df, sol_2)

# connectivity (BI)
connectivity(df, sol_1, neighbour.num = 1)
connectivity(df, sol_2, neighbour.num = 1)

# silhouettes
summary(silhouette(sol_1, dist = D))[["avg.width"]]
summary(silhouette(sol_2, dist = D))[["avg.width"]]

# silhouettes by observations
silhouette(sol_1, dist = D) # cluster solution 1
silhouette(sol_2, dist = D) # cluster solution 2
```

참고문헌

랜드지수에 대한 자세한 사항은 참고문헌 [7]에서, 수정랜드지수에 대한 내용은 참고문헌 [4]에서 찾을 수 있다. 참고문헌 [6]은 계층적 군집방법에 대한 여러 평가지수를 비교하는 연구에서 위의 수정랜드지수를 추천하고 있다.

[1] Brock, G., Pihur, V., Datta, S., & Datta, S. (2008), "clValid, an R package for cluster validation", *Journal of Statistical Software*, 25,1–22.

[2] Calinski, T. and J. Harabasz (1974), "A dendrite method for cluster analysis", *Communications in Statistics – Simulation and Computation*, 3, 1–27.

[3] Dunn, J. (1973), "A fuzzy relative of the ISODATA process and its use in detecting compact well–separated clusters", *Cybernetics and Systems*, 3, 32–57.

[4] Hubert, L. and P. Arabie (1985), "Comparing partitions", *Journal of Classification*, 2, 193–218.

[5] Kaufman, L. and P.J. Rousseeuw (1990), *Finding Groups in Data: An Introduction to Cluster Analysis*. Wiley, New York.

[6] Milligan, G.W. and M.C. Cooper (1986), "A study of the comparability of external criteria for hierarchical cluster analysis", *Multivariate Behavioral Research*, 21, 441–458.

[7] Rand, W.M. (1971), "Objective criteria for the evaluation of clustering methods", *Journal of the American Statistical Association*, 66, 846–850.

연습문제

14.1 다음과 같은 기준 군집해 u에 대해 새로운 군집해 v를 평가하기 위한 랜드지수 및 수정 랜드지수를 산출하라.

$$u = \{(1,2,3,4),(5,6),(7,8,9)\}$$
$$v = \{(1,2,5),(3,4,6),(7,8,9)\}$$

14.2 다음과 같은 기준 군집해 u에 대해 새로운 군집해 v를 평가하기 위한 랜드지수 및 수정 랜드지수를 산출하라.

$$u = \{(1,2,3,4),(5,6),(7,8,9)\}$$
$$v = \{(1,2,3),(4,5,6,7,8,9)\}$$

14.3 [연습문제 6.6]에 있는 붓꽃 데이터에서 세 가지 품종을 구분하지 않고 150개의 객체들을 대상으로 K-means 방법(K=3)을 사용하여 군집해를 구한 후 다음에 답하라.

(a) 군집해에 대한 4가지 내부평가지수를 산출하라.

(b) 군집해와 실제 품종을 비교하여 랜드지수 및 수정 랜드지수를 구하라.

14.4 [연습문제 12.7]의 식품 성분 데이터에 대해 각 변수를 표준화한 후 K-means 방법(K=3)을 적용하여 다음과 같은 결과를 얻었다.

C_1= {O1, O2, O3, O4, O5, O6, O7, O9, O23}

C_2= {O11, O13, O14, O20, O21, O22}

C_3= {O8, O10, O12, O15, O16, O17, O18, O19}

각 군집별 중심좌표를 얻은 후 해석하라.

14.5 [연습문제 12.7]의 데이터에 대해 연습문제 14.4에서 제시한 군집해와 퍼지 K-means 방법(퍼지상수=2)에 의한 군집해를 비교하고자 한다. 내부평가지수를 이용하여 비교하고 결과를 설명하라.

14.6 다음은 17개의 유리조각에 대한 성분을 측정한 데이터이다(RI는 굴절률임).

RI	Na	Mg	Al	SI
1.51735	13.02	3.54	1.69	72.73
1.51569	13.24	3.49	1.47	73.25
1.51660	12.99	3.18	1.23	72.97
1.51709	13.00	3.47	1.79	72.72
1.51839	12.85	3.67	1.24	72.57
1.51593	13.25	3.45	1.43	73.17
1.51769	13.65	3.66	1.11	72.77
1.51869	13.19	3.37	1.18	72.72
1.51625	13.36	3.58	1.49	72.72
1.51768	12.56	3.52	1.43	73.15
1.51743	13.30	3.60	1.14	73.09
1.51779	13.64	3.65	0.65	73.00
1.52101	13.64	4.49	1.10	71.78
1.51796	13.5	3.36	1.63	71.94
1.51610	13.33	3.53	1.34	72.67
1.52099	13.69	3.59	1.12	71.96
1.51754	13.48	3.74	1.17	72.99

(a) 12장의 계층적 군집 방법(연결법) 중 두 가지를 선택하여 각각 군집화하되 3개의 군집을 형성하라.

(b) 위의 두 군집해에 대해 각각 내부평가지수들을 산출하고 결과를 비교하라.

(c) (b)의 결과 중 좋은 군집해를 선택하고 이를 해석하라.

14.7 두 군집해 u와 v에 대해, u가 기준 군집해인 경우와 v가 기준 군집해인 경우에 랜드지수는 동일하게 산출되는가? 수정 랜드지수는 어떠한가?

15장

연관규칙

15.1 연관규칙의 개요
15.2 연관규칙의 정의 및 성능척도
15.3 연관규칙의 탐색
15.4 순차적 패턴의 탐색
15.5 항목의 선정
R 코드
연습문제

연관규칙(association rule)이란 간단히 말하면 데이터 내 변수(주로 항목)들간의 조건–결과 식으로 표현되는 유용한 패턴을 말한다. 데이터의 변수들이 매장 방문 시 각 제품의 구매 여부를 나타낸다면, '제품 A를 살 때 제품 B도 함께 산다'는 연관규칙이나, 시간에 대한 정보를 더하여 '제품 A를 사는 고객은 추후에 제품 B도 구매한다'는 연관규칙을 데이터를 탐색하여 얻을 수 있다. 이러한 연관규칙의 탐색은 상품의 진열 위치를 정하거나, 묶음(bundle) 상품을 기획하거나, 상품을 추천하는 등 기업의 활동, 특히 마케팅에서 가장 널리 사용되고 있다.

15.1 | 연관규칙의 개요

예를 들면, 미국의 슈퍼마켓에서 목요일 기저귀를 사는 고객은 맥주도 동시에 구매한다는 패턴을 알아냈다고 하자. 이는 조건이 '목요일, 기저귀'이며, 결과가 '맥주'인 연관규칙이라 할 수 있다. 이와 같은 연관규칙의 탐색이 가능하게 된 것은 컴퓨터 기술의 발전을 들 수 있다. 고객들이 슈퍼마켓의 계산대에서 계산할 때 쇼핑카트에 담긴 물품들이 바코드 스캐닝을 통해 컴퓨터에 데이터베이스 형태로 입력되고 이로부터 고객들의 구매 행태를 분석할 수 있게 되었다. 또한 물품 정보뿐만 아니라 구매 시기, 지불 방법 등이 동시에 입력될 것이다. 물론 이러한 규칙은 물리, 수학 등에서 도출되는 규칙과는 달리 100% 정확한 것은 아니므로 어느 정도 정확한지 등의 성능척도도 중요시되고 있다.

위에서 언급한 데이터의 형태는 소위 시장바구니 또는 바스켓(market basket) 데이터라 한다. 이때 한 고객, 즉 한 바스켓의 정보를 하나의 트랜잭션(transaction)이라 한다. 바스켓 형태의 데이터에서는 주로 트랜잭션 내의 연관성을 살펴보고자 하는 것으로, 수많은 트랜잭션을 분석하여 빈번히 나타나는 규칙을 찾아내는 것이다. 이렇게 찾아낸 규칙은 마케팅에 활용된다. 예를 들어 위의 기저귀-맥주의 규칙을 활용하여 기저귀와 맥주를 가까운 곳에 진열함으로써 매출 신장을 기할 수 있다. 이와 같이 바스켓 데이터로부터 연관규칙을 탐색하는 것을 시장바구니 분석(market basket analysis)이라 한다.

연관규칙의 탐색은 한 고객의 시간에 따른 구매 정보를 활용하여 이루어지기도 한다. 예를 들면, 가전제품 대리점에서 고객별, 시간별 구매 제품의 데이터를 활용하여 '제품 A를 사는 고객은 추후에 제품 B도 구매한다'는 연관규칙을 이끌어낼 수 있을 것이다. 이와 같은 패턴을 얻어 제품 A를 구매하였으나 제품 B를 구매하지 않은 고객에게 판촉 활동을 할 수 있다. 이런 시간에 따른 고객 데이터를 시퀀스(sequence) 데이터라 한다.

당연한 사실이지만 탐색에서 도출된 연관규칙은 분명하고 유용한 것이어야 한다. 유용하다(useful)는 것은 새롭고도 실행 가능하며 설명할 수 있는 것을 말한다고 하겠다. 이에 비해 사소한(trivial) 규칙이란 이미 잘 알려진 사실을 말한다. 예를 들면, '페인트를 사면 페인트 붓을 산다'는 규칙 같은 것이다. 또한, 이전의 판촉 활동의 결과로 도출된 규칙은 유용하다고 할 수 없을 것이다. 어느 행사 기간에 제품 A와 제품 B를 동시에 판매촉진 활동을 하였다면 '제품 A를 사면 제품 B를 산다'는 규칙이 당연하게 도출될 가능성이 높기 때문이다. 도출된 규칙이 새롭지만 설명할 수 없는 것이라면 이것 또한 유용하다고 볼 수 없다. 설명할 수 없는 규칙은 데이터의 오류일 가능성도 있으며 마케팅에 활용할 수 없기 때문이다.

15.2 | 연관규칙의 정의 및 성능척도

데이터베이스가 총 n개의 트랜잭션 데이터로 구성되며 전체 m개의 항목을 포함한다고 하자. 즉, 전체 항목집합 I를 다음과 같이 정의하자.

$$I = \{i_1, ..., i_m\}$$

이때 특정한 트랜잭션은 I의 부분집합이 된다.

연관규칙 R은 조건부와 결과부로 구성되며 항목집합인 X와 Y에 대해 'X가 일어나면 Y도 일어난다'는 의미로 다음과 같이 표현할 수 있다.

$$R : X \Rightarrow Y \tag{15.1}$$

여기서 $X, Y \subseteq I$이고, $X \cap Y = \varnothing$이어야 한다. 따라서 연관규칙을 탐색함은 적절한 항목집합 X와 Y를 선택하는 문제로 볼 수 있으며, 규칙이 얼마나 의미가 있는지를 평가하기 위해 몇 가지 척도를 고려하고 있다. 우선, 지지도는 다음과 같이 정의된다.

정의 15.1 항목집합 및 규칙에 대한 지지도(support)는 각각 다음과 같이 정의된다.

(a) 항목집합 X에 대한 지지도는 다음과 같다.

$supp(X)$ = 집합 X의 항목을 동시에 포함하는 트랜잭션수의 전체 수(n)에 대한 비율

(b) 규칙 $R : X \Rightarrow Y$에 대한 지지도는 다음과 같다.

$$supp(R) = supp(X \cup Y)$$

즉, 규칙 R에 대한 지지도는 집합 X와 집합 Y에 있는 항목을 동시에 포함하는 트랜잭션 수의 비율을 나타낸다.

정리 15.1 집합 A가 집합 B의 부분집합일 경우(즉, $A \subseteq B$), 다음이 성립한다.

$$supp(A) \geq supp(B)$$

위의 정리에 의해 $supp(X) \geq supp(R)$, $supp(Y) \geq supp(R)$이 성립한다.

예 15.1

다음과 같은 5개의 트랜잭션을 고려해 보자.

트랜잭션	항목
1	b, c, g
2	a, b, d, e, f
3	a, b, c, g
4	b, c, e, f
5	b, c, e, f, g

이때 전체 항목집합 I는 다음과 같다.

$$I = \{a, b, c, d, e, f, g\}.$$

다음과 같은 규칙을 고려해 보자.

R: "항목 b와 항목 c가 일어나면, 항목 g도 일어난다."

이때 규칙 R에 해당하는 항목집합 X와 Y는 다음과 같다.

$$X=\{b, c\},\ Y=\{g\}.$$

이 경우 X 및 규칙 R에 대한 지지도는 각각 다음과 같이 산출된다.

$$supp(X) = supp(\{b,c\}) = 4/5 = 0.8$$
$$supp(R) = supp(\{b,c,g\}) = 3/5 = 0.6$$

연관규칙 R의 가치를 평가할 때 통상 다음과 같이 정의되는 신뢰도를 사용한다.

정의 15.2 규칙 $R: X \Rightarrow Y$에 대한 신뢰도(confidence)는 다음과 같다.

$$conf(R) = supp(X \cup Y)/supp(X)$$

이 신뢰도는 조건부 확률의 개념으로 집합 X(조건)가 발생한다고 할 때 집합 Y(결과)도 동시에 발생할 확률을 의미한다. 즉, 트랜잭션에 X의 항목들을 포함하는 경우 Y의 항목들도 동시에 포함할 확률을 나타내며, 신뢰도가 큰 규칙일수록 의미가 크다고 하겠다.

또한, 신뢰도 이외에 연관규칙의 개선도를 함께 사용하는데, 이는 결과(Y)가 조건(X)과 독립적으로 발생했을 가능성에 비해 조건과 연계하여 결과가 발생했을 가능성의 비율로 정의된다.

정의 15.3 규칙 $R: X \Rightarrow Y$에 대한 개선도(lift; improvement)는 다음과 같다.

$$lift(R) = \frac{conf(R)}{supp(Y)} = \frac{supp(X \cup Y)}{supp(X)supp(Y)}$$

개선도가 1이 됨은 $supp(X \cup Y) = supp(X)supp(Y)$가 성립하므로 항목 집합 X와 Y의 발생이 독립임을 의미한다고 하겠다. 그리고 개선도의 값에 따라 다음과 같은 해석을 할 수 있다.

$lift(R) > 1$인 경우, X와 Y의 발생이 양의 상관관계

$lift(R) < 1$인 경우, X와 Y의 발생이 음의 상관관계

따라서 개선도가 1보다 큰 규칙이야말로 우연한(랜덤한) 관계가 아닌 필연적 관계를 나타낸다고 하겠다.

예 15.2 (예 15.1의 계속)

다음 규칙에 대한 신뢰도와 개선도를 산출해 보자.

R: "항목 b와 항목 c가 일어나면, 항목 g도 일어난다."

우선, 신뢰도는 다음과 같다.

$$conf(R) = supp(X \cup Y)/supp(X) = 0.6/0.8 = 0.75$$

그리고 개선도는 다음과 같다.

$$lift(R) = conf(R)/supp(Y) = 0.75/0.6 = 1.25$$

즉, 항목 g가 항목 b, c의 발생여부와 상관없이 독립적으로 발생하는 것보다 항목 b, c가 발생할 때 g가 동시에 발생하는 상대적 빈도가 25% 높다고 하겠다.

15.3 | 연관규칙의 탐색

연관규칙의 탐색은 결국 신뢰도 또는 개선도가 높은 규칙 R을 트랜잭션 데이터로부터 도출하는 과정이다. 따라서 규칙이 $R : X \Rightarrow Y$의 형태일 때 적절한 항목집합 X와 Y를 찾는 것이라 할 수 있겠다. 그러나 모든 항목의 조합을 고려하여 성능이 좋은 규칙을 찾는 일은 쉬운 것이 아니므로 이를 위한 효율적인 알고리즘이 요구된다. 예를 들어, [예 15.1]의 7개 항목으로 구성된 5건의 트랜잭션 데이터에 대해 집합 X의 후보가 되는 경우의 수를 볼 때, 1개 항목으로 구성되는 경우가 7가지, 2개의 항목으로 구성되는 경우가 21가지, 3개의 항목으로 구성되는 경우가 35가지 등이 될 것이다.

연관규칙의 탐색을 위한 알고리즘으로 기본적이며 가장 널리 사용되는 것이 Agrawal and Srikant(1994)(참고문헌 [1] 참조)의 Apriori 알고리즘이다. 이 알고리즘은 다음의 두 과정으로 구성된다. 각 과정에 대한 구체적 내용은 15.3.1 및 15.3.2절에서 각각 설명하고자 한다.

과정 1) 미리 결정된 최소 지지도 $s_{\min}$ 이상의 지지도를 갖는 모든 빈발 항목집합들(large itemsets)을 찾는다.

과정 2) 특정 빈발항목집합 L에 대한 부분집합 A를 고려한다. 미리 결정된 최소 신뢰도 $c_{\min}$에 대해 $supp(L)/supp(A) \ge c_{\min}$이면, $R : A \Rightarrow (L-A)$ 형태의 규칙을 출력한다. 즉, 이 규칙의 지지도는 $supp(R) = supp(L)$이며, 신뢰도는 $conf(R) = supp(L)/supp(A)$가 된다.

15.3.1 빈발항목집합 생성

빈발항목집합을 도출하기 위해 우선 하나의 항목으로 이루어지는 후보집합군 C_1을 형성하고 최소 지지도 이상을 갖는 집합군 L_1을 생성한다. 다음으로 L_1로부터 두 개의 항목으로 이루어지는 후보집합군 C_2를 만들고 최소 지지도 이상을 갖는 집합군 L_2를 생성하며, 다시 L_2로부터 세 항목으로 이루어지는 후보집합군 C_3과 빈발 항목집합군 L_3을 만드는 등 이러한 과정을 더 이상 새로운 집합이 생성되지 않을 때까지 반복한다.

L_k로부터 C_{k+1}를 생성할 때 접합(join) 연산자(*)를 사용한다. L_1로부터 C_2를 만드는 경우에는 L_1의 한 항목에 대한 모든 조합이 C_2가 될 것이다. 예를 들어, L_1=[{a}, {b}, {c}, {d}]라 할 때, $C_2 = L_1 * L_1$ =[{a,b}, {a,c}, {a,d}, {b,c}, {b,d}, {c,d}]가 된다. 즉, C_2는 $\binom{|L_1|}{2}$개의 2-항목집합으로 이루어진다. 이 중에서 최소 지지도 이상의 항목집합만을 추려서 L_2를 생성한다. L_2에서 두 집합의 조합은 최대 4개의 항목을 포함할 수 있으므로 C_3을 형성할 때 L_2의 집합 중 하나의 항목이 동일한 것들만 대상으로 해야 한다. 마찬가지로 L_3으로부터 C_4를 형성할 때는 L_3의 집합 중 두 개의 항목이 동일할 때 가능하게 된다.

예를 들어, L_2=[{a,b}, {a,c}, {b,d}]라 할 때 $L_2 * L_2$=[{a,b,c}, {a,b,d}]이 3-항목집합의 후보가 되며, {a,b,c,d}는 4개 항목을 지니므로 대상에서 제외된다. 여기에서 C_3을 구성할

때 {a,b,c}가 추가로 제외된다. 왜냐하면, {a,b,c}의 지지도는 {b,c}의 지지도 이하인데 {b,c}가 L_2에 포함되지 않았다는 것은 {b,c}의 지지도가 이미 최소 지지도 미만이라는 것을 나타내기 때문이다. 따라서 C_3=[{a,b,d}]이다.

이러한 과정은 Apriori 알고리즘 중 'apriori-gen' 함수에 의해 수행된다. 알고리즘을 소개하기 전에 우선 예를 살펴보자.

예 15.3 (예 15.1의 계속)

[예 15.1]의 트랜잭션 데이터를 바탕으로 빈발 항목집합을 만들어 보자. 최소 지지도는 $s_{\min} = 0.4$로 가정한다.

우선, C_1은 다음과 같다.

$$C_1 = [\{a\},\{b\},\{c\},\{d\},\{e\},\{f\},\{g\}]$$

최소 지지도가 0.4(5개의 트랜잭션 중 2개 이상 포함)이므로, 1-항목으로 이루어지는 빈발 항목집합군은 다음과 같다.

$$L_1 = [\{a\},\{b\},\{c\},\{e\},\{f\},\{g\}]$$

2-항목 빈발항목집합의 후보는 다음과 같으므로

$$\begin{aligned} C_2 = [&\{a,b\},\{a,c\},\{a,e\},\{a,f\},\{a,g\},\{b,c\},\{b,e\},\{b,f\} \\ &\{b,g\},\{c,e\},\{c,f\}\{c,g\},\{e,f\},\{e,g\},\{f,g\}] \end{aligned}$$

다시 최소 지지도 0.4를 적용하면 L_2는 다음과 같다.

$$L_2 = [\{a,b\},\{b,c\},\{b,e\},\{b,f\},\{b,g\},\{c,e\},\{c,f\},\{c,g\},\{e,f\}]$$

C_3을 구성하기 위해 L_2의 집합에 접합 연산자를 적용하면 다음과 같다.

$$C_3 = [\{b,c,e\},\{b,c,f\},\{b,c,g\},\{b,e,f\},\{c,e,f\}]$$

이때 {a,b,c}는 {a,c}가 L_2에 포함되지 않았으므로 C_3에 포함될 수 없음을 볼 수 있다. C_3의 모든 집합은 최소 지지도 이상이므로 L_3은 다음과 같다.

$$L_3 = [\{b, c, e\}, \{b, c, f\}, \{b, c, g\}, \{b, e, f\}, \{c, e, f\}]$$

이와 같은 방법을 적용하면, C_4는 다음과 같다.

$$C_4 = [\{b, c, e, f\}] = L_4$$

결국, 최소 지지도 0.4를 갖는 4-항목 빈발항목집합은 {b,c,e,f}이며, 3-항목 빈발항목집합은 {b,c,e} 등 5개, 2-항목 빈발집합은 {a,b} 등 9개가 도출된다.

Apriori 알고리즘을 단계별로 정리하면 다음과 같다.

단계 0: 최소 지지도 $s_{\min}$를 정한다.

$k = 1$

$C_1 = [\{i_1\}, \{i_2\}, \ldots, \{i_m\}]$

$L_1 = \{c \in C_1 | supp(c) \geq s_{\min}\}$

단계 1: $k = k+1$, L_{k-1}로부터 k-항목 빈발집합 후보 C_k를 형성한다. (apriori-gen 함수)

1-1. (join) L_{k-1}의 집합들을 접합하여 k-항목집합군을 형성한다.

$$C = L_{k-1} * L_{k-1}$$

1-2. (prune) C에 속하는 k-항목 집합 각각에 대해 그 $(k-1)$-항목 부분집합 중 하나라도 L_{k-1}에 속하지 않으면 해당 k-항목 집합을 제거한다. 이 과정을 거치고 남은 k-항목 집합만으로 C_k를 형성한다. $C_k = \Phi$이면 종료한다.

단계 2: C_k의 집합 중 지지도가 최소 지지도 이상인 것을 모아 L_k를 생성한다.

$$L_k = \{c \in C_k | supp(c) \geq s_{\min}\}$$

(단계 1) 반복.

15.3.2 규칙의 탐색

앞에서 언급한 바와 같이 규칙의 탐색을 위해 우선 도출된 빈발 항목집합 L 각각에 대한 부분집합 A를 고려한다. 여기서 L은 위의 L_2, L_3 등을 포함한다. 그리고, 미리 결정된 최소 신뢰도 $c_{\min}$에 대해 $supp(L)/supp(A) \geq c_{\min}$이면, $R : A \Rightarrow (L-A)$ 형태의 규칙을 출력한다. 즉, 이 규칙의 신뢰도 $conf(R) = supp(L)/supp(A)$가 $c_{\min}$이상 되도록 하는 것이다. 결과부에 하나의 항목만을 포함시키는 규칙을 도출하는 것이 현실적 적용성 때문에 널리 사용된다.

예 15.4

[예 15.1]의 트랜젝션 데이터에 대해 [예 15.3]에서 구해진 3-항목 빈발항목집합군 중 다음 집합을 고려해 보자.

$$L=\{b, c, g\}$$

이때 결과부에 1-항목을 포함하는 규칙과 이에 대응되는 신뢰도는 다음과 같다.

$$R_1 : \{b, c\} \Rightarrow \{g\} \quad conf(R_1) = 0.6/0.8 = 0.75$$

$$R_2 : \{b, g\} \Rightarrow \{c\} \quad conf(R_2) = 0.6/0.6 = 1$$

$$R_3 : \{c, g\} \Rightarrow \{b\} \quad conf(R_3) = 0.6/0.6 = 1$$

따라서 최소 신뢰도를 0.7이라 하면 R_1, R_2, R_3 모두 최소 신뢰도 이상이 된다. 참고로 지지도가 0.4 이상, 신뢰도가 0.7 이상이며 결과부에 하나의 항목만을 포함시키는 모든 규칙은 다음과 같다.

```
     lhs        rhs support confidence coverage lift     count
[1]  {}      => {c} 0.8     0.80       1.0      1.000000 4
[2]  {}      => {b} 1.0     1.00       1.0      1.000000 5
[3]  {a}     => {b} 0.4     1.00       0.4      1.000000 2
[4]  {g}     => {c} 0.6     1.00       0.6      1.250000 3
[5]  {c}     => {g} 0.6     0.75       0.8      1.250000 3
[6]  {g}     => {b} 0.6     1.00       0.6      1.000000 3
```

```
[7]  {e}       => {f} 0.6      1.00       0.6      1.666667 3
[8]  {f}       => {e} 0.6      1.00       0.6      1.666667 3
[9]  {e}       => {b} 0.6      1.00       0.6      1.000000 3
[10] {f}       => {b} 0.6      1.00       0.6      1.000000 3
[11] {c}       => {b} 0.8      1.00       0.8      1.000000 4
[12] {b}       => {c} 0.8      0.80       1.0      1.000000 4
[13] {c, g}    => {b} 0.6      1.00       0.6      1.000000 3
[14] {b, g}    => {c} 0.6      1.00       0.6      1.250000 3
[15] {b, c}    => {g} 0.6      0.75       0.8      1.250000 3
[16] {c, e}    => {f} 0.4      1.00       0.4      1.666667 2
[17] {c, f}    => {e} 0.4      1.00       0.4      1.666667 2
[18] {e, f}    => {b} 0.6      1.00       0.6      1.000000 3
[19] {b, e}    => {f} 0.6      1.00       0.6      1.666667 3
[20] {b, f}    => {e} 0.6      1.00       0.6      1.666667 3
[21] {c, e}    => {b} 0.4      1.00       0.4      1.000000 2
[22] {c, f}    => {b} 0.4      1.00       0.4      1.000000 2
[23] {c, e, f} => {b} 0.4      1.00       0.4      1.000000 2
[24] {b, c, e} => {f} 0.4      1.00       0.4      1.666667 2
[25] {b, c, f} => {e} 0.4      1.00       0.4      1.666667 2
```

참고문헌 [1]의 알고리즘에는 모든 가능한 규칙을 더 효율적으로 탐색하는 방법이 소개되고 있다. 위 예를 확장하여 결과부에 2-항목을 포함하는 규칙의 후보와 이에 대응되는 신뢰도는 다음과 같다.

$$R_4 : \{b\} \Rightarrow \{c, g\} \qquad conf(R_4) = 0.6/1.0 = 0.6$$

$$R_5 : \{c\} \Rightarrow \{b, g\} \qquad conf(R_5) = 0.6/0.8 = 0.75$$

$$R_6 : \{g\} \Rightarrow \{b, c\} \qquad conf(R_6) = 0.6/0.6 = 1$$

이 경우 최소 신뢰도 이상을 갖는 규칙은 R_5, R_6이다.

위의 예에서 규칙 R_1과 R_4를 비교해 보면, R_4의 결과부는 R_1의 결과부에 1개 항목이 추가되면서 R_4의 조건부는 1개 항목만 남아 이 지지도가 R_1의 조건부의 지지도보다 증가하고 결국 R_4의 신뢰도가 R_1에 비해 감소함을 볼 수 있다. 이와 관련된 보다 일반적인 결과는 다음과 같다.

정리 15.2 빈발항목집합 L에 대한 다음의 두 규칙에 대해

R_1 : $(L-A) \Rightarrow A$

R_2 : $(L-B) \Rightarrow B$

$A \subseteq B$ (또는 $(L-A) \supseteq (L-B)$)일 때 다음이 성립한다.

$conf(R_1) \geq conf(R_2)$.

위의 정리에서 규칙 R_1이 최소 신뢰도보다 작으면 규칙 R_2의 신뢰도 역시 최소 신뢰도보다 작음을 알 수 있다. 이를 이용하면 결과부에 1개 항목을 포함하는 규칙을 도출한 후 이로부터 결과부에 2개 항목을 포함하는 규칙을 생성할 때 보다 효율적인 탐색을 수행할 수 있다.

예 15.5

빈발항목집합 L={a,b,c,d,e}에 대해 최소 신뢰도를 만족하는 결과부에 1개 항목을 포함하는 규칙이 다음과 같이 주어졌다고 하자.

R_1 : {a,c,d,e}⇒{b}

R_2 : {a,b,c,e}⇒{d}

즉, 결과부가 {a} 또는 {c} 또는 {e}인 규칙은 최소 신뢰도를 만족하지 않는다는 것이다. 이때 R_1로부터 결과부에 2개 항목을 포함하는 규칙의 후보를 탐색하면 다음과 같다.

R_3 : {a,c,d}⇒{b,e}

R_4 : {a,c,e}⇒{b,d}

R_5 : {a,d,e}⇒{b,c}

R_6 : {c,d,e}⇒{a,b}

위에서 {e}⊂{b,e}이므로 규칙 R_3은 최소 신뢰도를 만족하지 않음을 알 수 있다. 마찬가지 이유로 R_5, R_6 역시 최소 신뢰도를 만족하지 않으며 R_4만 최소 신뢰도를 만족하는 규칙이다. 유사하게 R_2로부터 결과부에 2개 항목을 포함하는 규칙의 후보를 탐색할 때 오직 가능한 것은 {a,c,e}⇒{b,d}이다.

15.4 | 순차적 패턴의 탐색

15.4.1 시퀀스

순차적 패턴이란 고객들의 시간에 따른 구매 행태를 말하며, 이의 탐색을 위해서는 고객별, 시간별 트랜잭션 데이터가 필요하다. 예를 들어, 많은 고객이 비디오 대여점에서 'Star Wars'를 빌린 후에는 'Return of the Jedi'를 빌린다는 패턴 등이다. 다른 예로 가전제품 대리점에서 '냉장고를 구입한 후 김치냉장고를 구매한다'라는 식이다.

항목집합을 순서대로 나열된 리스트를 시퀀스(sequence)라 하는데, 통상 시간적 순서가 사용되고 있다. $A_j(j=1,2,...,n)$을 j번째의 항목집합이라 할 때 시퀀스는 다음과 같이 표기한다.

$$s = < A_1, A_2, ..., A_n >$$

정의 15.4 시퀀스에 포함된 항목집합의 수를 시퀀스의 길이(length)라 하며, 길이가 k인 시퀀스를 k-시퀀스라 한다.

따라서, 각 항목집합은 1-시퀀스라 할 수 있다.

정의 15.5 두 시퀀스 $s_1 = < A_1, A_2, ..., A_n >$과 $s_2 = < B_1, B_2, ..., B_m >$에 대해

$$A_1 \subseteq B_{i_1}, A_2 \subseteq B_{i_2}, ..., A_n \subseteq B_{i_n}$$

가 성립하는 $i_1 < i_2 < ... < i_n$이 존재할 때 s_1은 s_2에 "포함된다"고 한다. 이때, s_1을 s_2의 부분 시퀀스(subsequence)라 한다.

예 15.6

두 시퀀스가 다음과 같다고 하자.

$$s_1=\langle\{a\},\ \{b,c\},\ \{e\}\rangle,\ s_2=\langle\{f\},\ \{a,g\},\ \{h\},\ \{b,c,d\},\ \{e,j\}\rangle$$

이때, s_1은 s_2의 부분 시퀀스임을 알 수 있다. 그러나, $\langle\{a\}, \{b\}, \{c\}, \{e\}\rangle$는 s_2의 부분 시퀀스가 아니다.

정의 15.6 시퀀스 s가 어떤 다른 시퀀스에 포함되지 않을 경우 "최대"(maximal)라 한다.

위에서 언급한 바와 같이 순차적 패턴 탐색을 위해서는 트랜잭션에 대한 고객이 확인되어야 하며, 트랜잭션 데이터가 고객별로 발생 시간순으로 정리되어야 한다. 이때 고객별로 하나의 시퀀스가 형성되는데, 이를 고객 시퀀스(customer sequence)라 한다.

정의 15.7 시퀀스 s에 대한 지지도를 다음과 같이 정의한다.

$$supp(s) = \text{시퀀스 } s\text{를 포함하는 고객의 비율}$$

그리고 정해진 최소 지지도 이상을 갖는 시퀀스를 빈발 시퀀스(large sequence)라 한다. 따라서, 순차적 패턴 탐색 문제는 빈발 시퀀스 중 최대 시퀀스(maximal sequence)들을 찾는 것이라 할 수 있다.

예 15.7

고객별 시퀀스가 다음과 같다고 하자.

고객 #	고객 시퀀스
1	⟨{a}, {b}⟩
2	⟨{c,d}, {a}, {e,f,g}⟩
3	⟨{a,h,g}⟩
4	⟨{a}, {e,g}, {b}⟩
5	⟨{b}⟩

최소 지지도를 0.4라 하면, 시퀀스가 최소 두 명의 고객에 의해 지지되어야 하므로, 최소 지지도 이상이 되는 최대 시퀀스는 다음과 같다.

$$s_1=\langle\{a\}, \{b\}\rangle, \ s_2=\langle\{a\}, \{e,g\}\rangle$$

s_1은 고객 #1과 #4에 의해, s_2는 고객 #2와 #4에 의해 지지되고 있다. 시퀀스 ⟨{a}, {e}⟩도 최소 지지도를 만족하나 이는 s_2에 포함되므로 최대가 아니다.

15.4.2 순차적 패턴 탐색 알고리즘

이번 절에서는 Agrawal and Srikant(1995)(참고문헌 [2] 참조)가 제안한 알고리즘을 소개한다. 이 알고리즘은 다음의 단계들로 구성된다.

1) 정렬 단계: 트랜잭션 데이터베이스를 고객 시퀀스 데이터로 전환한다.
2) 빈발항목집합 단계: 고객 시퀀스의 항목집합 또는 이의 부분집합 중 최소지지도(고객비율 사용) 이상인 것들을 빈발항목집합으로 도출한다. 편의상 각 빈발항목집합에 일련번호를 부여한다.
3) 변환 단계: 고객 시퀀스를 빈발항목집합을 사용한 시퀀스로 변환한다.
4) 시퀀스 단계: 빈발 시퀀스를 도출한다(15.4.3절 참조).
5) 최대화 단계: 빈발 시퀀스로부터 최대 시퀀스를 탐색한다.

위의 단계 중 시퀀스 단계가 알고리즘의 주요 부분이므로 이는 다음 절에서 자세히 다루며, 우선 이번 절에서는 다른 단계에 대해 설명하고자 한다. 정렬 단계는 생략하며, 빈발항목집합 단계 및 변환 단계는 비교적 단순하므로 예로써 설명하고자 한다.

예 15.8

정렬 단계를 거쳐 [예 15.7]과 같은 고객 시퀀스가 정리되었다고 하자. 최소 지지도를 0.4(다섯 명 중 두 명의 고객)라 하면 최소 지지도 이상이 되는 항목집합은 다음과 같다.

빈발항목집합	지지도	일련번호
{a}	0.8	1
{b}	0.6	2
{e}	0.4	3
{e, g}	0.4	4
{g}	0.6	5

위에서 고객 #2의 시퀀스 항목집합 중 {e,f,g} 자체는 지지도가 낮아 빈발항목집합에 포함되지 못하나 이의 부분집합인 {e}, {g}, {e,g}는 빈발항목집합에 포함됨을 볼 수 있다.

또한 변환 단계를 적용하면 위의 고객 시퀀스는 아래 표와 같이 전환된다.

고객 #	고객 시퀀스	변환 시퀀스
1	⟨{a}, {b}⟩	⟨{1}, {2}⟩
2	⟨{c,d}, {a}, {e,f,g}⟩	⟨{1}, {3, 4, 5}⟩
3	⟨{a,h,g}⟩	⟨{1, 5}⟩
4	⟨{a}, {e,g}, {b}⟩	⟨{1}, {3, 4, 5}, {2}⟩
5	⟨{b}⟩	⟨{2}⟩

예를 들어 고객 #2의 경우 {c,d}는 빈발항목집합에 포함되지 않으므로 변환 시퀀스에서는 제외되었으며, {e,f,g}는 이에 대한 부분집합 {e}, {e,g}, {g}가 빈발항목집합에 포함되므로 대응되는 일련번호로써 {3,4,5}가 변환 시퀀스에 포함된다.

15.4.3 시퀀스 단계

이번 단계에서는 모든 빈발 시퀀스를 탐색하는 것으로 참고문헌 [2]에서는 최대가 아닐 수 있는 빈발 시퀀스를 탐색하는 알고리즘인 'AprioriAll'과 최대 빈발 시퀀스를 탐색하는 알고리즘인 'AprioriSome' 및 'DynamicSome'을 제안하였다. 따라서 AprioriAll 알고리즘을 사용하는 경우 최대화 단계를 요구하며, 다른 두 알고리즘은 그렇지 않다. 또한 AprioriAll과 AprioriSome은 그 성능이 유사하며 DynamicSome보다 다소 효율적으로 알려져 있다. 이번 절에서는 다소 간단한 AprioriAll 알고리즘을 소개하고자 한다.

단계 0: 변환 시퀀스의 모든 빈발 1-시퀀스들을 L_1로 둔다.

$k=1$

단계 1: $k=k+1$

$C_k = L_{k-1} * L_{k-1}$

단계 2: C_k로부터 빈발 시퀀스를 구해 이를 L_k라 한다.

$L_k = \varnothing$ 이면 Stop. 그렇지 않으면 (단계 1) 반복

예 15.9

[예 15.8]의 변환된 고객 시퀀스에 AprioriAll 알고리즘을 적용하면 다음과 같다.

$$L_1=[\langle 1\rangle, \langle 2\rangle, \langle 3\rangle, \langle 4\rangle, \langle 5\rangle]$$

$C_2 = L_1 * L_1$로 구한 후 빈발 시퀀스 L_2를 산출하면 다음과 같다.

$$L_2=[\langle 1\ 2\rangle, \langle 1\ 3\rangle, \langle 1\ 4\rangle, \langle 1\ 5\rangle]$$

L_3는 찾을 수 없으므로 여기서 중지한다. 이 예에서 최대 시퀀스는 ⟨1 2⟩와 ⟨1 4⟩이다. 시퀀스 ⟨1 4⟩의 경우 항목 a 다음에는 항목집합 {e,g}가 온다는 규칙이다.

시퀀스 일련번호를 항목집합으로 변환하면 다음과 같은 연관규칙이 얻어진다.

```
  lhs       rhs   support confidence      lift
1 <{a}> => <{e,       0.4        0.5 1.2500000
           g}>
2 <{a}> => <{b}>      0.4        0.5 0.8333333
```

예 15.10

참고문헌 [2]에 있는 예로서 5명 고객에 대한 변환 시퀀스가 다음과 같다고 하자.

고객	변환 시퀀스
1	⟨{1,5}, {2}, {3}, {4}⟩
2	⟨{1}, {3}, {4}, {3,5}⟩
3	⟨{1}, {2}, {3}, {4}⟩
4	⟨{1}, {3}, {5}⟩
5	⟨{4}, {5}⟩

최소 지지도는 0.4(2명)로 하자. AprioriAll을 적용하면 우선 L_1은 다음과 같다.

$$L_1=[\langle 1\rangle, \langle 2\rangle, \langle 3\rangle, \langle 4\rangle, \langle 5\rangle]$$

그리고 L_2는 다음과 같다.

$$L_2=[\langle 1\ 2\rangle, \langle 1\ 3\rangle, \langle 1\ 4\rangle, \langle 1\ 5\rangle, \langle 2\ 3\rangle, \langle 2\ 4\rangle, \langle 3\ 4\rangle, \langle 3\ 5\rangle, \langle 4\ 5\rangle]$$

다음으로 $C_3 = L_2 * L_2$는 다음과 같고,

$$C_3=[\langle 1\ 2\ 3\rangle, \langle 1\ 2\ 4\rangle, \langle 1\ 3\ 4\rangle, \langle 1\ 3\ 5\rangle, \langle 1\ 4\ 5\rangle, \langle 2\ 3\ 4\rangle, \langle 2\ 3\ 5\rangle, \langle 2\ 4\ 5\rangle, \langle 3\ 4\ 5\rangle]$$

L_3은 다음과 같다.

$$L_3=[\langle 1\ 2\ 3\rangle, \langle 1\ 2\ 4\rangle, \langle 1\ 3\ 4\rangle, \langle 1\ 3\ 5\rangle, \langle 2\ 3\ 4\rangle]$$

이로부터 C_4 및 L_4는 다음과 같다.

$$C_4 = L_4 = [\langle 1\ 2\ 3\ 4 \rangle]$$

여기까지가 AprioriAll의 결과이며, 이후에 최대화 단계에서 최대 빈발 시퀀스를 구하면 다음과 같이 세 가지가 도출된다.

$$\langle 1\ 2\ 3\ 4 \rangle,\ \langle 1\ 3\ 5 \rangle,\ \langle 4\ 5 \rangle$$

15.4.4 개선된 시퀀스 탐색 알고리즘 - AprioriSome

위에서 소개한 AprioriAll은 시퀀스 단계에서 최대가 아닌 빈발 시퀀스를 모두 찾느라 불필요하게 시간이 많이 걸린다는 단점이 있다. 이를 보완하기 위해 최대화 단계를 시퀀스 단계에 결합하여 최대 시퀀스를 직접 도출하는 더 효율적인 알고리즘들이 있는데, 그중에 AprioriSome이 있다. 이 알고리즘은 매 시퀀스 길이에 대한 빈발 시퀀스 집합을 구하지 않고 forward phase에서 특정한 시퀀스 길이에 대해 구한 후 backward phase에서 매 시퀀스 길이에 대해 최대 빈발 시퀀스를 도출하는데, AprioriSome 알고리즘의 절차는 다음과 같다.

Forward phase

단계 0: $k=1$; L_1 산출; $C_1 = L_1$; $last = 1$.

단계 1: (C_k 산출) $k \leftarrow k+1$

1-1. L_{k-1}을 아는 경우: $C_k = L_{k-1} * L_{k-1}$

1-2. L_{k-1}을 모르는 경우: $C_k = C_{k-1} * C_{k-1}$

단계 2: (L_k를 산출할 k 선택) $C_k = \varnothing$이면 Stop, 그렇지 않으면 다음 작업 수행

2-1. $k = next(last)$이면 L_k 산출, $last = k$, (단계 1)로

2-2. $k = next(last)$이 아니면 (단계 1)로.

Backward phase

단계 0: $k = kmax$

단계 1:

1-1. L_k를 아는 경우 L_k에서 $L_i(i > k)$에 있는 부분 시퀀스 제거

1-2. L_k를 모르는 경우 C_k로부터 $L_i(i > k)$에 있는 부분 시퀀스를 제거한 후 L_k 산출

단계 2: $k \leftarrow k-1$; go to (단계 1)

Forward phase의 (단계 2)에서 $next$ 함수는 차후 산출할 빈발 시퀀스 길이를 선정하는 함수이다. Agrawal & Srikant(1995)는 실험을 통해 다음을 추천하고 있다. 우선 $hit(k)$를 다음과 같이 산출한 후,

$$hit(k) = \frac{|L_k|}{|C_k|} \tag{15.2}$$

이의 범위에 따라 $next$를 다음과 같이 결정한다.

1) $hit(k) < 0.666$이면, $next(k) = k+1$
2) $0.666 \leq hit(k) < 0.75$이면, $next(k) = k+2$
3) $0.75 \leq hit(k) < 0.80$이면, $next(k) = k+3$
4) $0.80 \leq hit(k) < 0.85$이면, $next(k) = k+4$
5) $hit(k) \geq 0.85$이면, $next(k) = k+5$

위의 AprioriSome의 결과로부터 빈발 시퀀스 집합 L_k들이 얻어지면 이의 합집합 $(\cup L_k)$이 최대 시퀀스가 된다.

예 15.11

[예 15.10]의 고객 변환 시퀀스에 대해 AprioriSome을 적용해 보자. 단, 이번 예에서는 $next(i) = 2i$를 사용한다.

Forward phase

Iteration 0

$L_1 = C_1$=[⟨1⟩, ⟨2⟩, ⟨3⟩, ⟨4⟩, ⟨5⟩]

$last = 1$

Iteration 1

$k = 2$

C_2=[⟨1 2⟩, ⟨1 3⟩, ⟨1 4⟩, ⟨1 5⟩, ⟨2 3⟩, ⟨2 4⟩,

⟨2 5⟩, ⟨3 4⟩, ⟨3 5⟩, ⟨4 5⟩]

$next(last) = next(1) = 2 = k$

L_2=[⟨1 2⟩, ⟨1 3⟩, ⟨1 4⟩, ⟨1 5⟩, ⟨2 3⟩, ⟨2 4⟩, ⟨3 4⟩, ⟨3 5⟩, ⟨4 5⟩]

$last = 2$

Iteration 2

$k = 3$

C_3=[⟨1 2 3⟩, ⟨1 2 4⟩, ⟨1 3 4⟩, ⟨1 3 5⟩, ⟨1 4 5⟩,

⟨2 3 4⟩, ⟨2 3 5⟩, ⟨2 4 5⟩, ⟨3 4 5⟩]

$next(last) = next(2) = 4 \neq k$

Iteration 3

$k = 4$

C_4=[⟨1 2 3 4⟩, ⟨1 2 3 5⟩, ⟨1 2 4 5⟩, ⟨1 3 4 5⟩, ⟨2 3 4 5⟩]

$next(last) = next(2) = 4 = k$

L_4=[⟨1 2 3 4⟩]

Backward phase

Iteration 0

$kmax = 4$

Iteration 1

L_4=[⟨1 2 3 4⟩]; $k = 3$

Iteration 2

L_3=[⟨1 3 5⟩]; $k = 2$

Iteration 3

L_2=[⟨4 5⟩]

결과적으로 최대 빈발 시퀀스는 다음과 같다.

⟨1 2 3 4⟩, ⟨1 3 5⟩, ⟨4 5⟩

15.5 | 항목의 선정

분석할 트랜잭션 데이터에 어떤 항목들을 포함시킬 것인가는 분석에 앞서 결정해야 할 중요한 문제 중 하나이다. 통상 슈퍼마켓 등에서 취급하는 제품수는 수만 가지가 넘기 때문에 이러한 제품 하나하나를 모두 항목으로 선정하기에는 여러 어려움이 있다. 따라서 제품을 계층적으로 분류하여 적절한 계층에 속하는 것들을 항목으로 선정하는 방안을 사용한다. 물론 제품을 분류하는 방식에도 여러 가지가 있을 수 있다. 예를 들면, 어떤 슈퍼마켓에서 음료류를 [그림 15.1]과 같이 분류한다. 여기서 보듯이 제품 분류에서 상위수준으로 갈수록 보다 포괄적인 항목(generalized item)이 사용된다.

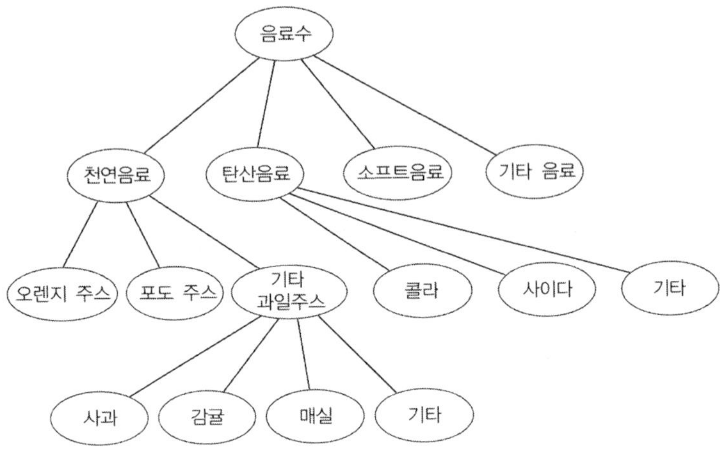

그림 15.1 음료류의 분류 예

항목이 너무 세분화되어 많은 경우 공통 항목의 트랜잭션 수가 적어 유용한 규칙을 도출하기 어려울 수 있으며, 반대로 항목이 너무 작은 경우에는 도출된 규칙이 쓸모없을 수 있기 때문에 항목의 선정이 중요하다고 볼 수 있다. 또한, 항목이 증가함에 따라 규칙 탐색에 소요되는 계산 시간이 급속도로 증가하기 때문에 원하는 계산 복잡도에 알맞은 항목 수를 결정할 필요가 있다. 항목을 선정하는 데 있어 하나의 가이드라인은 트랜잭션 데이터에 드물게 나타나는 것은 제품의 계층적 분류에서 보다 상위 수준의 항목을 사용하고, 자주 나타나는 경우에는 보다 하위 수준의 항목을 사용하여 결과적으로 트랜잭션 데이터에 빈도수가 비슷하게 되도록 하라는 것이다.

항목을 선정할 때 제품 분류에 포함된 실제 항목만을 사용하는 것이 아니라 가상항목(virtual item)을 사용할 수 있다. 가상항목에는 지불수단(현금, 신용카드 등), 구매요일 등이 포함될 수 있고 특정 브랜드를 포함시킬 수 있다. 예를 들어, 다이어트 음료들을 모두 모아 '다이어트 음료'라는 새로운 가상항목을 만들어 트랜잭션 데이터에 포함시킬 수 있다.

그러나 이러한 가상항목은 많이 포함되면 문제가 될 수 있는데, 빈번히 발생하는 문제 중 하나는 무의미한 규칙의 도출이다. 예를 들어, '다이어트 코카콜라'라는 항목과 '다이어트 음료'라는 가상항목이 존재할 때 '다이어트 코카콜라 ⇒ 다이어트 음료'라는 규칙이 도출될 수 있으나 이는 무의미한 것일 뿐이다. 따라서 가상항목은 규칙에 포함되어 유용한 정보를 획득할 수 있다고 판단될 때 사용해야 할 것이다.

R 코드

1. 예 15.3, 15.4의 R 코드

아래 코드에서 사용한 {arules}라는 R 패키지는 결과에 하나의 항목만을 포함시키는 규칙을 도출한다.

```
# ch15_ex03_apriori.R
# ch15.3 association rule mining

# load required packages
library(arules)

# load data
df <- read.csv("data/ch15_transaction.csv")

# convert a data frame into a list of transactions
transaction_list <- split(df$item, df$id)
print(transaction_list)

# convert a list into an object of class "transactions"
transactions <- as(transaction_list, "transactions")
print(transactions)

# ex15.3 - generate frequent itemsets with minimal support 0.4
itemsets <- apriori(
  transactions,
  parameter = list(
    support = 0.4,
    target = "frequent itemsets"
  ),
  control = list(verbose = FALSE) # do not print progress
)

inspect(itemsets)

# ex15.4 - find association rules with minimal confidence 0.7
rules <- ruleInduction(
  itemsets,
```

```
  transactions,
  confidence = 0.7,
  method = "apriori"
)

inspect(rules)

# one function call to execute both ex15.3 and ex15.4
apriori_results <- apriori(
  transactions,
  parameter = list(
    support = 0.4,
    confidence = 0.7,
    target = "rules"
  ),
  control = list(verbose = FALSE) # do not print progress
)

inspect(apriori_results)
```

2. 예 15.7~15.9의 R 코드

아래 코드에서 사용한 {arulesSequences}라는 R 패키지는 앞의 15.4절에서 설명한 AprioriAll보다 더 효율적인 SPADE라는 알고리즘을 사용한 패키지이다. 최종 결과는 15.4절과 동일하다. SPADE 알고리즘은 참고문헌 [6]에 소개되어 있다.

```
# ch15_ex07_sequence.R
# ch15.4: sequential pattern mining

# NOTE: This R code uses different algorithm called SPADE
#       The results should be the same to examples in the book,
#       but underlying algorithms and computational steps
#       are different from AprioriAll or AprioriSome.
#       For SPADE algorithm, please see the paper below:
#       Zaki, M. J. (2001). SPADE: An efficient algorithm for
#         mining frequent sequences. Machine learning, 42, 31-60.
```

```
# load package
library(arulesSequences)

# read specifically formatted data into transactions with temporal information
trans <- read_baskets(
  con = "data/ch15_sequence.txt",
  info = c("sequenceID", "eventID", "SIZE") # do not change the names
)

# ex15.7 - maximal sequences

# frequent sequences
seqs <- cspade(trans, parameter = list(support = 0.4))
inspect(seqs)

# frequent maximal sequences
max_seqs <- subset(seqs, is.maximal(seqs))
inspect(max_seqs)

# ex15.8 - frequent itemsets
itemsets <- cspade(trans, parameter = list(support = 0.4, maxlen = 1))
inspect(itemsets)

# ex15.9 - association rule mining

# association rules
rules <- ruleInduction(seqs, confidence = 0.5)
inspect(rules)

# association rules for frequent maximal sequences
# it may throw a warning
max_rules <- ruleInduction(max_seqs, trans, confidence = 0.5)
inspect(max_rules)
```

참고문헌

15.3절에서 언급한 Apriori 알고리즘의 출처는 참고문헌 [1]이다. 참고문헌 [4]에서는 Apriori 알고리즘과는 달리 후보집합의 고려 없이 빈발집합을 생성하는 방안을 제안하고 있다. 순차적 패턴의 탐색에 대한 참고문헌으로 [2], [5] 등이 있다. 15.5절은 대부분 참고문헌 [3]을 참조하였다.

[1] Agrawal, R. and R. Srikant (1994), "Fast algorithms for mining association rules", Proceedings of 20th International Conference on Very Large Data Bases (VLDB), September 1994, Santiago, Chile, pp.487–499.

[2] Agrawal, R. and R. Srikant (1995), "Mining sequential patterns", Proceedings of 21st International Conference on Very Large Data Bases (VLDB), Zurich, Switzerland, pp.407–419.

[3] Berry, M.J.A. and G. Linoff (1997), Data Mining Techniques for marketing, sales and customer support, Wiley, New York.

[4] Han, J., J. Pei, Y. Yin and R. Mao (2004), "Mining frequent patterns without candidate generation: a frequent-pattern tree approach", Data Mining and Knowledge Discovery, 8, 53–87.

[5] Srikant, R. and R. Agrawal (1996), "Mining sequential patterns: generalizations and performance improvements", Proceedings of the 5th International Conference on Extending Database Technology (EDBT), March 1996, Avignon, France.

[6] Zaki, M. J. (2001). SPADE: An efficient algorithm for mining frequent sequences. Machine learning, 42, 31–60.

연습문제

15.1 다음과 같이 5개 트랜잭션으로 이루어진 시장바구니 데이터가 있다.

Transaction #	items
1	A, D, E
2	A, B, D, E
3	B, C, D
4	B, D, E
5	A, B, C, D, E

(a) 최소 지지도 0.6을 갖는 빈발항목집합을 구하라.

(b) 항목집합 {B, D, E}가 연관규칙 생성을 위해 선택되었다고 하자. 결과 부분에 하나의 항목을 포함하는 가능한 규칙을 나열하고 각 규칙에 대한 신뢰도를 산출하라.

(c) 아래의 두 규칙에 대해 지지도, 신뢰도 및 개선도의 관점에서 비교하라.

Rule 1: If A and D, then E.

Rule 2: If B and D, then E.

15.2 다음과 같은 4개의 트랜잭션이 있다.

Transaction #	items
1	생선, 우유, 치즈, 빵
2	치즈, 우유, 사과, 과자, 빵
3	사과, 우유, 빵, 과자
4	빵, 우유, 치즈

(a) Apriori 알고리즘을 이용하여 빈발항목집합들을 도출하라. 최소 지지도는 0.6으로 하라.

(b) 최소 신뢰도 0.8을 갖는 규칙을 도출하라. 단 결과부는 하나의 항목을 포함한다.

15.3 다음은 어느 도서관에서 대출된 서적의 기록이다.

대출 #	books
1	d, f
2	a, b, d
3	b, d, e, g
4	b, c, d, f
5	a, b, c, e, g
6	a, c

(a) Apriori 알고리즘을 이용하여 빈발항목집합들을 도출하라. 최소 지지도는 0.5로 하라.

(b) 최소 신뢰도 0.8을 갖는 규칙을 도출하라. 단 결과부는 하나의 항목을 포함한다.

15.4 다음은 어느 피자가게에서 주문별로 요청받은 토핑(topping) 종류이다.

주문 #	topping 종류
1	추가치즈, 양파, 버섯
2	양파, 앤초비
3	추가치즈, 양파, 올리브
4	고추, 버섯
5	추가치즈, 버섯
6	추가치즈, 양파, 버섯, 올리브

(a) Apriori 알고리즘을 이용하여 빈발항목집합들을 도출하라. 최소 지지도는 0.3으로 하라.

(b) 적절한 규칙을 도출하라.

(c) 각 규칙에 대한 신뢰도 및 개선도를 산출하고 비교하라.

15.5 5개 항목을 갖는 데이터에 대해 3-항목 빈발집합이 다음과 같이 구해졌다고 하자.

$$\{1,2,4\},\ \{1,3,4\},\ \{1,3,5\},\ \{2,3,4\},\ \{2,3,5\},\ \{3,4,5\}$$

4-항목 빈발집합의 후보를 나열하라.

15.6 다음은 시간별 트랜잭션을 나타낸 것이다.

트랜잭션 시간	고객 id	구매 항목
6월 2일	3	10, 20
6월 3일	2	30, 70
6월 7일	1	20, 30, 40
6월 13일	2	80
6월 20일	4	30
6월 21일	3	60, 70
6월 25일	1	50, 70
6월 27일	1	80
6월 29일	5	40

(a) 고객별 시퀀스 데이터로 변환하라.

(b) AprioriAll을 이용하여 최대 빈발 시퀀스를 도출하라. 최소 지지도는 0.4로 하라.

(c) AprioriSome을 이용하여 최대 빈발 시퀀스를 도출하라. 최소 지지도는 0.4로 하라.

15.7 빈발항목집합 L이 있고, L의 부분집합 S와 S의 부분집합 S'이 있다고 하자. 규칙 "$S' \Rightarrow (L-S)$"의 신뢰도가 규칙 "$S \Rightarrow (L-S)$"의 신뢰도보다 클 수 없음을 보여라.

16장

추천시스템

16.1 내용기반 추천시스템
16.2 협업 필터링
16.3 시장바구니 데이터를 이용한 협업 필터링
R 코드
연습문제

인터넷으로 상품 구매가 보편화됨에 따라 상품 판매자 입장에서 구매자들의 성향을 파악하여 마케팅에 활용하고자 하는 노력이 이루어지고 있다. 추천시스템(recommender system)은 상품, 웹페이지, 신문 기사 등에 대한 소비자의 성향을 파악하여 성향에 부합하는 새로운 상품 등을 추천하고자 하는 목적으로 개발되고 있다.

추천시스템은 접근 방식에 따라, 내용기반(content-based) 방법, 협업 필터링(collaborative filtering), 결합방식(hybrid) 등으로 분류된다. 내용기반 방법은 사용자가 과거 이용한 아이템의 속성과 유사한 다른 아이템을 추천하는 방식이며, 협업 필터링은 사용자와 유사한 특성을 갖는 다른 사용자들의 구매 패턴을 고려하는 방식이다. 그리고 결합방식은 내용기반 방법과 협업 필터링을 결합한 방식이다.

16.1 | 내용기반 추천시스템

내용기반 추천시스템은 주로 문서 등의 추천에 활용되고 있다. 이는 목표 사용자가 과거 이용한 아이템(문서)의 속성(포함된 중요단어 등)과 유사한 다른 아이템을 추천하는 방식이다.

우선 다음과 같은 기호를 정의하자.

N: 전체 문서의 수(문서군의 크기)

f_{ij}: 문서 j에 나타난 단어 i의 빈도수

n_i: 단어 i가 한 번 이상 나타난 문서 수

이때 단어 i가 문서 j에 나타난 단어 빈도수(term frequency)를 다음과 같이 정의한다.

$$TF_{ij} = \frac{f_{ij}}{\sum_k f_{kj}} \tag{16.1}$$

위의 분모 대신 $\max_k f_{kj}$를 사용할 수도 있다. 단어 빈도수는 특정한 단어가 문서 내에 얼마나 자주 등장하는지를 나타내는 값으로 이 값이 높을수록 해당 문서에서 중요하다고 생각할 수 있다.

한편, 각 단어가 문서군 내 대부분의 문서에서 사용되었다면 각 문서를 특징짓기 위한 중요도가 낮아질 것이며, 일부 문서에서만 사용된 단어라면 문서를 특징짓는 데 중요한 역할을 할 것이다. 이를 지수화하기 위해 단어 i의 역문서 빈도수(inverse document frequency)를 다음과 같이 정의하며, 이 값이 높을수록 중요하다고 할 수 있다.

$$IDF_i = \log \frac{N}{n_i} \tag{16.2}$$

이때 로그함수의 기저(base)를 선택하는 것은 크게 중요하지 않다. 여기서는 10을 기저로

사용하기로 하자.

결과적으로 단어의 중요도로 다음과 같은 TF-IDF 가중치를 주로 사용한다. 즉, 단어 i의 문서 j에서의 TF-IDF 가중치는 다음과 같다.

$$w_{ij} = TF_{ij} \times IDF_i \tag{16.3}$$

예 16.1

1,000개의 단어를 포함한 특정 문서에 '데이터마이닝'이란 단어가 5번 등장한다. 한편, 100,000건의 문서 중 '데이터마이닝'이 나타나는 문서가 200건 있다고 하자. 이때, '데이터마이닝'의 단어가 이 특정 문서에서 차지하는 TF-IDF 가중치는 다음과 같다.

$$\text{TF-IDF 가중치} = \frac{5}{1000} \times \log\frac{100{,}000}{200} = 0.005(2.699) = 0.0135$$

위의 가중치들을 활용하여 목표 사용자(a로 표기)에 대해 문서의 추천 방안을 고려하여 보자. 목표 사용자가 좋아하는 문서들의 중요 단어(총 K개)에 대해 위의 가중치가 산출되었다고 하고 이들을 $(w_{1a}, w_{2a}, \ldots, w_{Ka})$라 하자. 이때 목표 사용자 a의 문서 j에 대한 유용도(utility)는 다음과 같이 코사인 유사성척도(cosine similarity measure)로 산출한다.

$$u(a,j) = \frac{\sum_{i=1}^{K} w_{ia} w_{ij}}{\sqrt{\sum_{i=1}^{K} w_{ia}^2}\sqrt{\sum_{i=1}^{K} w_{ij}^2}} \tag{16.4}$$

이로부터 높은 유용도를 갖는 문서들 순으로 목표 사용자에게 추천할 수 있을 것이다.

예 16.2

다음은 5개 중요 단어에 대해 평가된 목표 사용자의 가중치와 새로운 문서 6건에 대한 가중치를 보여주고 있다. 이 목표 사용자에게 2건의 문서를 추천하라.

	목표 사용자	문서 1	문서 2	문서 3	문서 4	문서 5	문서 6
단어 1	0.124	0.0194	0.0082	0.0087	0.0093	0.0185	0.0028
단어 2	0.275	0.0043	0.0032	0.0174	0.0061	0.0249	0.0003
단어 3	0.019	0.0054	0.0007	0.0091	0.0172	0.0084	0.0202
단어 4	0.182	0.0155	0.0104	0.0086	0.0028	0.0167	0.0083
단어 5	0.223	0.0028	0.0073	0.0268	0.0009	0.0193	0.0054

풀이

각 문서별 유용도를 산출하면 다음과 같다.

$$u(a,1) = 0.6595,\ u(a,2) = 0.8409,\ u(a,3) = 0.9189,$$
$$u(a,4) = 0.4478,\ u(a,5) = 0.9717,\ u(a,6) = 0.3728.$$

따라서 문서 5 및 문서 3을 추천할 수 있다.

16.2 | 협업 필터링

협업 필터링이라는 추천 방안이 1992년 골드버그(D. Goldberg) 등(참고문헌 [3])에 의해 소개되었으며, 이들은 대체로 상품을 구매한 소비자의 평점을 바탕으로 이루어진다.

총 m개의 상품에 대한 n명의 소비자의 평점이 있다고 할 때 관련 기호를 다음과 같이 정의하자.

v_{ij}: 고객 i의 상품 j에 대한 평점, $i=1,2,...,n;\ j=1,2,...,m$

I_i: 고객 i가 평점을 매긴 상품집합

$|I_i|$: 집합 I_i에 포함된 상품 수

이때 고객 i의 평균 평점은 다음과 같이 산출된다.

$$\overline{v_i}=\frac{1}{|I_i|}\sum_{j\in I_i}v_{ij},\quad i=1,...,n \tag{16.5}$$

협업 필터링의 목적은 목표 고객 a에 대해 추천할 상품을 선정하는 것이므로, 이를 위해 이 목표 고객이 상품 j에 매길 평점을 추정할 필요가 있다. P_{aj}를 목표 고객 a의 상품 j에 대한 평점 추정치라 하면, 다음과 같은 산출식이 통상 사용되고 있다.

$$P_{aj}=\overline{v}_a+\kappa_a\sum_{i:j\in I_i}w(a,i)(v_{ij}-\overline{v}_i) \tag{16.6}$$

위 식에서 고객 i는 상품 j에 대한 평점을 매긴 고객만을 포함한다는 점을 주의하자. 여기서 $w(a,i)$는 목표 고객 a와 i번째 고객과의 유사성을 나타내는 가중치이며 κ_a는 가중치 절댓값의 합이 1이 되도록 조정한 상수로서 각각 다음과 같다.

$$s(a,i)=\frac{\sum_{j\in I_a\cap I_i}(v_{aj}-\overline{v_a})(v_{ij}-\overline{v_i})}{\sqrt{\sum_{j\in I_a\cap I_i}(v_{aj}-\overline{v_a})^2\sum_{j\in I_a\cap I_i}(v_{ij}-\overline{v_i})^2}}$$

$$w(a,i)=\frac{s(a,i)+1}{2} \tag{16.7}$$

$$\kappa_a=\frac{1}{\sum_i w(a,i)} \tag{16.8}$$

위의 $s(a,i)$는 고객 a와 고객 i의 여러 상품에 대해 매긴 평점의 상관계수임을 알 수 있다. 이의 산출을 위해서는 고객 a와 고객 i가 모두 평점을 매긴 상품을 대상으로 해야 하며, 두 고객 모두 평점을 매긴 상품이 하나만 존재하는 경우 1의 값을 갖는다. 이렇듯 $s(a,i)$는

−1에서 1 사이의 값을 지니는데, 이를 보다 일반적인 유사성 척도처럼 0에서 1 사이의 값을 갖도록 변환한 것이 $w(a,i)$이다.

대상 상품에 대한 P_{aj}가 산출된 후 이 값이 높은 순으로 추천하게 된다. 이 값이 높은 상위 N개의 상품을 추천하는 것을 상위−N 추천(top−N recommendation)이라 한다.

예 16.3

다음과 같은 7개 상품에 대한 고객들의 평점 데이터가 있다.

	상품 1	상품 2	상품 3	상품 4	상품 5	상품 6	상품 7
고객 1	5		4		1	0	3
고객 2	4	4	4				1
고객 3	5	4		1	2		3
고객 4	1	2	1	4	3	5	2
고객 5	0	1		3	5	5	
고객 6		2			4	4	2
목표고객	5			1			2

목표 고객의 평점이 아직 없는 상품 (2, 3, 5, 6)에 대한 평점 추정치를 구하라. 그리고 상위 2개를 추천하라.

풀이

우선 목표 고객과 각 고객과의 유사가중치는 다음과 같다.

$$w(a,1)=0.9516,\ w(a,2)=0.7823,\ w(a,3)=0.9804,$$
$$w(a,4)=0.0624,\ w(a,5)=0.0735,\ w(a,6)=1.0$$

상품 2, 3, 5, 6에 대한 평점 추정치는 다음과 같다.

$$P_{a2}=2.8044,\ P_{a3}=3.6804,\ P_{a5}=2.2381,\ P_{a6}=2.1104$$

따라서 상위 2개 추천 상품은 상품 3 및 상품 2이다.

16.3 | 시장바구니 데이터를 이용한 협업 필터링

16.2절에서 보듯이 협업 필터링은 고객들의 상품에 대한 평점을 요구한다. 그러나 고객들이 어떤 상품을 구매한 후 평점을 제공하는 비율은 매우 낮은 편이므로 이러한 데이터 확보가 어려울 수 있다. 이를 보완하기 위해 고객의 상품 구매여부 정보만으로 추천시스템을 개발할 필요가 있겠다. 고객이 어떤 상품을 구매하였는지 그렇지 않은지의 정보는 시장바구니 데이터와 동일하다. 시장바구니 데이터를 추천시스템에 활용할 때 기본 가정은 고객이 어떤 상품을 구매하였다는 사실이 그 상품에 대한 선호도가 높기 때문이라고 간주하는 것이다.

고객들의 시장바구니 데이터가 있다고 할 때, 협업 필터링을 적용하여 보자. 우선, 고객의 상품에 대한 평점은 다음과 같이 정의된다.

$$v_{ij} = \begin{cases} 1, & \text{고객 } i\text{가 상품 } j\text{를 구매한 경우} \\ 0, & \text{그렇지 않은 경우} \end{cases} \tag{16.9}$$

이때 목표 고객 a의 상품 j에 대한 평점 추정치는 다음과 같이 산출한다.

$$P_{aj} = \frac{\sum_{i}^{n} w(a,i) v_{ij}}{\sum_{i}^{n} w(a,i)} \tag{16.10}$$

여기서 가중치 $w(a,i)$는 다음과 같이 얻을 수 있다.

$$w(a,i) = \frac{|I_a \cap I_i|}{|I_a \cup I_i|} \tag{16.11}$$

식(16.11)은 자카드(Jaccard) 계수라고 불리며, 11.3.1절에서 다룬 자카드 척도와 동일하다. 이 가중치에 따르면, 두 고객이 같은 상품을 구매했을 때는 해당 제품에 대한 선호도가 비슷한 것으로, 한 고객만 특정 상품을 구매했을 때는 해당 제품에 대한 선호도가 서로 다른 것으로 간주한다. 다만, 두 고객 모두 구매하지 않은 상품에 대해서는 해당 상품에 대한 선호도가 같다고 간주하지 않고, 해당 제품을 가중치 계산에서 제외한다. 이러한 방법은 상품의 종류가 매우 다양하고 각 고객이 그 중 극히 일부의 상품만을 구매하여 시장바구니 데이터가 희소 행렬(sparse matrix)인 경우에 보다 의미있는 유사성을 도출하기에 적합하다.

예 16.4

다음과 같은 시장바구니 데이터가 있다고 할 때, 목표 고객이 아직 구매하지 않은 2개의 상품을 추천하라.

	상품 1	상품 2	상품 3	상품 4	상품 5	상품 6	상품 7
고객 1	1		1		1		1
고객 2	1	1	1				1
고객 3	1	1		1	1		1
고객 4	1	1	1	1		1	1
고객 5		1		1	1	1	
고객 6		1			1	1	1
목표고객	1			1			1

풀이

우선 목표 고객과 각 고객과의 자카드 계수는 다음과 같다.

$$w(a,1) = 0.4,\ w(a,2) = 0.4,\ w(a,3) = 0.6,$$
$$w(a,4) = 0.5,\ w(a,5) = 0.1667,\ w(a,6) = 0.1667$$

목표 고객이 아직 구매하지 않은 상품 2, 3, 5, 6에 대한 평점 추정치는 다음과 같다.

$$P_{a2} = 0.8209,\ P_{a3} = 0.5821,\ P_{a5} = 0.5970,\ P_{a6} = 0.3731$$

따라서 목표고객에 추천할 2개 상품은 상품 2와 상품 5이다.

R 코드

1. 예 16.2의 R 코드

```
# ch16_ex02_content_based.R
# ch16.2 content-based recommender system

# ex16.2

# load data
df <- read.csv("data/ch16_content.csv")
user_weights <- as.vector(df[, 2])
doc_weights <- as.matrix(df[, -c(1, 2)])

# compute utility
numerator <- t(user_weights) %*% doc_weights
denominator <- norm(user_weights, type = "2") *
  apply(doc_weights, 2, norm, type = "2")
utility <- numerator / denominator
round(utility, 4)
```

2. 예 16.3의 R 코드

시장바구니 데이터에 고객수가 많은 경우, R 패키지 {recommenderlab}의 협업 필터링은 목표고객과 가장 유사한 k명의 고객, 즉 k-인접객체(k-nearest neighbor)만을 고려하여 평점을 추정한다. 자세한 내용은 다음 문서(https://arxiv.org/abs/2205.12371)를 참고하자.

Hahsler, M. (2022). recommenderlab: An R Framework for Developing and Testing Recommendation Algorithms. *arXiv preprint arXiv:2205.12371.*

```
# ch16_ex03_collaborative_filtering.R
# ch16.2 collaborative filtering
```

```
# ex16.3

# load package
library("recommenderlab")

# load data
df <- read.csv("data/ch16_ratings.csv")

# convert to rating matrix
ratings <- as(df, "realRatingMatrix")
print(ratings@data)

# set target customer to generate recommendation
target <- 7

# compute similarity
centered <- normalize(ratings)
similarity(centered[-target], centered[target])

# train recommender engine with all users
rec <- Recommender(ratings, method = "UBCF")
rec

# predict ratings from target user
predicted <- predict(rec, ratings[target], type = "ratings")
print(predicted@data)

# create top-N recommendations for target user
recommended <- predict(rec, ratings[target], n = 2)
print(recommended@items)
```

3. 예 16.4의 R 코드

```
# ch16_ex04_market_basket.R
# ch16.3 collaborative filtering on market-basket data

# ex16.4

# load library
library("recommenderlab")
```

```
# load data
df <- read.csv("data/ch16_purchase.csv")

# convert to binary rating matrix
purchases <- as(df, "binaryRatingMatrix")
mat <- as(purchases@data, "matrix")
mat

# set target customer to generate recommendation
target <- 7

# compute similarity
sim <- similarity(purchases[-target], purchases[target], method = "jaccard")
round(sim, 4)

# predicted score
target_items <- !mat[target, ]
predicted <- 1 / sum(sim) *
  t(sim) %*% as(purchases[-target], "matrix")[, target_items]
round(predicted, 4)
```

참고문헌

추천시스템에 대한 리뷰 논문으로 참고문헌 [1] 등이 있다. 협업 필터링에서 평점추정식인 식(16.6)은 참고문헌 [2], [3]에서 제시된 것이며, 구매여부 이분데이터를 활용한 협업 필터링에서 식(16.10)은 참고문헌 [4], [5]에서 제시된 것이다. 내용기반 추천시스템에 대한 자세한 사항은 참고문헌 [6] 등을 참조할 수 있다.

[1] Adomavicious, G. and A. Tuzhilin (2005), "Toward the next generation of recommender systems: a survey of the state-of-the-art and possible extensions", *IEEE Transactions on Knowledge and Data Engineering*, 17(6),

734–749.

[2] Resnick, P., Iacovou, N., Suchak, M., Bergstrom, P. and Riedl, J. (1994), Grouplens: An open architecture for collaborative filtering of netnews. In *Proceedings of the 1994 ACM conference on Computer supported cooperative work*, 175–186.

[3] Goldberg, D., Nichols, D., Oki, B. and Terry, D. (1992), Using collaborative filtering to weave an information tapestry. *Communication of the ACM*, 35(12):61–70.

[4] Lee, J. S., Jun, C. H., Lee, J., & Kim, S. (2005), Classification–based collaborative filtering using market basket data. *Expert systems with applications*, *29*(3), 700–704.

[5] Mild, A. and Reutterer, T. (2003), "An improved collaborative filtering approach for predicting cross–category purchase based on binary market basket data", *Journal of Retailing and Consumer Services*, 10(3),123–133.

[6] Salton G. and McGill, M. J. (1983), *Introduction to Modern Information Retrieval*. McGraw–Hill.

연습문제

16.1 내용기반 추천 방법과 협업 필터링의 장단점을 서로 비교하라.

16.2 다음은 4개 중요단어에 대해 평가된 목표 사용자의 가중치와 새로운 문서 5건에 대한 가중치를 보여주고 있다. 이 목표 사용자에게 추천할 문서를 우선순위로 나열하라.

	목표 사용자	문서 1	문서 2	문서 3	문서 4	문서 5
단어 1	0.224	0.0194	0.0081	0.0087	0.0093	0.0183
단어 2	0.075	0.0043	0.0092	0.0174	0.0061	0.0249
단어 3	0.119	0.0054	0.0127	0.0091	0.0172	0.0084
단어 4	0.282	0.0151	0.0104	0.0185	0.0028	0.0267

16.3 다음과 같은 6개 상품에 대한 고객들의 평점 데이터가 있다.

	상품 1	상품 2	상품 3	상품 4	상품 5	상품 6
고객 1	4	3	4			
고객 2	5	4		1	2	
고객 3	1	2	1	4	3	5
고객 4	1	1		3	5	4
고객 5		2			4	4
목표 고객	1			4		

(a) 목표 고객의 평점이 아직 없는 상품 (2, 3, 5, 6)에 대한 평점 추정치를 구하라.

(b) 상위 2개 상품을 추천하라.

16.4 다음과 같은 시장바구니 데이터가 있다.

	상품 1	상품 2	상품 3	상품 4	상품 5	상품 6
고객 1			1	1		1
고객 2	1	1	1			1
고객 3	1			1		
고객 4	1	1		1	1	1
고객 5		1		1	1	
목표고객	1					1

(a) 목표 고객이 아직 구매하지 않은 상품에 대한 평점 추정치를 각각 구하라.

(b) 목표 고객에게 추천할 상품을 우선순위별로 나열하라.

찾아보기

ㄱ

가상항목(virtual item) 536
가우시안 커널 330
가중불순도 292
가중최소자승법(weighted least squares; WLS) 215
가중치행렬 125, 138
가지치기(pruning) 286, 298
가지친 트리(pruned tree) 302
강분류기(strong learner) 367
개선도(lift; improvement) 518
개별트리 360
검증표본(test sample) 50, 161
결정계수(coefficient of determination) 24, 33, 95
경사하강법(gradient descent method) 375
계층적 방법(hierarchical method) 5, 393
고객 시퀀스(customer sequence) 527
고객성향변동 분석(churn analysis) 6
고유벡터 111, 114
고유벡터행렬 115, 477
고유치(eignenvalue) 110, 111, 120
고유치행렬 115, 128, 477
곰페르츠(Gompertz) 함수 220
곰핏 변환 220
과적용(과적합; overfitting) 50, 184, 191, 296
교차검증(cross validation) 50, 161, 191, 304, 359
교호작용(interaction) 13, 62
군집 4, 393, 415
군집 간 제곱합(between sum of squares; SSB) 433
군집 내 제곱합(within sum of squares; SSW) 422
군집간 거리 415
군집방법(clustering method) 393, 415
군집해(clustering solution) 393
규제항(페널티항; regularization term) 91, 325
그래디언트 부스트(gradient boost) 10, 370
기여율(contribution) 122, 124, 142
기저함수(basis function) 329, 333
기준범주 로짓모형 223, 231

ㄴ

나이브 베이지안(Naive Bayesian) 187, 194
내부관계(inner relation) 135, 150
내부평가지수 497, 502
내용기반 추천시스템 547
노밋모형 221
누적 로짓모형 227
능형회귀(릿지회귀; ridge regression) 55, 93

ㄷ

다변량 정규분포 14, 28, 263, 474
다이아나(DIANA) 427
다중공선성(multicollinearity) 52, 93, 127
다중회귀모형(multiple regression) 13, 33, 89
다항 커널(polynomial kernel) 330
다항식모형(polynomial model) 13
단계별방법(stepwise method) 37, 40
단순매칭(simple matching) 402
단순회귀(simple regression) 16, 37, 47
단어 빈도수(term frequency) 547
단일연결법(single linkage method) 415, 426
대입법 50, 161

대표객체(medoid) 394, 454
데이터 행렬 14, 93
덴드로그램(dendrogram) 418, 421
독립변수의 중요도(variable importance in projection; VIP) 146
동질성 손실(loss of homogeneity) 433
등분산성 42
디비스캔(DBSCAN) 481

ㄹ

라그랑지 계수(Lagrange multiplier) 91, 321
라그랑지 방법(Lagrange method) 469
라소(LASSO) 89
람다값 91, 95
랜덤 포레스트(random forest) 4, 353, 355
랜드지수(Rand index) 497
로딩 행렬 138
로딩(loading) 135
로지스틱함수(1ogistic function) 212
로짓변환 211, 221
리샘플링(resampling) 354
릿지회귀(ridge regression) 55, 93

ㅁ

마진(margin) 320
마할라노비스 거리(Mahalanobis distance) 256, 396
맨하탄 거리(Manhattan or rectilinear distance) 395
맬로우즈 C_p 통계량 34
명명(naming) 504
명목 로지스틱 회귀 223
모형기반 군집방법(model-based clustering) 474
미래반응치(future response) 46, 48
민감도(sensitivity) 192
민코프스키 거리(Minkowski distance) 395
밀도 접근성 483
밀집성(compactness) 502

ㅂ

범주판별함수 263, 269
범주형 변수(categorical variable) 3, 4, 57, 295
베타계수(beta coefficient) 145
변수 중요도(variable importance) 361
변환가중치행렬 138
병합법(agglomerative method) 5, 393
복원추출(sampling with replacement) 354
복잡도 계수(complexity parameter) 301
부모 노드(parent node) 285
부분 F-값(partial F-value) 37, 40
부분 시퀀스(subsequence) 526
부분최소자승법 4, 55, 134
부스팅(boosting) 353, 362
부트스트랩(bootstrap) 354
분광분해(spectral decomposition) 115
분류 경계식 256
분류규칙(classifier or classification rule) 183, 190
분류오류율(misclassification rate) 190, 219, 299
분리 하이퍼플레인(separating hyperplane) 320, 322
분리법(divisive method) 5, 393, 427
분리성(spatial separation) 502
분산-공분산행렬 14, 110
분산분석표 26, 131
분산팽창계수(variance inflation factor) 53, 66
분지기준(splitting criterion) 286, 291
분할표(contingency table) 403, 499
불순도 함수(impurity function) 287
불완전 데이터(incomplete data) 476
불편추정량(unbiased estimator) 21, 26, 28
비계층적 방법(non-hierarchical method) 5, 393, 449
비례 승산 모형(proportional odds model) 228, 240
비용-복잡도 척도 301

비유사성 척도 185, 394, 401
비선형 분리함수 329
비지도학습(unsupervised learning) 5
빈발 시퀀스(large sequence) 527
빈발항목집합 520, 525, 528
배깅(bagging) 353
뿌리 노드(root node) 285

ㅅ

사전분포(prior distribution) 188
사전확률(prior probability) 219, 260
사후분포(posterior distribution) 188
사후확률(posterior probability) 188, 198, 264
산점도(scatter diagram) 42, 45, 56
상관로딩(correlation loading) 118
상위-*N* 추천(top-*N* recommendation) 551
서열형 데이터(ordinal data) 402
서포트 벡터(support vector) 323, 330
선형 SVM 319
선형커널 331
선형판별분석(LDA) 263
선형확률모형(linear probability model) 211
소프트 마진(soft margin) 325
수정결정계수 25, 34
수정랜드지수(adjusted Rand index) 500, 508
스크리 도포(scree plot) 122
스튜던트화 잔차(studentized residual) 43
승산비(odds ratio) 212, 217, 228
시그모이드 커널(sigmoid kernel) 330
시장바구니 515, 552
시장바구니분석(market basket analysis) 5, 515
시퀀스(sequence) 526
시퀀스 데이터(sequence data) 515, 526
시퀀스 지지도 527
신뢰구간 29, 46
신뢰도(confidence) 518
실루엣(sihouettes) 435, 503

ㅇ

아다부스트(Adaboost) 353, 362
약분류기(weak learner) 367
알파(값) 302, 363
앙상블(ensemble) 353
엔트로피 지수(entropy index) 288
여유변수(slack variable) 325, 327
역문서 빈도수(inverse document frequency) 547
연결법(linkage method) 415
연결성(connectedness) 502
연결함수(link function) 220
연관규칙(association rule) 5, 515
연관분석(association analysis) 5
예측구간 49
예측오차제곱합(PRESS) 51, 68
오류율(오분류율; misclassification rate) 190, 193
오분류 총 확률(total probability of misclassification; TPM) 261
오분류비용(misclassification cost) 219, 267
오분류행렬(confusion matrix) 192, 218
오차제곱합 21, 51, 374
오차항 13
완전모형 33, 62
완전연결법(complete linkage method) 416
외부관계(outer relation) 135, 150
외부평가지수 497
우도함수(likelihood function) 213, 224
울프쌍대문제(Wolfe dual problem) 322, 330, 340
워드 방법(Ward's method) 422
유사성 척도(similarity measure) 185, 330, 394
유클리드 거리(Euclidean distance) 185, 417, 395
의사결정나무(decision tree) 284, 355

이분 로지스틱 회귀 211
이분산성(heteroscedasticity) 44
이상치(outlier) 45, 451
이익도표 198
이차 커널 331
이차계획(quadratic programming) 323, 332
이차판별분석(quadratic discriminant analysis; QDA) 269
인근범주 로짓모형(adjacent categories logit model) 227, 230
인근(이웃)집합(neighborhood) 465, 482
인접객체법(nearest neighbor classification) 185
일라스틱 네트(elastic net) 96
일반화된 제곱거리 256

ㅈ

자식 노드(child node) 285, 357
자카드(Jaccard) 척도 402, 552
잔차(residual) 21, 371
잔차제곱합(SSE) 21, 33
잔차평균제곱(MSE) 21
잠재변수(latent variable) 134
잠재변수행렬 138
적합도(goodness of fit) 23, 130
전진선택법(forward selection) 37
전체제곱합(SST) 23, 130, 433
정규방정식(normal equation) 15
정규화 항(normalization factor) 363, 368
정규확률분포도(normal probability plot) 44
정오분류표(confusion matrix) 192, 218
정확도(accuracy) 192
제곱합(sum of squares) 103
조건부 독립(conditional independence) 187
주성분(스코어)행렬 117
주성분 분석(principal component analysis) 103, 107
주성분 스코어(principal component score) 109, 117
주성분회귀(principal components regression; PCR) 127
중심연결법(centroid linkage method) 416
중심좌표(centroid) 416
중앙순위(median rank) 44
지니 지수(Gini index) 288
지도학습(supervised learning) 4
지수손실함수(exponential loss function) 368
지시변수(indicator variable) 57, 60
지지도(support) 516, 527
직교벡터(orthogonal vector) 105
직교정규벡터(orthonormal vector) 105
직교행렬(orthogonal matrix) 105

ㅊ

차원축소(dimension reduction) 102
최대 시퀀스(maximal sequence) 527
최대 트리 296
최소제곱법(least squares method) 15, 55
최소자승추정량(least squares estimator) 16
최우추정법(maximum likelihood estimation) 213, 224, 233
최적 분지(optimal split) 291, 295
최적 트리(optimal tree) 298, 302
최종 노드(terminal node) 285
추정회귀식 21
추천시스템(recommender system) 5, 547
축소모형 62, 135

ㅋ

커널함수(kernel function) 330
코사인 유사성 척도 548
쿨백-라이블러 발산(Kullback-Leibler divergence) 377

크로스-엔트로피(cross-entropy) 378

ㅌ

트랜잭션(transaction) 515
특이도(specificity) 192
특이치분해(singular value decomposition) 111, 114

ㅍ

판별계수 255, 258
퍼지 K-means 알고리즘 468
퍼지상수(fuzziness index) 469
평균반응치(mean response) 46
평균실루엣(ASW) 435, 436
평균연결법(average linkage method) 416
평균절대오차(mean absolute deviation; MAD) 50
평균제곱오차(mean squared error: MSE) 50
평균제곱오차의 제곱근(root mean squared error; RMS) 50
평균조정(mean-centered) 103
표본 분산–공분산(sample variance-covariance) 110, 115, 255
표본상관계수 400
표본분포(sampling distribution) 355
표준 유클리드 거리 395
표준오차(standard error) 29, 47
프로빗(probit)모형 221
피셔 판별함수(Fisher's discriminant function) 253, 265

ㅎ

하드 마진(hard margin) 325
하부 트리(subtree) 301
하이퍼플레인(hyperplane) 319
학습표본(learning or training sample) 50, 161, 353
합동 분산-공분산행렬 255
헤시안 행렬(Hessian matrix) 217, 234
협업 필터링(collaborative filtering) 5, 549
혼합분포(mixture) 474
회귀계수 13, 15
회귀성 검정 23, 25, 130
회귀제곱합(regression sum of squares; SSR) 23, 33
회귀평균제급(MSR) 25
후진제거법(backward elimination) 37

a

Apriori 알고리즘 519, 522
AprioriSome 알고리즘 532
AUC(area under curve) 198

c

C4.5 185
Calinski-Harabasz(CH) index 502
CHAID 185
CLARA 알고리즘 464
CLARANS 알고리즘 465
C_p 통계량 34
CART 185, 285
cross validation 50

d

Dunn index(DI) 502

e

EM 알고리즘 476

f

F-값 26, 131
F_1 척도 194
false negative 192, 193

false positive 192, 193
Fuzzy K-means(c-means) 470

g

gain 도표 199

h

hat 행렬(hat matrix) 22

i

idempotent 22, 24, 43

k

k-거리 486
k-인접객체법(k-nearest neighbor; k-nn) 185
K-means 알고리즘 449
K-means-lke 알고리즘 467
K-medoids 군집방법 454
Karush-Kuhn-Tucker(KKT) 조건 321, 339

l

Lance-Williams 공식 426
leave-one-out validation 51
lift 도표 199

n

NIPALS(Nonlinear Iterative Partial Least Squares) 125, 136

o

OOB(out-of-bag) 359

p

p-값 26, 30
PAM 알고리즘 457
precision 193
PRESS 51

r

recall 193
R-squared 24, 433
RMS 표준편차 432
ROC(receiver operating characteristic) 195

s

Semipartial R-squared(SPR) 433

t

TF-IDF 가중치 548
t-값 30
t-검정 28
true negative 192, 193
true positive 192, 193
type II 제곱합 40

v

VIF(variance inflation factor) 53
VIP(variable importance in projection) 146

x

X 기여율 148
XGBoost(extreme gradient boosting) 387

y

Y 기여율 148

기타

% captured response 199
% response 199
ϵ-이웃집합 482

저자 소개

전치혁
서울대학교 자원공학 학사
KAIST 산업공학 석사
미국 UC, Berkeley 산업공학 박사
포항공과대학교 산업경영공학과 교수
(현) 포항공과대학교 산업경영공학과 명예교수
(현) 한국과학기술한림원 정회원
e-mail: chjun@postech.ac.kr

이혜선
서울대학교 소비자학(경제학 부전공) 학사
미국 Cornell University 통계학 석사
경북대학교 통계학 박사
미국 The University of Chicago 경제연구소 연구원
미국 National Opinion Research Center 프로그래머
미국 UC, San Diego 의과대학 통계분석가
포항공과대학교 산업경영공학과 연구교수
(현) 국가통계위원회 지역분과위원장
e-mail: hyelee@postech.ac.kr

이영록
포항공과대학교 산업공학 학사
포항공과대학교 산업공학 석사
미국 Iowa State University 산업공학 박사
(현) 미국 소재 엔터테인먼트 회사 Decision Science Manager

이종석
인하대학교 산업공학 학사
포항공과대학교 정보통신대학원 석사
미국 Iowa State University 산업공학 박사
미국 SAS Institute JMP Division 프로그래머
성균관대학교 시스템경영공학과 조교수, 부교수
포스코 철강전문교수
(현) KAIST 산업및시스템공학과 부교수
e-mail: jongseok.lee@kaist.ac.kr

데이터마이닝의 원리와 구현 - R과 함께 -

저　　자　전치혁 · 이혜선 · 이영록 · 이종석
발 행 인　김지영
발 행 처　자유아카데미
주　　소　경기도 파주시 회동길 37-42
　　　　　파주출판도시
전　　화　031-955-1321
팩　　스　031-955-1322
홈페이지　www.freeaca.com
전자우편　main@freeaca.com (대표)
　　　　　editor@freeaca.com (편집)
　　　　　crm@freeaca.com (영업)
등　　록　제406-2003-017호, 1980. 7. 12
제1판1쇄　2024년 11월 15일 발행

저자와의 협의하에 인지생략

ISBN 979-11-5808-610-7　93310